高等职业教育“十三五”规划教材

电路与电子技术基础

张文辉　李　芳　孟瑞敏　主　编
熊太平　陈　辉　赵龙阳　副主编

電子工業出版社
Publishing House of Electronics Industry
北京·BEIJING

内 容 简 介

本书共分 3 篇 9 章。3 篇分别是电路分析基础、模拟电子技术基础、模拟电子技术的基本应用。第 1 篇包括电路基本概念和定律、一阶电路的暂态分析、正弦稳态电路分析；第 2 篇包括半导体二极管、三极管及其放大电路、集成运算放大器、负反馈放大电路；第 3 篇包括信号的运算和处理、信号的产生和转换。另外，各章均配有习题，以帮助读者掌握本书内容。

本书适合作为计算机及相关专业的本科生、专科生教材，也可作为从事相关专业的工程技术人员和科研人员参考用书。

图书在版编目（CIP）数据

电路与电子技术基础 / 张文辉，李芳，孟瑞敏主编. —北京：电子工业出版社，2020.9
ISBN 978-7-121-39573-4

Ⅰ. ①电… Ⅱ. ①张… ②李… ③孟… Ⅲ. ①电路理论－高等学校－教材②电子技术－高等学校－教材 Ⅳ. ①TM13②TN01

中国版本图书馆 CIP 数据核字（2020）第 174122 号

责任编辑：祁玉芹
文字编辑：底　波
印　　刷：中国电影出版社印刷厂
装　　订：中国电影出版社印刷厂
出版发行：电子工业出版社
　　　　　北京市海淀区万寿路 173 信箱　邮编　100036
开　　本：787×1092　1/16　印张：16.5　字数：391 千字
版　　次：2020 年 9 月第 1 版
印　　次：2023 年 1 月第 2 次印刷
定　　价：49.80 元

凡所购买电子工业出版社图书有缺损问题，请向购买书店调换。若书店售缺，请与本社发行部联系，联系及邮购电话：（010）88254888，88258888。

质量投诉请发邮件至 zlts@phei.com.cn，盗版侵权举报请发邮件至 dbqq@phei.com.cn。

本书咨询联系方式：（010）68253127。

前言

PREFACE

计算机硬件由运算器、控制器、存储器、输入设备和输出设备五大部件组成。要让运行于计算机的软件与其硬件无缝结合，要让计算机与各类外部设备充分结合，必须要学习电路与电子技术这些底层的技术。电路与电子技术基础课程开启了计算机硬件设计的启蒙教育。

本书是根据教育部高等学校电子电气信息类基础课程教学指导分委员会颁布的“电路分析基础”和“模拟电子技术”课程教学基本要求，结合计算机类专业的特点及当前新工科发展需求编写的。《电路与电子技术基础》执行了国家关于量和单位的最新标准。本书共分 3 篇 9 章。3 篇分别是电路分析基础、模拟电子技术基础、模拟电子技术的基本应用。第 1 篇包括电路基本概念和定律、一阶电路的暂态分析、正弦稳态电路分析；第 2 篇包括半导体二极管、三极管及其放大电路、集成运算放大器、负反馈放大电路；第 3 篇包括信号的运算和处理、信号的产生和转换。另外，各章均配有习题，以帮助读者掌握本书内容。

本书根据硬件软件化的发展趋势，即由单元电路向系统功能电路、分立及小规模集成电路向大规模集成电路、传统的硬件设计方法向硬件软件化设计方法转变，简化了冗长的理论计算分析，增加了电路电子技术的应用，适合作为计算机及相关专业的本科生、专科生教材，满足了高等院校电子电气信息类基础课程教学指导委员会关于这两门课程的基本教学要求，也可作为从事相关专业的工程技术人员和科研人员参考用书。

本书共 9 章，其中第 1、2、3 章由张文辉编写，第 4、5 章由李芳编写，第 6、8、9 章由孟瑞敏编写，第 7 章由李芳、孟瑞敏共同编写，第 1、2、3 章由熊太平审核，第 4、5、6 章由陈辉审核，第 7、8、9 章由赵龙阳审核。全书由张文辉策划统稿。

本书是按 64 学时编写的，建议各篇的课时分配如下：第 1 篇 22 学时；第 2 篇 22 学时；第 3 篇 20 学时。各学校在选用本书作为教材时，可根据自己的教学大纲适当增、减学时。

由于编者水平有限，加之时间仓促，疏漏之处在所难免，恳请各位读者指正。

目录

CONTENTS

第 1 篇　电路分析基础

第 2 篇 模拟电子技术基础

第1篇

电路分析基础

第 1 章　电路基本概念和定律

本章介绍了电路及电路模型，电路的常用物理量——电流、电压、功率，以及电流和电压的参考方向等概念；介绍了电阻元件、电压源和电流源的特性，并结合直流电路介绍了它们的伏安关系；介绍了基尔霍夫的 KCL 和 KVL 定律，以及如何用串联分压、并联分流和单口网络等效变换等来分析简单直流电路；重点讨论了电路的基本分析方法和基本定理——节点电位分析法、支路电流法、叠加定理和等效电源定理；最后介绍了四种类型的受控源等效模型。

1.1　电路及电路模型

电流流过的回路叫做电路（Electrical Circuit），是由若干电路元件按一定的方式相互连接而成的联结体，如图 1.1.1 所示。图 1.1.1（a）为实际电路，由电池、单相闸刀、灯、导线组成。

将实际电路中的元件均用理想元件表示，并用理想导线连接而成的模型称为电路模型。如图 1.1.1（b）所示，电池抽象为电源、灯抽象为负载、单相闸刀和导线抽象为中间环节，这样实际电路元件就可以用电路模型的三个组成部分描述，电源、开关和负载分别用 U_S、S 和 HL 表示。不同特性的电路元件按照不同的方式连接就构成不同特性的电路。电路中所涉及的理想元件一般有电压源、电流源、受控源、电阻、电感和电容等。理想元件可分为无源元件和有源元件。无源元件在电路中无须加电源即可在有信号时工作，如电阻类、电感类和电容类元件。有源元件是需要外加电源才可以工作的电子元件，如二极管、三极管、场效应管等。

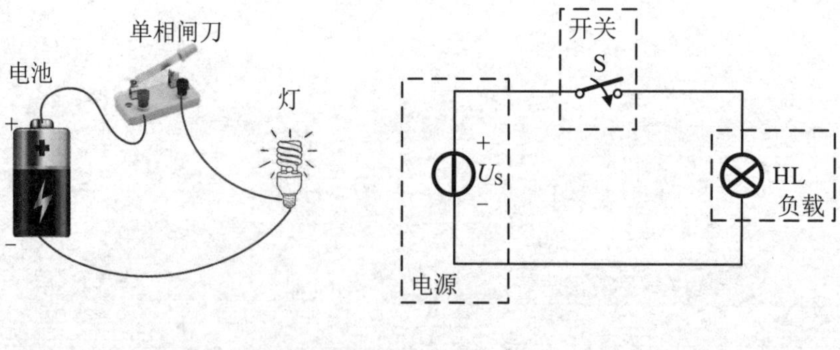

（a）实际电路　　　　（b）电路模型

图 1.1.1　实际电路与电路模型的对应关系

电路导通叫做通路，某一处断开叫做断路或者开路（Open Circuit），如灯泡的灯丝断了。短路（Short Circuit）是指某个元件的两端直接接通，此时电流从直接接通处流过而不会经过该元件，这种情况叫做该元件被短路。如果电路中电源正负极间没有负载而是直接接通也是短路，这种短路决不允许，因为电源的短路会导致电源被烧坏。

电路的一个作用是电能的传输与转换，如发电机的主要作用是利用机械能转化为电能；另一个作用是信号的传递和处理，在计算机中通过由硬件电路组成的路由器完成数据传送，网关用于实现不同网络之间的数据交换，网卡负责计算机数据传送和接收，从而实现了两台计算机之间的远程通信。

1.2　电路变量

1.2.1　电流和电流的参考方向

电流（Current）是由电荷有规律地定向运动形成的，单位时间内通过导体截面积的电量称为电流强度，简称电流，如式（1.2.1）。电学上规定：电流的实际方向为正电荷流动的方向。直流用大写的斜体字母 I 表示，随时间变化的时变电流用小写的斜体字母 i 表示。电流的国际单位制为安培（A），常用的单位还有毫安（mA）、微安（μA），换算关系为 $1\text{A}=10^3\text{mA}=10^6\mu\text{A}$。

$$I=\frac{Q}{t} \text{ 或 } i=\frac{\mathrm{d}q}{\mathrm{d}t} \tag{1.2.1}$$

式中，Q 和 q 表示电荷量；t 表示时间。

在具体电路中，电流的实际方向常常随时间变化，即使不随时间变化，对较复杂电路中电流的实际方向也难以预先判定，因此，实践中往往很难在电路中标明电流的实际方向。电流流向仅有两种可能性，通常在分析电路问题时，先假定某一方向为电流方向，称为电流的参考方向。按照参考方向进行电路的分析计算，计算结果为代数值，有正有负。计算结果如果是正值，表示假定方向与实际方向一致；计算结果如果是负值，则表示假定方向与实际方向相反。在进行电路分析时，常利用参考方向而非实际方向，在未指定参考方向的情况下，讨论电流值的正负是没有意义的。

如图 1.2.1 所示电路中，电流的参考方向从 a 流向 b，如果电流的实际方向从 a 流向 b，与参考方向一致，则电流为正值；如果指定的电流参考方向由 b 流向 a，电流的实际方向从 a 流向 b，两者不一致，则电流为负值。这样，在指定的电流参考方向下，电流的正负值就可以反映出电流的实际方向。电流参考方向的表示方法有箭头表示法Ⅰ、箭头表示法Ⅱ和双下标法三种，如图 1.2.1（a）、图 1.2.1（b）和图 1.2.1（c）所示。

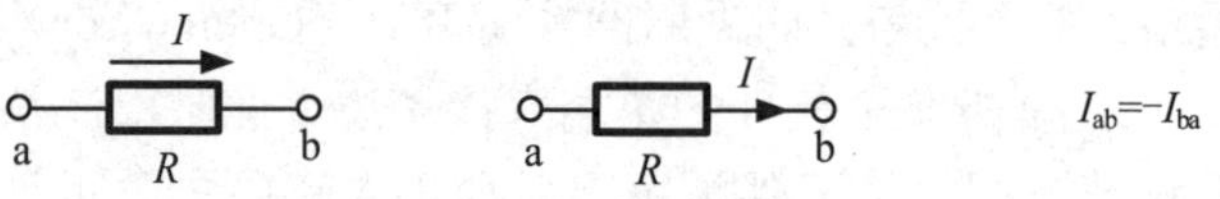

（a）箭头表示法 I　　（b）箭头表示法 II　　（c）双下标法

图 1.2.1　电流参考方向的表示方法

【例 1.2.1】图 1.2.2 中实线箭头表示的是电流 I 和 I_1 的参考方向。

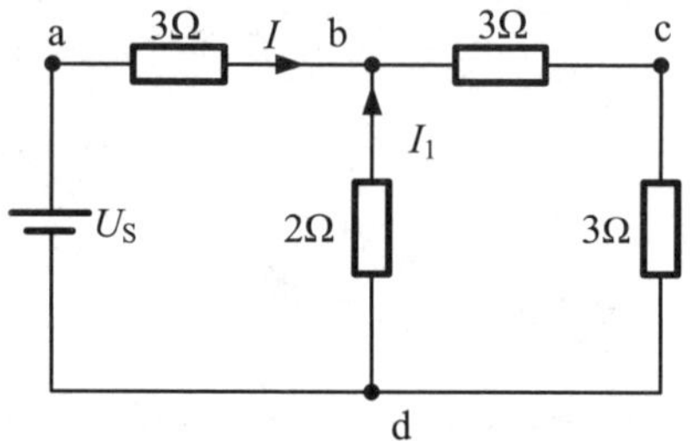

图 1.2.2　例 1.2.1 电路

若 $I = 5\text{A}$，则电流的实际方向从 a 流向 b；若 $I = -5\text{A}$，则电流的实际方向从 b 流向 a。若 $I_1 = 2\text{A}$，则电流的实际方向从 d 流向 b；若 $I_1 = -2\text{A}$，则电流的实际方向从 b 流向 d。

1.2.2　电压和电压的参考方向

电场力把单位正电荷从 a 点移动到 b 点所做的功称为 a、b 两点之间的**电压**（Voltage），其数学表达式如式（1.2.2），不随时间变化的直流电压（Direct Voltage）用大写的斜体字母 U 表示，随时间变化的时变电压（Alternating Voltage，又称交流电压）用小写的斜体字母 u 表示。电压的国际单位为伏特（V），常用单位还有千伏（kV）、毫伏（mV）、微伏（μV），换算关系为 $1\text{kV}=10^3\text{V}= 10^6\text{mV}=10^9\mu\text{V}$。

$$U_{ab} = \frac{W_{ab}}{Q} \quad 或 \quad u_{ab} = \frac{\mathrm{d}w_{ab}}{\mathrm{d}q} \tag{1.2.2}$$

式中，W_{ab} 和 w_{ab} 表示电场力做的功。

为了方便分析与运算，可任意假定两点间的电压方向，简称电压参考方向（Voltage Reference Direction），此时电压大小也是代数值。电压参考方向的表示方法分为正负极性法（参考方向是由正极性指向负极性）、箭头表示法和双下标法三种，如图 1.2.3 所示。

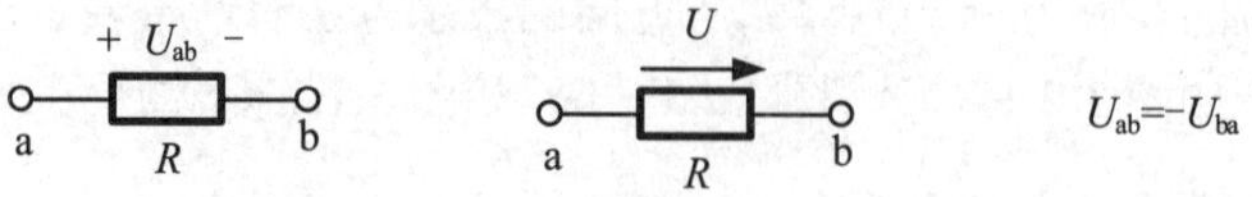

（a）正负极性法　　（b）箭头表示法　　（c）双下标法

图 1.2.3　电压参考方向的表示方法

电压实际方向与参考方向一致，电压为正值；电压实际方向与参考方向相反，电压为负值。

【例 1.2.2】 图 1.2.3（b）中所示方向是参考方向，若 $U=10\text{V}$，则电压的实际方向从 a 指向 b；若 $U=-10\text{V}$，则电压的实际方向从 b 指向 a。

一个元件或一段电路中电压和电流的参考方向均可以任意选定。若假设电流的参考方向与电压的参考方向一致，就称为关联参考方向（Associated Reference Direction），否则称为非关联参考方向，如图 1.2.4 所示。

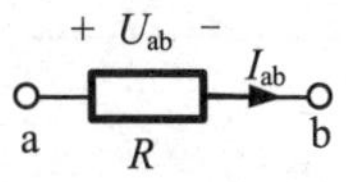

（a）关联参考方向

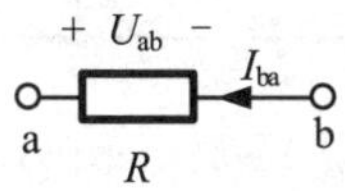

（b）非关联参考方向

图 1.2.4　关联和非关联参考方向

1.2.3　功率

功率（Power），用符号 P 表示，定义为单位时间内，电路元件吸收（或产生）的能量，见式（1.2.3）。

$$p(t)=\frac{\mathrm{d}w}{\mathrm{d}t} \tag{1.2.3}$$

式中，$\mathrm{d}w$ 为 $\mathrm{d}t$ 时间内电场力所做的功。

由式（1.2.1）和式（1.2.2），则

$$p(t)=u(t)i(t) \tag{1.2.4}$$

在直流电路中，式（1.2.4）可写成式（1.2.5）

$$P=UI \tag{1.2.5}$$

功率的国际单位制为瓦特（W），其他常用单位还有毫瓦（mW）、千瓦（kW）和兆瓦（MW），换算关系为：1 W = 1000 mW；1kW=1000W；1MW=1000kW。

功率是具有大小及正负值的物理量。若 $P>0$，则该元件或电路吸收功率，即该元件起负载作用；若 $P<0$，则该元件或电路发出功率，即该元件起电源作用；若 P=0，则该元件（如理想电容元件、理想电感元件）既不吸收功率也不发出功率，一般地说，电源所产生的功率一定消耗在该电路的其他一些元件上，这就是电路中的功率平衡原理，即吸收功率=-产生功率。在完整电路中，$\sum P=0$。

对任意一个二端元件（或二端电路），当电压与电流为关联参考方向时有 $p=ui$；当电压与电流为非关联参考方向时有 $p=-ui$。二端元件是指有两个外接引出端子的元件。

【例 1.2.3】 求图 1.2.5 中各元件的功率，并指出每个元件起电源作用还是负载作用。

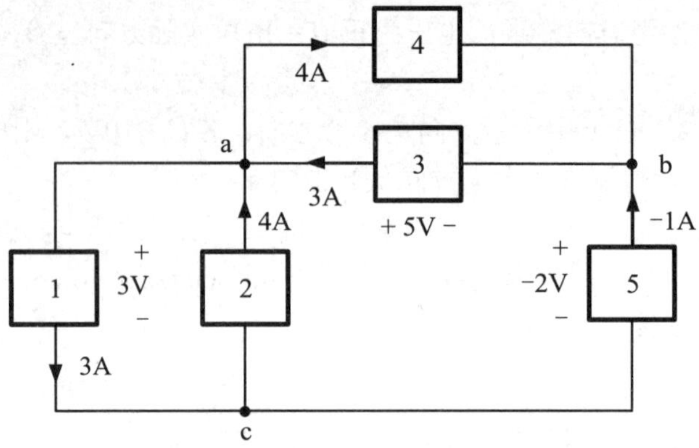

图 1.2.5　例 1.2.3 电路

解： 元件 1：关联参考方向 $P_1 = U_1I_1 = 3\times3 = 9(\text{W})$（吸收）

元件 2：非关联参考方向 $P_2 = -U_2I_2 = -3\times4 = -12(\text{W})$（产生）

元件 3：非关联参考方向 $P_3 = -U_3I_3 = -5\times3 = -15(\text{W})$（产生）

元件 4：关联参考方向 $P_4 = U_4I_4 = 5\times4 = 20(\text{W})$（吸收）

元件 5：非关联参考方向 $P_5 = -U_5I_5 = -(-2)\times(-1) = -2(\text{W})$（产生）

注意在元件 5 的功率计算公式中，第 1 个负号表示电压与电流参考方向非关联，第 2 个负号表示电压实际方向与参考方向相反，第 3 个负号表示电流实际方向与参考方向相反。

元件 1 和元件 4 功率为正，起负载作用；元件 2、元件 3 和元件 5 功率为负，起电源作用。并且所有元件提供的功率与吸收的功率相等，即 $P_1 + P_4 = -\left(P_2 + P_3 + P_5\right)$，$\sum P = 0(\text{W})$。

1.3　电阻元件

电阻元件（Resistor，又称电阻）是从实际电阻器中抽象出来的模型，反映元件材料的电阻特性。实际生活中常见的白炽灯泡、电热丝等均可模型为电阻器。在电路中工作时要消耗电能，并将电能不可逆地转换成热能、光能等。

电阻元件的电路图形符号是一个矩形框，文字符号是大写的斜体字母 *R*，如图 1.3.1（a）所示。

电阻按照它的电压-电流关系分为线性电阻（Linear Resistor）和非线性电阻（Nonlinear Resistor）。线性电阻元件在电压与电流参考方向关联时，电压与电流之间满足欧姆定律（Ohm’s Law），见式（1.3.1）。本章所用的都是线性电阻元件。

$$u=Ri \tag{1.3.1}$$

电阻的国际单位是欧姆（Ω），大小是电阻伏安特性曲线的斜率，常用的还有千欧（kΩ）和兆欧（MΩ）。若线性电阻元件在电压与电流参考方向非关联时，则欧姆定律为$u=-Ri$。

电阻的倒数称为电导（Conductance），用大写斜体字母 *G* 表示，欧姆定律见式（1.3.2），单位为西门子（S）。

$$i=Gu \tag{1.3.2}$$

元件的电压与电流之间的关系称为伏安关系（Volt Ampere Relation，VAR），记忆元件是输入信号撤离后，元件依然保持输入信号的信息，而电阻某一瞬时电压仅与该时刻的电流有关，所以电阻是无记忆元件。根据欧姆定律，线性电阻元件的伏安特性是过原点的一条直线，如图 1.3.1（b）所示。

线性电阻元件有两个特殊情况——开路和短路。当电阻元件上的电流恒等于零时，即 $R \to \infty$，称为开路，如图 1.3.1（c）所示；当电阻元件上的电压恒等于零时，即 $R \to 0$，称为短路，如图 1.3.1（d）所示。

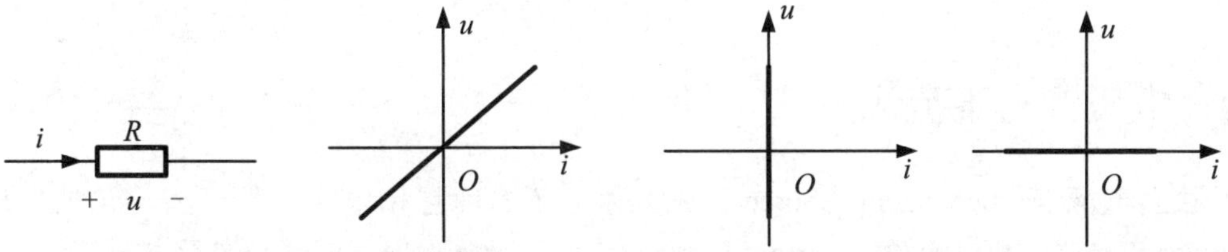

（a）电路图形符号　（b）伏安特性　（c）开路特性　（d）短路特性

图 1.3.1　电阻元件及其伏安特性

电阻按阻值类型可分为固定式和可调式两种，大多数阻值是固定的。目前采用丝网印刷法印在基板上制成的片式电阻应用越来越广泛，其耐潮湿和高温，温度系数小，可大大节约电路空间，使设计更精细化。

线性电阻元件的功率 P 在电压和电流的关联参考方向下，见式（1.3.3）。

$$P = UI = RI^2 = \frac{U^2}{R} = GU^2 \tag{1.3.3}$$

若 R 和 G 是正实数，则功率 P 为正值，说明电阻元件消耗能量，吸收功率。

【例 1.3.1】已知图 1.3.2 中 $U = -6\text{V}$，$I = 2\text{A}$，求电阻 R。

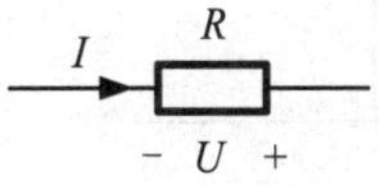

图 1.3.2　例 1.3.1 电路

解：由于电阻的电压、电流参考方向非关联，因此 $R = -\dfrac{U}{I} = -\dfrac{(-6)}{2} = 3(\Omega)$。

上式中第 1 个负号表示电压与电流参考方向非关联。(-6) 表示在电压参考方向下，电压的代数值为负数，即电压实际方向与参考方向相反。

电阻器在电路中常用作电压调整（通过串联分压实现）、电流调整（通过并联分流或串联限流实现）和负载电阻（替代负载，等效负载对电能的消耗）。实际应用中，选用电阻器，需要考虑如下主要参数：标称阻值（电阻器上标出的名义阻值）、容许偏差（实际阻值与标称阻值的偏差）、额定功率（电阻可以耗散的最大功率）等。

（1）标称阻值与容许偏差。

为了便于生产和使用，国家统一规定了一系列阻值作为电阻器（电位器）阻值的标准值，这一系列阻值叫作电阻的标称阻值。实际阻值与标称阻值存在偏差，这个偏差与标称阻值的百分比称为容许偏差，简称容差。容许偏差越小，电阻的精度就越高，价格就越贵。随着电子设备小型化发展趋势，贴片电阻被广泛应用。标称阻值是按系列来确定的，各系列是由电阻的容差来划分的（容差越小，阻值划分得越多），其中最常用的是 E-24（电阻值的容差为±5%），其阻值容差有 4 级：F 级，±l%；G 级，±2%；J 级，±5%；K 级，±10%。

（2）额定功率。

额定功率是指一个电阻可以耗散的最大功率。通常额定功率有 1/20W、1/16W、1/8W、1/4W、1/2W、1W、2W、5W、10W 等。

1.4 电压源与电流源

独立电源（Independent Source）是实际电源的理想化电路元件模型，包括**电压源**（Voltage Source）和**电流源**（Current Source）。每种又分为理想电源和实际电源。

1.4.1 理想电压源

理想电压源简称电压源，用 U_S 表示，是一个二端元件。理想电压源输出的电压恒定，其电压大小与外接的电路无关，电压源的电流由外接电路确定。直流电压源的符号如图 1.4.1（a）所示，图 1.4.1（b）所示是一般电压源的符号，图 1.4.1（c）所示是电压源的伏安特性。

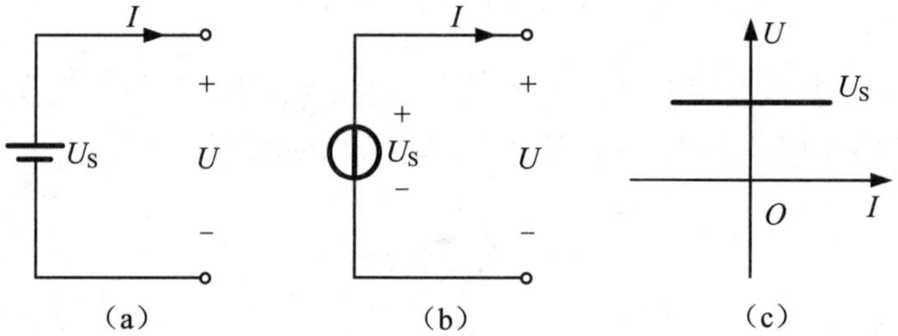

图 1.4.1　理想电压源符号及其伏安特性

1.4.2 理想电流源

理想电流源简称电流源，用 I_S 表示，是一个二端元件。电流源输出的电流恒定，其电流大小与外接的电路无关，电流源的电压由外接电路确定。电流源的符号如图 1.4.2（a）所示，图 1.4.2（b）所示是电流源的伏安特性。

理想电压源内阻为零，并永恒向外提供固定值（或某函数）的电压；理想电流源内阻无穷大，并永恒向外提供固定值（或某函数）的电流。电压源的电压可以为零，此时电压源相当于短路线。电流源的电流可以为零，此时电流源相当于开路。

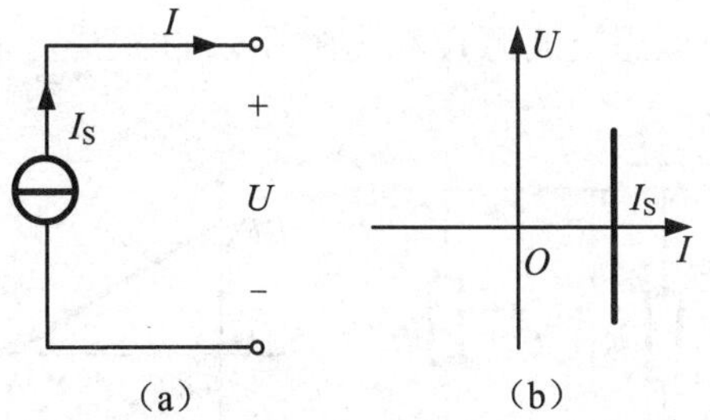

图 1.4.2　理想电流源符号及其伏安特性

1.4.3　实际电源

实际电源在向负载提供电能的同时自身也会消耗一部分电能，这种实际电源自身对电能的消耗可用一个电阻 R_S 来描述。R_S 称为实际电源的内阻。实际电源有内阻，且随着使用时间的不同，输出电流值和电压值都会变化。许多笔记本电脑用户都有同感：长时间使用笔记本后，最热的地方不是机身表面，也不是出风口附近，而是笔记本电脑旁边的电源适配器，拿起来往往会有烫手的感觉，更严重的是出现啸叫、冒烟等故障。笔记本电脑适配器是一个高精密、高效率的开关型稳压电源，其作用是把 220V 的交流电转换为低压直流电，它是一个实际电源，有内阻。当电源输出电流时，会在内部产生电压降，等于输出电流乘以电源内阻。电压降会导致两个问题：一个是产生热量，等于输出电流的平方乘以内阻，所以电源会发热；另一个是输出电压变为标称电压减去内部压降，导致输出电压降低。

1. 实际电压源

实际电源模型可以由理想电压源 U_S 和内阻 R_S 串联组成，如图 1.4.3 所示。实际电压源伏安关系为

$$U = U_S - R_S I \tag{1.4.1}$$

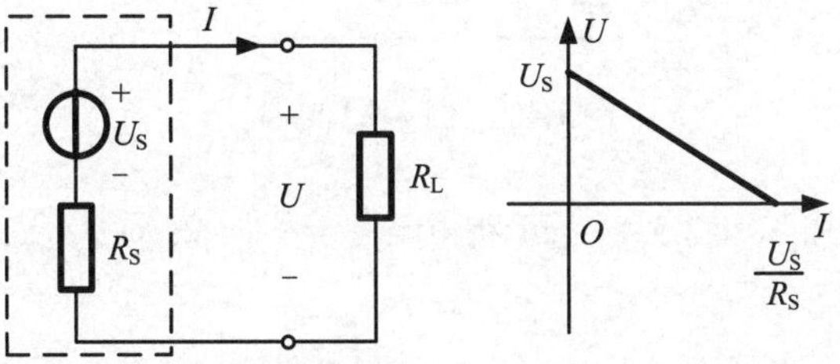

（a）实际电压源模型　　（b）端口的伏安特性

图 1.4.3　实际电压源模型及端口的伏安特性

若 R_S=0，即为理想电压源。U_{OC} 为开路电压，是指电路开路时端口两端的电压。I_{SC} 为短路电流，是指端口短路时，端口两端的电流。这里 $U_{OC}=U_S$，$I_{SC}=\frac{U_S}{R_S}$。

2. 实际电流源

实际电流源模型可以由理想电流源 I_S 和内阻 R_S 并联组成，如图 1.4.4 所示。

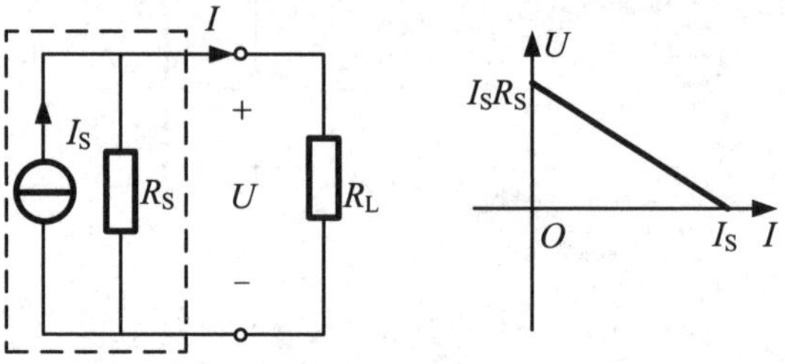

（a）实际电流源模型　　（b）端口的伏安特性

图 1.4.4　实际电流源模型及端口的伏安特性

其端口伏安特性可表示为

$$I = I_S - \frac{U}{R_S}$$

若 $R_S \to \infty$，则为理想电流源。实际电流源开路电压和短路电流分别为

$$U_{OC}=R_SI_S\text{，}\quad I_{SC}=I_S$$

【例 1.4.1】在图 1.4.5 所示直流电路中，已知负载的额定功率 P=80W，额定电压 U=40V，内阻 $R_S = 0.5\Omega$，负载可调，试求：（1）在额定工作状态下的电流及负载电阻；（2）开路电压 U_{OC}；（3）短路电流 I_{SC}。

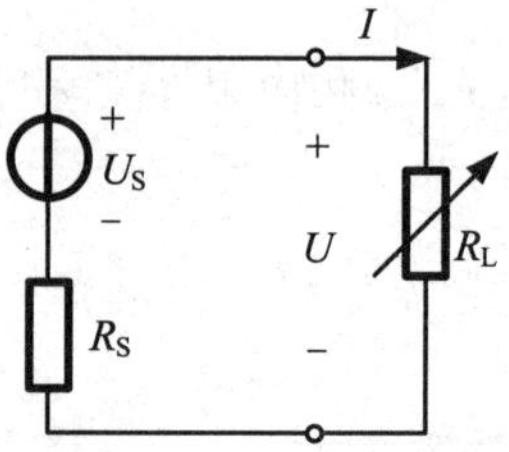

图 1.4.5　例 1.4.1 电路

解：（1）根据式（1.2.5），可得 $I = \frac{P}{U} = \frac{80}{40} = 2(\text{A})$，又根据式（1.3.1）得 $R_L = \frac{U}{I} = \frac{40}{2} = 20(\Omega)$。

（2）根据式（1.4.1），可得 $U_{OC} = U_S = U + IR_S = 40 + 2 \times 0.5 = 41(\text{V})$。

（3）$I_{SC} = \frac{U_S}{R_S} = \frac{41}{0.5} = 82(\text{A})$。

由此可见，本题中短路电流是额定电流的 41 倍。由于一般内阻较小，故不可以将电压源短路，否则会因为短路电流太大而烧毁电源，因此电压源在实际使用时必须加电阻进行短路保护。

【例 1.4.2】计算如图 1.4.6 所示电路中的电压 U、电流 I 及理想电压源、理想电流源的功率。

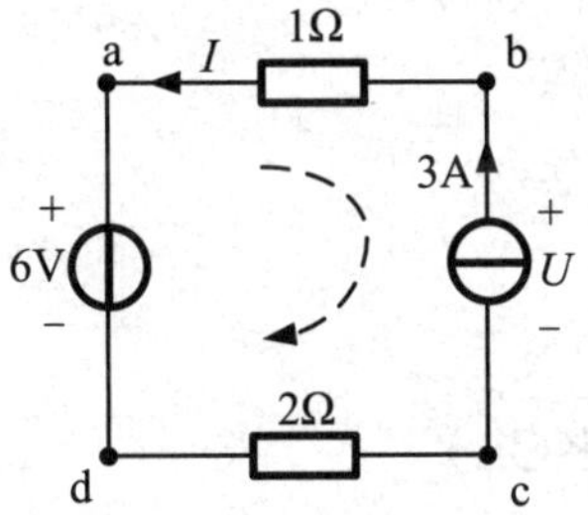

图 1.4.6　例 1.4.2 电路

解：由电路图可得 I=3A（由于电路中存在恒流源），在电路元件两端依顺时针标上 abcd，则 $-I\times1+U-I\times2-6=0$，

所以　　　$U=15(\text{V})$。

由于理想电流源的电压与电流是非关联的，所以 $P_{3\text{A}}=-U\times1=-15\times3=-45(\text{W})$（产生）。

由于理想电压源的电压与电流是关联的，所以 $P_{6\text{V}}=U\times I=6\times3=18(\text{W})$（吸收）。

注意，电压源和电流源在电路中不一定都是提供功率充当电源，也可能吸收功率起负载作用，如充电器给蓄电池充电，蓄电池就是吸收功率的。

1.5　基尔霍夫定律

基尔霍夫定律（Kirchhoff Laws）是电路中电压和电流所遵循的基本规律，是分析和计算电路的基础，1845 年由德国物理学家 G.R.基尔霍夫（G. R. Kirchhoff，1824—1887）提出。它既可以用于直流电路的分析，也可以用于交流电路的分析，还可以用于含有电子元件的非线性电路的分析。基尔霍夫定律包括电流定律（KCL）和电压定律（KVL）：前者应用于分析电路中流入和流出节点的电流；后者应用于描述电路中沿回路各段电压间的约束关系。

在分析和计算电路之前，先介绍与电路结构相关的几个电路术语。如图 1.5.1 所示，电路由电路元件的两端相互连接而成，这样可用支路、节点、分段点、回路等电路术语来描述。

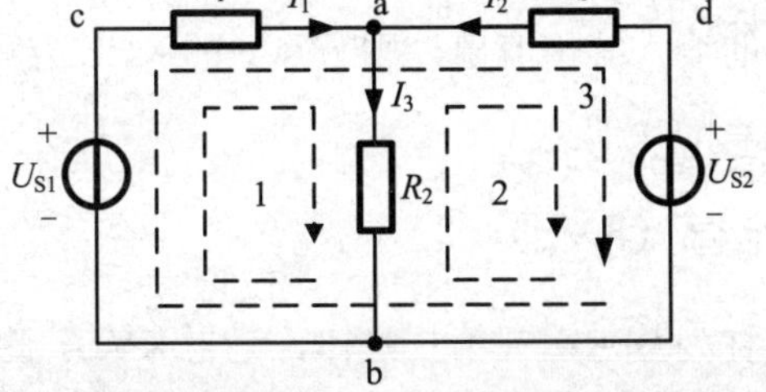

图 1.5.1　支路、节点、分段点、回路

支路：串联的元件构成一条支路，U_{S1} 与 R_1 形成一条支路。一条支路的元件流过一个相同的电流，称为支路电流。

节点：两条或两条以上支路的连接点。

分段点：元件与元件的连接点。

回路：由支路组成的闭合路径。

图 1.5.1 中有 3 条支路（I_1、I_2、I_3），2 个节点（a、b），4 个分段点（a、b、c、d），3 个回路（1、2、3）。

1.5.1　基尔霍夫电流定律（KCL）

基尔霍夫电流定律又称为基尔霍夫第一定律，记为 KCL。可以表述为：任一时刻流出（流入）任一节点电流的代数和等于零，或任一时刻，流入任一节点的电流之和等于流出该节点的电流之和，即

$$\sum I = 0 \text{ 或 } \sum I_{\mathrm{i}} = \sum I_{\mathrm{o}} \tag{1.5.1}$$

在图 1.5.1 中，若按电流列方程，设流出节点的电流为正，流入节点的电流为负；则节点 a 的 KCL 方程：$-I_1 + I_2 + I_3 = 0$，节点 b 的 KCL 方程：$I_1 - I_2 - I_3 = 0$。这两个方程相加，左右都为 0，即这两个方程不独立。若将其中一个节点 b 接地，其余节点的 KCL 方程称为独立方程，即当节点数为 n，独立方程个数为 $n-1$。

【例 1.5.1】 求如图 1.5.2 所示电路中的电流 I_1、I_2 及 I_3。

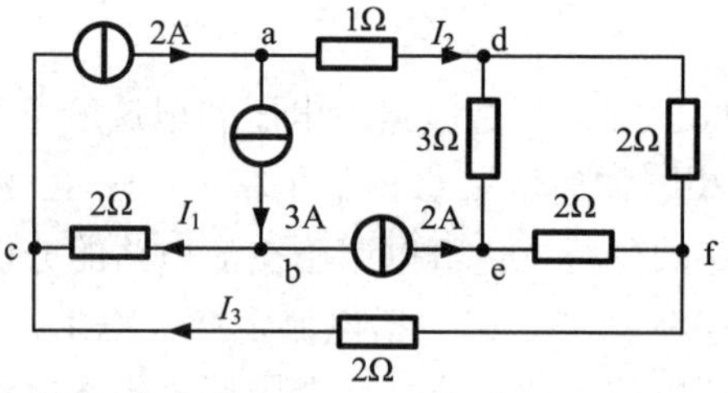

图 1.5.2　例 1.5.1 电路

解： 设流出节点 b 的电流为正，则节点 b 的 KCL 方程为

$I_1 - 3 + 2 = 0$，即 $I_1 = 1(\mathrm{A})$

同理设流入节点 a 的电流为正，则节点 a 的 KCL 方程为

$-I_2 - 3 + 2 = 0$，即 $I_2 = -1(\mathrm{A})$

根据节点 c 电流的流入等于流出，则节点 c 的 KCL 方程为

$I_1 + I_3 = 2$，即 $I_3 = 1(\mathrm{A})$

1.5.2　基尔霍夫电压定律（KVL）

基尔霍夫电压定律又称为基尔霍夫第二定律，记为 KVL。此定律表明：沿任一闭合回路绕行一周，各支路电压的代数和为零，即

$$\sum U = 0 \tag{1.5.2}$$

应用式（1.5.2）时要注意，元件两端电压的方向与回路绕行的方向一致取正，相反取负。

【例 1.5.2】求如图 1.5.3 所示电路中的电压 U_1 和 U_2。

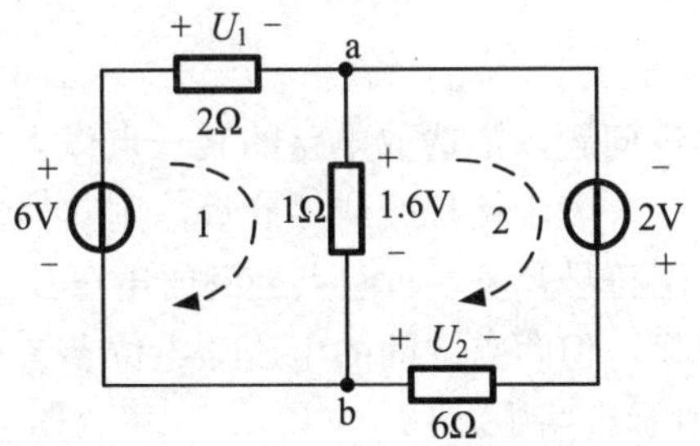

图 1.5.3　例 1.5.2 电路

解：取回路 1 和回路 2 的顺时针方向为绕行方向。

回路 1 的 KVL 方程为

$$U_1 + 1.6 - 6 = 0$$

求得 $U_1 = 4.4(\mathrm{V})$。注意在回路 1 中 2Ω 电阻的电压方向是从“+”到“−”，与回路顺时针绕行的方向一致，所以 U_1 取正。1Ω 电阻的电压方向是从“+”到“−”，与回路顺时针绕行的方向一致，所以其电压取正。6V 电压源的电压方向是从“+”到“−”，是向下的，与回路顺时针绕行的方向不同，所以取负。

回路 2 的 KVL 方程为

$$-U_2 - 2 - 1.6 = 0$$

求得 $U_2 = -3.6(\mathrm{V})$。

【例 1.5.3】求如图 1.5.4 所示电路中的电压 U_{ab} 和 U_{ac}。

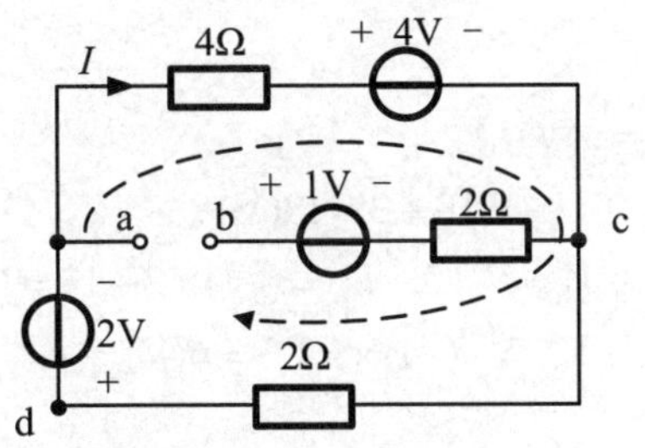

图 1.5.4　例 1.5.3 电路

解：取顺时针方向为绕行方向，电流 I 方向如图 1.5.4 所示，注意 bc 支路没有电流。

KVL 方程为 $4 \times I + 4 + 2 \times I + 2 = 0$

求得 $I = -1(\mathrm{A})$

从图 1.5.4 中可知，由于 bc 支路存在 1V 的电压源，即 $U_{cb} = -1(V)$。由于 ad 支路存在 2V 的电压源，所以 $U_{ad} = -2(V)$，则 $U_{ab} = U_{ad} + U_{dc} + U_{cb} = -2 - 2\times(-1) - 1 = -1(V)$，$U_{ac} = U_{ad} + U_{dc} = -2 - 2\times(-1) = 0(V)$。

1.6 电位

电子电路中多用电位讨论问题，常选取电路的某一点作为参考点，并将参考点电位规定为零，用符号“⊥”来表示，表示接机壳或接底板，则其他点与参考点之间的电压就称为该点的电位（Potential），用符号 V 表示。两点之间的电压 U 等于两点之间的电位差。参考点改变，各点电位随之改变，但两点之间的电压与电位参考点的选取无关。

【例 1.6.1】 在图 1.6.1 所示电路中，

（1）选 e 点为参考点，求 a、b、c、d 四点的电位值；

（2）选 c 点为参考点，求 a、b、d、e 四点的电位值。

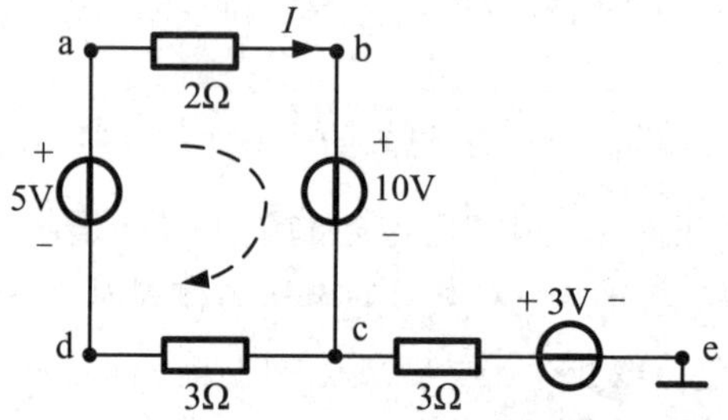

图 1.6.1 例 1.6.1 电路

解：（1）选 e 点为参考点。

回路 abcda 取顺时针，其 KVL 为

$$-5 + 2\times I + 10 + 3\times I = 0$$

得 $I = -1(A)$。

注意支路 ce 没有电流。

此时 c 点的电位 $V_c = U_{ce} = 3(V)$。

b 点的电位 $V_b = U_{be} = U_{bc} + U_{ce} = 10 + 3 = 13(V)$。

a 点的电位 $V_a = U_{ae} = U_{ab} + V_b = I\times 2 + V_b = (-1)\times 2 + 13 = 11(V)$。

d 点的电位 $V_d = U_{de} = U_{dc} + V_{ce} = -(-1)\times 3 + 3 = 6(V)$。

（2）选 c 点为参考点。

选回路 abcda，其 KVL 为

$$-5 + 2\times I + 10 + 3\times I = 0$$

得 $I = -1(A)$。

此时 e 点的电位 $V_e = U_{ec} = -3(V)$。

b 点的电位 $V_b = U_{bc} = 10(V)$。

a 点的电位 $V_a = U_{ac} = U_{ab} + V_b = I \times 2 + V_b = (-1)\times 2 + 10 = 8(V)$。

d 点的电位 $V_d = U_{dc} = -(-1)\times 3 = 3(V)$。

可见，选择不同的参考点，电位会发生变化。但两点之间的电压与参考点的选择无关，如选e点为参考点，$U_{ab} = V_a - V_b = 11 - 13 = -2(V)$，选c点为参考点，$U_{ab} = V_a - V_b = 8 - 10 = -2(V)$。需要说明的是，在一个电路中，仅能选取一个参考点。

【例 1.6.2】 在图 1.6.2 所示电路中，求 a、b、c、d、e 各点电位。

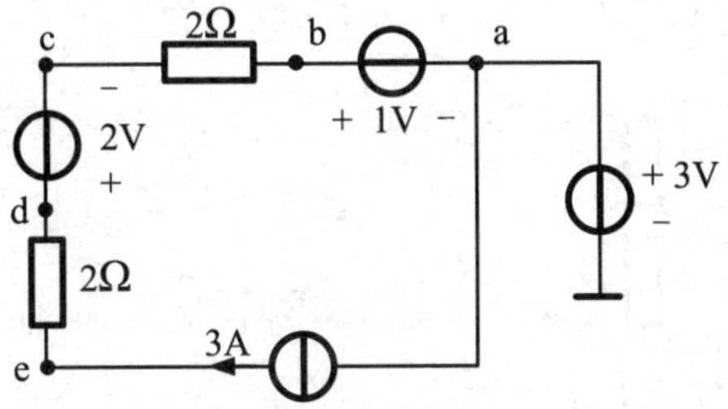

图 1.6.2　例 1.6.2 电路

解： 由于 3V 的电压源一端接地，所以 V_a=3(V)，注意这条支路没有电流。

左边回路由于存在 3A 的电流源，所以回路电流为 3A，取顺时针方向为绕行方向，b 点电位比 a 点电位高 1V，所以 V_b=4(V)，cb 的电压降方向与顺时针电流方向相同，即 $U_{cb} = 2\times 3 = 6(V)$，所以 V_c=10(V)。d 点电位比 c 点电位高 2V，V_d=12(V)，ed 的电压降方向与顺时针电流方向相同，即 $U_{ed} = 2\times 3 = 6(V)$，所以 V_e=18(V)。注意 3A 电流源的电压不能直接计算得出，应利用外电路确定。

1.7　单口网络及等效

单口网络（One-Port Network）是指只有一个端口与外部电路连接的电路，端口有两个端钮，流入一个端钮的电流等于流出另一个端钮的电流，因此单口网络又称为二端网络。

单口网络在端口上的电压 U 和电流 I 的关系称为单口网络的伏安关系 VAR。如图 1.7.1 所示，两个单口网络 N_1 和 N_2，如果伏安关系 VAR 完全相同，则称两个单口网络是等效的。

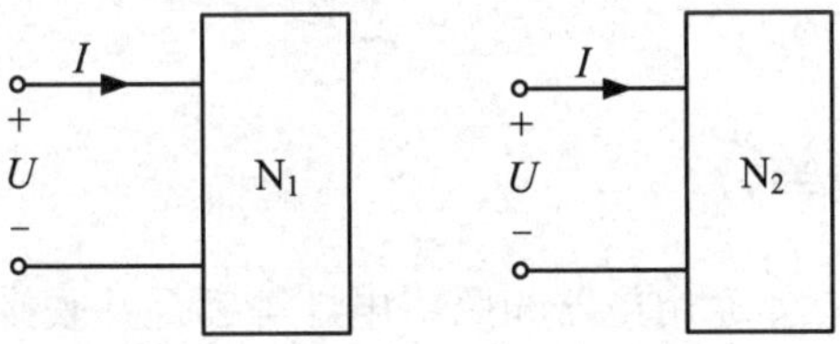

图 1.7.1　两个单口网络 N_1 和 N_2

注意：等效是指对外电路等效，内部结构不一定一样。

1.7.1 电阻的串联及等效

图 1.7.2（a）所示为两个电阻串联（Series Connection）的单口网络，端口电压为U，电流为I，根据R_1和R_2是一条支路，其支路电流为I，利用 KCL，可得

$$U = U_1 + U_2 = IR_1 + IR_2 = I\left(R_1 + R_2\right) \tag{1.7.1}$$

图 1.7.2（b）所示为一个电阻的单口网络，端口电压为U，电流为I，其伏安关系为

$$U = RI \tag{1.7.2}$$

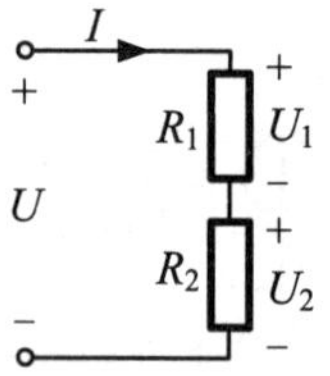

（a）两个电阻串联

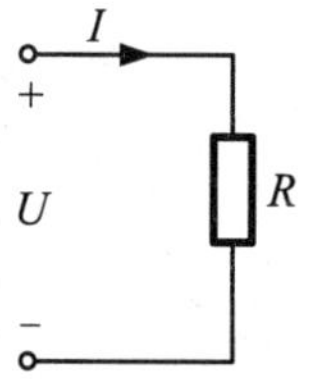

（b）串联等效电阻

图 1.7.2　电阻的串联及等效

显然，由$IR = I\left(R_1 + R_2\right)$得$R = R_1 + R_2$，满足此条件时，图 1.7.2（b）所示电路就是图 1.7.2（a）所示电流的等效电路。各电阻串联分压公式（Voltage-Divider Equation）为

$$U_1 = R_1 I = \frac{R_1}{R_1 + R_2}U \qquad U_2 = R_2 I = \frac{R_2}{R_1 + R_2}U \tag{1.7.3}$$

对于n个电阻的串联，伏安关系为

$$U = U_1 + U_2 + \cdots + U_n = I\left(R_1 + R_2 + \cdots + R_n\right) = IR \tag{1.7.4}$$

所以串联电路的等效电阻为

$$R = R_1 + R_2 + \cdots + R_n = \sum_{i=1}^{n} R_i \tag{1.7.5}$$

第k条支路的电压为

$$U_k = \frac{R_k}{\sum\limits_{i=1}^{n} R_i}U \tag{1.7.6}$$

1.7.2 电阻的并联及等效

并联电路应用广泛，如家用电器和照明电灯等都是并联接入市电网络的，以保证其工作在额定电压下。另外，当用电压表测量电路中两点之间的电压时，需将电压表并联在所要测量的两点间。

图 1.7.3（a）所示为两个电阻并联（Parallel Connection）的单口网络，端口电压为U，根据 KVL 可知各个元件的电压是同一个电压，利用 KCL 可得总的电流I等于各个元件电

流之和，用电阻元件伏安关系的电导形式，可表示该单口网络的伏安关系为

$$I = I_1 + I_2 = G_1U + G_2U = (G_1 + G_2)U = GU \tag{1.7.7}$$

根据式(1.7.7)，可得出用电阻表示的两电阻并联分流公式(Current-Divider Equation)：

$$\begin{cases} I_1 = G_1U = G_1\dfrac{I}{G} = \dfrac{R_2}{R_1 + R_2}I \\ I_2 = G_2U = G_2\dfrac{I}{G} = \dfrac{R_1}{R_1 + R_2}I \end{cases} \tag{1.7.8}$$

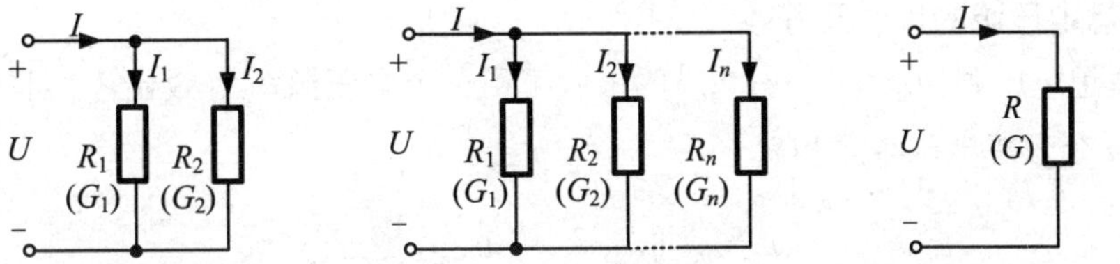

（a）两个电阻并联　　（b）多个电阻并联　　（c）并联等效电阻

图 1.7.3　电阻并联及等效

若有 n 个电导并联，如图 1.7.3（b）所示，则

$$I = I_1 + I_2 + \cdots + I_n = \left(\frac{1}{R_1} + \frac{1}{R_2} + \cdots + \frac{1}{R_n}\right)U = (G_1 + G_2 + \cdots + G_n)U = GU \tag{1.7.9}$$

其等效电路如图 1.7.3（c）所示，并联电路的等效电阻为

$$\frac{1}{R} = \frac{1}{R_1} + \frac{1}{R_2} + \cdots + \frac{1}{R_n} \tag{1.7.10}$$

两个电阻串联时的分压公式，两个电阻并联时用电阻表示的分流公式，以及用电导表示的分流公式，这三者很相似，注意它们之间的异同。

【例 1.7.1】 求图 1.7.4 中的各支路电流 I_1、I_2 及电压 U。

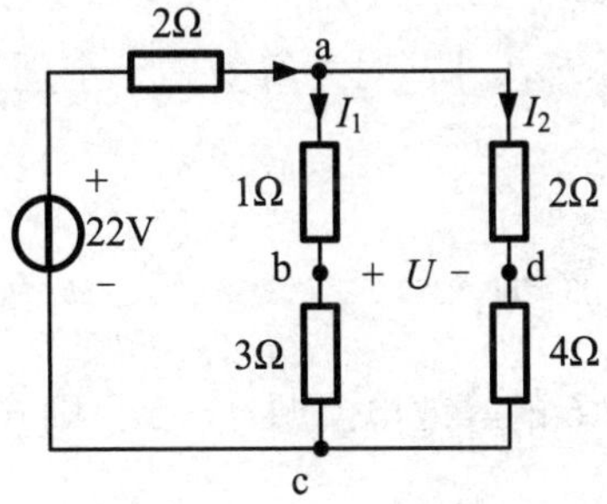

图 1.7.4　例 1.7.1 电路

解： 等效电阻 $R = 2 + \dfrac{(1+3)\times(2+4)}{(1+3)+(2+4)} = 4.4(\Omega)$。

电流 $I=\dfrac{22}{R}=5(\mathrm{A})$。

分流公式 $I_1=\dfrac{(2+4)}{(1+3)+(2+4)}\times I=3(\mathrm{A})$。

根据 KCL 方程计算另一条支路电流 $I_2=I-I_1=2(\mathrm{A})$。

两支路之间电压 $U=U_{\mathrm{bd}}=U_{\mathrm{bc}}-U_{\mathrm{dc}}=I_1\times 3-I_2\times 4=3\times 3-2\times 4=1(\mathrm{V})$。

1.7.3 理想电源的等效变换

1. 理想电压源的串联及等效

n 个理想电压源 $(u_{\mathrm{S1}},\ u_{\mathrm{S2}},\ \cdots,u_{\mathrm{S}n})$ 的串联可用一个电压源 u_{S} 等效代替，且等效电压源的大小等于 n 个理想电压源之和。

$$u_{\mathrm{S}}=u_{\mathrm{S1}}+u_{\mathrm{S2}}+\cdots+u_{\mathrm{S}n}=\sum_{k=1}^{n}u_{\mathrm{S}k} \tag{1.7.11}$$

如果 $u_{\mathrm{S}k}$ 的参考方向与图 1.7.5 所示的等效电压源 u_{S} 一致，则式（1.7.11）中 $u_{\mathrm{S}k}$ 的前面取“+”号，否则取“-”号。

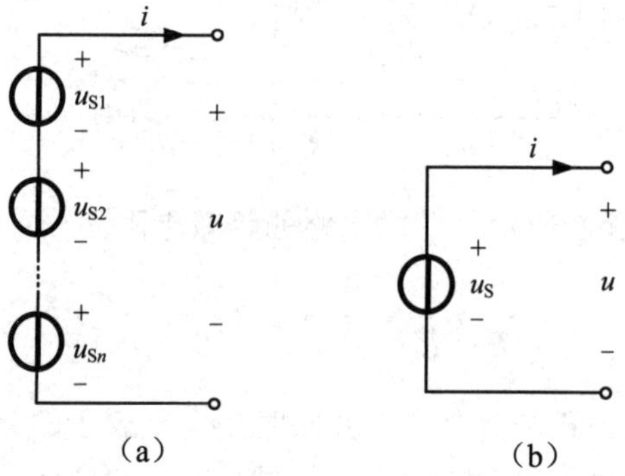

图 1.7.5 理想电压源串联及等效

2. 理想电流源的并联及等效

n 个理想电流源并联 $(i_{\mathrm{S1}},i_{\mathrm{S2}},\cdots,i_{\mathrm{S}n})$，对外等效为一个理想电流源 i_{S}，其电流大小为等效前各电流源的代数和。

$$i_{\mathrm{S}}=i_{\mathrm{S1}}+i_{\mathrm{S2}}+\cdots+i_{\mathrm{S}n}=\sum_{k=1}^{n}i_{\mathrm{S}k} \tag{1.7.12}$$

如果 $i_{\mathrm{S}k}$ 的参考方向与图 1.7.6 的等效电流源 i_{S} 一致，则式（1.7.12）中 $i_{\mathrm{S}k}$ 的前面取“+”号，否则为“-”号。

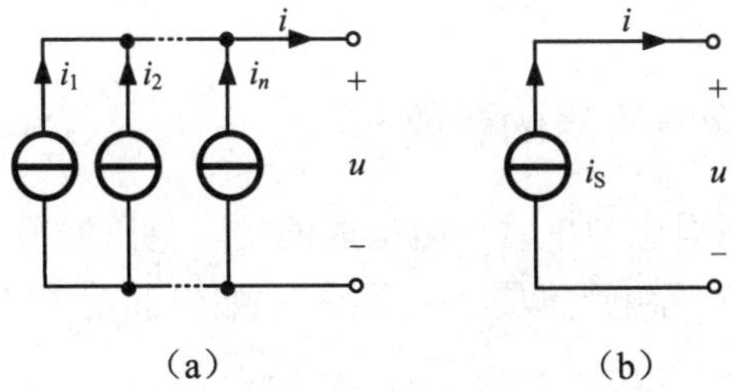

图 1.7.6　理想电流源的并联及等效

3. 理想电压源与元件的并联及等效

图 1.7.7（a）所示为理想电压源与元件的并联单口网络，其中元件用矩形框表示，开路电压$U_{OC}=U_S$，与图 1.7.7（b）所示的伏安关系一样，即图 1.7.7（a）与图 1.7.7（b）所示电路等效。

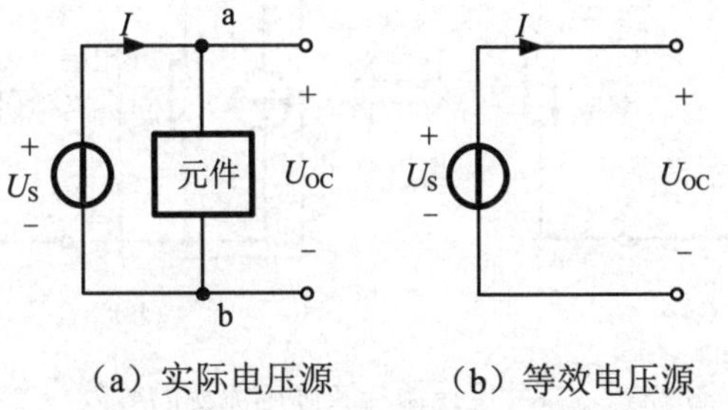

图 1.7.7　理想电压源与元件的并联等效

理想电压源与元件并联后，对于外电路而言可以等效成电压源本身，即并联的元件可以去掉。如果并联的元件是电压源，则要求两个电压源的极性和大小相同，否则禁止将两个电压源并联在一起。

4. 理想电流源与元件的串联及等效

图 1.7.8(a)所示为理想电流源与元件的串联单口网络，电流源上端钮流过的电流I=I_S，与图 1.7.8（b）所示的伏安关系一样，即图 1.7.8（a）与图 1.7.8（b）所示电路等效。

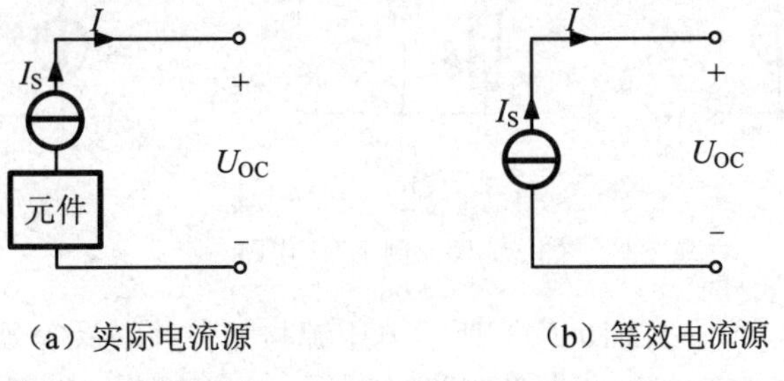

图 1.7.8　理想电流源与元件的串联等效

理想电流源与元件串联后，对于外电路而言可以等效成电流源本身，即串联的元件可以去掉。如果两个电流源串联，则要求两个电流源的方向和大小相同，否则禁止将两个电流源串联在一起。

1.7.4 实际电压源与实际电流源的等效

图 1.7.9（a）所示为理想电压源串联电阻构成的实际电压源模型，图 1.7.9（b）所示为理想电流源并联电阻构成的实际电流源模型，两图中端口的U和I的参考方向相同。

图 1.7.9（a）的 VAR 为

$$U = U_S - R_S I$$

图 1.7.9（b）的 VAR 为

$$U = R_0\left(I_S - I\right) = R_0 I_S - R_0 I$$

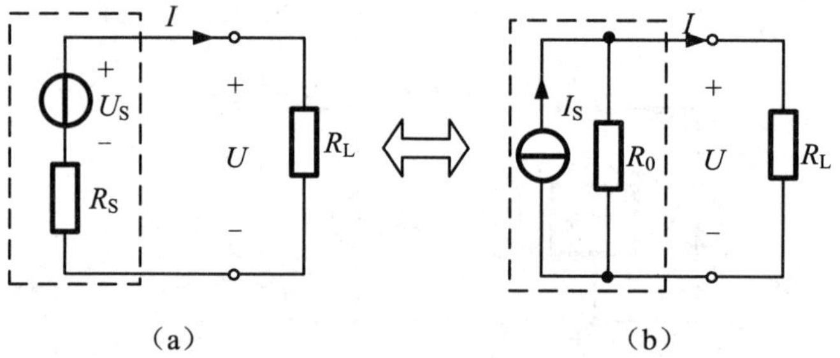

图 1.7.9 实际电压源与实际电流源的等效

比较实际电压源与实际电流源的伏安关系，可以看出，当满足$R_S = R_0$，且$U_S = R_0 I_S$两个条件时，两个电源 VAR 完全相同，即这两个电路是等效的。在等效变换时，两电源的参考方向要一一对应，当电压源正极性在上时，电流源的箭头方向向上。

【例 1.7.2】求图 1.7.10 所示电路的等效电路。

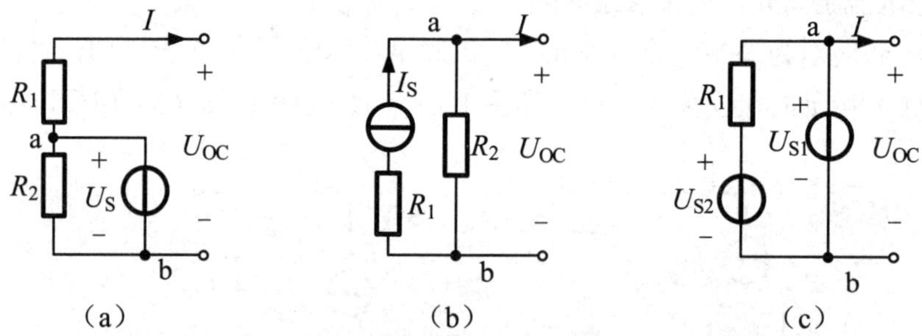

图 1.7.10 例 1.7.2 电路

解：图 1.7.10（a）和图 1.7.10（c）所示电压源与元件并联后等效为电压源，图 1.7.10（b）所示电流源与元件串联后等效为电流源。因此，电路等效图如图 1.7.11 所示。

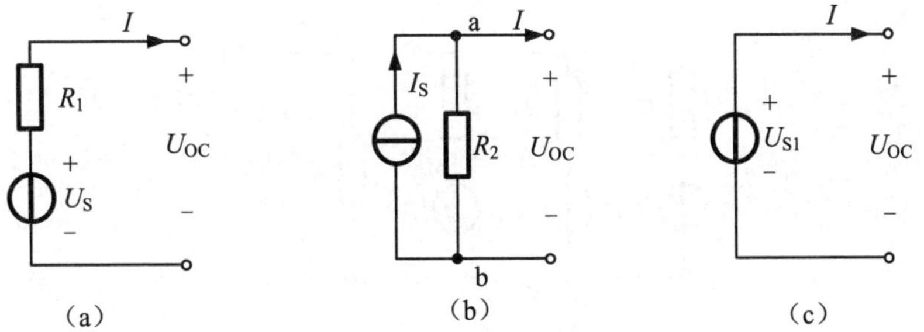

图 1.7.11　例 1.7.2 电路等效图

【例 1.7.3】将图 1.7.12（a）所示电路简化为最简单形式。

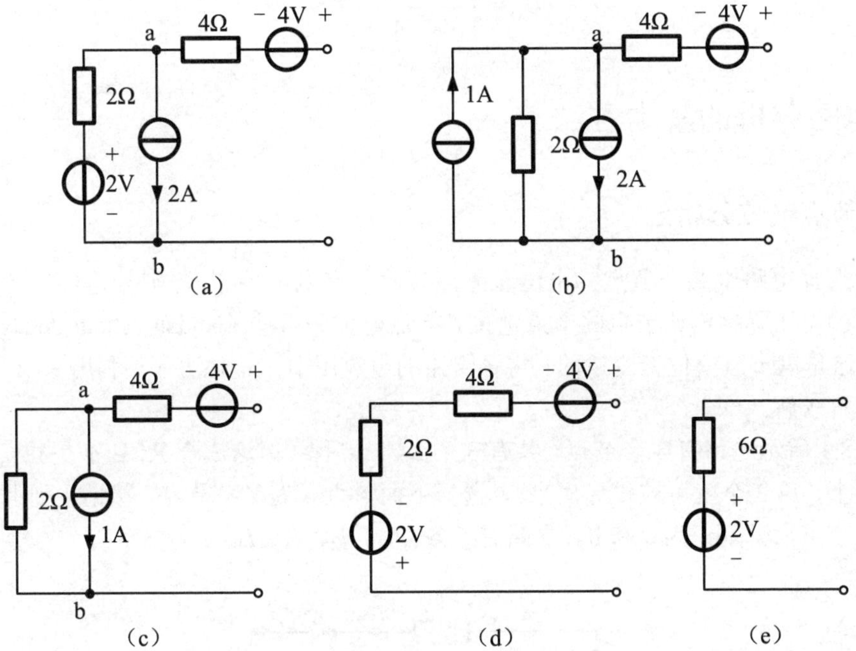

图 1.7.12　等效电路过程

解：图 1.7.12（a）中存在三个电源，其中电流源与电压源并联，先将并联的电压源利用电压源与元件串联后等效为电流源与元件并联，故图 1.7.12（a）可转换为图 1.7.12（b）；再根据理想电流源的并联及等效原理，图 1.7.12（b）转换为图 1.7.12（c）；这时还有一个电压源和一个电流源，然后利用电流源与元件并联等效为电压源与元件串联后，此时电流源等效为电压源，如图 1.7.12（d）所示；最后两个电阻串联，多个电压源串联，等效为图 1.7.12（e）。

【例 1.7.4】图 1.7.13 所示为模拟计算机加法电路，U_{S1}、U_{S2}、U_{S3}代表相加数，试求U_O。

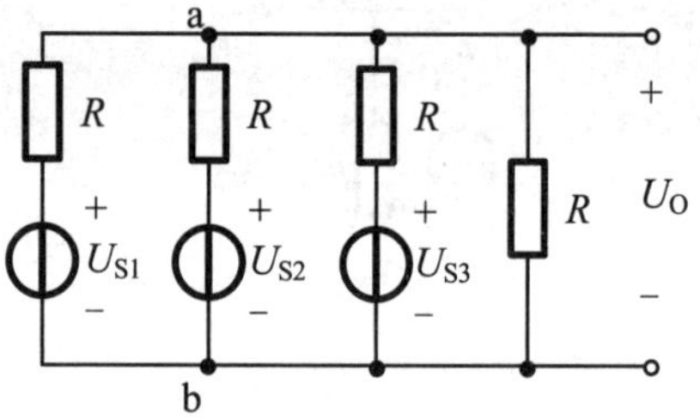

图 1.7.13　例 1.7.4 电路

解：此电路为电压源串联电阻等效为电流源与电阻并联的计算机加法电路。

$$U_O = \frac{(U_{S1}+U_{S2}+U_{S3})}{4}$$

1.8　电路分析的基本方法

1.8.1　节点电位分析法

如果选择电路中某一节点为电位参考点（此节点电位为零），则其他各节点的电位到参考节点的电压降称为该节点的节点电位。节点电位分析法（Nodal-Voltage Analysis）简称节点法，这是以节点电位为变量的，将各支路的电流用节点电位表示，利用 KCL 列出独立的电流方程求解。

图 1.8.1 所示电路有 3 个节点，共有 3 个 KCL 方程（但这 3 个 KCL 不是独立的，有了其中的 2 个，第 3 个就可被推导出来），选择下面节点 c 为参考节点，接地，则上面两个节点为独立节点，分别记为 a 和 b。支路有 5 条：I_1、I_2、I_3、I_4、I_S。

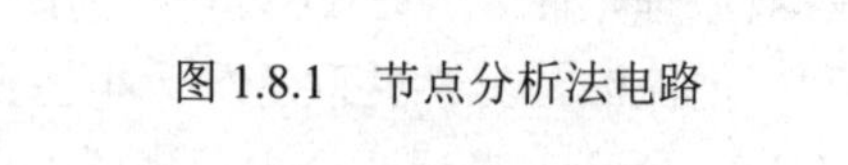

图 1.8.1　节点分析法电路

节点电位分析法第一步——列出独立的 KCL 方程。

独立节点 a 的 KCL 方程为

$$I_1 + I_2 + I_3 = 0 \tag{1.8.1}$$

独立节点 b 的 KCL 方程为

$$-I_3 + I_4 - I_S = 0 \tag{1.8.2}$$

节点电位分析法第二步——用节点电位表示支路电流。

支路 1　$I_1=\dfrac{V_a-U_S}{R_1}$

支路 2　$I_2=\dfrac{V_a}{R_2}$

支路 3　$I_3=\dfrac{V_a-V_b}{R_3}$

支路 4　$I_4=\dfrac{V_b}{R_4}$

将以上 4 式代入式（1.8.1）和式（1.8.2）中并整理，得到

$$\begin{cases}\left(\dfrac{1}{R_1}+\dfrac{1}{R_2}+\dfrac{1}{R_3}\right)V_a-\dfrac{1}{R_3}V_b=\dfrac{1}{R_1}U_S\\ -\dfrac{1}{R_3}V_a+\left(\dfrac{1}{R_3}+\dfrac{1}{R_4}\right)V_b=I_S\end{cases} \tag{1.8.3}$$

由这两个方程解出节点电位V_a和V_b。式（1.8.3）是以节点电压为变量所列的方程，故称为节点电位方程。

用节点电位分析法计算电路的具体步骤如下。

（1）标出节点，并把其中一个节点选为参考节点。

（2）列写 KCL 方程。一般来说，对具有 n 个节点的电路运用基尔霍夫电流定律只能得到$(n-1)$个独立的 KCL 方程。

（3）列出节点电位方程。

（4）联立求解出上面所有的节点电位方程。

【例 1.8.1】 试计算图 1.8.2 所示电路的节点 a 和节点 b 的电位。

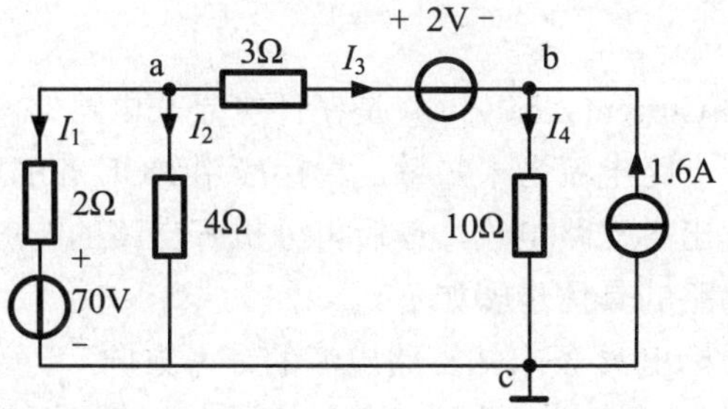

图 1.8.2　例 1.8.1 电路

解：（1）该电路共 3 个节点 a、b、c，独立的 KCL 方程有两个，最下面节点 c 为参考节点。

（2）独立的 KCL 方程$\begin{cases}I_1+I_2+I_3=0\\ -I_3-1.6+I_4=0\end{cases}$。

（3）该电路有 5 条支路，其中电流源支路电流已知，其余各支路电流为

$I_1=\dfrac{V_a-70}{2}=\dfrac{1}{2}V_a-35$，$I_2=\dfrac{V_a}{4}=\dfrac{1}{4}V_a$，$I_3=\dfrac{V_a-2-V_b}{3}=\dfrac{1}{3}V_a-\dfrac{1}{3}V_b-\dfrac{2}{3}$，$I_4=\dfrac{V_b}{10}=\dfrac{1}{10}V_b$

（4）将各支路电流代入独立的 KCL 方程，得 $\begin{cases}\dfrac{V_a-70}{2}+\dfrac{V_a}{4}+\dfrac{V_a-2-V_b}{3}=0\\ \dfrac{V_b+2-V_a}{3}-1.6+\dfrac{V_b}{10}=0\end{cases}$

解得 $\begin{cases}V_a=44(\text{V})\\ V_b=36(\text{V})\end{cases}$

【例 1.8.2】 求图 1.8.3（a）所示电路的节点 a 电位。

解： 图 1.8.3（a）所示是电子线路的习惯画法，电压源形式的电路如图 1.8.3（b）所示。节点 a 处有 3 条支路，其 KCL 方程为

$$\frac{V_a-4}{2}+\frac{V_a+2}{2}+\frac{V_a}{3}=0$$

解得 $V_a=0.5(\text{V})$。

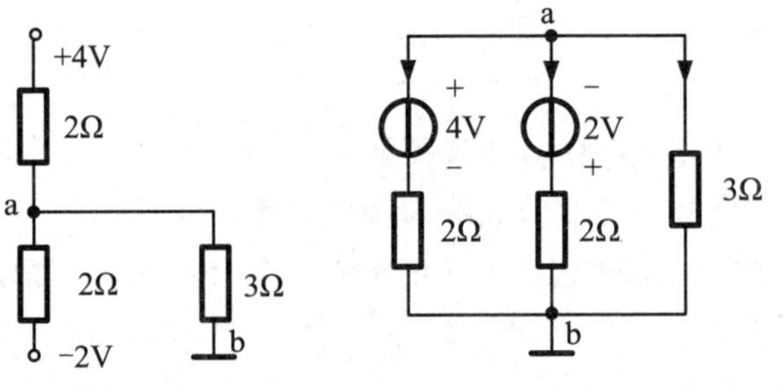

图 1.8.3　例 1.8.2 电路

1.8.2　支路电流法

支路电流法（Branch-Current Analysis）是在计算复杂电路的各种方法中的一种最基本的方法。它以电路中的各支路电流为未知量，直接应用 KCL 和 KVL 来列出支路电流的方程，然后从所列方程中解出各支路电流，最后再分析各支路的响应。

用支路电流法计算电路的具体步骤如下。

（1）首先在电路图中标出 m 条未知支路电流的参考方向。

（2）列写 KCL 方程。一般来说，对具有 n 个节点的电路运用基尔霍夫电流定律只能得到 $(n-1)$ 个独立的 KCL 方程。

（3）列写独立的 KVL 方程。独立的 KVL 方程数为 $m-(n-1)$。

（4）联立所有列写的方程，即可求解各支路电流，进而求解各支路的响应，如其他支路的电压、功率等。

在图 1.8.4 所示电路中，（1）其节点数 $n=4$，未知支路电流数 $m=6$，电流参考方向如图所示。

（2）独立的 KCL 方程（设流出为正）。

节点 a　　$I_1 + I_2 + I_3 = 0$

节点 b　　$-I_2 + I_4 + I_5 = 0$

节点 c　　$-I_1 - I_5 + I_6 = 0$

（3）补充 $m-(n-1)=3$ 个独立 KVL 方程。

回路 1　　$U_1 + R_1I_1 - R_3I_5 - R_2I_2 = 0$

回路 2　　$R_2I_2 + U_3 + R_5I_4 - R_4I_3 - U_2 = 0$

回路 3　　$R_3I_5 + R_6I_6 - R_5I_4 - U_3 = 0$

（4）联立所有列写的方程，即可求解出各支路电流。

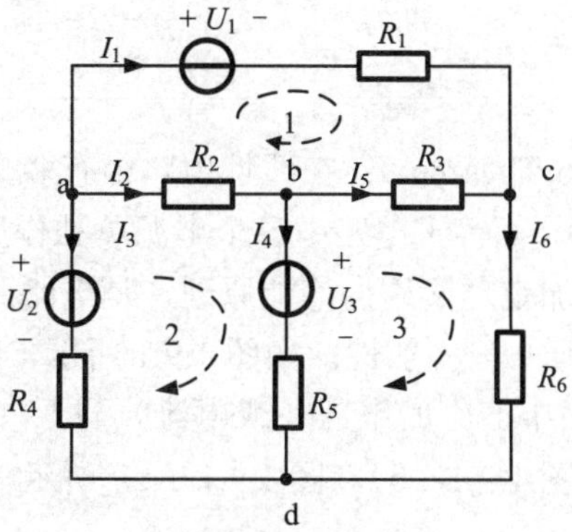

图 1.8.4　支路电流分析法电路

【例 1.8.3】 在图 1.8.5 所示电路中，求各支路电流及电流源发出的电功率。

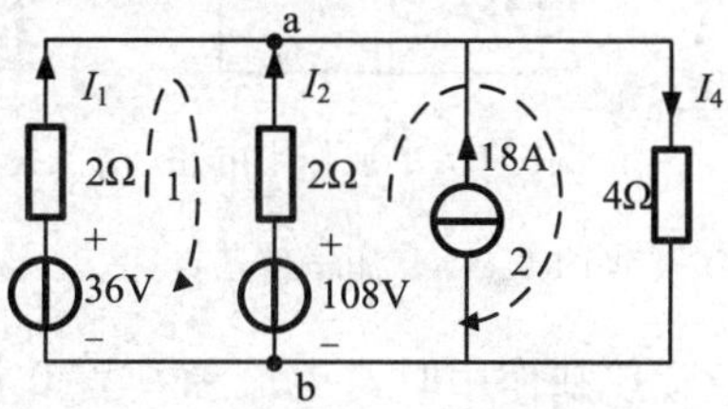

图 1.8.5　例 1.8.3 电路

解：（1）电路中有 4 条支路，电流源支路的电流是已知的，将其余 3 条支路电流作为变量，需要列出 3 个方程。

（2）注意本电路只有两个节点，如最上面一条横线与四条垂线的交点是一个节点 a，因为它们电位相同。选择下面节点 b 作为参考节点，则上面节点 a 作为独立节点，列出 KCL 方程（设流出为正）。

$$-I_1 - I_2 - 18 + I_4 = 0$$

（3）按顺时针选取独立回路，补充 KVL 方程。

回路 1　　$2I_1 - 36 + 108 - 2I_2 = 0$

回路 2　　　$2I_2-108+4I_4=0$

（4）代入参数并整理，得 $I_1=-18(\mathrm{A})$，$I_2=18(\mathrm{A})$，$I_4=18(\mathrm{A})$。

电流源端电压与电阻 R_4 的端电压相等，即 $U=4\times18=72(\mathrm{V})$。

故电流源发出的电功率 $P_3=-72\times18=-1296(\mathrm{W})$（发出）。

支路电流法列出的方程数量比较多，解起来比较麻烦，但是这个方法简单易学。节点电压法比支路电流法优越在于它需要直接求解的方程数少。现今的电子计算机辅助电路分析程序，大多是采用节点电压法来设计程序的。

1.9　电路分析的基本定理

1.9.1　叠加定理

叠加定理（Superposition Theorem）：在线性电路中有多个电源共同作用时，电路中任何一条支路的电流（或电压），都等于电路中各个电源单独作用时，在此支路中所产生的电流（或电压）的代数和。叠加定理又称为叠加原理，是电路分析中的一个基本定理，它反映了线性电路的一个基本性质——叠加性。如图 1.9.1 所示，图 1.9.1（a）为原电路，可以视为 U_S 单独作用时在该支路中产生的电压（或电流）与 I_S 单独作用时在该支路产生的电压（或电流）的代数和，如图 1.9.1（b），图 1.9.1（c）所示。

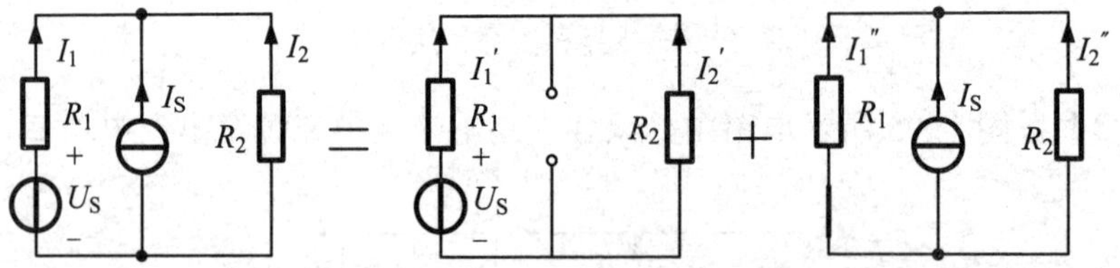

（a）原电路　　（b）U_S单独作用电路　　（c）I_S单独作用电路

图 1.9.1　叠加定理示意图

由图 1.9.1（b）可知，当 U_S 单独作用时，电流源 I_S 置 0 相当于开路，求得 I_1' 代数值

$$I_1'=\frac{U_S}{R_1+R_2} \tag{1.9.1}$$

由图 1.9.1（c）可知，当 I_S 单独作用时，电压源 U_S 置 0 相当于短路，求得 I_1'' 代数值

$$I_1''=-\frac{R_2}{R_1+R_2}I_S \tag{1.9.2}$$

根据叠加定理，求得 I_1 的代数和

$$I_1=I_1'+I_1''=\frac{U_S}{R_1+R_2}-\frac{R_2I_S}{R_1+R_2} \tag{1.9.3}$$

必须指出，叠加定理只适用于线性电路，线性电路的电流或电压均可用叠加定理计算，

但功率P不能用叠加定理计算，因为功率不是电压或电流的线性一次函数。

【例 1.9.1】用叠加定理计算图 1.9.2（a）所示电路中的电流I、电压U及电阻2Ω消耗的功率。

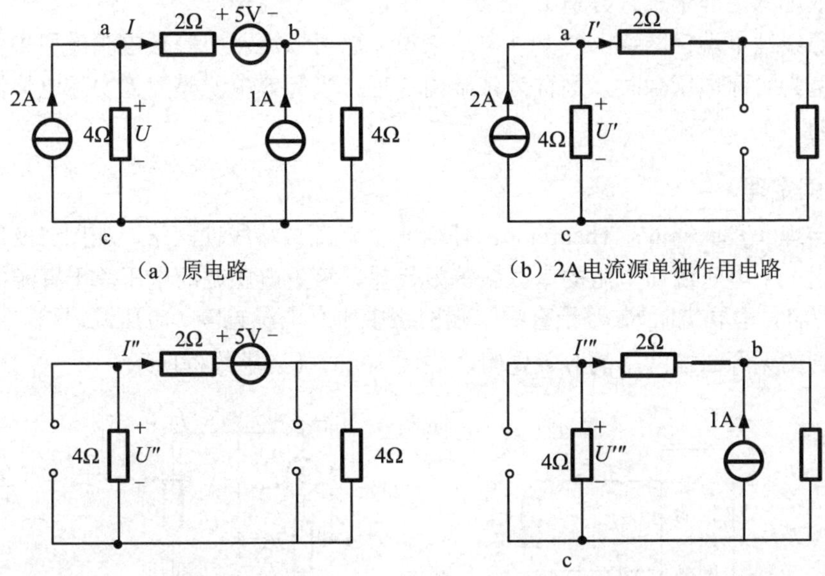

（a）原电路　（b）2A电流源单独作用电路

（c）5V电压源单独作用电路　（d）1A电流源单独作用电路

图 1.9.2　例 1.9.1 电路

解：（1）2A 电流源单独工作时，5V 电压源短路，1A 电流源开路，如图 1.9.2（b）所示，求得

$$I' = \frac{4}{4+(2+4)} \times 2 = 0.8(\text{A}),\quad U' = I' \times (2+4) = 4.8(\text{V})$$

（2）5V 电压源单独工作时，2A 电流源和 1A 电流源开路，如图 1.9.2（c）所示，求得

$$I'' = -\frac{5}{4+2+4} = -0.5(\text{A}),\quad U'' = -4 \times I'' = 2(\text{V})$$

（3）1A 电流源单独工作时，5V 电压源短路，2A 电流源开路，如图 1.9.2（d）所示，求得

$$I''' = -\frac{4}{4+2+4} \times 1 = -0.4(\text{A}),\quad U''' = -4 \times I''' = 1.6(\text{V})$$

根据叠加定理，原电路图 1.9.2（a）的电流和电压分别为

$$I = I' + I'' + I''' = -0.1(\text{A}),\quad U = U' + U'' + U''' = 8.4(\text{V})$$

而 2Ω 电阻消耗的功率为

$$P_{2\Omega} = 2 \times I^2 = 2 \times (-0.1)^2 = 0.02(\text{W})$$

注意功率的计算不符合叠加定理，即 $P_{2\Omega} \neq 2 \times I'^2 + 2 \times I''^2 + 2 \times I'''^2$。

1.9.2 等效电源定理

有时候，对于一个复杂电路，我们只对其中的某一特定支路的工作状态感兴趣，此时，适于采用等效电源定理来进行分析。

一个有源线性单端口网络，对其外电路来说，总可以用一个等效电源模型来代替，当等效电源模型为实际电压源时，则称为戴维南定理；当等效电源模型为实际电流源时，则称为诺顿定理。

1. 戴维南定理

戴维南定理（Thevenin's Theorem）：任何一个有源二端线性网络，如图 1.9.3（a）所示，都可以用一个电压源和电阻的串联来等效代替。等效电压源的电压等于有源二端网络的开路电压U_{OC}，串联电阻R_O等于有源二端网络中所有电源置零（电压源短路，电流源开路）后所得到的无源二端网络的等效电阻，如图 1.9.3（b）虚线框所示。

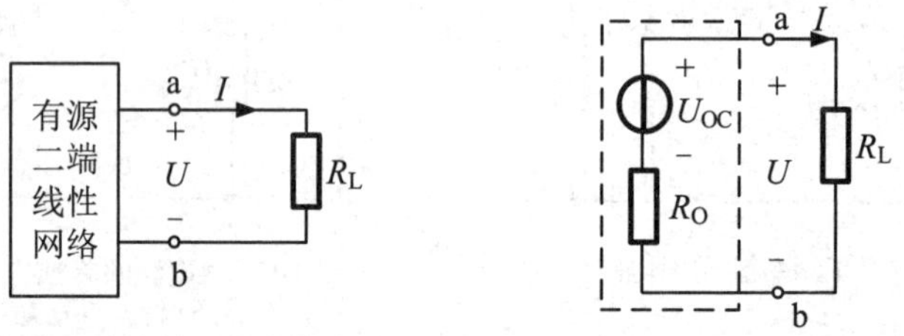

（a）有源二端线性网络与负载连接　（b）戴维南等效电路与负载连接

图 1.9.3　戴维南定理示意图

【例 1.9.2】 电路如图 1.9.4（a）所示，用戴维南定理求电压U。

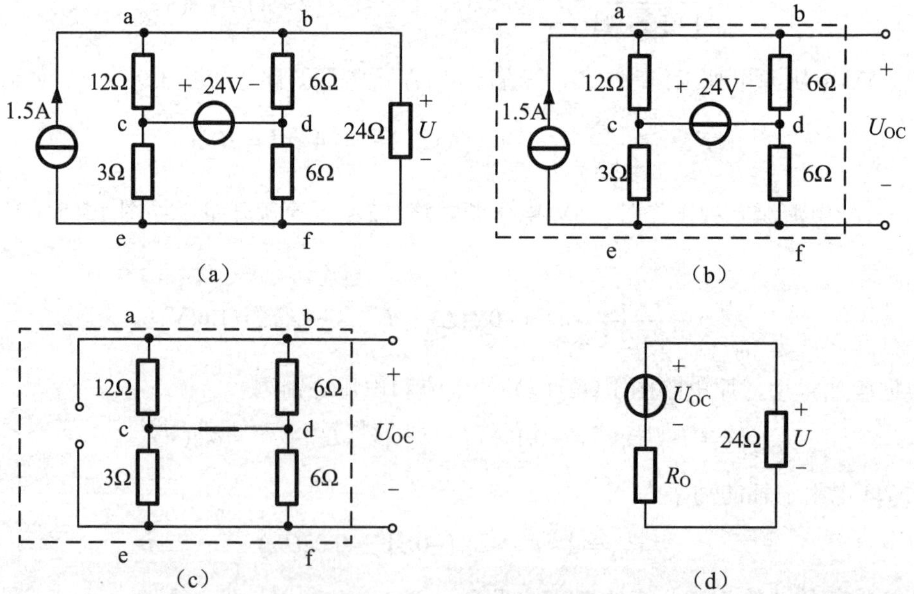

图 1.9.4　例 1.9.2 电路

解：（1）U_{OC}的计算。

应用戴维南定理求解的第一步，是将 24Ω 电阻断开，如图 1.9.4（b）所示，其左边构成一个有源二端网络，开路电压为U_{OC}。由于图 1.9.4（b）中有两个电源，所以利用叠加定理计算U_{OC}。1.5A 电流源单独工作时，将 24V 电压源短路，得

$$U'_{OC}=1.5\times\left(\frac{12\times6}{12+6}+\frac{3\times6}{3+6}\right)=9(\text{V})$$

24V 电压源单独工作时，将 1.5A 电流源开路，由分压公式得

$$U''_{OC}=\frac{6}{12+6}\times24-\frac{6}{3+6}\times24=-8(\text{V})$$

根据叠加定理可得

$$U_{OC}=U'_{OC}+U''_{OC}=1(\text{V})$$

（2）R_O的计算。

应用戴维南定理求解的第二步，将图 1.9.4（b）所示有源二端网络中的两个独立电源置零，即电压源短路，电流源开路，如图 1.9.4（c）所示，注意 24Ω 电阻断开。

a、b 两端的等效电阻为

$$R_O=\frac{12\times6}{12+6}+\frac{3\times6}{3+6}=6(\Omega)$$

（3）U 的计算。

应用戴维南定理求解的第三步，将等效电压源和等效内阻串联，再与 24Ω 电阻串联，如图 1.9.3（d）所示。

$$U=\frac{24}{R_O+24}\times U_{OC}=0.8(\text{V})$$

2. 诺顿定理

诺顿定理（Norton's Theorem）：任何一个有源二端线性网络，如图 1.9.5（a）所示，都可以用一个电流源和电阻的并联来等效代替。等效电流源的电流等于有源二端网络的短路电流I_{SC}，并联电阻等于有源二端网络中所有电源置零（电压源短路，电流源开路）后所得到的无源二端网络的等效电阻R_O，如图 1.9.5（b）所示。

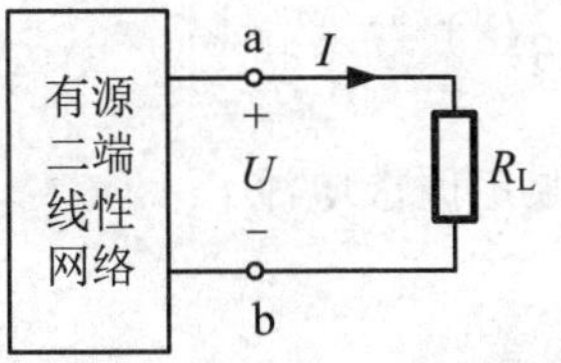

（a）有源二端线性网络与负载连接

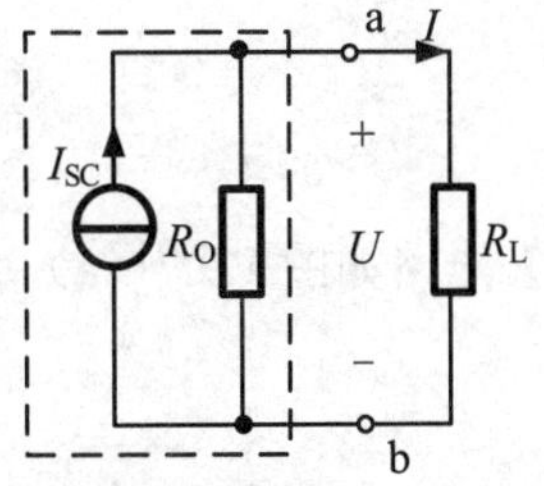

（b）诺顿等效电路与负载连接

图 1.9.5 诺顿定理示意图

【例 1.9.3】 电路如图 1.9.6（a）所示，试用诺顿定理求电压 U。

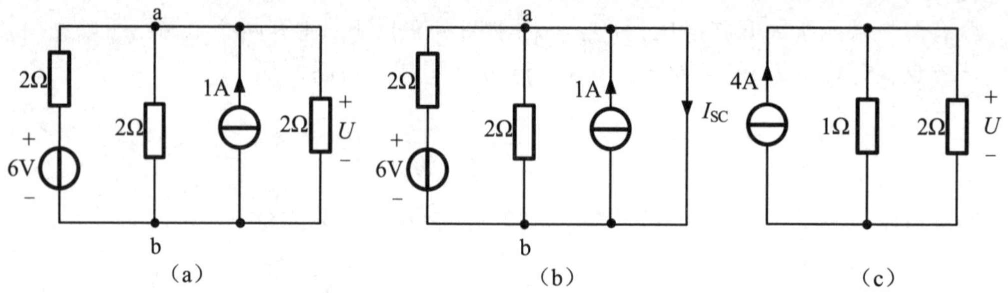

图 1.9.6　例 1.9.3 电路

解：（1）短路电流 I_{SC} 的计算。

应用诺顿定理求解的第一步，将 2Ω 电阻支路短路，如图 1.9.6（b）所示。利用叠加定理求 I_{SC}。

当 6V 电压源单独工作时，将 1A 电流源开路，求得

$$I'_{SC}=\frac{6}{2}=3(\text{A})$$

当 1A 电流源单独工作时，将 6V 电压源短路，求得

$$I''_{SC}=1(\text{A})$$

根据叠加定理

$$I_{SC}=I'_{SC}+I''_{SC}=4(\text{A})$$

（2）R_O 的计算。

应用诺顿定理求解的第二步，将图 1.9.6（b）所示有源二端网络中的两个独立电源置零，即电压源短路，电流源开路，注意 2Ω 电阻断开。

$$R_O=\frac{2\times 2}{2+2}=1(\Omega)$$

（3）U 的计算。

应用诺顿定理求解的第三步，将等效电流源和等效内阻并联，再与 2Ω 电阻并联，如图 1.9.6（c）所示，求得

$$U=\frac{R_O\times 2}{R_O+2}\times I_{SC}=\frac{8}{3}(\text{V})$$

【例 1.9.4】 电路如图 1.9.7（a）所示，试用诺顿定理求电流 I。

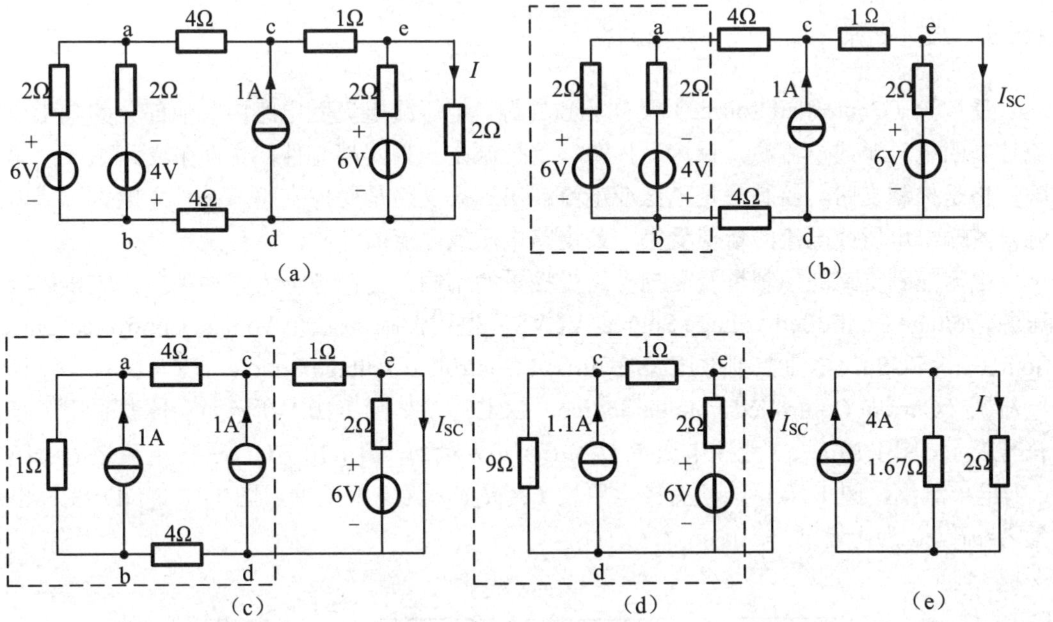

图 1.9.7　例 1.9.4 电路

解：应用诺顿定理求解的第一步，将 2Ω 电阻支路短路，如图 1.9.7（b）所示。若在图 1.9.7（b）中直接求 I_{SC}，比较复杂，可逐段应用诺顿定理求等效电路。这里可以三次采用诺顿定理求短路电流 I_{SC}。

将图 1.9.7（b）中虚线框利用诺顿定理，求出短路电流和等效电阻

$$I_{SC1}=1(A)，\quad R_{O1}=2//2=1(\Omega)$$

这时虚线框的诺顿等效电路如图 1.9.7（c）所示，然后对图 1.9.7（c）虚线框再次利用诺顿定理，求出短路电流和等效电阻

$$I_{SC2}=\frac{1}{1+4+4}\times 1+1=1.1\,(A)，\quad R_{O2}=1+4+4=9(\Omega)$$

这时虚线框的诺顿等效电路如图 1.9.7（d）所示，然后对图 1.9.7（d）虚线框再次利用诺顿定理，求出短路电流和等效电阻

$$I_{SC3}=\frac{6}{2}+1.1\times\frac{9}{9+1}=4(A)，\quad R_{O3}=(1+9)//2=\frac{(9+1)\times 2}{(9+1)+2}=1.67(\Omega)$$

应用诺顿定理求解的最后一步，将等效电流源和等效内阻并联，再与 2Ω 电阻并联，如图 1.9.6（e）所示，求得

$$I=4\times\frac{1.67}{1.67+2}=1.8(A)$$

1.10 受控源

受控源（Controlled Source）又称非独立源。电压或电流受电路中其他部分的电压或电流控制的电压源或电流源，称为受控源。受控源是一种四端元件，由两条支路组成：第一条支路是控制支路，控制量是电压或电流；第二条支路是受控支路，是一个电压源或电流源，其输出电压或电流的量值受第一条支路电压或电流的控制。

根据控制支路的控制量及受控支路受控量的不同，受控源分为四种类型，电压控制电压源（Voltage Controlled Voltage Source，VCVS），电压控制电流源（Voltage Controlled Current Source，VCCS），电流控制电压源（Current Controlled Voltage Source，CCVS），电流控制电流源（Current Controlled Voltage Source，CCCS），如图 1.10.1 所示，受控源采用了菱形符号表示。图 1.10.1（a）受控电压量 $U_2=\mu U_1$，μ 无量纲，图 1.10.1（b）受控电流量 $I_2=gU_1$，g 为电导量纲，图 1.10.1（c）受控电压量 $U_2=rI_1$，r 为电阻量纲，图 1.10.1（d）受控电流量 $I_2=\alpha I_1$，α 为无量纲。

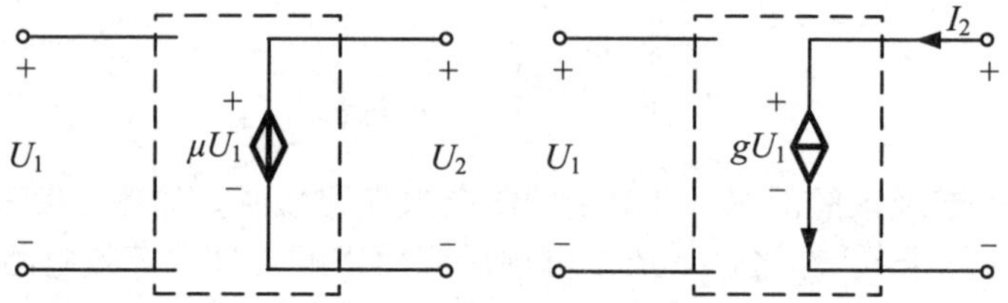

（a）电压控制电压源示意图　　（b）电压控制电流源示意图

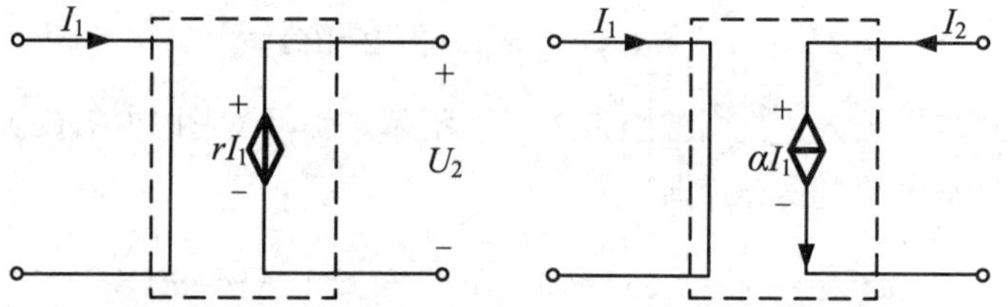

（c）电流控制电压源示意图　　（d）电流控制电流源示意图

图 1.10.1　受控源的四种类型

在电子电路中广泛使用各种三极管、运算放大器等多端器件。这些多端器件的某些端钮的电压或电流受到另一些端钮电压或电流的控制。受控源可用来模拟多端器件各电压、电流间的这种耦合关系。

在电路中，受控源与独立源本质的区别在于受控源不是激励，它只是反映电路中某处的电压或电流控制另一处的电压或电流的关系。

独立电源是电路的输入或激励，它为电路提供按给定时间函数变化的电压和电流，从而在电路中产生电压和电流。

受控源则描述电路中两条支路电压和电流间的一种约束关系，它的存在可以改变电路中的电压和电流，使电路特性发生变化。

习题 1

1.1　高压一般指万伏以上的电压。冬天时人体和毛衣摩擦的静电有几万伏，但电不死人，因为放电时间极短，只感觉到丝丝疼痛，没有电流流过心脏。当电流大于 50mA 时，电流流过心脏，人体就有生命危险，将出现呼吸麻痹，心房开始震颤、强烈灼痛，手的肌肉痉挛，呼吸困难等症状。图 1.1 为电热水器安全工作原理，一般情况下，人体电阻约为 0.5MΩ，潮湿条件下的人体电阻约为干燥条件下人体电阻的 1/2。当无地线或地线失效时，防电墙相当于在电热水器和人体之间加了一个大电阻 R，试问 R 的最小值是多少？若没有防电墙，当无地线或地线失效时，人体流过电流是多少？百度了解对人体有什么危害？

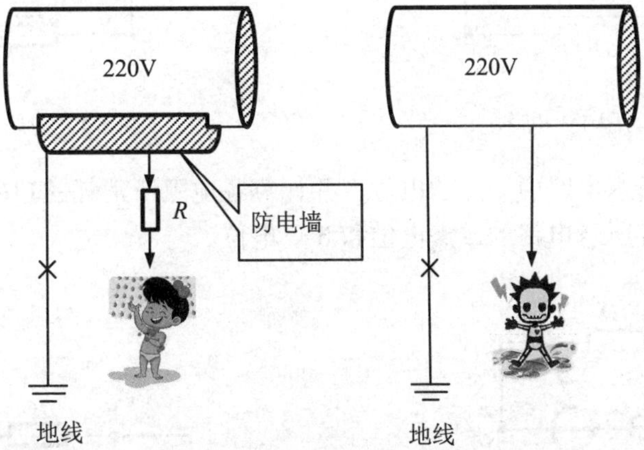

图 1.1　习题 1.1 电路

1.2　求图 1.2 中各元件的功率，并指出每个元件起电源作用还是负载作用，并计算所有支路的吸收功率之和。

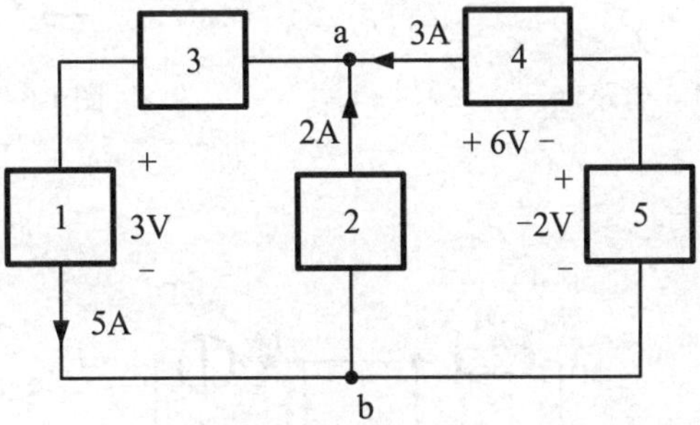

图 1.2　习题 1.2 电路

1.3　汽车发动机电压一般应为 13.4～14.8V，低于 13.4V 时可能无法对电瓶进行充电，当电压大于 14.8V 时可能会损坏电瓶，汽车在不启动发动机的情况下电瓶的电压为 12.2～12.8V。如果低于 11.6V 时就比较难启动汽车。如图 1.3 所示，设汽车发动机电压 $U_S = 14\text{V}$ 开始对汽车电瓶（蓄电池）充电，内阻 $R_S = 0.02\Omega$，蓄电池的电压 $U_O = 12\text{V}$，内阻 $R_O = 0.02\Omega$，用于调节电路电流的可调电阻 $R_P = 0.18\Omega$，若电路中电流 $I = 8\text{A}$，求发

动机的功率 P_1 和蓄电池的功率 P_2，说明是产生还是吸收功率，说明蓄电池工作状态？百度了解蓄电池工作状态。

1.4　手机充电器原理图如图 1.4 所示，手机等效于待充电的电压源，充电器等效于电流源，两电阻均为限流电阻，求电流、电压及电压源和电流源的功率。

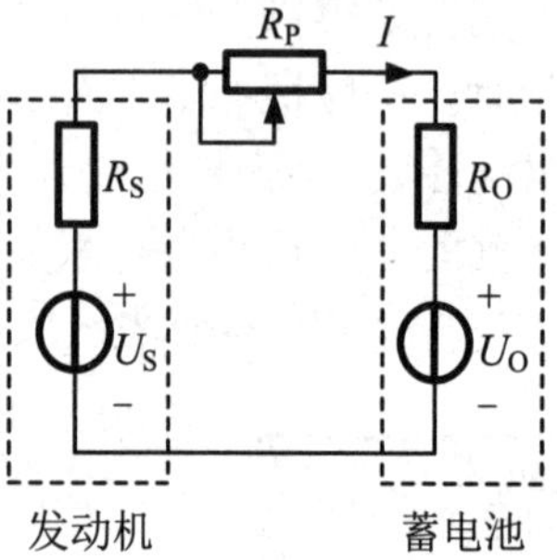

图 1.3　习题 1.3 电路

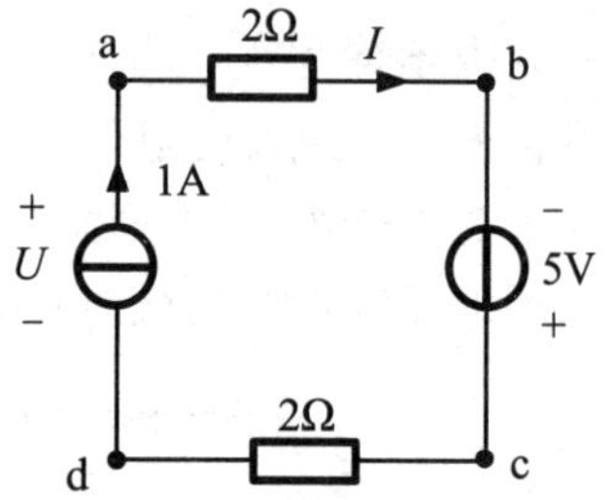

图 1.4　习题 1.4 电路

1.5　求图 1.5 所示电路中 a 点的电位，并计算各电阻所消耗的功率。

1.6　试求图 1.6 所示电路的 a 点电位和 b 点电位。

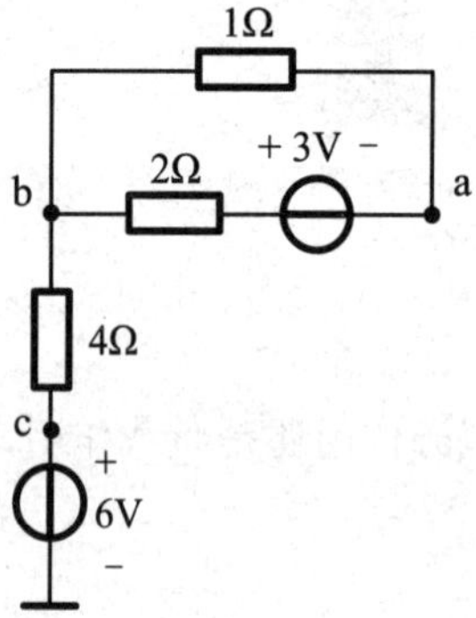

图 1.5　习题 1.5 电路

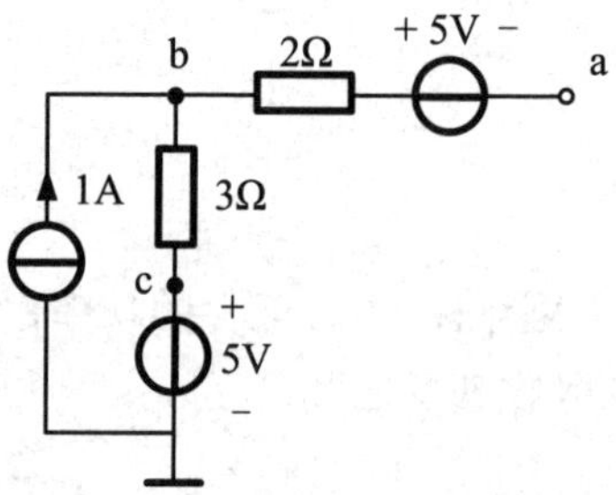

图 1.6　习题 1.6 电路

1.7　求图 1.7 中的 I。

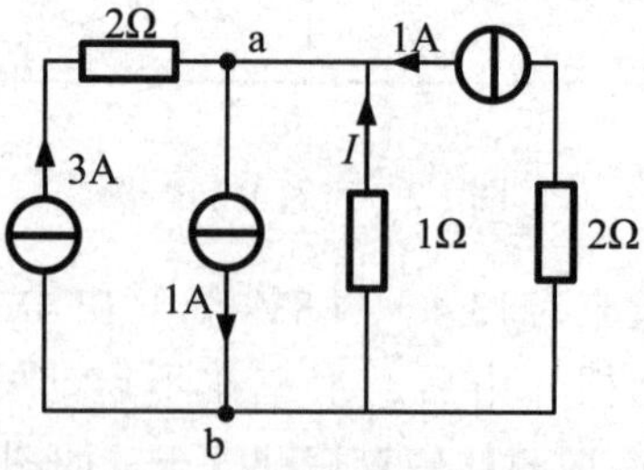

图 1.7　习题 1.7 电路

1.8　某信号发生器内的衰减网络如图 1.8 所示。在 a、e 端输入电压U，输出电压U_{be}、U_{ce}、U_{de}。试求各级输出电压的衰减比例，即$U_{be}:U$、$U_{ce}:U$、$U_{de}:U$。

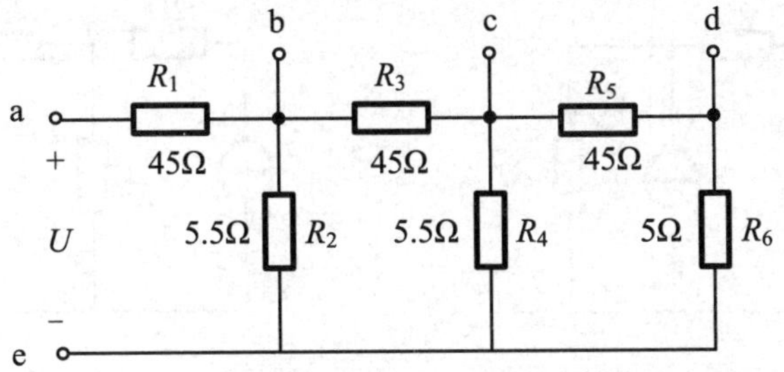

图 1.8　习题 1.8 电路

1.9　电路如图 1.9 所示，求电阻R。

1.10　收音机音量调节采用分压器实现，电路如图 1.10 所示。现用分压器获得各段电压（对地电压）分别为 18V、12V、8V 和 4V，各段负载所需电流如图 1.10 所示，试求各段电阻的阻值。

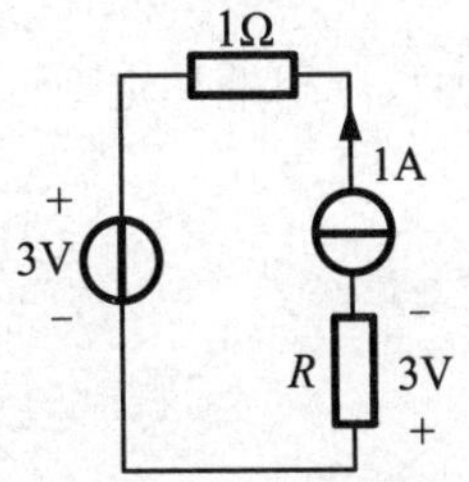

图 1.9　习题 1.9 电路

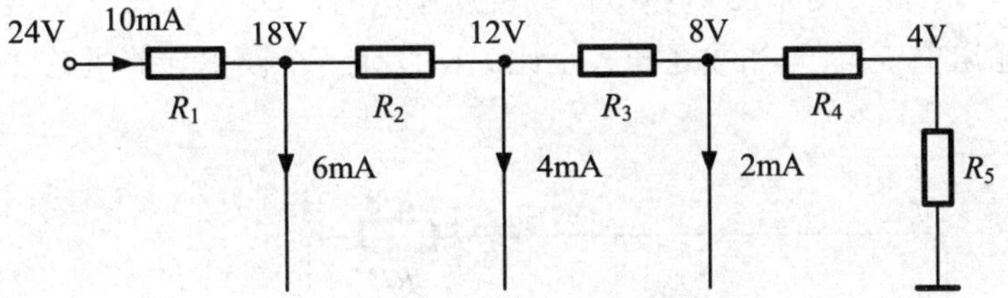

图 1.10　习题 1.10 电路

1.11　电路如图 1.11 示，若要使I_X=6A，问I_S应取何值？（试用电源等效法求解）

1.12　试用电源等效法图 1.12 中的电压U。

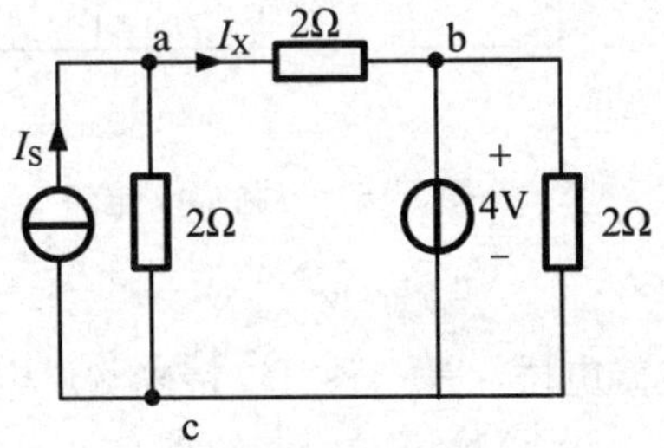

图 1.11　习题 1.11 电路

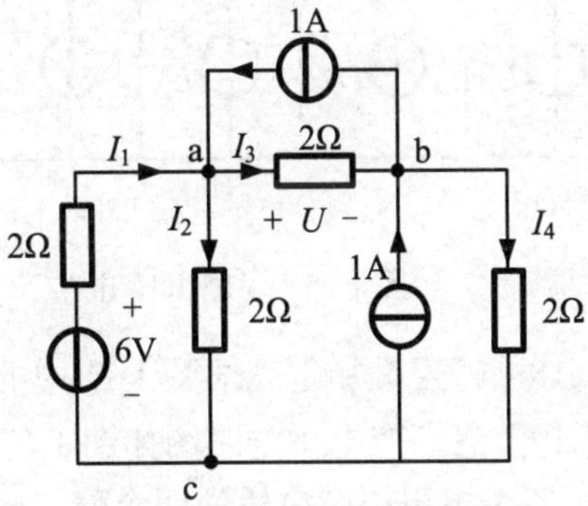

图 1.12　习题 1.12 电路

1.13　用支路电流法求图 1.13 中各支路电流。

1.14　用支路电流法求图 1.14 中电压 U。

1.15　用节点电位法求图 1.14 中电压 U。

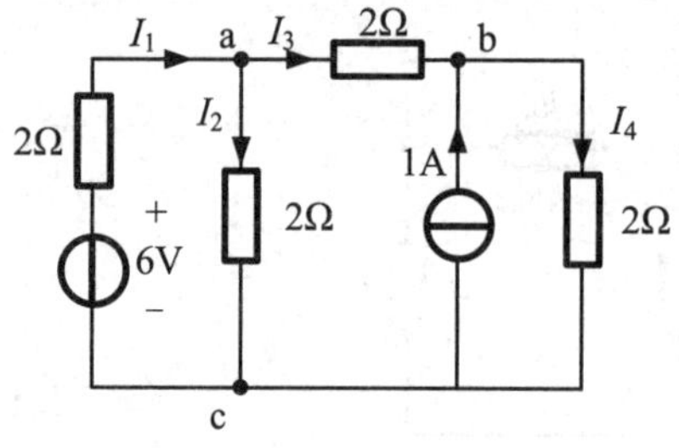

图 1.13　习题 1.13 电路

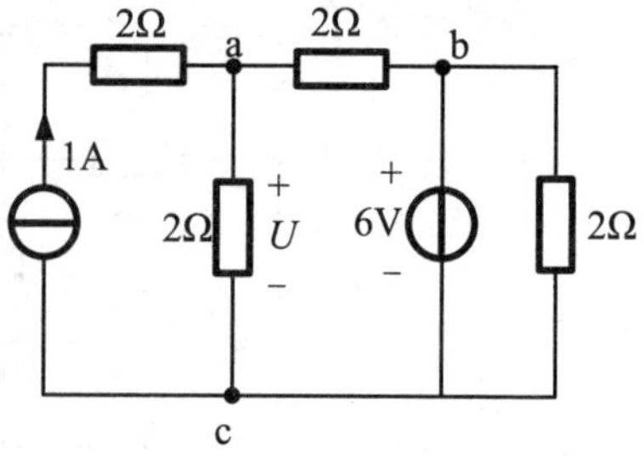

图 1.14　习题 1.14 电路

1.16　4 位数模转换解码网络如图 1.15 所示。该电路输入的二进制最多可以为 4 位数，即 4 通道，开关 S1、S2、S3、S4 接通电压源时分别与 4 位数的第一、第二、第三、第四数对应，二进制分别为 2^0、2^1、2^2、2^3。当二进制的某位为“1”时，对应点开关就接通电压源 U_S；当二进制的某位为“0”时，对应的开关就接地，这样就完成了将数字信号转换为模拟信号。设 $U_S = 15\text{V}$，试输入“1100”（对应十进制“12”），试用节点电位法求输出电压 U_O。

1.17　图 1.16 为模拟计算机加法电路，U_{S1}、U_{S2}、U_{S3} 代表相加数，用叠加定理证明输出电压 U_O 与加数之和成正比。试设计一个模拟计算机减法电路。

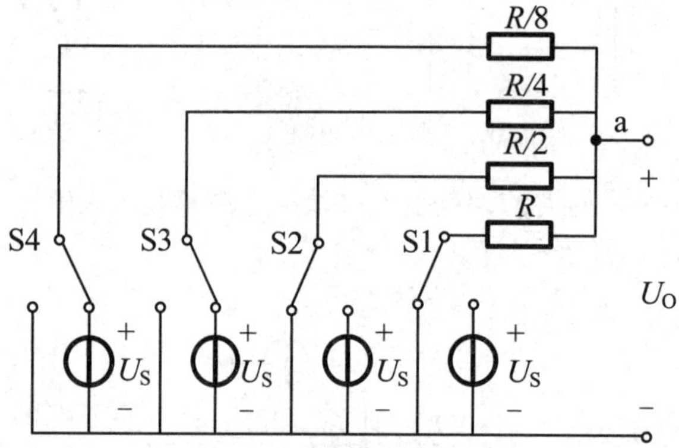

图 1.15　习题 1.16 电路

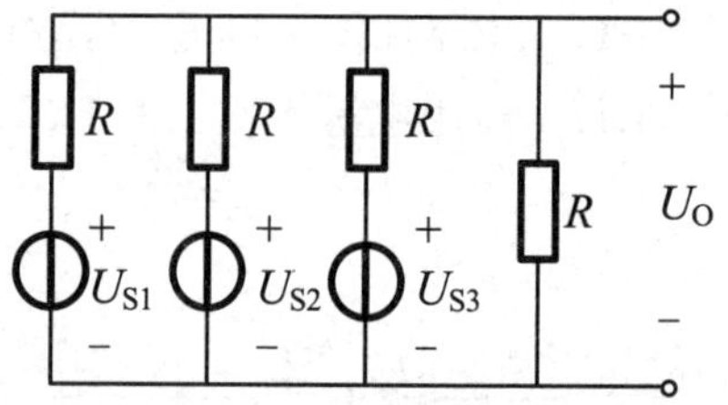

图 1.16　习题 1.17 电路

1.18　试用叠加定理求图 1.11 中的电流 I_S。

1.19　惠斯登电桥电路图如图 1.17 所示，又称单臂电桥，是一种可以精确测量电阻的仪器。四个电阻叫做电桥的四个臂，cd 中间为检流计，用以检查它所在的支路有无电流。惠斯登电桥电路结构简单，准确度和灵敏度比较高，在医学诊断和检测仪器中有广泛的应用。设电流源大小如图所示，试求图中的支路电流 I_X（任选一种电路分析法）。

1.20　试求图 1.18 中的电压 U_X（任选一种电路分析法）。

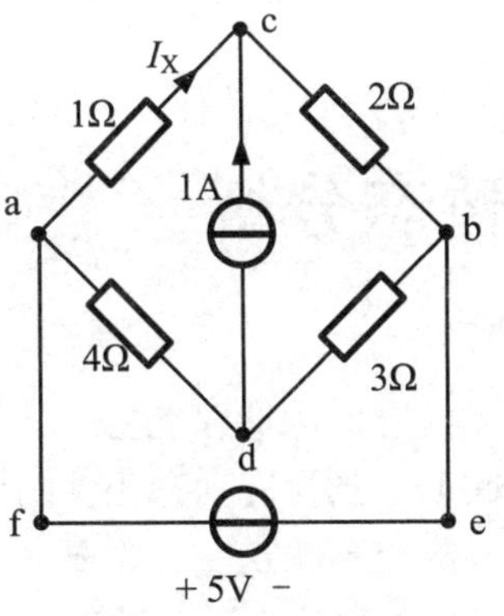

图 1.17　习题 1.19 电路

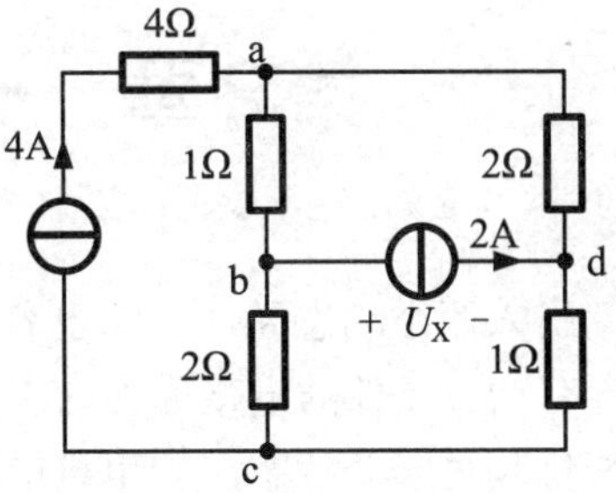

图 1.18　习题 1.20 电路

1.21　用戴维南定理求图 1.19 所示电路的电压 U。

1.22　电路如图 1.20 所示，试用诺顿定理求支路 ab 间 2Ω 电阻上的电压 U。

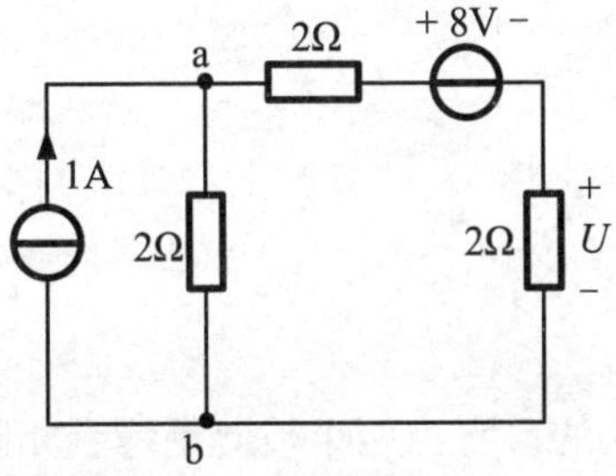

图 1.19　习题 1.21 电路

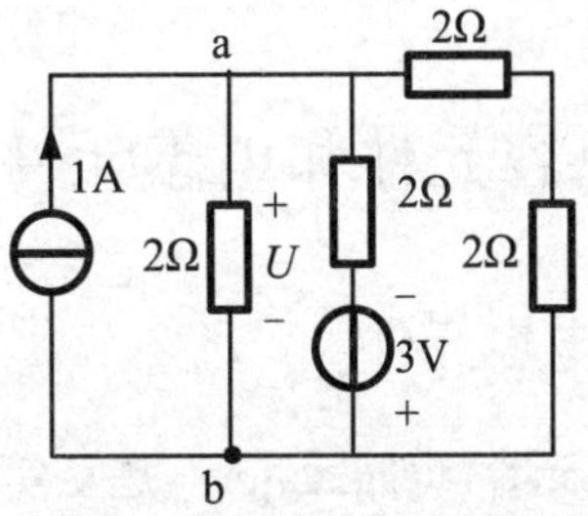

图 1.20　习题 1.22 电路

1.23　当汽车电池与汽车收音机连接时，提供 12.5V 电压，收音机等效为 6.25Ω 电阻；当该汽车电池与一组前灯连接时，提供 11.7V 电压，前灯等效为 0.65Ω 电阻。画出汽车电池的戴维南和诺顿等效电路。

第 2 章　一阶电路的暂态分析

本章引入两个动态元件，即电容元件 C 和电感元件 L，它们能储存能量，又称为储能元件。含有动态元件的电路称为**动态电路**（Dynamic Circuit）。当含有动态元件的电路从一个状态变化到另一个状态，如电机的起、停，温度的升、降等不能跃变，需要一个短暂时间，这个时间过程叫做**暂态过程**（Transient Process），工程上也称为**过渡过程**（Transition Process）。电路从一种稳定状态到另一种稳定状态的分析称为**暂态分析**（Transient Analysis）。含有一个储能元件电路的电压或电流可以用一阶微分方程表示，所以该电路被称为一阶电路（First Order Circuit）。本章主要讨论直流激励下 RC 和 RL 一阶电路暂态过程的时域分析方法。一阶电路暂态分析常应用于闪光灯、避雷针、日光灯、滤波器、混响或回声效果器等电路分析中。

2.1　电容元件和电感元件

2.1.1　电容元件

电容元件（Capacitor）是从实际的电容器抽象而来的，它由两个彼此绝缘且相隔很近的导体构成，中间充有绝缘介质，如空气、纸张、塑料等。当在两导体间加上电压时，导体就会储存电荷，所以电容元件是储能元件，是一种储存电荷的“容器”。电容量（Capacitance，简称电容）是衡量电容器储存电荷的能力参数。国际上统一规定，给电容器外加 1V 直流电压，这时它储存的电荷量，为该电容器的电容量（单位电压下的电量），用 C 表示。

电容的电路符号如图 2.1.1 所示

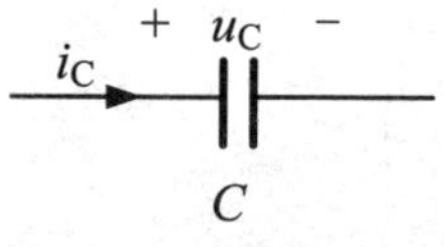

图 2.1.1　电容的电路符号

当电容的电压与电流为关联参考方向时，线性时不变电容的伏安特性为

$$i_C = C\frac{\mathrm{d}u_C}{\mathrm{d}t} \tag{2.1.1}$$

式中，C 为正值常数，单位为法[拉]（F），常用的单位有微法（μF）、皮法（pF），其换算关系：$1\mu F=10^{-6}F$，$1pF=10^{-12}F$。

当电容的电压与电流为非关联参考方向时，电容的伏安特性为

$$i_C = -C\frac{du_C}{dt} \tag{2.1.2}$$

由式（2.1.1）和式（2.1.2）可知，电容的伏安特性是一个微分关系，所以电容是动态元件。当电容两端的电压保持不变，则通过它的电流为零，对于直流电压而言，电容相当于开路，因此电容具有隔断直流的作用，但对于交流电压来说，通过电容的电流不为零，因此交流信号可以畅通无阻地流过电容器。总的来说，电容的特性是“隔直通交”。

对式（2.1.1）两边积分，可得到电容上电压与电流的另一种关系式

$$u_C(t) = \frac{1}{C}\int_{-\infty}^{t} i_C(\lambda)d\lambda = u_C(t_0) + \frac{1}{C}\int_{t_0}^{t} i_C(\lambda)d\lambda \qquad t > t_0 \tag{2.1.3}$$

式（2.1.3）表明，某一时刻 t 电容的电压，取决于从 $-\infty$ 到 t 所有时刻的电流值的累积，并不是只取决于该时刻的电流值。在实际中，这个累积过程可以分解成两部分：一部分是在 t_0 时刻电容的初始电压 $u_C(t_0)$；另一部分是从 t_0 到 t 时间段电流累积作用的结果。电容是一种记忆元件，如给一个电容充电到 5V，如果没有放电回路，电容又不漏电，那么这个电容上就一直保持 5V 电压，即电容的电压具有“记忆”电压的性质。

电容是电子设备中大量使用的电子元件之一。如闪光灯采用电容存储电量，然后高速释放，获得非常明亮的瞬时闪光效果。大容量电容可以通过吸收直流电压线路的波峰和填充波谷来使电压变得平稳，消除脉动，完成低频滤波。较小的电容，瞬间完成充电过程，电池的两极之间将不再有电流通过，完成高频滤波。电容的主要参数有标称容量、容许误差和工作电压。

（1）标称容量和容许误差。

电容标称容量与实际容量之间的偏差与标称容量之比的百分数称为容许误差，简称容差，电容标称容量常见的有 E6、E12、E24 三大系列，分别适用于容差为±20%、±10%和±5%。

（2）工作电压。

电容在使用时，容许加在其两端的最大电压值称为工作电压，也称耐压。常用的固定电容额定工作电压有 10V、16V、25V、50V、100V、160V、250V、400V、2500V 等。

2.1.2　电感元件

实际电感线圈是用漆包线或纱包线或裸导线一圈圈地绕在铁芯或绝缘管上，而彼此又绝缘的一种元件。电感元件（Inductor）是从实际的电感线圈或电感器抽象而来的，它代表电路中储存磁场能量这一物理现象的理想二端元件。电感量（Inductance，简称电感）是表征电感元件存储磁场能力的参数，用 L 表示。

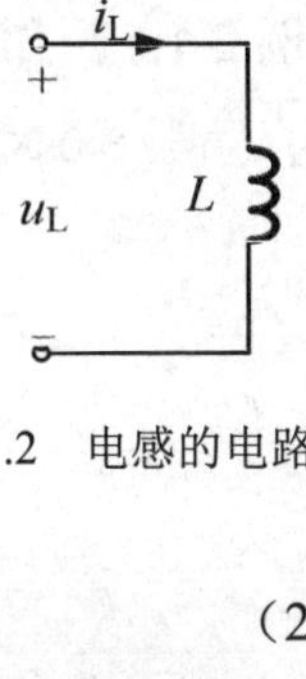

图 2.1.2　电感的电路符号

电路图中常用电感的电路符号如图 2.1.2 所示。

当电压、电流为关联参考方向时，线性时不变电感的特性方程为：

$$u_L = L\frac{di_L}{dt} \tag{2.1.4}$$

式中，L 为正值常数，单位是亨[利]（H），常用的单位有毫亨（mH）、微亨（μH），其换算关系为：$1H=10^3mH=10^6μH$。式（2.1.4）表明，电感的伏安关系是一个微分关系，因此电感是动态元件。当通过电感的电流保持不变时，它两端的电压为零，对直流电流而言，电感相当于短路，即“隔交通直”。

若将电感电流表示成电压的函数，则有

$$i_L(t)=\frac{1}{L}\int_{-\infty}^{t}u_L(\lambda)d\lambda=i_L(t_0)+\frac{1}{L}\int_{t_0}^{t}u_L(\lambda)d\lambda \qquad t>t_0 \tag{2.1.5}$$

式（2.1.5）表明，某一时刻 t 电感的电流，取决于从 $-\infty$ 到 t 所有时刻的电压值的累积，并不是只取决于该时刻的电压值。在实际中，这个累积过程可以分解成两部分：一部分是在 t_0 时刻电感的初始电流 $i_L(t_0)$；另一部分是从 t_0 到 t 时间段电压累积作用的结果。电感是一种记忆元件，即电感的电流具有“记忆”电压的性质。

电感在电路中主要起到滤波、振荡、延迟等作用，还有筛选信号、过滤噪声、稳定电流及抑制电磁波干扰等作用。电感在电路最常见的作用就是与电容一起，组成 LC 滤波电路。按封装形式，电感元件可分为贴片电感和插件电感。贴片电感（Chip Inductors），又称为功率电感、大电流电感和表面贴装高功率电感，具有小型化、高品质、高能量储存和低电阻等特性，广泛应用于数码产品、PDA、笔记本电脑、移动电话、家用电器。插件电感（DIP Inductors）有很长的引脚，贴片电感没有引脚。插件电感具有成本低、易焊接、电感量范围宽等特性，体积大、寿命较短，广泛应用于蜂鸣器、警报器、电源控制器等。电感器的主要参数有标称电感量和容许误差、品质因数和标称电流。

（1）标称电感量和容许误差。

标称电感量和实际电感量之间的偏差与标称电感量之比的百分数称为容许误差。通常用于谐振回路的电感线圈精度比较高，容许误差为±0.2%～±0.5%；而用于耦合回路、滤波回路、换能回路的电感线圈精度比较低，容许误差为±10%～15%。

（2）品质因数。

品质因数 Q 是衡量电感线圈质量的重要参数，Q 值的大小表明了线圈损耗的大小，Q 值越大，线圈的损耗越小，效率越高。

（3）标称电流。

标称电流是指电感线圈在正常工作时，容许通过的最大电流，也叫额定电流。若工作电流超过额定电流，则电感就会因发热而使性能参数发生改变，甚至还会因过流而烧毁。

【例 2.1.1】 如图 2.1.3 所示电路，已知 $u_C(t)=(1-e^{-t})V$，$t>0$，$R=1Ω$，$C=0.4F$，$L=2H$。求 $t>0$ 时的端口电压 u。

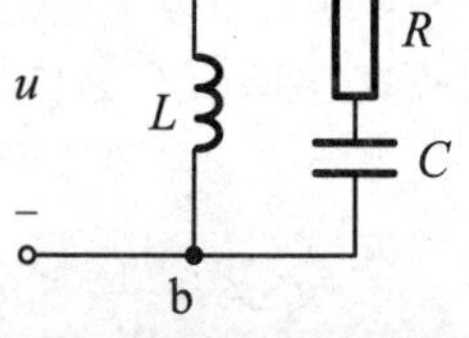

图 2.1.3　例 2.1.1 电路

解：根据式（2.1.1），电容的电流为$i_C = C\dfrac{du_C}{dt}=0.4\times\dfrac{d\left(1-e^{-t}\right)}{dt}=0.4e^{-t}(A)$。

电阻的电压为$u_R = R\times i_C\left(t\right)=0.4e^{-t}(V)$，　$t>0$

所以电感两端电压为$u_L = u_R + u_C = 1-0.6e^{-t}(V)$，$t>0$，即$u=u_L=u_R+u_C=1-0.6e^{-t}(V)$，$t>0$。

2.2　换路定则及其初始条件

2.2.1　换路定则

动态电路中开关的接通、断开以及元件参数的变化，会使动态电路电压、电流发生变化，即电路的工作状态改变了，称为**换路**（Commutation）。换路一般在几微秒到几秒之内完成，但响应与激励的变化大。在工程实践中，暂态在一些场合有广泛的应用，如电视、雷达等电子电路的一些特定波形的产生；而在另一些场合则要避免，如电力系统的过电压和过电流，会造成设备损坏。

通常认为换路在t=0 时刻进行，用$t=0_-$表示换路前一瞬间，称为起始时刻，用$t=0_+$表示换路后一瞬间，称为初始时刻。它们反映了两种不同的物理状态。电路换路初始时刻（$t=0_+$）电路元件的电压值或电流值称为初始值（Initial Value）。

若换路起始时刻电容电压为$u_C\left(0_-\right)$，换路初始时刻电容电压为$u_C\left(0_+\right)$，则式（2.1.3）可写成

$$u_C\left(0_+\right)=u_C\left(0_-\right)+\frac{1}{C}\int_{0_-}^{0_+} i_C\left(\lambda\right)d\lambda \tag{2.2.1}$$

在换路过程中，因电容电流为有限值，则式（2.2.1）积分项为零，即

$$u_C\left(0_+\right)=u_C\left(0_-\right) \tag{2.2.2}$$

同理，对于电感来说，由式（2.1.5）得

$$i_L\left(0_+\right)=i_L\left(0_-\right)+\frac{1}{L}\int_{0_-}^{0_+} u_L\left(\lambda\right)d\lambda \tag{2.2.3}$$

在换路过程中，因电感电压为有限值，则式（2.2.3）积分项为零，即

$$i_L\left(0_+\right)=i_L\left(0_-\right) \tag{2.2.4}$$

式（2.2.2）和式（2.2.4）称为换路定则，简称“容压感流”，它只适用换路瞬间，且电容电流、电感电压均为有限值。一阶电路的暂态分析是在换路定则基础上，再求$t=0_+$时各支路电流电压的初始值。

2.2.2　初始值的确定

一阶动态电路中各支路电压、电流初始值的计算流程如下。

（1）先由$t=0_-$等效电路求出换路起始时刻$u_C\left(0_-\right)$或$i_L\left(0_-\right)$：在直流激励下，换路前，

如果储能元件已储存能量，并且电路已处于稳定状态时，则将电容视为开路，电感视为短路，得到$t=0_-$等效电路。

（2）根据换路定则，求出电容电压初始值$u_C(0_+)$或电感电流初始值$i_L(0_+)$。

（3）画出在$t=0_+$时刻的等效电路：可用电压为$u_C(0_+)$的电压源替代电容，用电流为$i_L(0_+)$的电流源替代电感。

（4）由$t=0_+$电路，利用第1章的电路分析法求其他支路电压、电流的初始值。

【例 2.2.1】电路如图 2.2.1（a）所示，$t<0$时电路已达稳态，$t=0$时将开关 S 闭合，求各元件电流、电压。

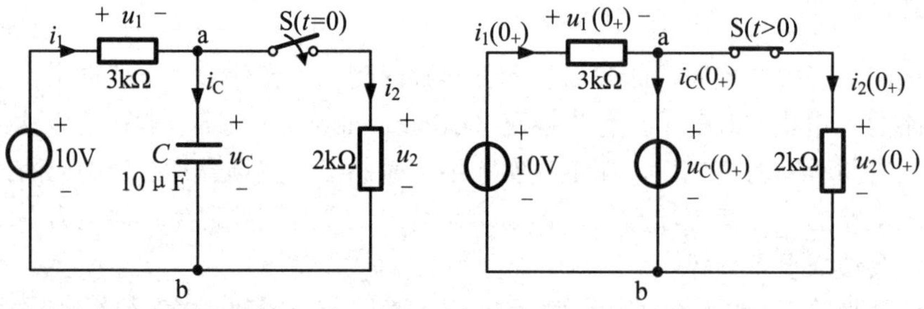

（a）动态电路　　　　（b）$t=0_+$时刻等效电路

图 2.2.1　例 2.2.1 电路

解：该电路为一阶动态电路，（1）求电容$u_C(0_-)$。

$t<0$时电路已达稳态，电容相当于开路。

$$u_C(0_-)=10(\text{V})$$

（2）求电容电压初始值$u_C(0_+)$。

根据换路定则——容压感流，$u_C(0_+)=u_C(0_-)=10(\text{V})$。

（3）画出在$t=0_+$时刻的等效电路

可用电压为$u_C(0_+)$的电压源代替电容，$t=0_+$的等效电路如图 2.2.1（b）所示。

（4）由$t=0_+$电路，利用第 1 章的电路分析法求其他支路电压、电流的初始值。

$$u_1(0_+)=10-u_C(0_+)=0(\text{V})\text{，}\quad i_1(0_+)=\frac{u_1(0_+)}{R_1}=0(\text{mA})$$

$$u_2(0_+)=u_C(0_+)=10(\text{V})\text{，}\quad i_2(0_+)=\frac{u_2(0_+)}{R_2}=5(\text{mA})$$

$$i_C(0_+)=i_1(0_+)-i_2(0_+)=-5(\text{mA})$$

【例 2.2.2】图 2.2.2（a）所示电路换路前已经稳态，$t=0$时闭合开关，求开关闭合前和闭合后的电感电流和电感电压。

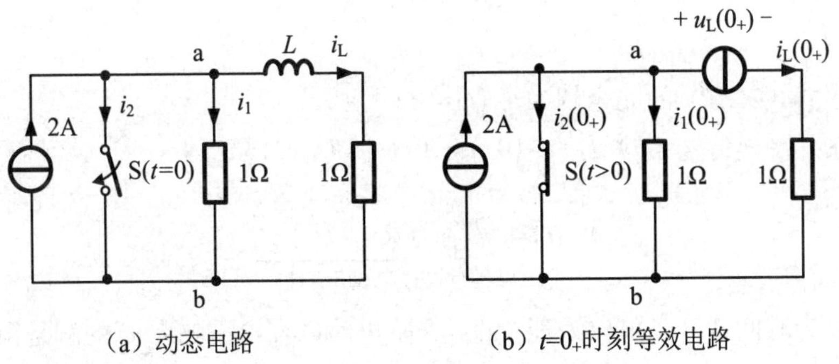

图 2.2.2　例 2.2.2 电路

解：该电路为一阶动态电路，(1) 求电感$i_L(0_-)$。

开关闭合前电路稳态，$i_2(0_-)=0(\text{A})$，电感相当于短路。

根据并联分流原理，$i_L(0_-)=i_1(0_-)=\frac{2}{2}=1(\text{A})$，则$u_L(0_-)=0(\text{V})$。

(2) 求电感电流初始值$i_L(0_+)$。

根据换路定则——容压感流，$i_L(0_+)=i_L(0_-)=1(\text{A})$。

(3) 画出在$t=0_+$时刻的等效电路。

t=0 时刻闭合开关，$t=0_+$时刻等效电路如图 2.2.2 (b) 所示。

(4) 由$t=0_+$电路，利用第 1 章的电路分析法求其他支路电压、电流的初始值。$u_L(0_+)=-1\times i_L(0_+)=-(1\times 1)=-1(\text{V})$，$i_2(0_+)=2-i_L(0_+)=1(\text{A})$，注意$i_1(0_+)=0(\text{A})$。

2.3　求解一阶电路全响应

2.3.1　一阶电路全响应

在电路分析中，作为输出的待求电路变量可以是支路电压、支路电流，或者支路电压和支路电流的线性组合，这些待求的变量称为电路的响应（Response，又称输出），而独立电源称为激励源（Excitation Source，又称输入）。

一阶电路的响应可以由独立电源（外界激励）引起，也可以由储能元件的初始状态引起，还可以由独立电源和储能元件的初始状态共同引起。由独立电源和储能元件的初始状态共同引起的响应称为完全响应，简称全响应（Complete Response）。

以 RC 电路为例，如图 2.3.1 所示，设$U_S>U_0$，U_0为初始电压，在$t<0$时，电容有能量，$u_C(0_-)=U_0$，在$t=0$时单刀双掷开关 S 由 1 端倒向 2 端，电压源U_S接入 RC 电路发生换路，根据换路定则，$u_C(0_+)=u_C(0_-)=U_0$；在$t>0$时，电容通过电压源U_S再充电，至电容电压为$u_C(\infty)=U_S$。

在$t>0$时，由 KVL 及 VAR 得

$$RC\frac{du_C}{dt}+u_C=U_S \tag{2.3.1}$$

微分方程式（2.3.1）的完全解为$u_C(t)=Ae^{-\frac{t}{\tau}}+U_S$

由初始条件确定待定系数A：$u_C(0_+)=A+U_S=U_0$，得$A=U_0-U_S$。

于是
$$u_C(t)=\underbrace{U_S}_{稳态分量}+\underbrace{(U_0-U_S)e^{-\frac{t}{\tau}}}_{暂态分量} \tag{2.3.2}$$

式中，$\tau=RC$为时间常数，单位为秒（s）。一阶电路电容电压响应u_C的解是由稳态分量和暂态分量组成的。

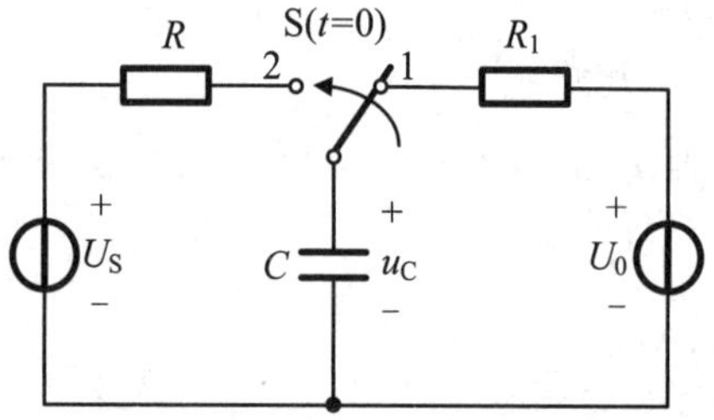

图 2.3.1　RC 电路全响应

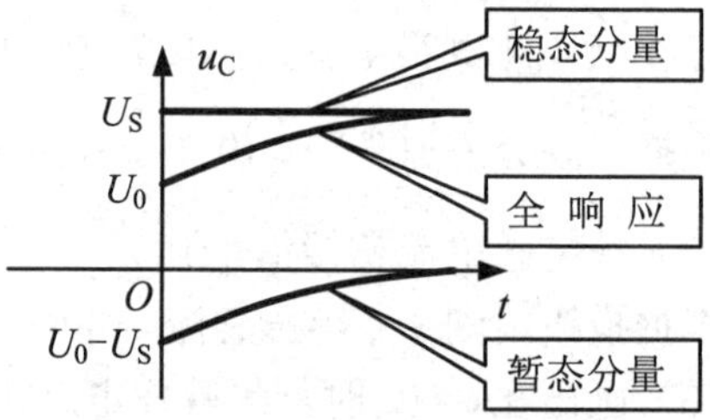

图 2.3.2　一阶电路完全响应曲线

由图 2.3.2 所示的一阶电路响应曲线可以看出，全响应由初始值开始按指数规律变化到达稳定值。

稳态分量是不随时间变化的量，由$u_C(\infty)=U_S$可知，稳态分量就等于过渡过程结束后u_C的稳态值。而暂态分量是随时间变化的量，当$t\to\infty$时，暂态分量变为零。同时过渡过程结束。

对于一阶电路，知道初始值$u_C(0_+)$、稳态值$u_C(\infty)$和时间常数τ，就可以分析一阶电路电容电压响应u_C。同理，知道初始值$i_L(0_+)$、稳态值$i_L(\infty)$和时间常数τ，可以分析一阶电路电感电流响应i_L。

2.3.2　三要素法求解一阶电路全响应

1. 三要素法

一阶电路的微分方程求解很复杂，但只要分析初始值、稳态值和时间常数，就可以分析一阶电路响应了，这三个值称为三要素。在分析一阶电路响应时，不需要求解响应量的一阶微分方程（求解微分方程的特解和对应齐次微分方程的通解），而直接求出电路的三要素，就可以写出响应的数学表达式。这种方法称为一阶电路的三要素分析法，简称三要素法（Three-Factor Method）。

一阶电路的响应变量可能是电压或者电流，统一用$f(t)$代替，则式（2.3.2）可表示为

$$f(t)=f(\infty)+\left[f(0_+)-f(\infty)\right]e^{-\frac{t}{\tau}} \tag{2.3.3}$$

式中，$f(0_+)$是暂态过程中响应变量$f(t)$的初始值；$f(\infty)$是响应变量$f(t)$的稳态值；τ是响应变量$f(t)$的时间常数（Time Constant）。这三个量称为三要素。任意一个一阶电路的响应变量，只要知道这三个量就可以根据式（2.3.3）直接写出一阶电路瞬态过程中任何变量的变化规律。注意，三要素法只适用于一阶线性动态电路。

（1）初始值$f(0_+)$。

初始值$f(0_+)$是换路后$t=0_+$时刻各支路的响应值。

（2）稳态值$f(\infty)$。

电路在换路后进入稳态时，电路的电压和电流值称为稳态值。一阶电路达到稳态时，电路中的电压和电流不再变化，此时电容电流为零，电容等效于开路，电感的电压为零，电感等效于短路。

（3）时间常数τ。

τ是一阶电路的时间常数，对于 RC 电路，有$\tau=R_OC$，对于 RL 电路，有$\tau=L/R_O$，其中R_O是在$t>0$时的等效电路中，将所有的独立电源置零（电压源短路，电流源开路）后，从电容或电感两端看进去的等效电阻。

由于时间常数τ反映换路后暂态响应衰减过渡快慢，τ大则过渡过程时间长，τ小则过渡过程时间短，过渡过程时间单位为秒（s），所以τ必须在换路后的等效电路中进行求解。

2. 三要素法求解电路响应的流程

（1）求初始值$f(0_+)$。

- 根据$t<0$的等效电路，计算出$t=0_-$时刻的电容电压起始值$u_C(0_-)$或电感电流起始值$i_L(0_-)$。
- 根据换路定则，求出$t=0_+$时刻的等效电路中电容电压初始值$u_C(0_+)$或电感电流初始值$i_L(0_+)$，由$u_C(0_+)=u_C(0_-)$或$i_L(0_+)=i_L(0_-)$确定。
- 假如还要计算其他支路电压、电流的初始值，可以从用数值为$u_C(0_+)$的电压源替代电容或用数值为$i_L(0_+)$的电流源替代电感后所得到的等效电路中计算出来。

（2）求稳态值$f(\infty)$。

根据$t>0$时的等效电路，将电容用开路代替或电感用短路代替，得到一个直流等效电路，再从此电路中求解响应变量的稳态值$f(\infty)$。

（3）求时间常数τ。

- 戴维南等效电阻R_O。

在$t>0$时的等效电路中，将所有的独立电源置零（电压源短路，电流源开路），然后从电容或电感两端看进去，此时的线性电阻单口网络的总电阻称为戴维南等效电阻R_O。

- 时间常数τ。

对于 RC 电路，有$\tau=R_OC$，对于 RL 电路，有$\tau=L/R_O$。

（4）求一阶电路响应 $f(t)$。

将 $f(0_+)$、$f(\infty)$ 和 τ 代入式（2.3.3）得到响应的一般表达式，即可写出任意支路电压、电流的响应。

【例 2.3.1】 如图 2.3.3（a）所示电路在 $t=0$ 时闭合，求 $t>0$ 时的 u_C 及 i。

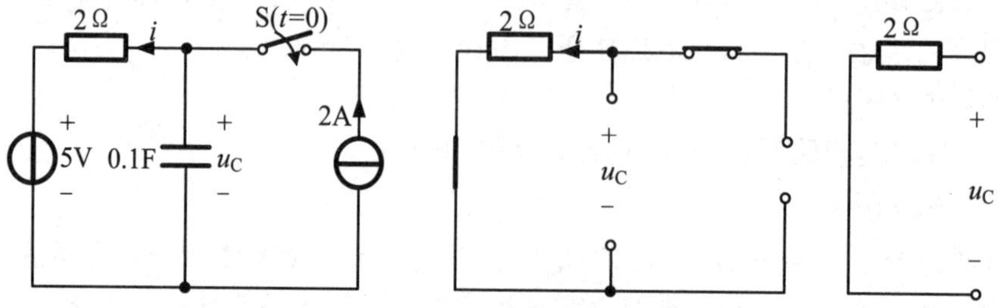

（a）动态电路　　（b）戴维南等效电路　　（c）求 R_O

图 2.3.3　例 2.3.1 电路

解： 该电路为一阶 RC 电路，适用三要素法求电压电流。

（1）求初始值 $f(0_+)$。

$t<0$ 时的等效电路如图 2.3.3（a）所示，计算出 $t=0_-$ 时的电容电压初始值 $u_C(0_-)$。

根据换路定则容压感流，$u_C(0_+)=u_C(0_-)=5(\text{V})$

（2）求稳态值 $f(\infty)$。

$t\to\infty$ 时，将电容用开路代替或电感用短路代替，得到一个直流等效电路，

稳态值 $u_C(\infty)=2\times2+5=9\text{V}$。

（3）求时间常数 τ。

① 戴维南等效电阻 R_O。

在 $t\to\infty$ 时的等效电路中，断开电容，将所有的独立电源置零后，如图 2.3.3（b）所示，从电容或电感元件两端看进去的等效电路，如图 2.3.3（c）所示，得

$$R_O=2\ (\Omega)$$

② 时间常数 τ。

$$\tau=R_OC=2\times0.1=0.2(\text{s})$$

（4）求一阶 RC 电路响应。

利用三要素法由式（2.3.3）得

$$\begin{aligned}u_C(t)&=u_C(\infty)+\left[u_C(0_+)-u_C(\infty)\right]e^{-\frac{t}{\tau}}\\&=9+(5-9)e^{-\frac{t}{0.2}}=9-4e^{-5t}(\text{V})\quad t>0\end{aligned}$$

（5）电阻上电流 $i(t)$。

$$i(t)=\frac{u_C(t)-5}{2}=2-2e^{-5t}(\text{A})\quad t>0$$

【**例 2.3.2**】如图 2.3.4（a）所示电路，开关闭合前电路已达稳态，t=0 开关闭合，求 $t>0$ 时的 i_L 和 i。

解：该电路为一阶 RL 电路，适用三要素法求电压电流。

（1）求初始值。

$$i_L(0_-)=\frac{6}{3+3}=1(\text{A})$$

根据换路定则——容压感流，得 $i_L(0_+)=i_L(0_-)=1(\text{A})$。

将 $i_L(0_+)$ 用电流源代替，得到等效电路如图 2.3.4（b）所示。

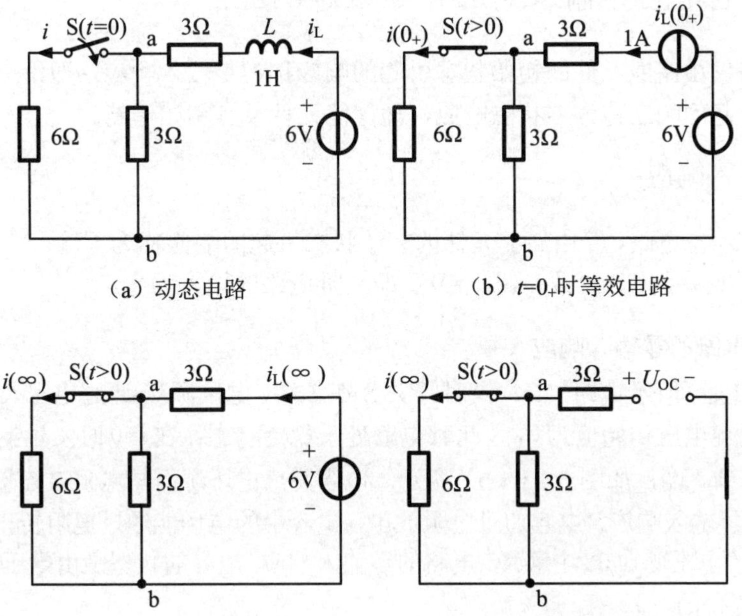

（a）动态电路　（b）t=0+时等效电路

（c）t=∞时等效电路　（d）戴维南等效电路

图 2.3.4　例 2.3.2 电路

由并联分流公式可以得到

$$i(0_+)=\frac{3}{3+6}i_L(0_+)=0.33(\text{A})$$

（2）求稳态值。

电路如图 2.3.4（c）所示，有

$$i_L(\infty)=\frac{6}{3+\dfrac{3\times6}{3+6}}=1.2\text{A}，\quad i(\infty)=\frac{3}{3+6}i_L(\infty)=0.4(\text{A})$$

（3）求时间常数 τ。

换路完成后电感两端看进去的等效电阻如图 2.3.4（d）所示。

$$R_{\rm O}=3+\frac{3\times6}{3+6}=5(\Omega)\text{，}\quad \tau=\frac{L}{R_{\rm O}}=0.2({\rm s})$$

（4）用三要素法公式求电流 $i_{\rm L}(t)$ 。

$$i_{\rm L}(t)=i_{\rm L}(\infty)+\left[i_{\rm L}(0_{+})-i_{\rm L}(\infty)\right]{\rm e}^{-\frac{t}{\tau}}=1.2-0.2{\rm e}^{-5t}({\rm A})\qquad t>0$$

$$i=\frac{3}{6+3}i_{\rm L}(t)=0.4-0.067{\rm e}^{-5t}({\rm A})\qquad t>0$$

2.4 一阶电路的零输入响应和零状态响应

一阶电路仅由储能元件的初始状态引起的响应称为零输入响应，即没有外界输入；仅由独立电源引起的响应称为零状态响应，即储能元件没有初始储能。

2.4.1 零输入响应

对于一个动态电路，仅由储能元件的初始状态引起的响应称为零输入响应（Zero-Input Response），此时 $u_{\rm C}(0_{+})\neq0$ 或 $i_{\rm L}(0_{+})\neq0$ ，即一阶电路的输入为零。

1. RC 电路的零输入响应

如图 2.4.1（a）所示电路，在 $t<0$ 时开关 S 在 1 端，电压源 U_0 通过电阻 R_1 对电容充电，充电完成时电容电压初始值为 U_0 ，此时电路处于稳定状态；在 t=0 时发生换路，开关 S 迅速由 1 端转换到 2 端，如图 5.4.1（b）所示。电容脱离电压源而与电阻 R 连接，此时无信号源作用，称为零输入响应，电容通过电阻放电，电容中的电场能通过电阻转化成热能而不断损耗，而电容的电压变为 0。注意 RC 电路的零输入响应，电容的状态是由电压源 U_0 决定的，而不是由 $U_{\rm S}$ 提供的。

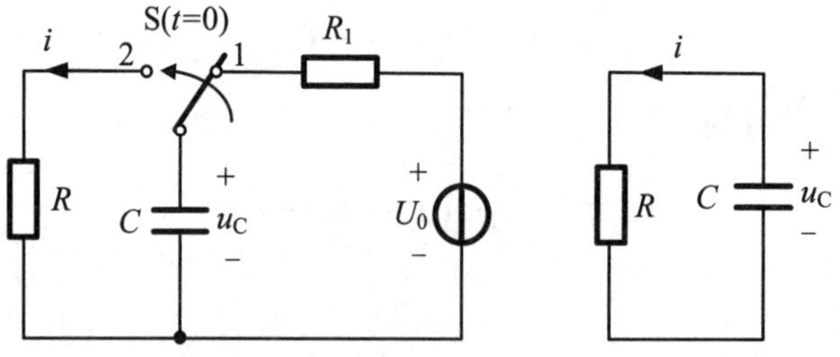

（a）动态电路　　（b）t>0 时等效电路

图 2.4.1 RC 电路的零输入响应

根据三要素式（2.3.3），在 $t<0$ 时， $u_{\rm C}(0_{-})=U_0$ ，在 t=0 时发生换路，根据换路定则， $u_{\rm C}(0_{+})=U_0$ ，在 $t>0$ 时，电容通过电阻放电，至电容电压为零，即 $u_{\rm C}(\infty)=0$ 。戴维南等效电阻 $R_{\rm O}=\dfrac{R_1R}{R_1+R}$， $\tau=R_{\rm O}C$ ，则得到图 2.4.1（b）所示电路的零输入响应为

$$u_C(t)=u_C(\infty)+\left[u_C(0_+)-u_C(\infty)\right]e^{-\frac{t}{\tau}}=0+\left[U_0-0\right]e^{-\frac{t}{\tau}}=U_0e^{-\frac{t}{\tau}} \tag{2.4.1}$$

计算电流 i

$$i=\frac{u_C}{R}=\frac{U_0}{R}e^{-\frac{t}{\tau}}$$

电压 $u_C(t)$ 的衰减快慢取决于时间常数 τ 。表 2.4.1 所示为不同时刻 t 对应的 u_C 的数值。

表2.4.1　u_C 随时间衰减进度

t	τ	2τ	3τ	4τ	5τ	6τ
$e^{\frac{1}{\tau}}$	e^{-1}	e^{-2}	e^{-3}	e^{-4}	e^{-5}	e^{-6}
u_C	$0.368\,U_0$	$0.135\,U_0$	$0.050\,U_0$	$0.018\,U_0$	$0.007\,U_0$	$0.002\,U_0$

当 t=5τ 时， $u_C(5\tau)=0.007U_0$，基本达到稳态值。工程上认为 $t=(3\sim5)\tau$ ， u_C 趋于 0，电容放电基本结束。

根据 $u_C(t)=U_0e^{-\frac{t}{\tau}}$ 及 $i=\frac{U_0}{R}e^{-\frac{t}{\tau}}$，画出 u_C、i 的曲线，如图 2.4.2 所示。

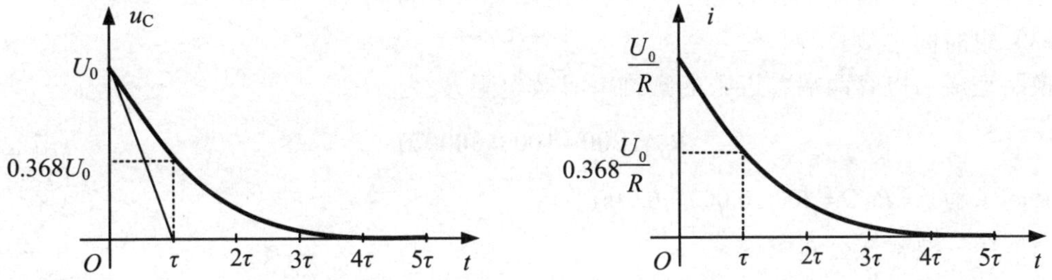

（a） u_C 曲线　　　　（b） i 曲线

图 2.4.2　一阶 RC 电路的零输入响应曲线

由此可见，时间常数 τ 等于电压 u_C 衰减到初始值 36.8%时所需的时间。此外，可以通过数学方法证明指数曲线上任意点的次切距的长度都等于 τ ，即过曲线上 t=0 处做曲线切线，则交横轴于 τ 。τ 的大小取决于电路结构和元件参数，而与激励（外电源）无关。

从以上分析可知，RC 电路的零输入响应实际上是电容的放电过程，其物理意义是电容不断释放能量被电阻吸收，直到全部消耗完毕，使得原来存储在电容中的电场能全部被电阻吸收而转换成热能。

【例 2.4.1】电路如图 2.4.3（a）所示，换路前电路处于稳定状态。t=0 时刻开关断开，求 t>0 的电容电压和电容电流，指出属于什么响应并画出电容电压和电流波形图。

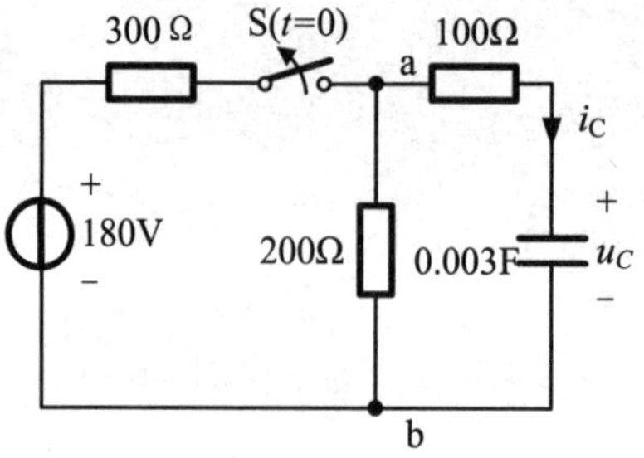

（a）例2.4.1电路

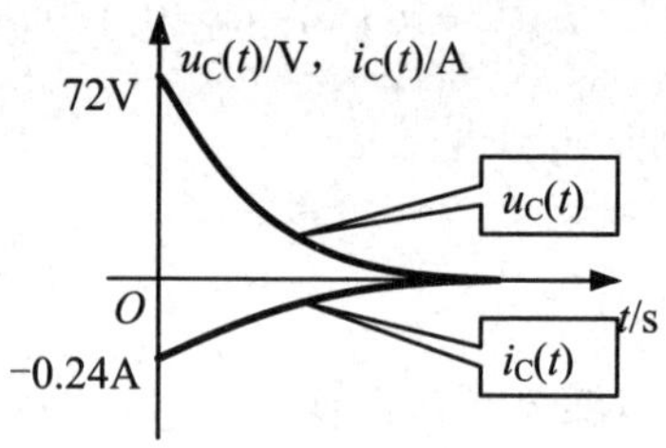

（b）例2.4.1波形图

图 2.4.3　例 2.4.1 电路及波形图

解：此电路为一阶电路，适用三要素法求电压电流。

（1）求初始值。

换路前开关闭合，电路处于稳定状态，电容开路，其电流为零，电压等于 200Ω 电阻的电压，由此得到

$$u_C(0_-)=180\times\frac{200}{300+200}=72(\text{V})$$

根据换路定则——容压感流，$u_C(0_+)=u_C(0_-)=72(\text{V})$。

（2）求稳态值。

电容放电完毕后，电容的电压为 0V，所以 $u_C(\infty)=0(\text{V})$。

（3）求时间常数。

换路完成后电容两端看进去的戴维南等效电阻 R_O 为

$$R_O=200+100=300(\Omega)$$

时间常数 $\tau=R_OC=300\times0.003=0.9(\text{s})$。

（4）用三要素法公式求得。

将三要素代入式（2.3.3），得

$$u_C(t)=(u_C(\infty)+\left[u_C(0_+)-u_C(\infty)\right]\text{e}^{-\frac{t}{\tau}}=0+\left[u_C(0_+)-0\right]\text{e}^{-\frac{t}{\tau}}=72\text{e}^{-\frac{t}{9\times10^{-1}}}(\text{V})$$

（5）求电容电流。

方法一：利用式（2.1.2）求电容电流

$$i_C(t)=C\frac{\text{d}u_C(t)}{\text{d}t}=C\frac{\text{d}\left(72\text{e}^{-\frac{t}{9\times10^{-1}}}\right)}{\text{d}t}=-\frac{3\times72\times10^{-3}}{9\times10^{-1}}\text{e}^{-\frac{t}{9\times10^{-1}}}=-0.24\text{e}^{-\frac{t}{9\times10^{-1}}}(\text{A})$$

方法二：

$$i_C(t)=-\frac{u_C(t)}{R_O}=\frac{72\text{e}^{-\frac{t}{9\times10^{-1}}}}{200+100}=-0.24\text{e}^{-\frac{t}{9\times10^{-1}}}(\text{A})$$

此电路为电容电压的零输入响应。波形图如图 2.4.3（b）所示，电容放电至结束。

2. RL 电路的零输入响应

以图 2.4.4 所示电路为例来说明 RL 电路零输入响应的计算过程。开关在 1 处时，如图 2.4.4（a）所示，电感由电压源 U_0 充电。开关换路在 2 处时，电路如图 2.4.4（b）所示，电感脱离电压源而与电阻 R 连接，此时无信号源作用，称为零输入响应。

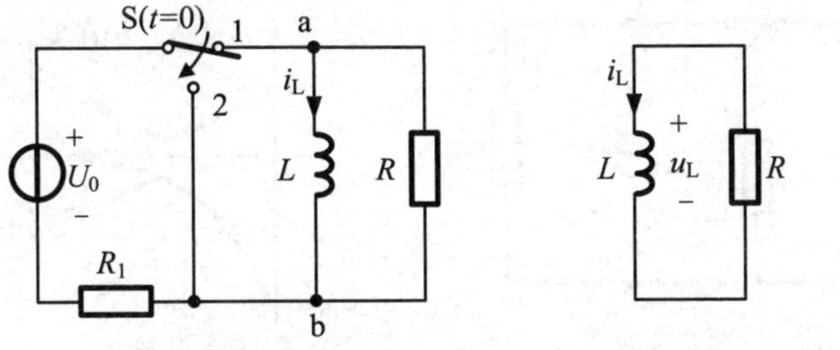

（a）动态电路　　（b）$t>0$时等效电路

图 2.4.4　RL 电路的零输入响应

根据三要素式(2.3.3)，在 $t<0$ 时，电感储存一定的磁场能量，$i_L(0_-)=I_0$，其中 $I_0=\dfrac{U_0}{R_1}$，在 t=0 时开关 S 由 1 端倒向 2 端，发生换路，如图 2.4.4(b)所示，根据换路定则，$i_L(0_+)=I_0$，在 $t>0$ 时，电感通过电阻放电，至电感电流为零，即 $i_L(\infty)=0$。戴维南等效电阻 R_O=R，$\tau=\dfrac{L}{R_O}$，则得到图 2.4.4（b）所示的 RL 零输入响应为

$$i_L(t)=i_L(\infty)+\left[i_L(0_+)-i_L(\infty)\right]e^{-\frac{t}{\tau}}=0+I_0\left[i_R-0\right]e^{-\frac{t}{\tau}}=I_0e^{-\frac{t}{\tau}} \tag{2.4.2}$$

$$u_L(t)=L\cdot\frac{di_L(t)}{dt}=-RI_0e^{-\frac{t}{\tau}} \tag{2.4.3}$$

综上所述，图 2.4.4（b）所示 RL 电路是电感 L 的初始储能逐渐释放出来消耗在电阻中的过程。

RL 电路零输入响应波形如图 2.4.5 所示。图 2.4.5（a）所示是电流从初始值，逐渐减小到零的过程，图 2.4.5（b）所示是电压从初始值，逐渐减小到零的过程。由零输入响应的波形及数学表达式可以看出，RL 电路与 RC 电路都是从初始值开始按指数规律衰减的，衰减的快慢取决于时间常数 τ。

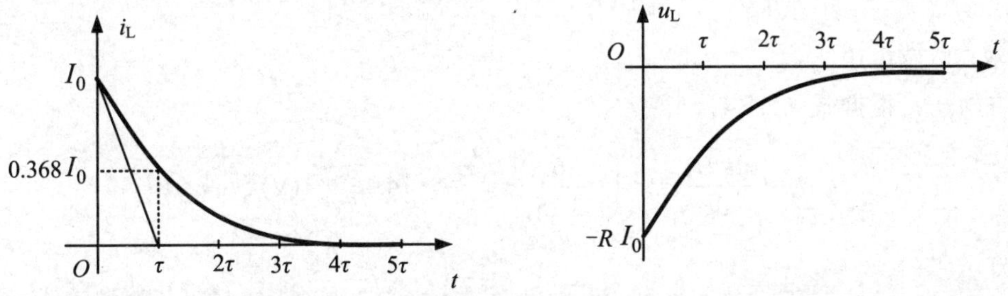

（a）i_L曲线　　（b）u_L曲线

图 2.4.5　RL 电路零输入响应波形

【例 2.4.2】电路如图 2.4.6（a）所示，换路前开关 S 处于 1 端，电路处于稳态。t=0 时开关 S 由 1 端合向 2 端，求换路后的 $i_L(t)$ 和 $u_L(t)$，指出属于什么响应并画出电感电压和电流波形图。（注：本书中有数值的，就给出了单位。）

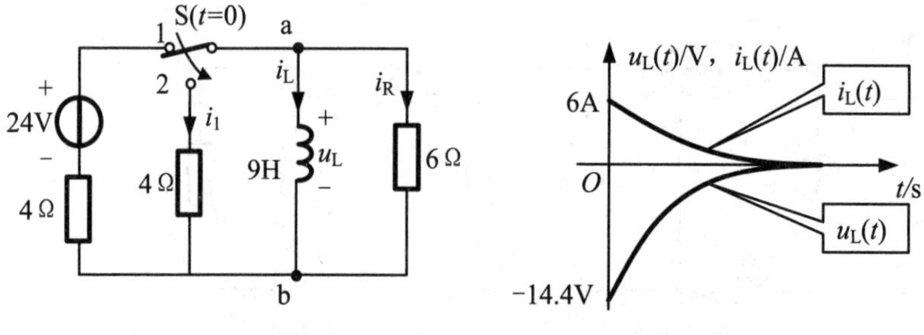

（a）例2.4.2电路　　（b）例2.4.2波形图

图 2.4.6　例 2.4.2 电路及波形图

解：此电路为一阶电路，适用三要素法求电压电流。

（1）求初始值。

换路前电路已稳定，电感相当于短路，$i_L(0_-)=\dfrac{24}{4}=6(\text{A})$。

由换路定则——容压感流，可得 $i_L(0_+)=i_L(0_-)=6(\text{A})$。

（2）求稳态值。

开关在 2 端，电感放电完毕后，电感的电流为 0A，所以 $i_L(\infty)=0(\text{A})$。

（3）求时间常数。

换路完成后从电感两端看进去的戴维南等效电阻 R_O 为

$$R_O=\frac{4\times 6}{4+6}=2.4(\Omega)$$

时间常数为 $\tau=\dfrac{L}{R_O}=\dfrac{9}{2.4}=3.75(\text{s})$。

（4）用三要素法公式求解。

将三要素代入式（2.3.3），求得电感电流的零输入响应为

$$i_L(t)=0+\left[i_L(0_+)-0\right]e^{-\frac{t}{\tau}}=6e^{-\frac{t}{3.75}}(\text{V}) \qquad t>0$$

（5）电感电压。

方法一：根据式（2.1.4），得

$$u_L(t)=L\frac{di_L(t)}{dt}=9\times\left(-\frac{6}{3.75}\right)e^{-\frac{t}{3.75}}=-14.4e^{-\frac{t}{3.75}}(\text{V}) \qquad t>0$$

方法二：

$$u_L(t)=-R_O i_L(t)=-14.4e^{-\frac{t}{3.75}}(\text{V}) \qquad t>0$$

此电路为 RL 零输入响应。波形图如图 2.4.6（b）所示，电感放电至结束。

2.4.2　零状态响应

一阶电路的初始状态为零，即 $u_C(0_+)=0$ 或 $i_L(0_+)=0$，由外加激励引起的响应，称为零状态响应（Zero-State Response）。

1. RC 电路的零状态响应

如图 2.4.7（a）所示电路，根据三要素式（2.3.3），在 $t<0$ 时，电容没有能量，$u_C(0_-)=0$。在 $t=0$ 时开关 S 由 1 端转向 2 端，电压源 U_S 接入 RC 电路发生换路，如图 2.4.7（b）所示，根据换路定则，$u_C(0_-)=u_C(0_+)=0$，此刻电容电压为零，即换路瞬间电容短路。在 $t>0$ 时，电容通过电压源 U_S 充电，至电容电压为 U_S，即 $u_C(\infty)=U_S$。戴维南等效电阻 $R_O=R_1$，$\tau=R_1C$，则得到 RC 零状态响应电路为

$$\begin{aligned}u_C(t)&=u_C(\infty)+[u_C(0_+)-u_C(\infty)]e^{-\frac{t}{\tau}}\\&=\underbrace{U_S}_{\text{非齐次方程特解}}+\underbrace{[0-U_S]e^{-\frac{t}{\tau}}}_{\text{齐次解}}=U_S\left(1-e^{-\frac{t}{\tau}}\right)\quad t>0\end{aligned}\tag{2.4.4}$$

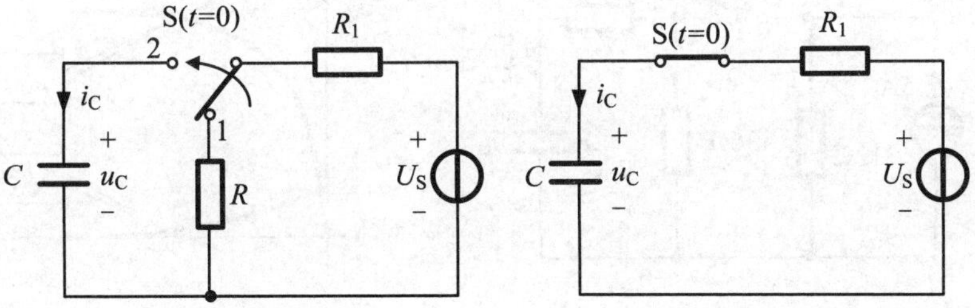

（a）动态电路　　（b）$t>0$时等效电路

图 2.4.7　RC 电路的零状态响应

电容电流可以由电容伏安关系式（2.1.1）求得

$$i_C(t)=C\frac{du_C}{dt}=\frac{U_S}{R_1}e^{-\frac{t}{\tau}}=I_0e^{-\frac{t}{\tau}}\tag{2.4.5}$$

由式（2.4.4）可知，电容电压由两部分组成：第一部分是非齐次方程的特解 U_S，与激励源形式相同的部分则称为“稳态响应分量”或“强制响应分量”；第二部分是对应的齐次微分方程的解 $-U_Se^{-\frac{t}{\tau}}$，将随着时间的推移而逐渐地衰减为零，因此往往又把这一部分称为响应的“暂态响应分量”或“自由响应分量”。

RC 电路的零状态响应曲线如图 2.4.8 所示。

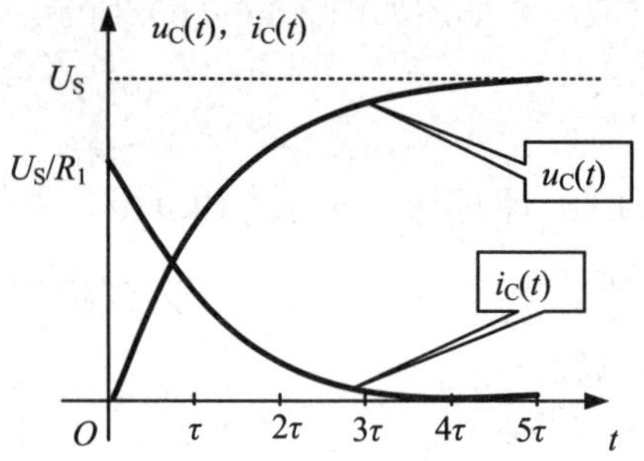

图 2.4.8　RC 电路的零状态响应曲线

在 RC 零状态电路的换路初始时刻，根据换路定则——容压感流，电容的电压为零，即电容短路，则电阻两端的电压为U_S，使电容电流由零跃变到U_S/R_1。随着时间t增加，电容的电压按指数规律不断充电，而电流按指数规律减小。当$t>5\tau$时，电容的电压达到稳定值U_S，电流降为零，所以 RC 电路的零状态响应是一个电容充电的过程。

【例 2.4.3】 电路如图 2.4.9（a）所示，已知电容电压$u_C(0_-)=0V$，$t=0$ 开关 S 闭合，求$t>0$的电容电压$u_C(t)$和电容电流$i_C(t)$。

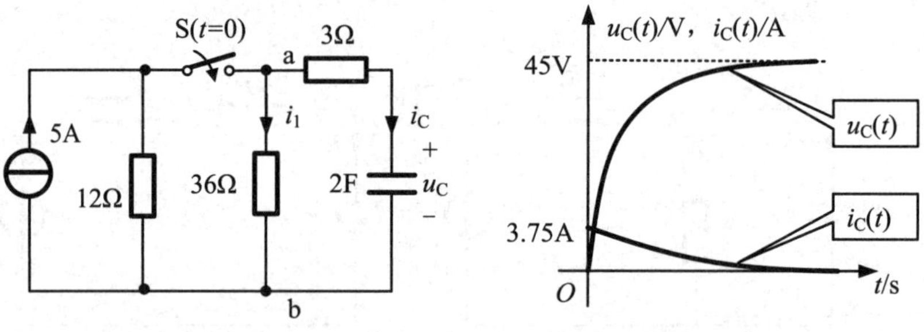

（a）例2.4.3电路　　（b）例2.4.3波形图

图 2.4.9　例 2.4.3 电路及波形图

解： 此电路为一阶电路，适用三要素法求电压、电流。

（1）求初始值。

换路前电路已稳定，电容没有电流，其电压为 0V，即$u_C(0_-)=0(V)$。

由换路定则——容压感流，可得$u_C(0_+)=u_C(0_-)=0(V)$。

（2）求稳态值。

$t\to\infty$时电容充电完毕后，电容相当于开路，电容两端的电压相当于 36Ω 电阻的电压，由此得到，$u_C(\infty)=5\times\dfrac{12\times36}{12+36}=45(V)$。

（3）求时间常数。

换路完成后从电容两端看进去的戴维南等效电阻R_O为

$$R_O=3+\frac{12\times36}{12+36}=12(\Omega)$$

时间常数为 $\tau=R_{O}C=12\times2=24(\mathrm{s})$

（4）用三要素法公式求解。

将三要素代入式（2.3.3），求得电感电流的零输入响应为

$$\begin{aligned}u_{C}(t)&=u_{C}(\infty)+\left[u_{C}(0_{+})-u_{C}(\infty)\right]\mathrm{e}^{-\frac{t}{\tau}}\\&=45\left(1-\mathrm{e}^{-\frac{t}{24}}\right)(\mathrm{V})\quad t>0\end{aligned}$$

按式（2.1.1）可以得到电容电流

$$i_{C}(t)=C\frac{\mathrm{d}u_{C}}{\mathrm{d}t}=3.75\mathrm{e}^{-\frac{t}{24}}(\mathrm{A})$$

此电路为 RC 零状态响应。波形图如图 2.4.9（b）所示。

2. RL 电路的零状态响应

RL 电路的零状态响应与 RC 电路的零状态响应相似，电路如图 2.4.10 所示。

根据三要素式（2.3.3），在 $t<0$ 时，电感没有能量，$f(0_{-})=0$，在 $t=0$ 时开关 S 由 1 端转向 2 端，电压源 U_{S} 接入 RL 电路发生换路，如图 2.4.10 所示，根据换路定则，$f(0_{+})=0$，在 $t>0$ 时，电感通过电压源 U_{S} 充电，至电感电流为 U_{S}/R，即 $i_{L}(\infty)=U_{S}/R$。戴维南等效电阻 $R_{O}=R$，$\tau=L/R$，则得到 RL 零状态响应电路为

$$\begin{aligned}i_{L}(t)&=\frac{U_{S}}{R}+\left[0-\frac{U_{S}}{R}\right]\mathrm{e}^{-\frac{t}{\tau}}\\&=\frac{U_{S}}{R}\left(1-\mathrm{e}^{-\frac{t}{\tau}}\right)\quad t>0\end{aligned}\tag{2.4.6}$$

根据式（2.1.4），得 $u_{L}=L\frac{\mathrm{d}i_{L}}{\mathrm{d}t}=U_{S}\mathrm{e}^{-\frac{t}{\tau}}$。

RL 电路的零状态响应曲线如图 2.4.11 所示。（注：本书中没有具体数值的，就没有给单位；有具体数值的，就给出单位。）

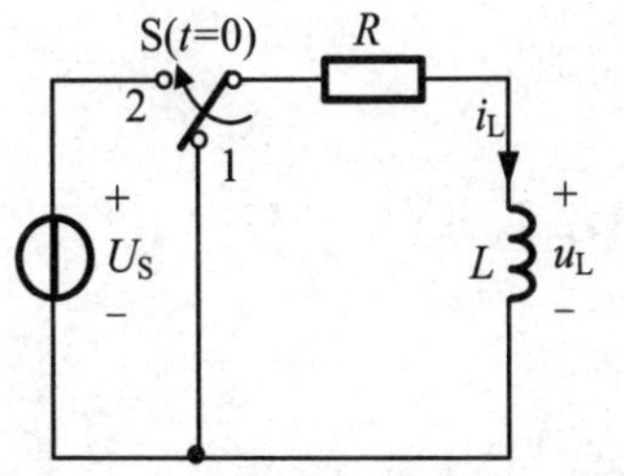

图 2.4.10　RL 电路的零状态响应

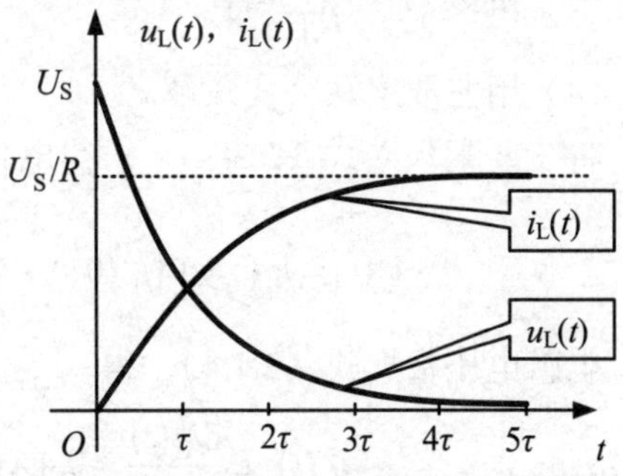

图 2.4.11　RL 电路的零状态响应曲线

一阶电路的零状态响应是动态元件在直流电源作用下储存能量的过程，动态元件的状

态变量由初始值 0，按指数规律逐渐上升，最后达到稳态值。直流电源供给的能量一部分被电阻所消耗，一部分被动态元件转换为电场/磁场能储存起来。

零状态响应具有线性特性，即多个外加激励电源作用于初始状态为零的电路时，其零状态响应可以进行线性叠加，这种外加激励与零状态响应之间的正比关系称为零状态比例性。

【例 2.4.4】电路如图 2.4.12（a）所示，已知电感电流 $i_L(0_-)=0\text{A}$，t=0 闭合开关 S，求 $t>0$ 的电感电流 $i_L(t)$ 和电感电压 $u_L(t)$。

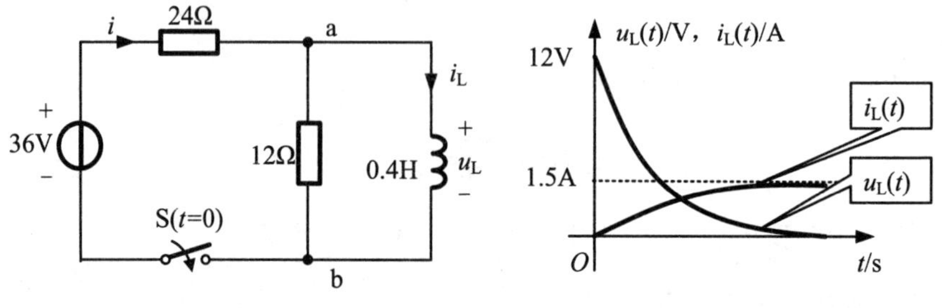

（a）例2.4.4电路　　　　（b）例2.4.4波形图

图 2.4.12　例 2.4.4 电路及波形图

解：此电路为一阶电路，适用三要素法求电压、电流。

（1）求初始值。

换路前电路已稳定，电感上没有电流，即 $i_L(0_-)=0(\text{A})$。

由换路定则——容压感流，可得 $i_L(0_+)=i_L(0_-)=0(\text{A})$。

（2）求稳态值。

电感充电完毕后，电感相当于短路，注意电流不流经 12Ω 电阻，所以 $i_L(\infty)=\dfrac{36}{24}=1.5(\text{A})$。

（3）求时间常数。

换路完成后从电感两端看进去的戴维南等效电阻 R_O 为

$$R_O=\frac{24\times12}{24+12}=8(\Omega)$$

时间常数为 $\tau=\dfrac{L}{R_O}=\dfrac{0.4}{8}=0.05(\text{s})$。

（4）用三要素法公式求解。

将三要素代入式（2.3.3），求得电感电流的零输入响应为

$$i_L(t)=i_L(\infty)+\left[i_L(0_+)-i_L(\infty)\right]e^{-\frac{t}{\tau}}=1.5\left(1-e^{-20t}\right)(\text{V})\qquad t>0$$

电感电压根据式（2.1.4），得

$$u_L(t)=L\frac{di_L(t)}{dt}=0.4\times(1.5\times20)e^{-20t}=12e^{-20t}(\text{V})\qquad t>0$$

此电路为 RL 零输入响应。

2.4.3　三种响应的联系

式（2.3.3）又可写成

$$\underbrace{f(t)}_{\text{全响应}}=\underbrace{f(0_+)\mathrm{e}^{-\frac{t}{\tau}}}_{\text{零输入响应}}+\underbrace{f(\infty)\left(1-\mathrm{e}^{-\frac{t}{\tau}}\right)}_{\text{零状态响应}} \tag{2.4.7}$$

式（2.4.6）中等式右边第一项是零输入响应，第二项是零状态响应，这表明全响应为零输入响应与零状态响应的线性叠加，这是叠加定理在线性动态电路分析中的体现，这种分解方式强调外加激励与响应的因果关系。

三种响应的曲线如图 2.4.13 所示，零输入响应是初始状态的线性函数，零状态响应是外加激励的线性函数，全响应既不是激励的线性函数，也不是初始状态的线性函数，因此全响应不具有比例性。

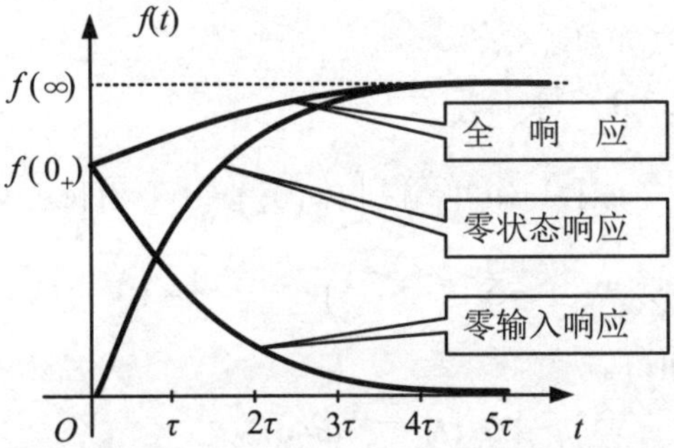

图 2.4.13　三种响应的曲线

【例 2.4.5】 电路如图 2.4.14（a）所示，已知 $u_C(0_-)=-5\mathrm{V}$，$t=0$ 闭合开关 S，求 $t>0$ 的电容电压 $u_C(t)$ 和电流 $i(t)$，并画出电容电压 $u_C(t)$ 和电流 $i(t)$ 响应曲线。

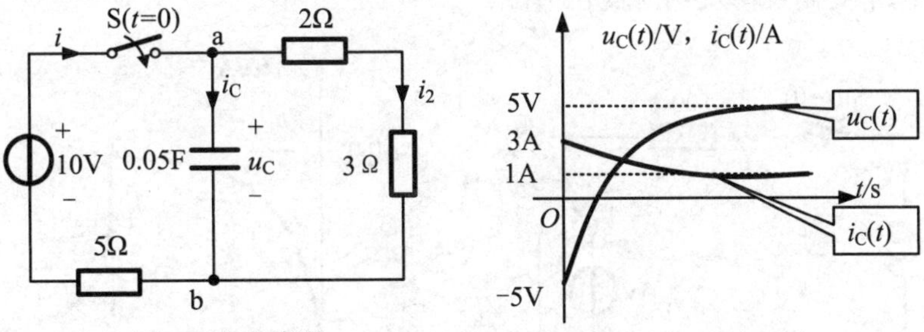

（a）例2.4.5态电路图　　（b）例2.4.5波形图

图 2.4.14　例 2.4.5 电路及波形图

解： 由于在开关 S 闭合前，电容已有电压，即电容状态不为 0，开关 S 闭合后，在 $t\to\infty$ 时电容电压是两电阻串联电压，因此电容先是放电再充电，这个过程是全响应。适用三要素法求元件的电压电流。

（1）求初始值 $f(0_+)$。

根据题意 $t=0_-$ 时的电容电压初始值 $u_C(0_-)=-5(\text{V})$。

根据换路定则，$u_C(0_+)=u_C(0_-)=-5(\text{V})$。

（2）求稳态值 $f(\infty)$。

$t\to\infty$ 时电容用开路代替或电感用短路代替，得到一个直流等效电路，电容电压是两电阻串联电压，即

稳态值 $u_C(\infty)=5(\text{V})$。

（3）求时间常数 τ。

① 戴维南等效电阻 R_O。

在 $t\to\infty$ 时的等效电路中，断开电容，将所有的独立电源置零（电压源短路，电流开路）后，从电容两端看进去，$R_O=\dfrac{5\times5}{5+5}=2.5$。

② 时间常数 τ。

$\tau=R_OC=2.5\times0.05=0.125(\text{s})$。

（4）求一阶电路响应 $f(t)$。

利用三要素法式（2.3.3）得

$$u_C(t)=u_C(\infty)+\left[u_C(0_+)-u_C(\infty)\right]e^{-\frac{t}{\tau}}$$

$$=5+(-5-5)e^{-\frac{t}{0.125}}=5-10e^{-8t}(\text{V})$$

（5）电阻上的电流 $i(t)$。

$$i(t)=\frac{u_C(t)}{2+3}+C\cdot\frac{du_C(t)}{dt}=1+2e^{-8t}(\text{A})$$

波形如图 2.4.14（b）所示，电容是先放电再充电。

【例 2.4.6】电路如图 2.4.15（a）所示，$t>0$ 时，开关 S_1 断开，开关 S_2 处于 1 端，电路已处于稳态，电容未储能，t=0 时开关 S_1 闭合，t=1s 时，开关 S_2 由 1 端转到 2 端，试分析电感电流的 i_L 变化规律及响应变化情况。

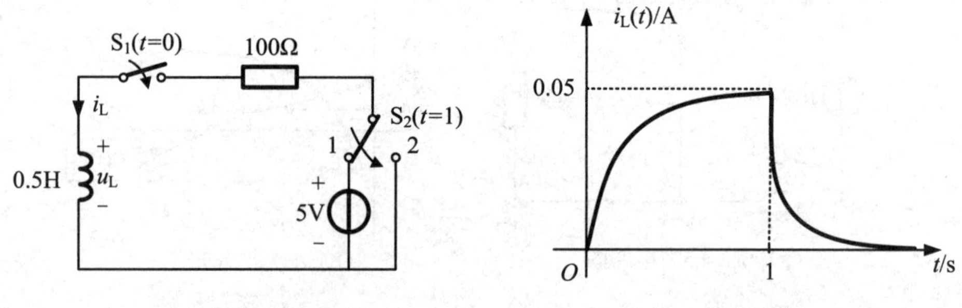

（a） 例2.4.6电路　　（b）例2.4.6波形图

图 2.4.15　例 2.4.6 电路及波形图

解：此题电感先进行充电，再进行放电，所以分两部分分析。

（1）在 $0 < t < 1$ 期间电感充电至结束。

① 求初始值。

开关 S_1 闭合，电感开始充电，$i_L(0_-) = 0(A)$，根据换路定则——容压感流，得 $i_L(0_+) = i_L(0_-) = 0(A)$。

② 求稳态值。

电感充电结束，此时电感相当于短路，$i_L(\infty) = \frac{5}{100} = 0.05(A)$。

③ 求时间常数。

换路完成后从电感两端看进去的等效电阻

$$R_O = 100(\Omega)$$

$$\tau = \frac{L}{R_O} = 0.005(s)$$

④ 用三要素式求解。

$$i_L(t) = i_L(\infty) + \left[i_L(0_+) - i_L(\infty)\right]e^{-\frac{t}{\tau}} = 0.05 - 0.05e^{-200t}(A) \qquad t > 0$$

由于 $\tau \ll 1s$，所以电感很快从 0A 充电到 0.05A。

（2）在 $t > 1$ 期间，开关 S_2 闭合，电感放电至结束。

① 求初始值。

开关 S_2 闭合，电感开始放电，$i_L(0_-) = 0.05(A)$，据换路定则——容压感流，得 $i_L(0_+) = i_L(0_-) = 0.05(A)$。

② 求稳态值。

电感放电结束，$i_L(\infty) = 0(A)$。

③ 求时间常数。

换路完成后从电感两端看进去的等效电阻

$$R_O = 100(\Omega)$$

$$\tau = \frac{L}{R_O} = 0.005(s)$$

④ 用三要素式求解。

$$i_L(t) = i_L(\infty) + \left[i_L(0_+) - i_L(\infty)\right]e^{-\frac{t}{\tau}} = 0.05e^{-200t}(A) \qquad t > 0$$

由于 $\tau \ll 1s$，所以电感很快从 0.05A 放电到 0A。整个过程波形如图 2.4.15（b）所示。

习题 2

2.1　已知显像管行偏转线圈的周期性扫描电流如图 2.1 所示，线圈电感为 0.01H（线圈电阻忽略不计），试求电感线圈所加电压波形。

2.2　已知电容上的电压波形如图 2.2 所示，电容为 4μF，试求 $i(t)$，并画出波形。

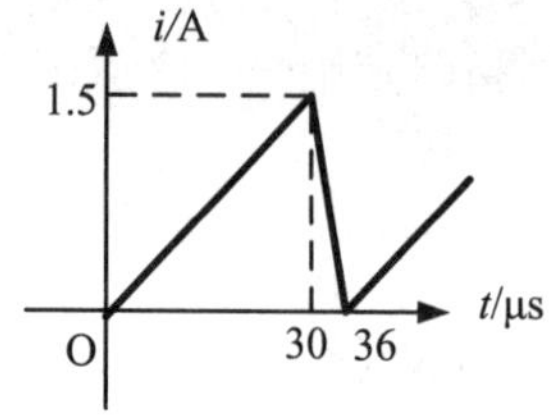

图 2.1　习题 2.1 电路

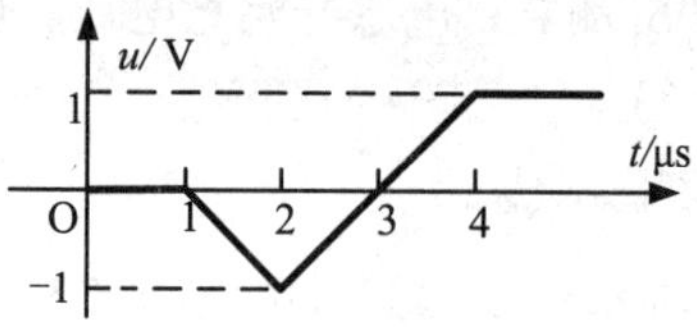

图 2.2　习题 2.2 电路

2.3　电路如图 2.3 所示，当开关闭合时，试分析电路中三个灯的变化过程。

2.4　电路如图 2.4 所示，开关 S 在 t=0 时由“1”搬向“2”，已知开关 S 在“1”时电路已处于稳定。求

（1）$u_C(0_-)$、$i_C(0_-)$和$u_C(0_+)$、$i_C(0_+)$各是多少？

（2）$u_L(0_-)$、$i_L(0_-)$和$u_L(0_+)$、$i_L(0_+)$各是多少？

（3）$u_R(0_-)$、$i_R(0_-)$和$u_R(0_+)$、$i_R(0_+)$各是多少？

（4）总结换路时哪些初始值跃变？哪些不跃变？

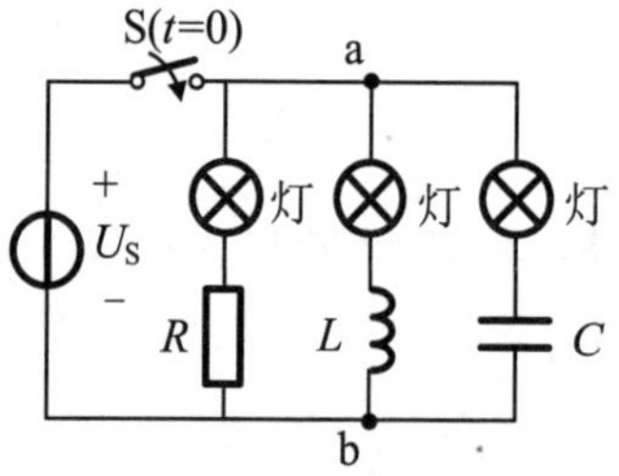

图 2.3　习题 2.3 电路

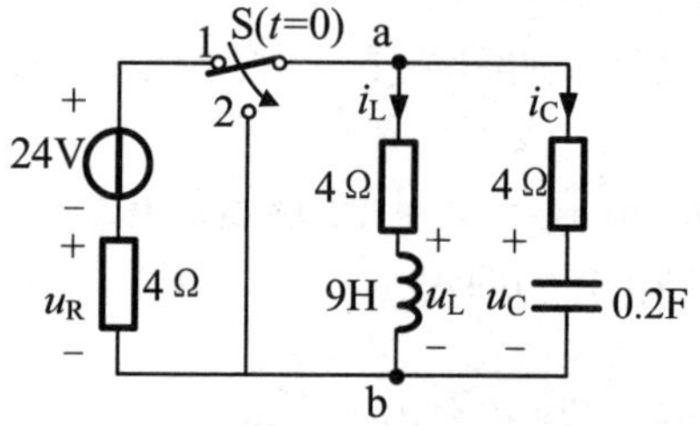

图 2.4　习题 2.4 电路

2.5　如图 2.5 所示电路中，在 $t=0$ 时开关 S 由位置“1”转到位置“2”，试求 $t=0_+$ 时刻 $u(0_+)$ 和 $i(0_+)$ 的值。

2.6　继电器控制电路如图 2.6 所示，电路中电感为继电器驱动线圈。在开关闭合前，电路已处于稳态，t=0 时开关 S 闭合，求：（1）开关 S 闭合后电感电流 $i_L(t)$ 和电压 $u_L(t)$；（2）指出是什么响应；（3）简略画出电感电压 $u_L(t)$ 及电流 $i_L(t)$ 的波形图。

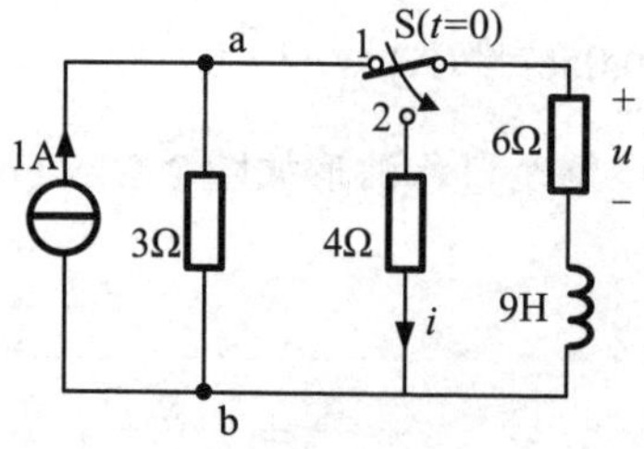

图 2.5　习题 2.5 电路

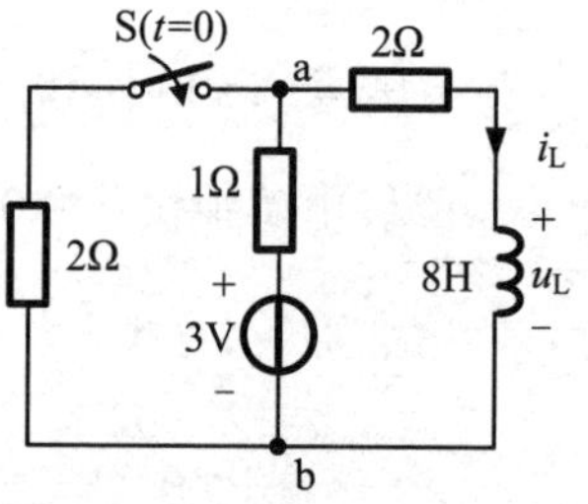

图 2.6　习题 2.6 电路

2.7　一个简化的闪光灯电路如图 2.7 所示，由一个直流电压源 U_S、一个限流电阻 R、

闪光灯的等效电阻 R_L 和一个与闪光灯并联的电容 C 组成。开关 S 处于位置 1 时，电容充满电。当开关 S 由位置 1 切换到位置 2 时，闪光灯开始工作，等效电阻 R_L 阻值小，使电容在很短时间内放电结束，从而达到闪光效果。设闪光灯截止电压为 20V，试求闪光灯闪光时间，并判断是什么响应？百度了解闪光对人眼的危害。

2.8　在如图 2.8 所示电路中，开关 S 在位置"1"时已达稳态，在 t=0 时开关 S 转到"2"的位置，求：（1）$t>0$ 时的电容电压 $u_C(t)$ 及 $i_C(t)$；（2）指出是什么响应；（3）将 $u_C(t)$ 表示成零输入响应和零状态响应；（4）将 $u_C(t)$ 表示成暂态响应和稳态响应。

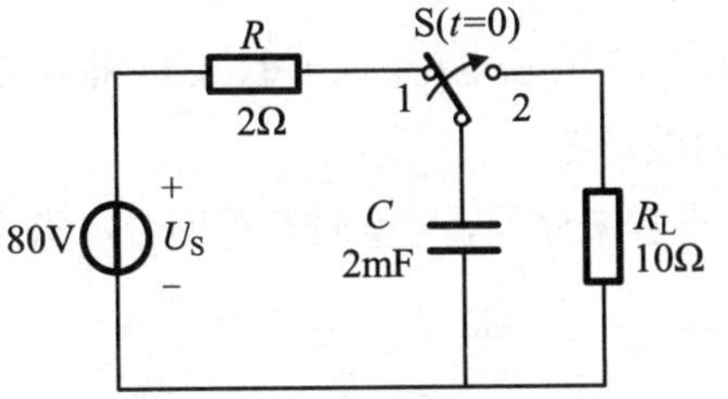

图 2.7　习题 2.7 电路

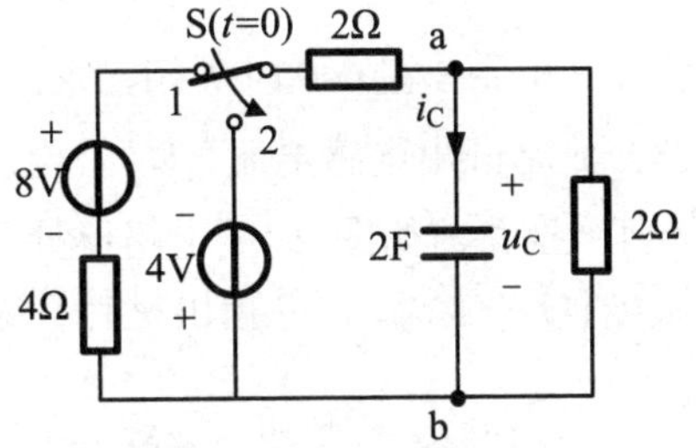

图 2.8　习题 2.8 电路

2.9　换路前如图 2.9 所示电路已处于稳态 $i_L(0_-)=1\text{A}$，t=0 时开关 S 闭合，求：（1）换路后的 $i_L(t)$ 及 $u_L(t)$；（2）指出是什么响应；（3）简略画出电感电压 $u_L(t)$ 及电流 $i_L(t)$ 的波形图。

2.10　换路前如图 2.10 所示电路已处于稳态，t=0 时开关闭合，求：（1）换路后电容电压 $u_C(t)$ 及电流 $i_C(t)$；（2）指出是什么响应；（3）简略画出电容电压 $u_C(t)$ 及电流 $i_C(t)$ 的波形图。

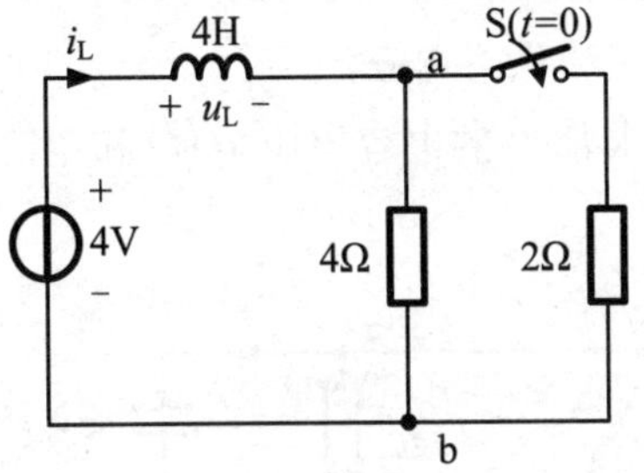

图 2.9　习题 2.9 电路

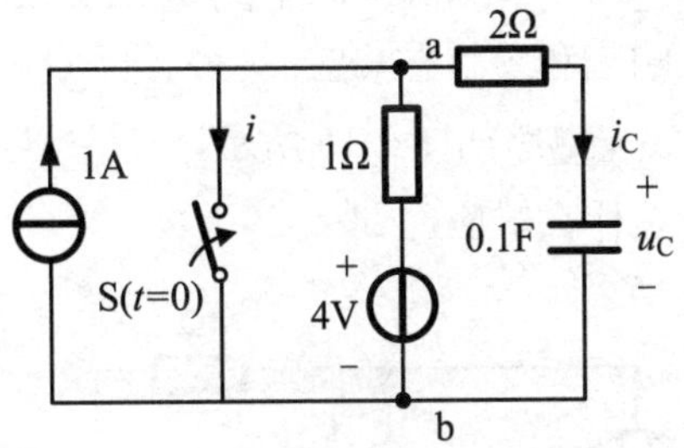

图 2.10　习题 2.10 电路

2.11　换路前如图 2.11 所示电路已处于稳态，t=0 时开关 S 打开，求：（1）换路后的 $i_L(t)$ 及 $u_L(t)$；（2）指出是什么响应；（3）简略画出电感电压 $u_L(t)$ 及电流 $i_L(t)$ 的波形图。

2.12　开关 S 闭合前如图 2.12 所示，电路已稳定且电容未储能，t=0 时开关闭合，求：（1）$i_C(t)$ 和 $u_C(t)$；（2）指出是什么响应；（3）简略画出电容电压 $u_C(t)$ 及电流 $i_C(t)$ 的波形图。

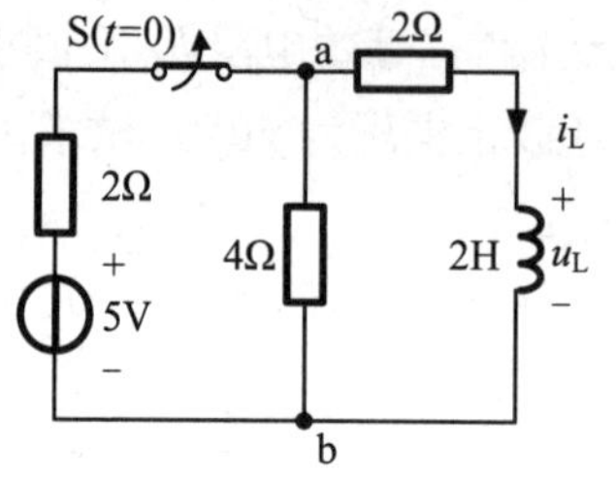

图 2.11　习题 2.11 电路

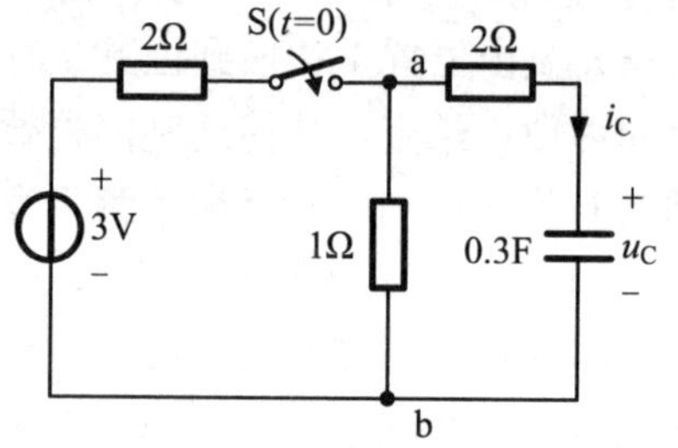

图 2.12　习题 2.12 电路

2.13　开关 S 在 t=0 时关闭，求：（1）如图 2.13 所示电路的 $i_L(t)$；（2）指出是什么响应；（3）简略画出电感电流 $i_L(t)$ 及电压 $u_L(t)$ 的波形图。

2.14　换路前如图 2.14 电路已处于稳定且电容未储能，t=0 时开关闭合，求换路后电容电压 $u_C(t)$ 和电流 i，并指出是什么响应。

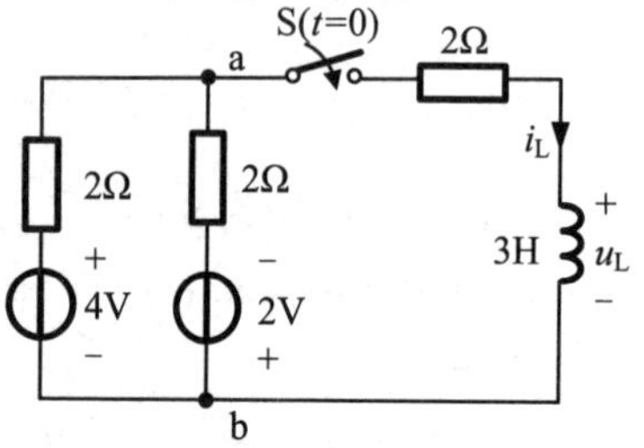

图 2.13　习题 2.13 电路

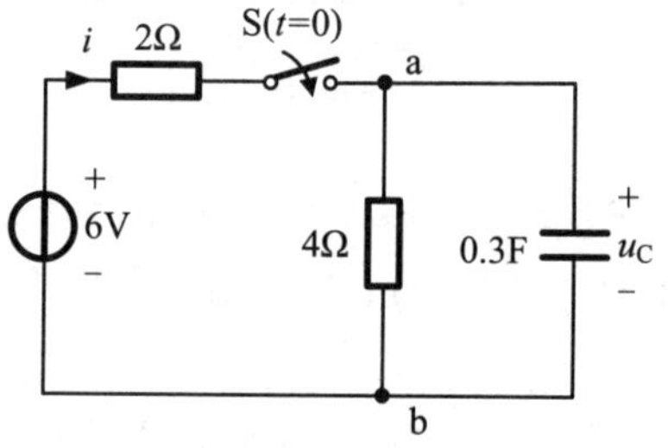

图 2.14　习题 2.14 电路

2.15　目前电路处于稳态，如图 2.15 所示，$i_L(0_-)=0.2\,\text{A}$，在 t=0 时开关 S 闭合，求：（1）换路后电感电流 $i_L(t)$ 和电感电压 $u_L(t)$，并指出是什么响应；（2）将 $i_L(t)$ 表示成零输入响应和零状态响应；（3）将 $i_L(t)$ 表示成暂态响应和稳态响应。

2.16　电路如图 2.16 所示，在 t=0 时开关 S 打开，求 $t>0$ 的电容电压 $u_C(t)$ 和电流 i_L，并指出是什么响应。

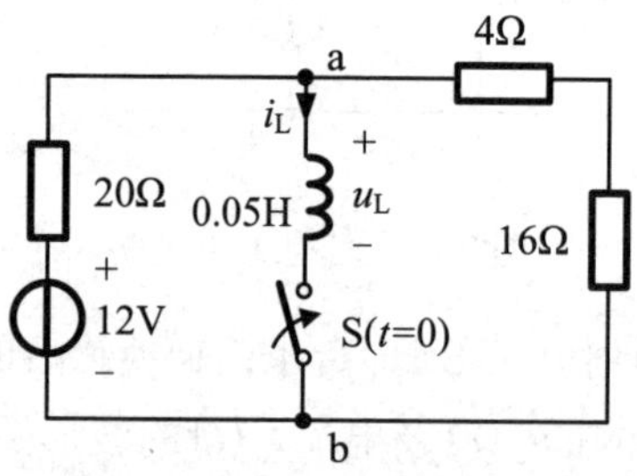

图 2.15　习题 2.15 电路

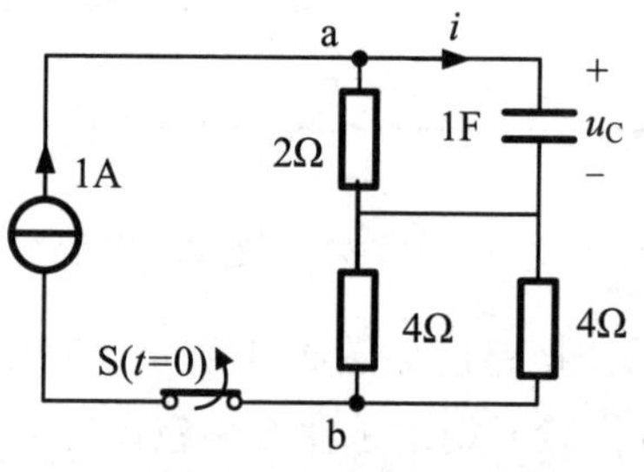

图 2.16　习题 2.16 电路

2.17　电路如图 2.17 所示，在 t=0 时开关 S 闭合，S 闭合前电感无储能，求 $t>0$ 的电感电流 $i_L(t)$ 和电感电压 $u_L(t)$，并指出是什么响应。

2.18　彩色电视屏幕和示波器上的阴极射线管上的图像，是由光组成的栅格拼凑成的。在栅格的不同色调和亮度的形成过程中，锯齿波起了重要的控制作用。锯齿波是利用电容器的充电与放电作用产生的，电路如图 2.18 所示。开关 S 置于 1 处时，电容电压 u_C 上升到 6V，开关 S 置于 2 处，电容对电阻 R_L 放电。电容电压 u_C 下降到接近 0 时，开关 S 又置于 1 处，电容 C 又被充电，电容电压 u_C 上升到 6V 时，开关 S 又置于 2 处，如此周期性进行。试分析电容电压 u_C 大小，并画出电容电压 u_C 随时间变化的曲线。

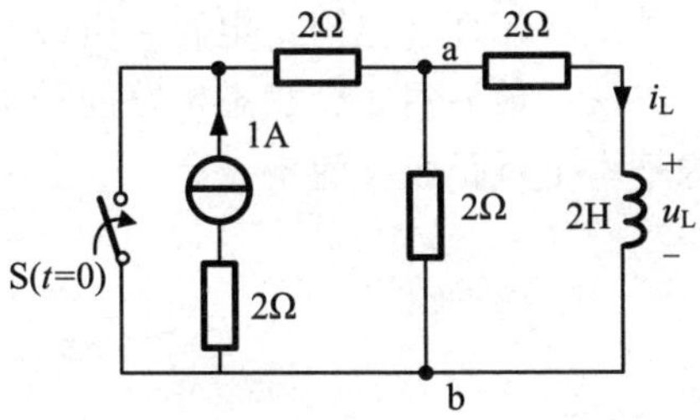

图 2.17　习题 2.17 电路

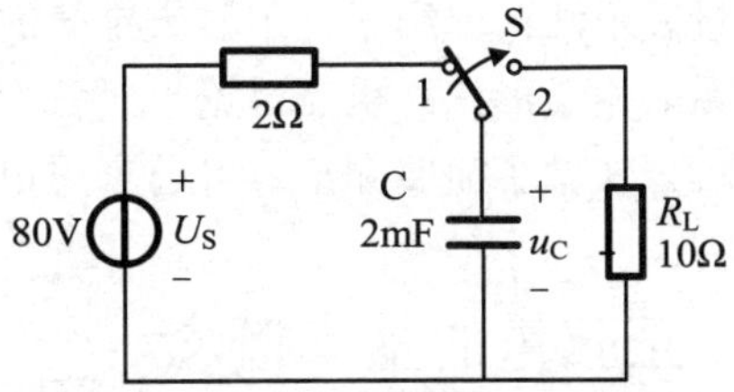

图 2.18　习题 2.18 电路

第 3 章　正弦稳态电路分析

本章介绍了正弦量的基本概念，如瞬时值、最大值、有效值和平均值，引入了正弦量的相量表示法；介绍了基尔霍夫定律的相量形式和三种基本元件（电阻、电容、电感）伏安关系的相量形式；重点讨论了正弦稳态电路的分析方法；最后对正弦稳态电路的频率特性分析方法做了简要介绍。目前家用电器使用的电源基本上是正弦交流电。

3.1　正弦量的基本概念

按照正弦规律变化的物理量都称为正弦量（Sinusoid）。在正弦电源激励下，若电路的响应（电压、电流等）都是与输入响应同频率的正弦量，则称该电路处于正弦稳态（Sinusoidal Steady-State）。处于正弦稳态的电路称为正弦稳态电路（Sinusoidal Steady-State Circuit）。在工程上，正弦稳态电路也称为正弦交流电路，正弦交流电路应用广泛。这主要是因为正弦信号的产生和传送比较容易，而且许多自然现象是按正弦规律变化的，采用正弦交流电路控制这些信号具有重要的理论意义和工程应用价值。

一个正弦量，如电压 u，其瞬时值（Instantaneous Value）的一般表达式为

$$u = U_{\mathrm{m}} \sin\left(\omega t + \theta_{\mathrm{u}}\right) \tag{3.1.1}$$

式中，U_{m}、ω 和 θ_{u} 分别是正弦电压的最大值（Maximal Value，也称振幅、幅值）、角频率（Angular Frequency）和初相位（Initial Phase），这就是正弦量三要素，它们分别表示正弦量的变化大小、快慢和进程。

3.1.1　最大值和有效值

从式（3.1.1）可知，正弦交流电压的瞬时值 u 是时间 t 的函数，在 U_{m} 到 $-U_{\mathrm{m}}$ 之间变化，其瞬时值最大值 U_{m} 称为幅值或振幅。不过在正弦交流电中，由各种交流电流表或交流电压表测量的既不是瞬时值也不是最大值，而是有效值（Effective Value）。例如，家用电器使用的 220V 电压就是指有效值。

交流电的有效值是根据电流的热效应来定义的，如果一个交流电流 i 通过一个阻值为 R 的电阻，在一个周期内产生的热量和另一个直流电流 I 通过同样大小的电阻，在相同时间内产生的热量相等，则这一直流电流的值就称为该交流电流的有效值。交流电压 $u = U_{\mathrm{m}} \sin\left(\omega t + \theta_{\mathrm{u}}\right)$ 的有效值为

$$U = \frac{U_{\mathrm{m}}}{\sqrt{2}} = 0.707 U_{\mathrm{m}} \tag{3.1.2}$$

交流电流 $i = I_{\mathrm{m}} \sin\left(\omega t + \theta_{\mathrm{i}}\right)$ 的有效值为

$$I = \frac{I_m}{\sqrt{2}} = 0.707 I_m \qquad (3.1.3)$$

注意：电压有效值或电流有效值均用大写字母U 或I表示。

3.1.2　周期和频率

周期（Period）用符号T表示，是一个基本波形所占用的时间，单位是秒（s）。周期的倒数为频率（Frequency），用符号f表示，是 1s 内基本波形的个数，单位是赫兹（Hz），即

$$T = \frac{1}{f} \qquad (3.1.4)$$

角频率ω是衡量交流电变化快慢的物理量。角频率ω、频率f和周期T三者之间的关系为

$$\omega = \frac{2\pi}{T} = 2\pi f \qquad (3.1.5)$$

式中，ω的单位为弧度/秒，记为 rad/s。

3.1.3　相位和相位差

在式（3.1.1）中，$(\omega t + \theta_u)$表示正弦量变化的角度，称为相位角（Phase Angle），简称相位，在计算时转化为度（°）的单位。而θ是初相位，θ_u是电压初相位，θ_i是电流初相位，它表示$t = 0$ 时的相位角，初相位的值与计时起点有关，一般规定初相位$|\theta| \leqslant 180°$。当一个完整正弦曲线起点落在纵轴左边时，初相位θ为正，反之为负。

下面讨论同频率正弦量之间的相位关系。正弦电压$u = U_m \sin(\omega t + \theta_u)$和正弦电流$i = I_m \sin(\omega t + \theta_i)$的相位差（Phase Difference），用$\varphi$表示为

$$\varphi = (\omega t + \theta_u) - (\omega t + \theta_i) = \theta_u - \theta_i \qquad (3.1.6)$$

相位差φ反映了两个同频率正弦量在时间轴上的相对位置。若$\theta_u - \theta_i > 0$，如图 3.1.1（a）所示，则称电压u超前（Lead）电流i，或电流i滞后（Lag）电压u。若$\theta_u - \theta_i < 0°$，如图 3.1.1（b）所示，则称电流i超前电压u，或电压u滞后电流i。若$\theta_u - \theta_i = 0°$，则称它们同相（In Phase）；$\theta_u - \theta_i = 90°$，则称它们正交（Phase Quadrature）；$\theta_u - \theta_i = 180°$，则称它们反相（Phase Inversion）。必须指出的是，当两个同频率正弦量的计时起点$(t = 0)$改变时，它们的相位和初相位都随之发生变化，但两者之间的相位差始终不变。

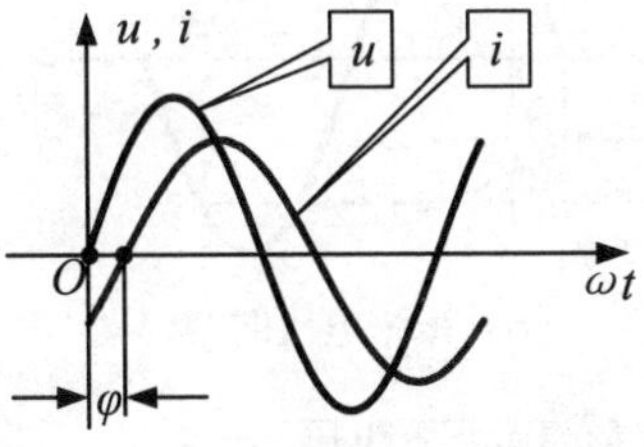

（a）电压u超前电流 i 相角φ

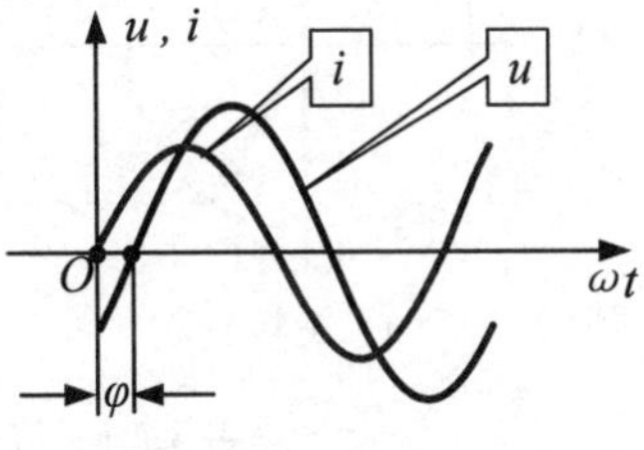

（b）电压u滞后电流 i 相角φ

图 3.1.1　相位差φ

【例 3.1.1】 正弦电压$u=-\cos(2t+60°)$，$i=3\sin(2t+60°)$。试求相位差，并说明超前滞后关系。

解： u、i同频率，可以求其相位差φ。

由于电压用余弦表示，$u=-\cos(2t+60^{\circ})=\sin(2t+60^{\circ}-90^{\circ})=\sin(2t-30^{\circ})$，$\theta_{\mathrm{u}}=-30^{\circ}$，电压波形起点位于纵轴右边，而$\theta_{\mathrm{i}}=60^{\circ}$，电流波形起点位于纵轴左边，根据式（3.1.6），$\varphi=\theta_{\mathrm{u}}-\theta_{\mathrm{i}}=-90^{\circ}$，所以$i$超前$u$ 90°，或u滞后i 90°，i和u是正交的。

其波形图如图 3.1.2 所示。

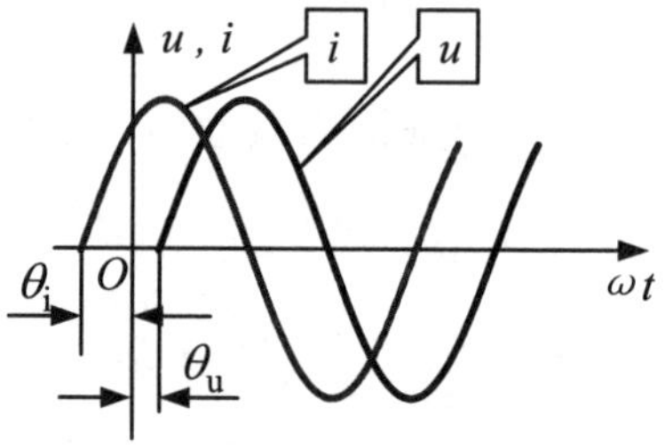

图 3.1.2　例 3.1.1 波形图

3.2　正弦交流信号的相量表示

正弦交流信号可用三角函数、波形图和相量表示，其中三角函数和波形图在对电路进行分析计算时往往比较复杂，不便于运算。相量表示法是用复数表示正弦交流信号的方法，可简化分析计算。

由式（3.1.1）可知，一个正弦量由幅值、频率和初相位三个要素确定。旋转矢量表示法是在复数域中，如图 3.2.1（a）所示，一个旋转的有向线段 $\boldsymbol{A}$ 于各时刻在纵轴上的投影值，与正弦量 u 在对应时刻的瞬时值一一对应，如图 3.2.1（b）所示，即$|A|=U_{\mathrm{m}}$，$\theta=\theta_{\mathrm{u}}$，$\omega=\omega t_1$，因此旋转矢量 $\boldsymbol{A}$ 具有了正弦量 u 的三要素。注意，非正弦量不可以用旋转矢量表示法。只有同频率的正弦量才能画在一张矢量图上，不同频率的不可以。

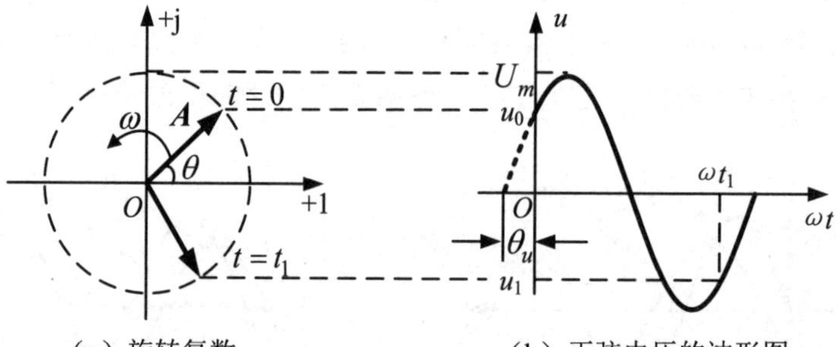

（a）旋转复数　　　　（b）正弦电压的波形图

图 3.2.1　旋转复数和波形表示正弦电压

在线性正弦稳态电路中，各处的电流和电压都是同频正弦量，并且它们的角频率与正弦电源的角频率相同。一个复数是由模和辐角来确定的，例如一个复数的最大值极坐标表

达式为 $A=U_{\mathrm{m}}\angle\theta$，复数 A 的 $t=0$ 初始位置如图 3.2.1（a）所示，其长度等于 U_{m}，与横坐标的夹角为 θ，令复数 A 在复平面上以角速度 ω 逆时针旋转，在任何时刻，复数 A 在虚轴 j 上的投影等于 $u=U_{\mathrm{m}}\sin(\omega t+\theta_{\mathrm{u}})$，$\theta_{\mathrm{u}}=\theta$ 这正好是用正弦函数表示的正弦电压 u，如图 3.2.1（b）所示。因此可用复数 $A=U_{\mathrm{m}}\angle\theta$ 来表示正弦电压 u，像这样用来表示正弦信号的特定复数称为**相量**（Phasor），用大写字母上面加圆点"·"来表示，记为 $\dot{U}_{\mathrm{m}}$，即最大值相量，有效值相量为 $\dot{U}$。相量这种命名和方式不同于一般复数，是为了强调它与正弦量的联系，但在运算上与一般复数运算相同。

在研究多个同频率正弦交流电的关系时，将正弦量的大小和相位关系在复平面上用相量表示，这种图形称为**相量图**（Phasor Diagram）。最大值相量的三角式、指数式、极坐标式为

$$\dot{U}_{\mathrm{m}}=U_{\mathrm{m}}(\cos\theta+\mathrm{j}\sin\theta)=U_{\mathrm{m}}\mathrm{e}^{\mathrm{j}\theta}=U_{\mathrm{m}}\angle\theta$$

也可以表示为有效值相量 $\dot{U}=U(\cos\theta+\mathrm{j}\sin\theta)=U\mathrm{e}^{\mathrm{j}\theta}=U\angle\theta$

由于 $U_{\mathrm{m}}=\sqrt{2}U$，所以 $\dot{U}_{\mathrm{m}}=\sqrt{2}\dot{U}$ 或 $\dot{U}=\dfrac{1}{\sqrt{2}}\dot{U}_{\mathrm{m}}$

同理，正弦电流 $i=I_{\mathrm{m}}\sin(\omega t+\theta_{\mathrm{i}})$ 的最大值相量的三角式、指数式和极坐标式为

$$\dot{I}_{\mathrm{m}}=I_{\mathrm{m}}(\cos\theta+\mathrm{j}\sin\theta)=I_{\mathrm{m}}\mathrm{e}^{\mathrm{j}\theta}=I_{\mathrm{m}}\angle\theta$$

有效值相量的三角式、指数式和极坐标式为 $\dot{I}=I(\cos\theta+\mathrm{j}\sin\theta)=I\mathrm{e}^{\mathrm{j}\theta}=I\angle\theta$

注意：相量是一个与时间无关的复数常数，所以它可以表示正弦量，但不等于正弦量。相量与正弦量之间的关系是一一对应的关系，用双箭头表示，即

$$u\leftrightarrow\dot{U}\text{ 或 }u\leftrightarrow\dot{U}_{\mathrm{m}}$$

$$i\leftrightarrow\dot{I}\text{ 或 }i\leftrightarrow\dot{I}_{\mathrm{m}}$$

一般在正弦交流电路计算中多采用有效值相量。相量图可以直观地反映各相量间的相位关系，有助于分析计算正弦稳态电路。

【例 3.2.1】 已知电压 $u_1=220\sqrt{2}\sin(\omega t+60^\circ)$ (V)，$u_2=10\sqrt{2}\cos(\omega t+60^\circ)$ V，求其相量形式，并画出相量图。

解： 电压 u_1 相量极坐标表示为 $\dot{U}_1=220\angle60^\circ$ V，电压 u_2 是余弦形式，先转化为正弦形式，即 $u_2=10\sqrt{2}\cos(\omega t+60^\circ)=10\sqrt{2}\sin(\omega t+60^\circ+90^\circ)=10\sqrt{2}\sin(\omega t+150^\circ)$ (V)，则 $\dot{U}_2=10\angle150^\circ$ (V)。

电压 u_1 相量指数表达式为 $\dot{U}_1=220\mathrm{e}^{\mathrm{j}60^\circ}$ (V)，电压 u_2 相量指数表达式为 $\dot{U}_2=10\mathrm{e}^{-\mathrm{j}150^\circ}$ (V)。相量图如图 3.2.2 所示。

【例 3.2.2】 已知电流相量 $\dot{I}=10\sqrt{2}\angle-45^\circ$(A)，电压相量 $\dot{U}=220\angle30^\circ$ (V)，求电流和电压瞬时值表达式，并画出电流、电压相量图。

解： 电流的瞬时值为 $i=20\sin(\omega t-45^\circ)$(A)，电压的瞬时值为 $u=220\sqrt{2}\sin(\omega t+30^\circ)$(V)

电流、电压相量图如图 3.2.3 所示。

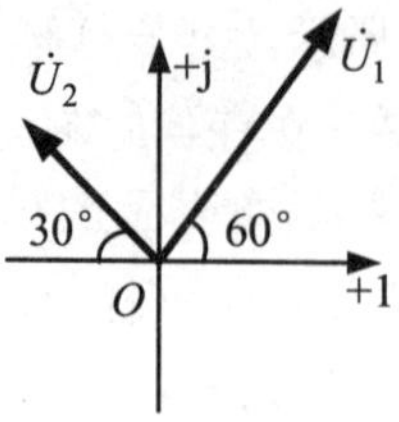

图 3.2.2　例 3.2.1 相量图

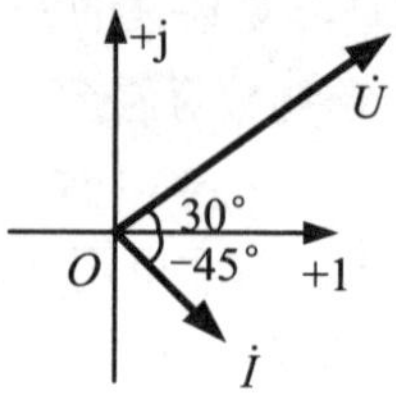

图 3.2.3　例 3.2.2 相量图

3.3　基尔霍夫定律的相量形式

基尔霍夫定律不仅适用于直流电路，对于随时间变化的正弦交流电路，在任何瞬间也都是适用的。正弦稳态电路的各支路电流和各支路电压都是同频率的正弦量，可以用相量图将 KCL 和 KVL 方程的时域模型变换为相对应的相量模型。

3.3.1　基尔霍夫电流定律的相量表示

对电路中的任意节点，可根据 KCL 方程得

$$\sum i = 0 \tag{3.3.1}$$

当各支路电流都是同频率的正弦交流电时，将时域模型转化成相量模型，有

$$\sum \dot{I} = 0 \text{ 或 } \sum \dot{I}_{\mathrm{m}} = 0 \tag{3.3.2}$$

3.3.2　基尔霍夫电压定律的相量表示

对电路中的任意回路，可根据 KVL 方程得

$$\sum u = 0 \tag{3.3.3}$$

当各支路电流都是同频率的正弦交流电时，将时域模型转化成相量模型，得到 KVL 的相量表示为

$$\sum \dot{U} = 0 \text{ 或 } \sum \dot{U}_{\mathrm{m}} = 0 \tag{3.3.4}$$

【例 3.3.1】电路如图 3.3.1（a）所示，已知 $i_1 = 5\sqrt{2}\sin(\omega t)$，$i_2 = 5\sqrt{2}\sin(\omega t - 90°)$，求电流 i，画出相量图。

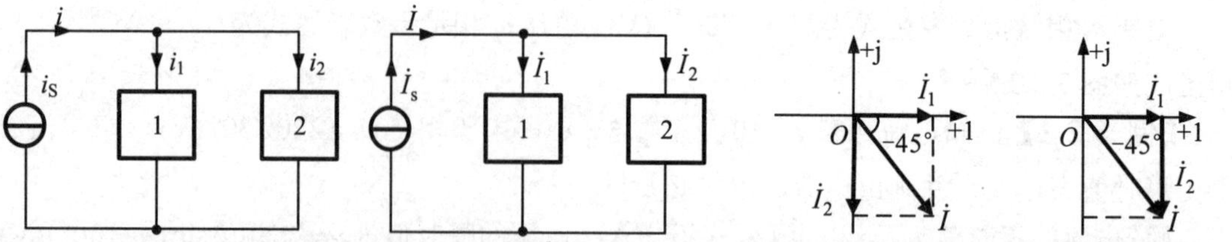

（a）时域模型　（b）相量模型　（c）电流相量图 I　（d）电流相量图 II

图 3.3.1　例 3.3.1 电路

解：将电流的瞬时值形式写成相量形式

$$\dot{I}_1 = 5\angle 0°(\text{A})\text{，}\quad \dot{I}_2 = 5\angle -90°(\text{A})$$

根据相量形式将时域模型电路图画成相量模型电路图，见图 3.3.1（b），列出图 3.3.1（b）中相量形式的 KCL 方程

$$-\dot{I} + \dot{I}_1 + \dot{I}_2 = 0$$

将相量极坐标式转换为代数式求和，再转换为极坐标式，得

$$\dot{I} = \dot{I}_1 + \dot{I}_2 = 5\angle 0° + 5\angle -90° = 5 - \text{j}5 = 5\angle -45°(\text{A})$$

由相量形式写成瞬时值表达式

$$i = 5\sqrt{2}\sin\left(\omega t - 45°\right)$$

相量图两种表示如图 3.3.1（c）和图 3.3.1（d）所示。

瞬时值形式和相量形式是同一个电流的两种表达式，但二者不是相等的关系，如

$$5\sqrt{2}\sin\left(\omega t - 45°\right) \neq 5\angle -45°$$

根据瞬时值写出相量，或者根据相量写出瞬时值都是比较简单的。所以，作为已知条件可以直接给出相量形式，最后答案给出相量形式也就可以了。

【例 3.3.2】 电路如图 3.3.2(a)所示，已知 $\dot{U}_1 = 6\angle 180°\ \text{V}$，$\dot{U}_2 = 8\angle 90°\ \text{V}$，$\dot{U}_3 = 10\angle 0°\ \text{V}$，求电压源电压相量 $\dot{U}_\text{S}$，画出相量图。

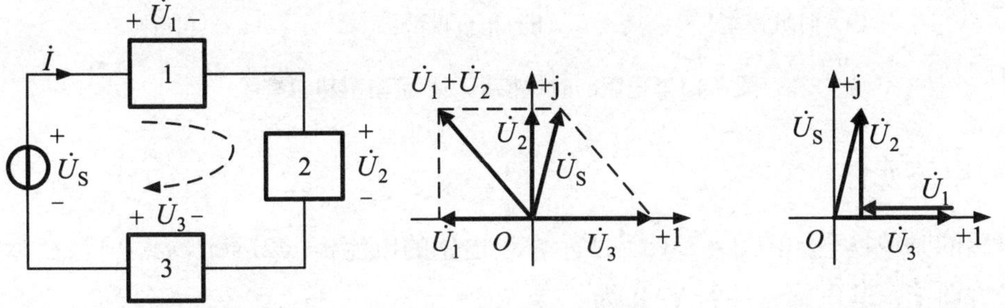

（a）相量模型　　（b）电压相量图 I　　（c）电压相量图 II

图 3.3.2　例 3.3.2 电路

解：对于图 3.3.2（a）中的回路，沿顺时针方向，列出相量形式 KVL 方程

$$-\dot{U}_\text{S} + \dot{U}_1 + \dot{U}_2 + \dot{U}_3 = 0$$

解得

$$\dot{U}_\text{S} = \dot{U}_1 + \dot{U}_2 + \dot{U}_3 = 6\angle 180° + 8\angle 90° + 10\angle 0° = (-6 + \text{j}0) + (0 + \text{j}8) + (10 + \text{j}0) = 4 + \text{j}8 = 8.94\angle 63.43°(\text{V})$$

其相量图两种表示如图 3.3.2（b）和图 3.3.2（c）所示。

3.4 3种基本元件伏安关系的相量表示

3.4.1 电阻元件

电阻的时域模型如图 3.4.1（a）所示，设电阻上的电流 $i=\sqrt{2}I\sin(\omega t+\theta_{\rm i})$，图中电阻上的电流和电压为关联参考方向，根据欧姆定律可得

$$u=Ri=\sqrt{2}RI\sin(\omega t+\theta_{\rm i})=\sqrt{2}U\sin(\omega t+\theta_{\rm u}) \tag{3.4.1}$$

式(3.4.1)可表示为 $U=RI$，$\theta_{\rm u}=\theta_{\rm i}$。前者表明电压有效值和电流有效值符合欧姆定律，后者表明电压与电流是同相的，即“阻压同相”。如果将大小和相位综合起来考虑，有 $U\angle\theta_{\rm u}=RI\angle\theta_{\rm i}$，则电阻的相量模型为

$$\dot{U}=R\dot{I} \tag{3.4.2}$$

对应的相量模型如图 3.4.1（b）所示，电阻的相量图如图 3.4.1（c）所示（以电流为基准）。

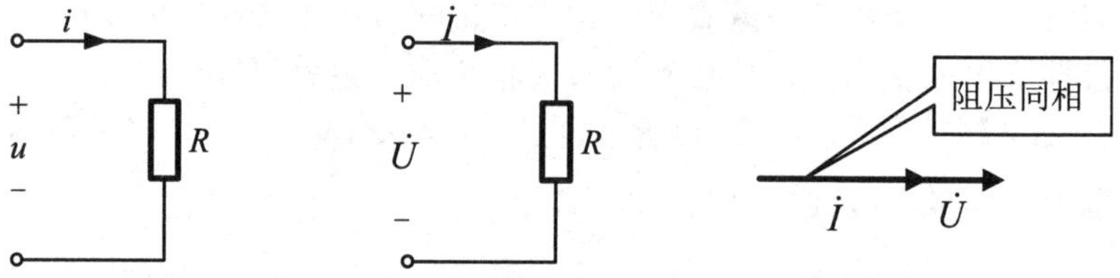

（a）时域模型　（b）相量模型　（c）相量图

图 3.4.1　电阻的时域模型、相量模型和相量图

3.4.2 电感元件

电感的时域模型如图 3.4.2（a）所示，设电感的电流 $i=\sqrt{2}I\sin(\omega t+\theta_{\rm i})$，在标定的关联参考方向下，其电感元件的 VAR 为

$$\begin{aligned}u&=L\frac{{\rm d}i}{{\rm d}t}=L\frac{\rm d}{{\rm d}t}\sqrt{2}I\sin(\omega t+\theta_{\rm i})=\sqrt{2}\omega LI\cos(\omega t+\theta_{\rm i})\\&=\sqrt{2}\omega LI\sin(\omega t+\theta_{\rm i}+90^\circ)=\sqrt{2}\omega LI\sin(\omega t+\theta_{\rm u})\end{aligned} \tag{3.4.3}$$

由式（3.4.3）可得

$$U=\omega LI \tag{3.4.4a}$$

$$\theta_{\rm u}=\theta_{\rm i}+90^\circ \tag{3.4.4b}$$

式(3.4.4 a)中，ωL 是电感电压与电流的比值，用 $X_{\rm L}$ 表示，称 $X_{\rm L}=\omega L$ 为感抗(Inductive Reactance)，单位为欧姆（Ω）。感抗 $X_{\rm L}$ 不仅与 L 有关，而且还与角频率 ω 有关，当 L 值一定时，ω 越高，$X_{\rm L}$ 越大，ω 越低，$X_{\rm L}$ 越小，当 $\omega=0$（相当于直流激励）时，$X_{\rm L}=0$，电感

相当于短路，当$\omega \to \infty$时，$X_L \to \infty$，电感相当于开路。式(3.4.4b)表明电压超前电流 90°，又称电流滞后电压 90°，即“感压超前”。如果将大小和相位综合起来考虑，有$U\angle\theta_u = \omega LI\angle(\theta_i + 90°) = j\omega LI\angle\theta_i$，j 代表 90°的旋转因子，因为$e^{j90°} = \cos 90° + j\sin 90° = j$，所以得出电感相量形式的 VAR 为

$$\dot{U} = j\omega L\dot{I} = jX_L\dot{I} \tag{3.4.5}$$

电感相量模型如图 3.4.2（b）所示，相量图如图 3.4.2（c）所示（以电流为基准）。

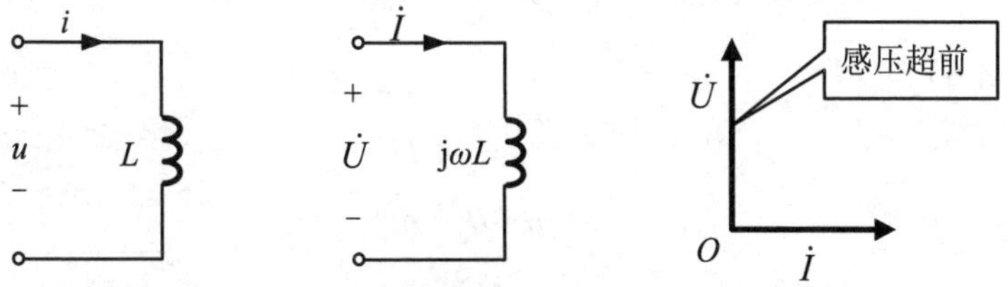

（a）时域模型　　（b）相量模型　　（c）相量图

图 3.4.2　电感的时域模型、相量模型和相量图

【例 3.4.1】把一个 L=0.01H 的电感接到$f = 50\text{Hz}$、$U = 220\text{V}$的正弦电源上，求：（1）电感电流I；（2）若保持U不变，而电源$f = 5000\text{Hz}$，这时I为多少？

解：

（1）当$f = 50\text{Hz}$时

$$X_L = 2\pi fL = 2\times 3.14\times 50\times 0.01 = 3.14(\Omega)$$

$$I = \frac{U}{X_L} = \frac{220}{3.14} \approx 70(\text{A})$$

（2）当$f = 5000\text{Hz}$时

$$X_L = 2\pi fL = 2\times 3.14\times 5000\times 0.01 = 314(\Omega)$$

$$I = \frac{U}{X_L} = \frac{220}{314} \approx 0.70(\text{A})$$

电流的大小计算表明，当接入$f = 5000\text{Hz}$高频电源时，电流变得更小，因此电感具有阻止交流通过而让直流顺利通过的特性，且对交流的限流作用随频率升高而增强，形象的讲，电感的特点就是“通直流、阻交流”。

【例 3.4.2】设一个 L=0.02H 的电感，通有电流$i = 5\sqrt{2}\sin(314t - 30°)(\text{A})$，求：（1）感抗$X_L$；（2）线圈两端的电压$u$。

解：（1）$X_L = 2\pi fL = \omega L = 314\times 0.02 = 6.28(\Omega)$

（2）线圈两端的电压u

电流的相量表示为$\dot{I} = 5\angle -30°(\text{A})$

根据式(3.4.5)，线圈两端的电压相量表示$\dot{U} = j\omega L\dot{I} = jX_L\dot{I} = j6.28\times 5\angle -30° = 31.4\angle 60°(\text{V})$。

线圈两端的电压瞬时值为$u = 31.4\sqrt{2}\sin(314t + 60°)(\text{V})$

3.4.3 电容元件

图 3.4.3（a）所示为电容在时域中的模型，设流过电容的电压 $u=\sqrt{2}U\sin(\omega t+\theta_{\rm u})$，在标定的关联参考方向下，其电容的 VAR 为

$$\begin{aligned}i&=C\frac{{\rm d}u}{{\rm d}t}=C\frac{{\rm d}\left(\sqrt{2}U\sin(\omega t+\theta_{\rm u})\right)}{{\rm d}t}=\sqrt{2}\omega CU\cos(\omega t+\theta_{\rm u})\\&=\sqrt{2}\omega CU\sin(\omega t+\theta_{\rm u}+90°)==\sqrt{2}\omega CU\sin(\omega t+\theta_{\rm i})\end{aligned}\tag{3.4.6}$$

由式（3.4.6）可得

$$I=\omega CU\tag{3.4.7a}$$

$$\theta_{\rm i}=\theta_{\rm u}+90°\tag{3.4.7b}$$

式（3.4.7a）中，即 $\frac{U}{I}=\frac{1}{\omega C}=X_{\rm C}$ 称为容抗（Capacitive Reactance），单位为欧姆（Ω）。容抗 $X_{\rm C}$ 不仅与 C 有关，而且还与角频率 ω 有关，当 C 值一定时，ω 越高，$X_{\rm C}$ 越小，ω 越低，$X_{\rm C}$ 越大，当 ω=0 时，$X_{\rm C}\to\infty$，电容相当于开路，当 $\omega\to\infty$ 时，$X_{\rm C}\to 0$，电容相当于短路。式（3.4.7b）表明电流超前电压 90°角或电压滞后电流 90°，即“容压滞后”。如果将大小和相位综合起来考虑，有 $I\angle\theta_{\rm i}=\omega CU\angle(\theta_{\rm u}+90°)={\rm j}\omega CU\angle\theta_{\rm u}$，所以得出电容相量形式的 VAR 为

$$\dot{I}={\rm j}\omega C\dot{U}=\frac{\dot{U}}{-{\rm j}X_{\rm C}}\tag{3.4.8}$$

电容相量模型如图 3.4.3（b）所示，向量图如图 3.4.3（c）所示（以电流为基准）。

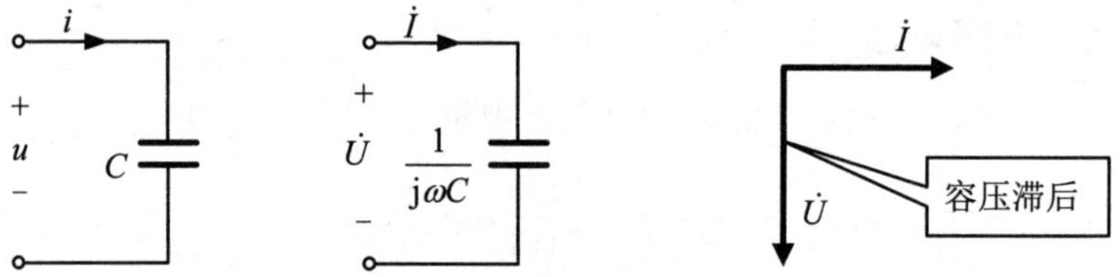

（a）时域模型　（b）相量模型　（c）相量图

图 3.4.3　电容的时域模型、相量模型和相量图

【例 3.4.3】 把一个电容 $C=318\times10^{-6}$F，接到 $f=50$Hz，$U=220$V 的正弦电源上，求：（1）求电容电流 $\dot{I}$；（2）如保持 U 不变，而电源 $f=5000$Hz，这时 $\dot{I}$ 为多少？

解：（1）当 $f=50$Hz 时

$$X_{\rm C}=\frac{1}{\omega C}=\frac{1}{2\pi fC}=\frac{1}{2\times3.14\times50\times318\times10^{-6}}\approx10(\Omega)$$

$$\dot{I}={\rm j}\omega C\dot{U}=\frac{\dot{U}}{-{\rm j}X_{\rm C}}=\frac{220\angle0°}{-{\rm j}10}=22\angle90°({\rm A})$$

（2）当 $f=5000\text{Hz}$ 时

$$X_C=\frac{1}{\omega C}=\frac{1}{2\pi fC}=\frac{1}{2\times 3.14\times 5000\times 318\times 10^{-6}}\approx 0.1(\Omega)$$

$$\dot{I}=\mathrm{j}\omega C\dot{U}=\frac{\dot{U}}{-\mathrm{j}X_C}=\frac{220\angle 0°}{-\mathrm{j}0.1}=2200\angle 90°(\text{A})$$

从上面 $\dot{I}$ 的计算来看，当 $f=5000\text{Hz}$ 时，电流更大，因此电容具有低频电阻止直流通过而让高频电流顺利通过的特性，且对低频电流的限流作用随频率的升高而增强，形象地讲，电容特性就是“通交流，阻直流”，即“隔直通交”。

【例 3.4.4】在图 3.4.4（a）中，电容两端的电压 $u=4\sin(3t)\text{V}$，$C=0.2\text{F}$，求电流 i 。

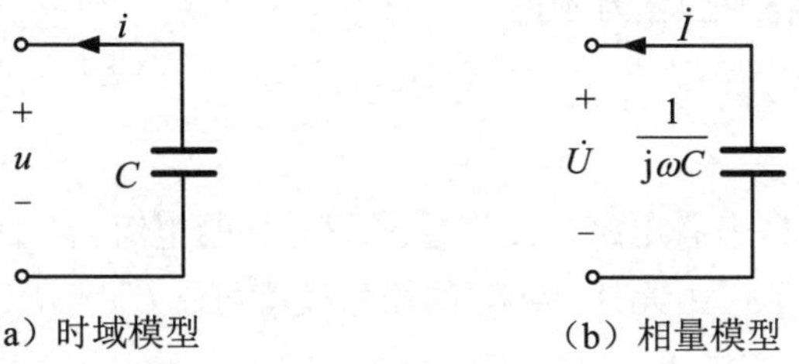

图 3.4.4　例 3.4.4 电路

解：其相量模型如图 3.4.4（b）所示。

$$u\leftrightarrow\dot{U}=2\sqrt{2}\angle 0°(\text{V})$$

由于 u 与 i 是非关联参考方向，故

$$\dot{I}=-\mathrm{j}\omega C\dot{U}=-\mathrm{j}\times 3\times 0.2\times 2\sqrt{2}\angle 0°=1.2\sqrt{2}\angle -90°(\text{A})$$

电流的瞬时值 $i=2.4\sin(3t-90°)(\text{A})$ 。

【例 3.4.5】电路如图 3.4.5（a）所示，已知 $i_S=\sqrt{2}\cos(100t+60°)\text{A}$，求 u，并分析电压 u 与电流 i_S 超前滞后关系。

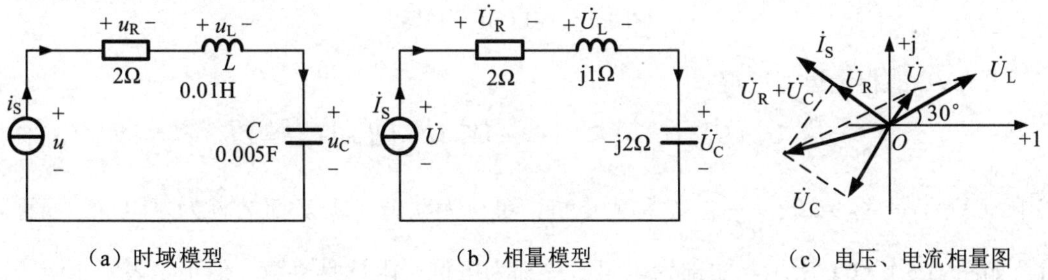

图 3.4.5　例 3.4.5 电路

解：其相量模型如图 3.4.5（b）所示。

电流源的电流相量为 $i_S\leftrightarrow\dot{I}_S=1\angle 150°(\text{A})$ 。

根据 KCL 可知，流经电阻、电感、电容元件的电流相量为 $\dot{I}_S$，因此电阻、电感、电容元件两端的电压相量分别为

$$\dot{U}_R = R\times \dot{I}_S = 1\times 1\angle 150° = 1\angle 150°(V)$$

$$\dot{U}_L = j\omega L\dot{I}_S = j\times 100\times 0.01\times 1\angle 150° = 1\angle 240° = 1\angle -120°(V)$$

$$\dot{U}_C = \frac{\dot{I}_S}{j\omega C} = \frac{1\angle 150°}{j\times 100\times 0.005} = 2\angle 30°(V)$$

由 KVL 得 $\dot{U}=\dot{U}_R+\dot{U}_L+\dot{U}_C = 0.366 + j0.634=0.732\angle 60°(V)$。

u 瞬时值为 $u=0.732\sqrt{2}\sin(100t+60°)(V)$。

相量图如图 3.4.5（c）所示，由图可知电压 $\dot{U}$ 的相位滞后电流 $\dot{I}_S$ 相位 90°。

3.5 阻抗的串并联电路分析

3.5.1 阻抗的定义

图 3.5.1 所示为 RLC 串联电路，设流过 R、L、C 的电流 $i = I_m \sin\omega t$，各元件电压参考方向如图 3.5.1（a）所示。由元件 VAR 的相量模型可知 $\dot{U}_R = R\times \dot{I}$，$\dot{U}_L = j\omega L\dot{I} = jX_L\dot{I}$，$\dot{U}_C = \frac{\dot{I}}{j\omega C} = -jX_C\dot{I}$，因此得出相应的相量模型，如图 3.5.1（b）所示。

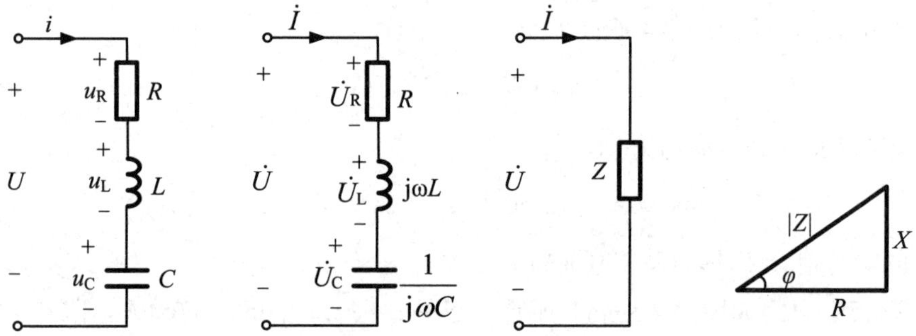

（a）时域模型　（b）相量模型　（c）阻抗　（d）阻抗三角形

图 3.5.1　RLC 串联电路

由 KVL 的相量模型可得

$$\dot{U}=\dot{U}_R+\dot{U}_L+\dot{U}_C = (R + jX_L - jX_C)\dot{I} = (R + jX)\dot{I} = Z\dot{I} \tag{3.5.1}$$

式中，$X=X_L - X_C=\omega L - \frac{1}{\omega C}$，$X$ 称为电抗，单位为欧姆（Ω）。而 Z 称为复阻抗，简称阻抗，如图 3.5.1（c）所示，实部为电阻，虚部为电抗。阻抗是复数，但不是表示正弦量，所以大写字母上面不加“点”。

$$Z=\frac{\dot{U}}{\dot{I}} = R + j(X_L - X_C) = R + jX = |Z|\angle\varphi \tag{3.5.2}$$

复阻抗的模

$$|Z|=\sqrt{R^2+X^2}=\sqrt{R^2+\left(\omega L-\frac{1}{\omega C}\right)^2} \tag{3.5.3}$$

复阻抗的辐角称为阻抗角

$$\varphi=\arctan\frac{X}{R} \tag{3.5.4}$$

由式（3.5.3）可知，$|Z|$ 与 R 、X 三者之间构成直角三角形，称为阻抗三角形，如图 3.5.1（d）所示。

在 RLC 串联电路中各元件流过的电流相同，电阻“阻压同相”，电感“感压超前”，电容“容压滞后”，则总电压与各元件端电压之间构成电压三角形。

如果把电压与电流用有效值和初相位表示，则有

$$Z=\frac{\dot{U}}{\dot{I}}=\frac{U\angle\theta_{\mathrm{u}}}{I\angle\theta_{\mathrm{i}}}=\frac{U}{I}\angle\left(\theta_{\mathrm{u}}-\theta_{\mathrm{i}}\right) \tag{3.5.5}$$

与式（3.5.2）比较可得

$$|Z|=\frac{U}{I} \tag{3.5.6}$$

$$\varphi=\theta_{\mathrm{u}}-\theta_{\mathrm{i}} \tag{3.5.7}$$

阻抗模等于电压有效值与电流有效值之比，单位为欧姆（Ω）。阻抗角等于电压与电流的相位差。阻抗角的性质如下：

当 $X_{\mathrm{L}}>X_{\mathrm{C}}$ 时，$X>0$ ，$\varphi>0$ ，电压超前电流，电路呈电感性，称为感性电路。

当 $X_{\mathrm{L}}<X_{\mathrm{C}}$ 时，$X<0$ ，$\varphi<0$ ，电压滞后电流，电路呈电容性，称为容性电路。

当 $X_{\mathrm{L}}=X_{\mathrm{C}}$ 时，$X=0$ ，$\varphi=0$ ，电压与电流同相，电路呈电阻性，称为电阻性电路。

RLC 串联电路包含了 3 种性质不同的参数，是具有一般意义的典型电路，而单一参数的电路可以看作 RLC 串联电路的特例。

【例 3.5.1】 已知 $u_{\mathrm{S}}=10\sqrt{2}\sin\left(2t+45°\right)\mathrm{V}$ ，求图 3.5.2（a）所示电路的电流 i 及电压 u_{C} ，指明电路是感性电路还是容性电路。

解： 画出相量模型如图 3.5.2（b）所示。

$$u_{\mathrm{S}}\leftrightarrow\dot{U}_{\mathrm{S}}=10\angle45°(\mathrm{V})$$

$$Z=5-\mathrm{j}10+\mathrm{j}5=5\angle-45°(\Omega)$$

所以电路的电流超前电压，为容性电路

$$\dot{I}=\frac{\dot{U}}{Z}=\frac{10\angle45°}{5\angle-45°}=2\angle90°(\mathrm{A})$$

则 i 为 $i=2\sqrt{2}\sin(2t+90°)(\mathrm{A})$ 。

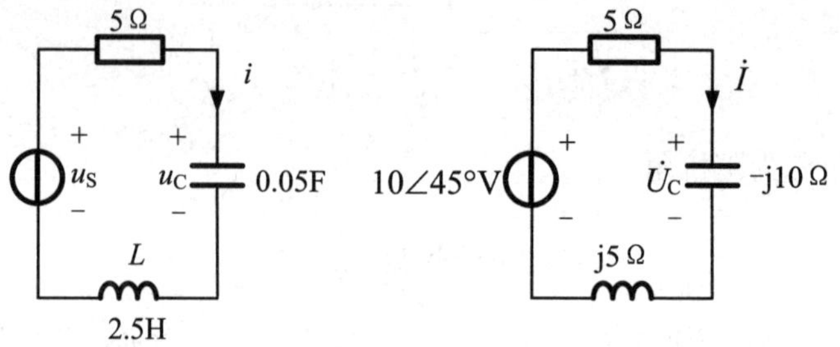

（a）时域模型　　（b）相量模型

图 3.5.2　例 3.5.1 电路

电容两端的电压

$$\dot{U}_C = \frac{\dot{I}}{j\omega C} = \frac{2\angle 90^\circ}{j2 \times 0.05} = 20(\text{V})$$

$$u_C = 20\sqrt{2}\sin(2t)(\text{V})$$

由于 $X_C > X_L$，所以电路是容性电路。

3.5.2　阻抗的串联和并联

1. 阻抗的串联

在正弦交流稳态电路中，若有n个阻抗串联，如图 3.5.3 所示，则总电压为

$$\dot{U}=(Z_1+Z_2+\cdots+Z_n)\times\dot{I} = Z\times\dot{I} \tag{3.5.8}$$

n 个阻抗串联时的等效阻抗 Z 为

$$Z=Z_1+Z_2+\cdots+Z_n = \sum_{k=1}^{n} Z_k \tag{3.5.9}$$

串联阻抗的分压公式为

$$\dot{U}_k = \frac{Z_k}{Z}\dot{U} = \frac{Z_k}{\sum\limits_{k=1}^{n} Z_k}\dot{U} \tag{3.5.10}$$

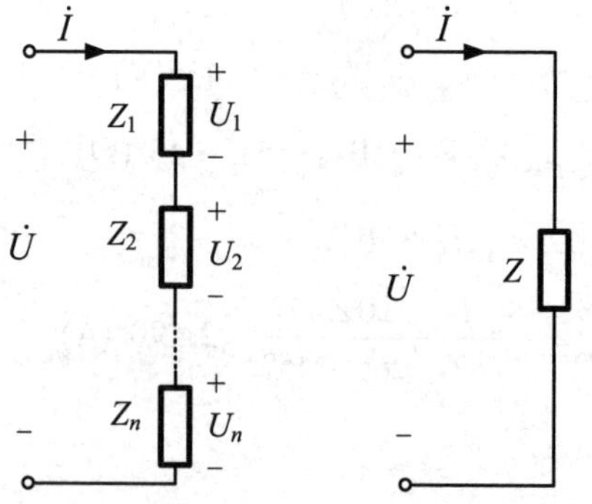

（a）n个阻抗的串联　　（b）等效阻抗

图 3.5.3　阻抗的串联

注意：并不保证$|\dot{U}| \geqslant |\dot{U}_k|$，即分电压$|\dot{U}_k|$可以大于总电压$|\dot{U}|$。

2. 阻抗的并联

图 3.5.4 所示为 2 个阻抗的并联。

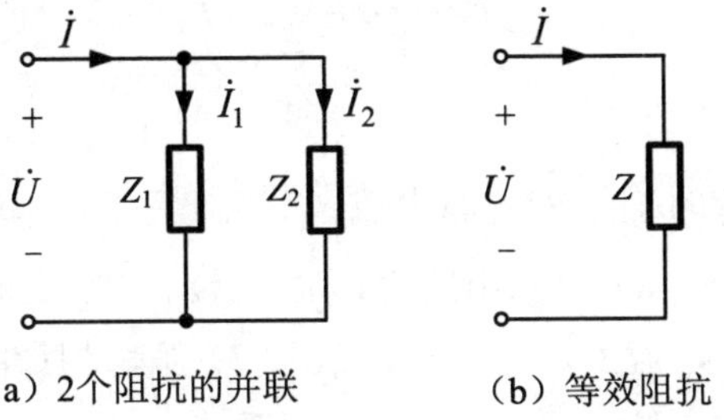

图 3.5.4　阻抗的并联

根据 KCL，得

$$\dot{I} = \dot{I}_1 + \dot{I}_2 = \frac{\dot{U}}{Z_1} + \frac{\dot{U}}{Z_2} = \frac{Z_1 + Z_2}{Z_1 Z_2}\dot{U} \tag{3.5.11}$$

即

$$\dot{U} = \frac{Z_1 \times Z_2}{Z_1 + Z_2}\dot{I} = Z \times \dot{I} \tag{3.5.12}$$

并联后的等效阻抗为

$$Z = \frac{Z_1 \times Z_2}{Z_1 + Z_2} \tag{3.5.13}$$

并联分流公式为

$$\begin{cases} \dot{I}_1 = \dfrac{Z_2}{Z_1 + Z_2}\dot{I} \\ \dot{I}_2 = \dfrac{Z_1}{Z_1 + Z_2}\dot{I} \end{cases} \tag{3.5.14}$$

3. 复导纳

复阻抗的倒数称为复导纳，简称导纳，用Y表示，单位为西门子（S）。其数学表达式为

$$Y = \frac{1}{Z} \tag{3.5.15}$$

应用导纳计算并联电路比用阻抗计算要简单。在正弦交流电路中若有n个导纳并联，则总电流为

$$\dot{I} = (Y_1 + Y_2 + \cdots + Y_n) \times \dot{U} = Y \times \dot{U} \tag{3.5.16}$$

等效导纳为

$$Y=Y_1+Y_2+\cdots+Y_n=\sum_{k=1}^{n}Y_k \tag{3.5.17}$$

对应的分流公式为

$$\dot{I}_k=\frac{Y_k}{Y}\dot{I}=\frac{Y_k}{\sum_{k=1}^{n}Y_k}\dot{I} \tag{3.5.18}$$

注意，同样不保证$|\dot{I}|\geqslant|\dot{I}_k|$，即支路电流$|\dot{I}_k|$可以大于总电流$|\dot{I}|$。

【例 3.5.2】 在图 3.5.5（a）所示电路中，$R=2\Omega$，$X_L=4\Omega$，$X_C=2\Omega$，电路端电压$\dot{U}=120\angle 90°\text{V}$，求：（1）电流$\dot{I}$、$\dot{I}_R$、$\dot{I}_L$、$\dot{I}_C$；（2）画出相量图；（3）电路的等效阻抗$Z$和等效导纳$Y$。

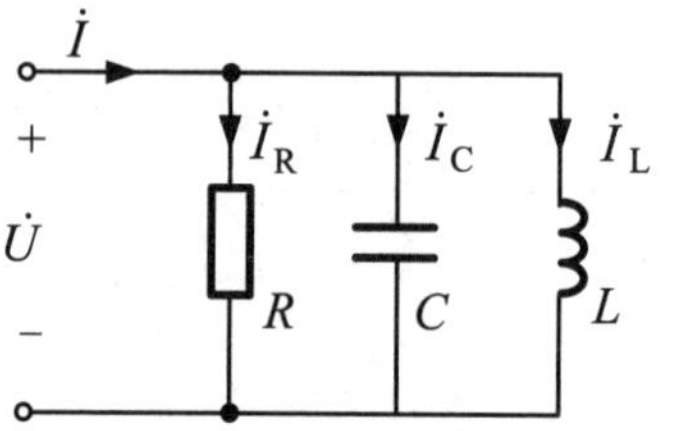

（a）相量模型

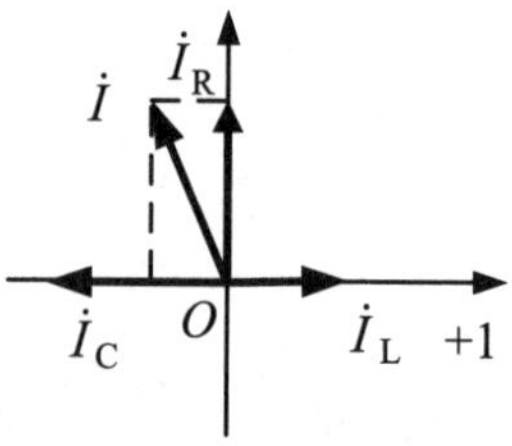

（b）相量图

图 3.5.5　例 3.5.2 电路图

解：（1）电路电流$\dot{I}$、$\dot{I}_R$、$\dot{I}_L$、$\dot{I}_C$为

$$\dot{I}_R=\frac{\dot{U}}{R}=\frac{120\angle 90°}{2}=60\angle 90°(\text{A})$$

$$\dot{I}_C=\frac{\dot{U}}{-\text{j}X_C}=\frac{120\angle 90°}{-\text{j}2}=60\angle 180°(\text{A})$$

$$\dot{I}_L=\frac{\dot{U}}{\text{j}X_L}=\frac{120\angle 90°}{\text{j}4}=30\angle 0°\ (\text{A})$$

$$\dot{I}=\dot{I}_R+\dot{I}_C+\dot{I}_L=60\angle 90°+60\angle 180°+30\angle 0°=\text{j}60-60+30=(-30+\text{j}60)=67.08\angle 153.44°(\text{A})$$

（2）画出相量图。画相量图时可以只画出参考相量，不画出坐标轴。以电压作为参考相量，如图 3.5.5（b）所示。

（3）电路的等效阻抗Z和等效导纳Y。

$$Y=Y_R+Y_C+Y_L=\frac{1}{R}+\frac{1}{-\text{j}X_C}+\frac{1}{\text{j}X_L}=\frac{1}{2}+\frac{1}{-\text{j}2}+\frac{1}{\text{j}4}=(0.5-\text{j}0.25)=0.56\angle-26.57°(\text{S})$$

$$Z=\frac{1}{Y}=\frac{1}{0.5-\text{j}0.25}=(1.6+\text{j}0.8)=1.79\angle 26.57°\ (\Omega)$$

【例 3.5.3】 图 3.5.6（a）所示电路中交流电压表 V_1 的读数为 6V，V_2 的读数为 10V，

求交流电压表 V 的读数，并画出电压相量图。

解： 交流电压表 V_1 的读数为有效值 $U_1=6\text{V}$，交流电压表 V_2 的读数为有效值 $U_2=10\text{V}$，电阻与电容串联，具有相同的电流，根据“阻压同相、感压超前、容压滞后”原理，$\dot{U}=\dot{U}_1+\dot{U}_2$ 得 $|\dot{U}|=|\dot{U}_1+\dot{U}_2|=\sqrt{U_1^2+U_2^2}=\sqrt{6^2+10^2}\approx 11.66\text{V}$，所以交流电压表 V 的读数为 11.66V，以电流 i 方向为基准画出相量图，如图 3.5.6（b）所示。

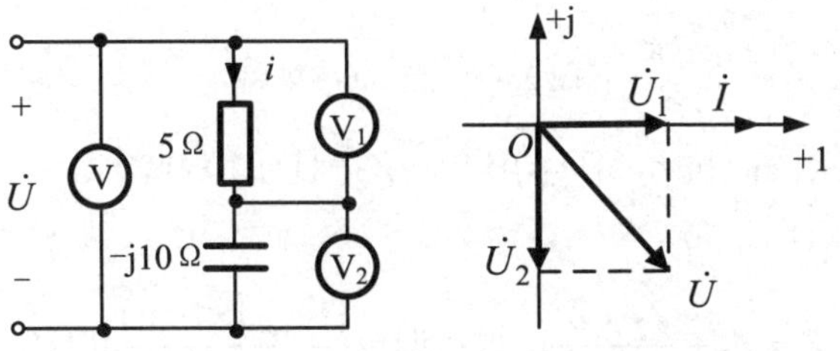

（a）相量模型　　（b）相量图

图 3.5.6　例 3.5.3 电路

【例 3.5.4】 电路如图 3.5.7（a）所示，交流电流表 A_1 的读数为 3A，A_2 的读数为 6A，求电流表 A 的读数，并画出电流相量图。

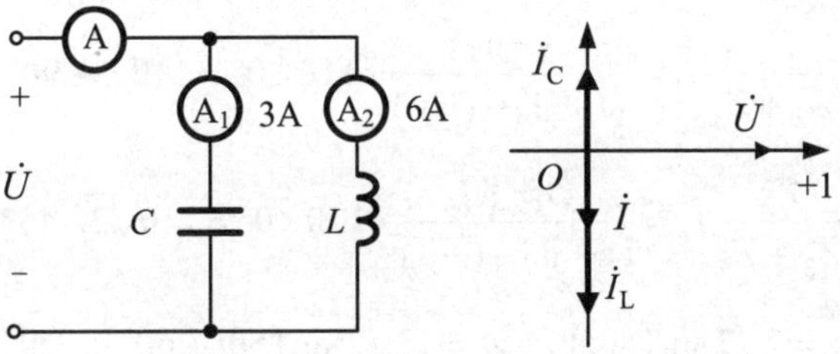

（a）相量模型　　（b）相量图

图 3.5.7　例 3.5.4 电路

解： 交流电流表 A_1 的读数为有效值 $I_C=3\text{A}$，交流电流表 V_2 的读数为有效值 $I_L=6\text{A}$，电感与电容并联，具有相同的电压，根据“阻压同相、感压超前、容压滞后”原理，$\dot{I}=\dot{I}_C+\dot{I}_L$ 得 $|\dot{I}|=|\dot{I}_C+\dot{I}_L|=|-\text{j}6+\text{j}3|=3(\text{A})$ 所以电流表 A 的读数为 3A。以电流 $\dot{U}$ 方向为基准画出相量图，如图 3.5.6（b）所示。

3.6　正弦稳态电路分析

引入了阻抗的概念后，就能将正弦稳态电路的各电压、电流用相量表示了，电阻和电导用阻抗和导纳表示，则直流电阻电路的分析方法及定律可以完全用到正弦稳态电路的分析中来。

【例 3.6.1】 在图 3.6.1 所示电路中，$\dot{U}=220\angle 0°\text{V}$，求电流 $\dot{I}_1$、$\dot{I}_2$ 和 $\dot{I}_3$。

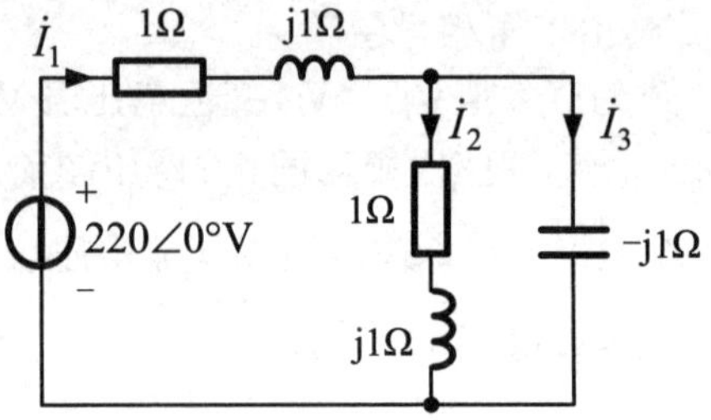

图 3.6.1　例 3.6.1 电路

解：电路三条支路的阻抗 $Z_1=(1+\text{j}1)(\Omega)$，$Z_2=(1+\text{j}1)(\Omega)$，$Z_3=-\text{j}1(\Omega)$。

电路总的阻抗

$$Z=Z_1+\frac{Z_2\times Z_3}{Z_2+Z_3}=(1+\text{j}1)+\frac{(1+\text{j}1)\times(-\text{j}1)}{(1+\text{j}1)+(-\text{j}1)}=2\ (\Omega)$$

总的电流

$$\dot{I}_1=\frac{\dot{U}}{Z}=\frac{220\angle 0^\circ}{2}=110\angle 0^\circ(\text{A})$$

用分流公式计算另外两个电流总的电流

$$\dot{I}_2=\frac{Z_3}{Z_2+Z_3}\dot{I}_1=\frac{(-\text{j}1)}{(1+\text{j}1)+(-\text{j}1)}\times 110\angle 0^\circ=110\angle-90^\circ\ (\text{A})$$

$$\dot{I}_3=\frac{Z_2}{Z_2+Z_3}\dot{I}_1=\frac{(1+\text{j}1)}{(1+\text{j}1)+(-\text{j}1)}\times 110\angle 0^\circ=110\sqrt{2}\angle 45^\circ\ (\text{A})$$

【例 3.6.2】已知 $i_{\text{S}}=2\sqrt{2}\sin(50t)$，$u_{\text{S}}=12\sqrt{2}\sin(50t+60^\circ)$，求图 3.6.2（a）所示电路的电流 i_2。

解：根据已知条件，画出相量模型，如图 3.6.2（b）所示。

$$i_{\text{S}}\leftrightarrow\dot{I}_{\text{S}}=2\angle 0^\circ(\text{A})，\quad u_{\text{S}}\leftrightarrow\dot{U}_{\text{S}}=12\angle 60^\circ(\text{V})$$

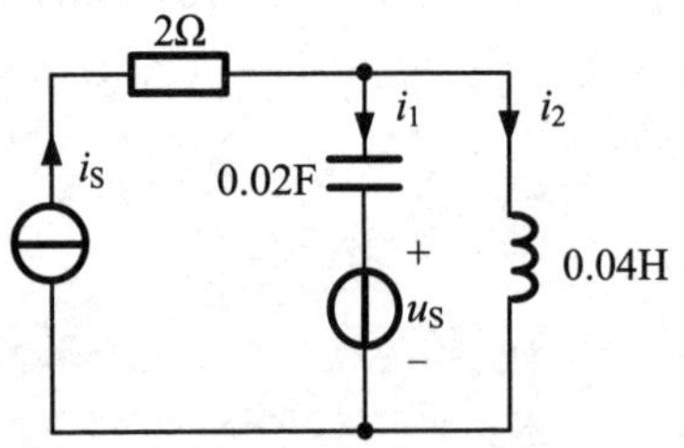

（a）时域模型

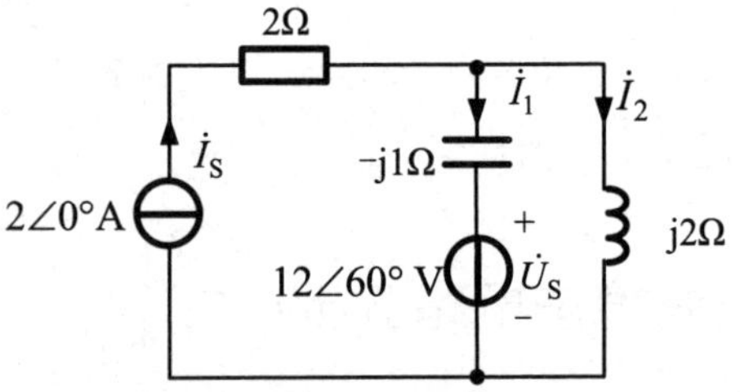

（b）相量模型

图 3.6.2　例 3.6.2 电路

由 KCL 和 KVL 得

$$\begin{cases} -2\angle 0° + \dot{I}_1 + \dot{I}_2 = 0 \\ -(-\mathrm{j}1)\times\dot{I}_1 + \mathrm{j}2\times\dot{I}_2 - 12\angle 60° = 0 \end{cases}$$

$$\dot{I}_2 = \left(6\sqrt{3}-2\right) - \mathrm{j}6 = 10.32\angle -35.56°(\mathrm{A})$$

$$i_2 = 10.32\sqrt{2}\sin\left(50t - 35.56°\right)(\mathrm{A})$$

另解：利用叠加定理求解电流 i_2。

根据已知条件，画出相量模型，如图 3.6.2（b）所示。

（1）电流源 $\dot{I}_S$ 工作时，电压源 $\dot{U}_S$ 短路。

$$\dot{I}_2' = 2\angle 0° \times \frac{-\mathrm{j}1}{-\mathrm{j}1 + \mathrm{j}2} = -2\angle 0°(\mathrm{A})$$

（2）电压源 $\dot{U}_S$ 工作时，电流源 $\dot{I}_S$ 开路。

$$\dot{I}_2'' = \frac{12\angle 60°}{-\mathrm{j}1 + \mathrm{j}2} = \left(6\sqrt{3} - \mathrm{j}6\right)(\mathrm{A})$$

（3）总电流。

$$\dot{I}_2 = \dot{I}_2' + \dot{I}_2'' = -2\angle 0° + \left(6\sqrt{3} - \mathrm{j}6\right) = 10.32\angle -35.56°(\mathrm{A})$$

$$i_2 = 10.32\sqrt{2}\sin\left(50t - 35.56°\right)(\mathrm{A})$$

【例 3.6.3】 已知 $u_S = 10\sin(5t)\,\mathrm{V}$，求图 3.6.3（a）所示电路的电压 u。

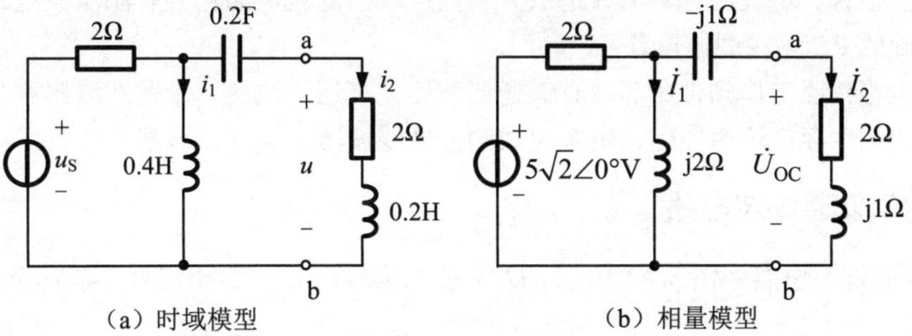

图 3.6.3　例 3.6.3 电路

解：根据已知条件，将时域模型转化为相量模型，如图 3.6.3（b）所示。

$$u_S \leftrightarrow \dot{U}_S = 5\sqrt{2}\angle 0°(\mathrm{V})$$

利用戴维南定理求电压 u。

（1）首先将 2Ω 电阻和 0.2H 的电感组成的支路断开，求端口电压 $\dot{U}_{OC}$

$$\dot{U}_{OC} = 5\sqrt{2}\angle 0° \times \frac{\mathrm{j}2}{\mathrm{j}2 + 2} = \frac{5\sqrt{2}}{2}(\mathrm{j}1 + 1)(\mathrm{V})$$

（2）计算从 a、b 端看进去的戴维南等效阻抗 Z_O

$$Z_O = -j1 + \frac{2\times j2}{2+j2} = 1\,(\Omega)$$

（3）将端口电压$\dot{U}_{OC}$与戴维南等效阻抗Z_O串联，再与 2Ω 电阻和 0.2H 的电感串联成回路，由分压公式得

$$\dot{U} = \dot{U}_{OC} \times \frac{2+j1}{Z_O + 2 + j1} = 3.53\angle 53°\,(V)$$

其瞬时值$u = 4.99\sin\left(5t + 53°\right)(V)$。

3.7 正弦稳态电路的频率特性分析

在正弦稳态电路中，由于存在电容、电感，其阻抗Z是频率ω的函数，这将导致同一电路对不同频率的输入信号有不同的输出，这种电路响应随激励频率而变化的特性称为电路的频率特性。

3.7.1 滤波电路的基础知识

对输入信号频率具有选择性的电路称为滤波电路，其主要功能是传送输入信号中的有用频率成分，衰减或抑制无用的频率成分，即使指定频段的信号顺利通过，其他频率的信号被衰减。允许通过的频段称为通带，将信号衰减或抑制的频段称为阻带。

由电阻、电容和电感等无源元件组成的滤波电路称为无源滤波电路；由无源元件和有源元件（三极管、场效应管、集成运放）共同组成的滤波电路称为有源滤波电路。我们主要讨论基础的 RC 无源滤波电路。

滤波电路按照工作频带命名，有低通滤波器、高通滤波器、带通滤波器和带阻滤波器等多种。我们主要讨论由电阻、电容组成的低通滤波器、高通滤波器。

3.7.2 RC 低通滤波电路

RC 低通滤波电路如图 3.7.1 所示。$\dot{U}_i$是输入信号，$\dot{U}_o$是输出信号，都是频率的函数。

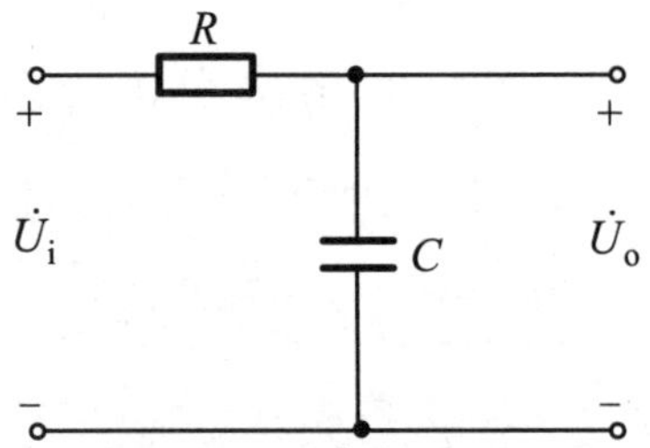

图 3.7.1　RC 低通滤波电路

由图 3.7.1 所示电路可求得空载时电压放大倍数（也称电压传递函数）为

$$\dot{A}_u = \frac{\dot{U}_o}{\dot{U}_i} = \frac{1}{1+j\omega RC} \tag{3.7.1}$$

令 $f_H = \dfrac{1}{2\pi RC} = \dfrac{1}{2\pi\tau}$，其中 $\tau = RC$ 是图 3.7.1 电路的时间常数，f_H 称为上限截止频率，又称通带截止频率。根据式（3.1.5），则式（3.7.1）可写为

$$\dot{A}_u = \frac{1}{1+j\dfrac{f}{f_H}} \tag{3.7.2}$$

式（3.7.2）称为该放大电路的频率响应或频率特性，其中 $\left|\dot{A}_u\right| = \dfrac{1}{\sqrt{1+\left(f/f_H\right)^2}}$ 表示幅值与频率的关系，称为放大电路的幅频特性；$\varphi = -\arctan\left(f/f_H\right)$ 表示相位与频率的关系，称为放大电路的相频特性。

在研究放大电路的频率响应时，输入信号（加在放大电路输入端的测试信号）的频率范围常常设置在几赫到几百兆赫，甚至更宽；而放大电路的放大倍数可从几倍到几百万倍；为了在同一坐标系中表示如此宽的变化范围，在画频率特性曲线时常采用对数坐标，称为波特图。

波特图由对数幅频特性和对数相频特性两部分组成，它们的横轴采用对数刻度 $\lg f$，幅频特性的纵轴采用 $20\lg\left|\dot{A}_u\right|$ 表示，单位是分贝（dB）；相频特性的纵轴仍用 φ 表示。这样不但开阔了视野，而且将放大倍数的乘除运算转换成加减运算。

通过式（3.7.2）可得 RC 低通滤波电路的波特图（频率特性曲线）如图 3.7.2 所示，虚线是实际特性曲线，折线是近似（实际中应用）。

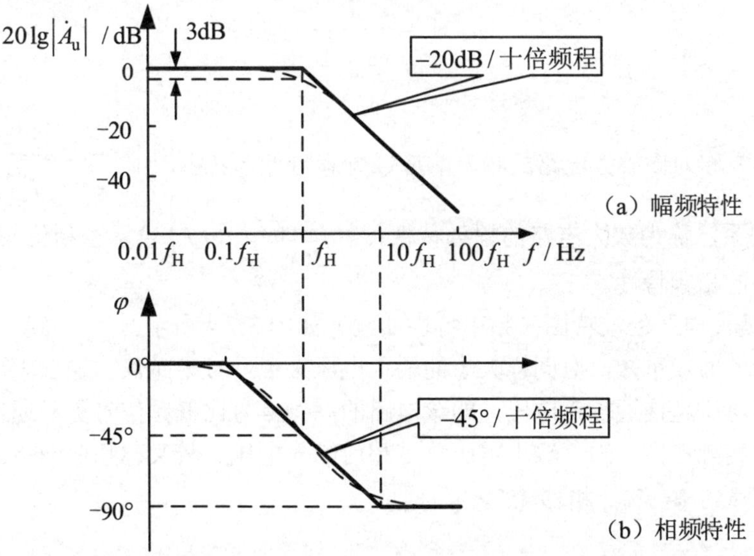

图 3.7.2　RC 低通滤波电路的频率特性曲线

由幅频特性曲线可知，对同样大小的输入电压来说，频率越高，输出电压就越小；频率越低，输出电压越接近输入电压，即该电路的低频信号比高频信号更易通过，故称低通滤波电路。由相频特性可知，输出电压总是滞后输入电压，故又称滞后网络。在上限截止频率下，$\left|\dot{A}_{\mathrm{u}}\right|$降为 70.7%，相移-45°。

3.7.3 RC 高通滤波电路

RC 高通滤波电路如图 3.7.3 所示。$\dot{U}_{\mathrm{i}}$是输入信号，$\dot{U}_{\mathrm{o}}$是输出信号，都是频率的函数。

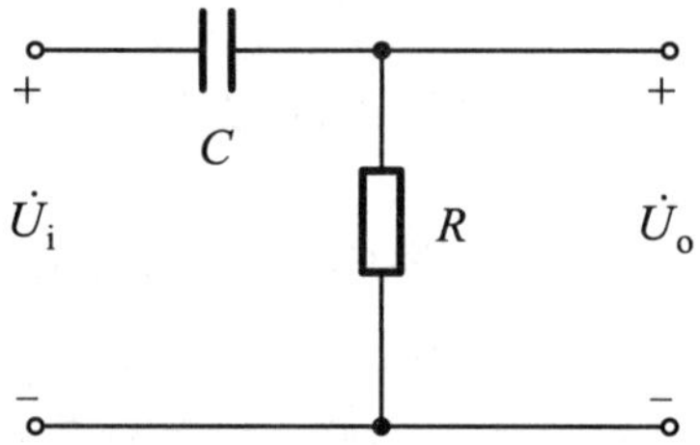

图 3.7.3　RC 高通滤波电路

由电路可求得空载时电压放大倍数（也称电压传递函数）为

$$\dot{A}_{\mathrm{u}}=\frac{\dot{U}_{\mathrm{o}}}{\dot{U}_{\mathrm{i}}}=\frac{R}{R+\dfrac{1}{\mathrm{j}\omega C}}=\frac{1}{1-\mathrm{j}\dfrac{1}{\omega RC}} \tag{3.7.3}$$

令 $f_{\mathrm{L}}=\dfrac{1}{2\pi RC}=\dfrac{1}{2\pi\tau}$，其中 $\tau=RC$ 是图 3.7.3 电路的时间常数，f_{L} 称为下限截止频率，又称通带截止频率。根据式（3.1.5），则式（3.7.3）可写为

$$\dot{A}_{\mathrm{u}}=\frac{1}{1-\mathrm{j}\dfrac{f_{\mathrm{L}}}{f}} \tag{3.7.4}$$

式（3.7.4）称为该放大电路的频率响应或频率特性，其中$\left|\dot{A}_{\mathrm{u}}\right|=\dfrac{1}{\sqrt{1+\left(f_{\mathrm{L}}/f\right)^{2}}}$表示了幅值与频率的关系，称为放大电路的幅频特性；$\varphi=\arctan\left(f_{\mathrm{L}}/f\right)$ 表示了相位与频率的关系，称为放大电路的相频特性。

RC 高通滤波电路的波特图（频率特性曲线）如图 3.7.4 所示。

由幅频特性曲线可知，对同样大小的输入电压来说，频率越低，输出电压就越小；频率越高，输出电压越接近输入电压，即该电路的高频信号比低频信号更易通过，故称高通滤波电路。由相频特性可知，输出电压总是超前输入电压，故又称超前网络。在下限截止频率下，$\left|\dot{A}_{\mathrm{u}}\right|$降到 70.7%，相移 45°。

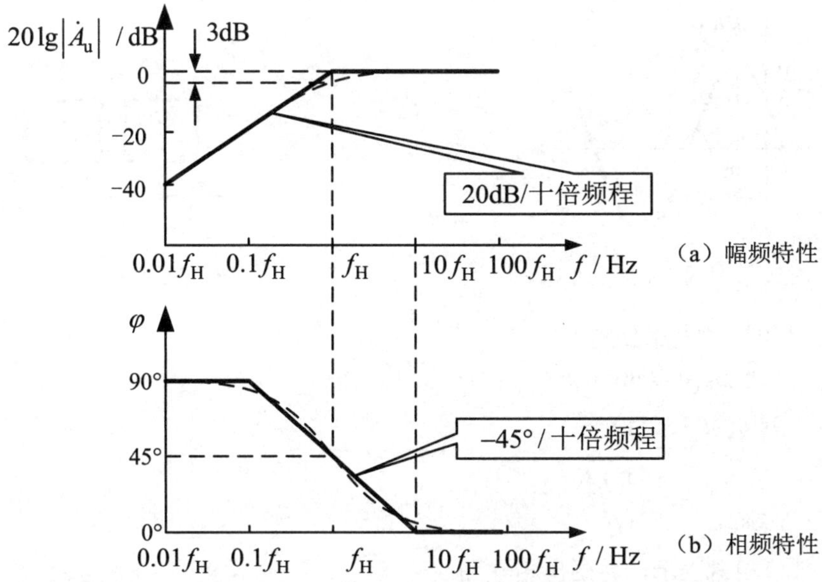

图 3.7.4　RC 高通滤波电路的频率特性曲线

对于上述无源滤波器，如图 3.7.5 所示电路不难发现，带负载电阻后，通带放大倍数及其截止频率都随负载变化而变化，改变了滤波特性，说明无源滤波电路带负载能力比较差，这一缺点常常不符合对信号处理电路的要求。

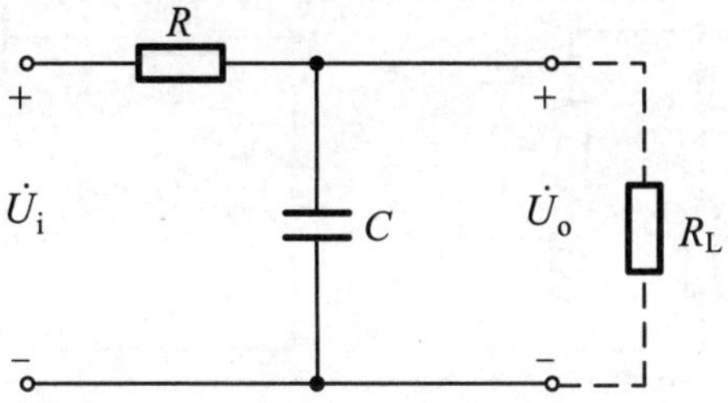

图 3.7.5　带负载后的无源低通滤波器

习题 3

3.1　已知正弦电流瞬时值 $i = 5\sqrt{2}\sin(314t - 30°)$ A，求出有效值、频率、周期和初相，并画波形图。

3.2　正弦电流 i 的波形如图 3.1 所示，写出瞬时值表达式。

3.3　正弦电压瞬时值 $u = 3\sqrt{2}\cos(4t + 45°)$ V，正弦电流瞬时值 $i = 5\sqrt{2}\sin(4t - 30°)$ A。求相位差，画波形图，说明超前滞后关系。

3.4　电路如图 3.2 所示，$u = 10\cos(\omega t + 20°)$V，$i_1 = 2\cos(\omega t + 110°)$A，$i_2 = -4\cos(\omega t + 100°)$A。试写出电压和各电流的有效值、初相位，求电压和各电流的相位差，并说明超前滞后关系。

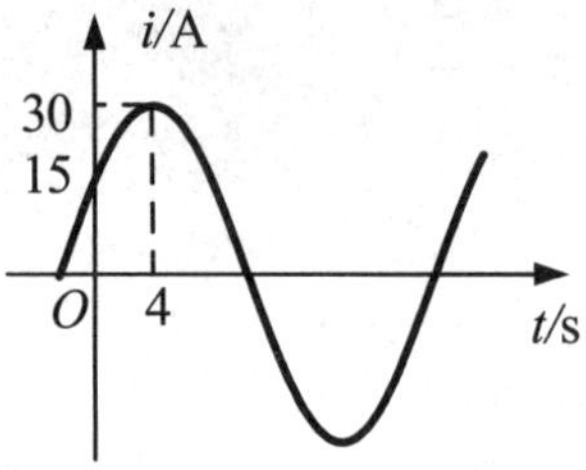

图 3.1　习题 3.2 波形图

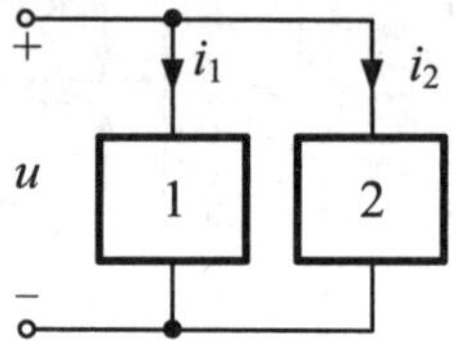

图 3.2　习题 3.4 图

3.5　正弦电压和电流分别为

（1）$u_1 = 3\sqrt{2}\cos\left(4t + 60°\right)$ V

（2）$u_2 = 5\sin\left(4t - 30°\right)$ V

（3）$i_1 = 5\sqrt{2}\sin\left(2t - 45°\right)$ A

（4）$i_2 = 5\cos\left(2t + 45°\right)$ A

写出有效值相量表示，并画出相量图。

3.6　设以下复数代表有效值相量，试求其对应的正弦量。

（1）$\left(3 - \mathrm{j}4\right)$ V　　（2）$\left(-\mathrm{j}4\right)$ A　　（3）$\left(220\angle 30°\right)$ V　　（4）$\left(2\sqrt{2}\angle -30°\right)$ A

3.7　电路如图 3.3 所示，已知 $i_1 = 5\sqrt{2}\sin\left(2t - 45°\right)$ A，$i_2 = 5\cos\left(2t + 90°\right)$ A，求 i_S。

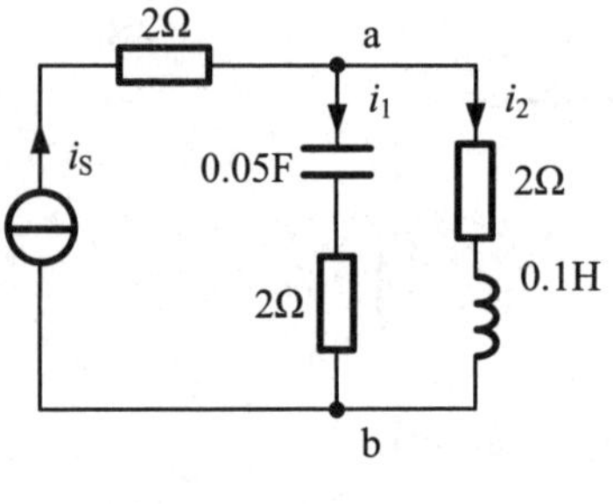

图 3.3　习题 3.7 图

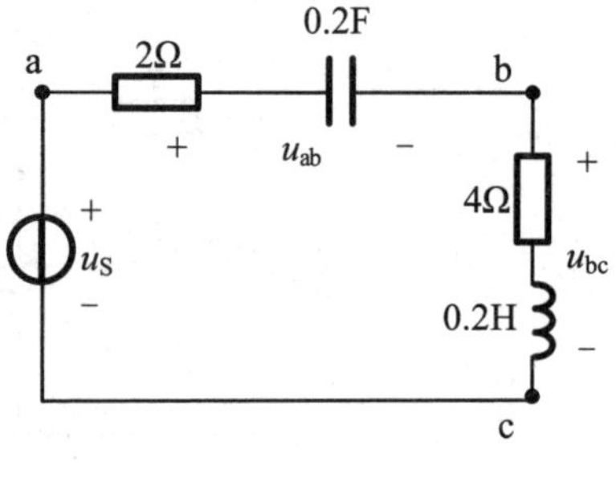

图 3.4　习题 3.8 图

3.8　在图 3.4 中，已知 $u_{ab} = 3\sqrt{2}\cos\left(4t + 45°\right)$ V，$u_{bc} = 4\sin\left(4t - 90°\right)$ V，求 u_S。

3.9　电动机是把电能转换成机械能的一种设备。电风扇调速器是在电扇电动机中串联一个电感线圈来降低电动机两端的电压，从而达到调速的目的的，等效电路如图 3.5 所示，电扇电动机电阻 R=163Ω，感抗 X_{L_1}=252Ω，电源电压为工频 $\dot{U}_S$=220∠0°V，要使电动机电压降为 180V，试求串联的电感 L_2 多大？若将线圈换成电阻来降压，电阻 R 应为多少？从功率角度比较两种办法的优缺点。工频是指电气设备采用的额定频率，中国为 50Hz。

3.10　日光灯其实是一个 RL 电路。当日光灯正常工作时，等效于一个电感 L（镇流器）和电阻 R（灯管）的串联电路（忽略镇流器的电阻），如图 3.6 所示。设已知 ab 之间电压工频 U=220V，电流 $I = 0.4$A，日光灯的功率为 $P = 40$W，试求镇流器的电感 L 大小。

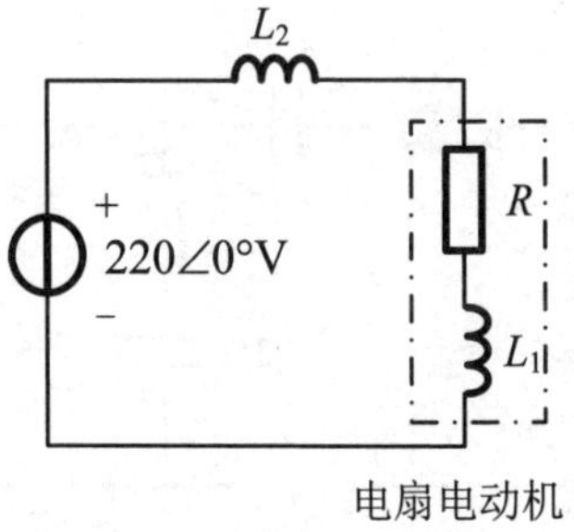

图 3.5　习题 3.9 电路

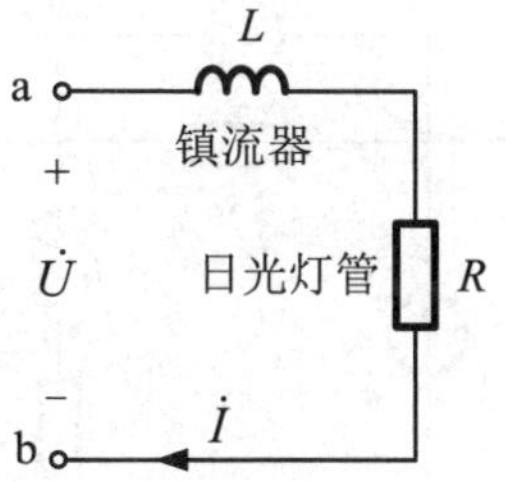

图 3.6　习题 3.10 电路

3.11　由 R 和 C 组成移相电路如图 3.7 所示。如果输入电压 $u_1 = \sqrt{2}\sin 2t\text{V}$，欲使输出电压 u_2 在相位上前移 60°，应该选择多大的电阻 R？此时输出电压的有效值 U_2 等于多少？

3.12　已知电路中各电流表读数如图 3.8 所示，电流表 A_2 未知，电源 ω=2 rad/s，求电容的 C 值。

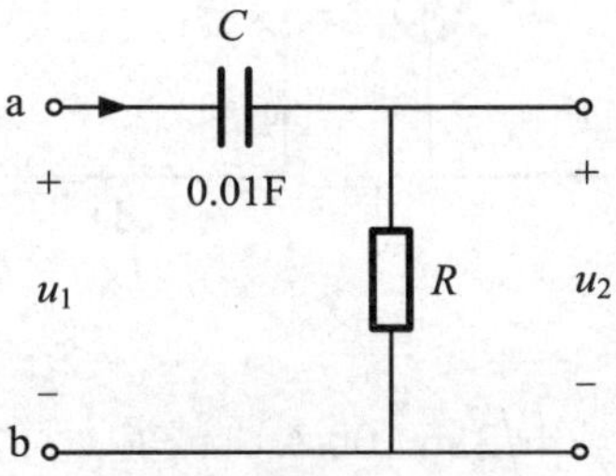

图 3.7　习题 3.11 电路

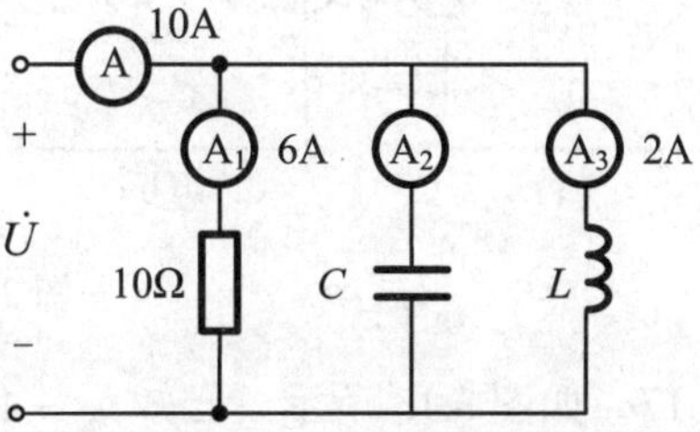

图 3.8　习题 3.12 电路

3.13　求图 3.9 中电流表和电压表的读数。

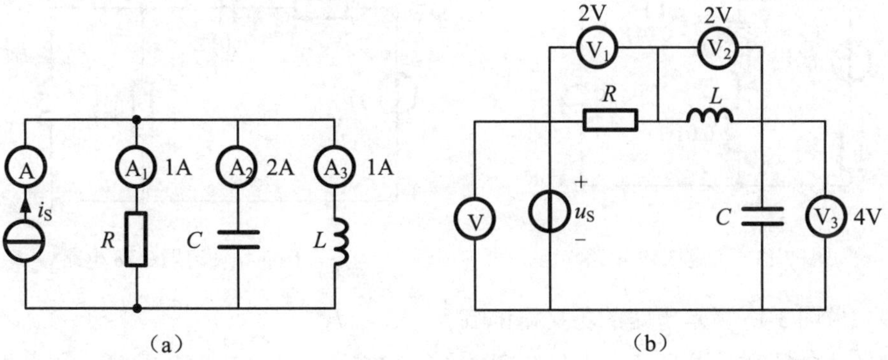

图 3.9　习题 3.13 电路

3.14　已知电路中各电压表读数如图 3.10 所示，f = 50Hz，求电阻的 R 值和电感的 L 值。

3.15　求图 3.11 所示电路 ab 端的等效阻抗 Z 及导纳 Y。

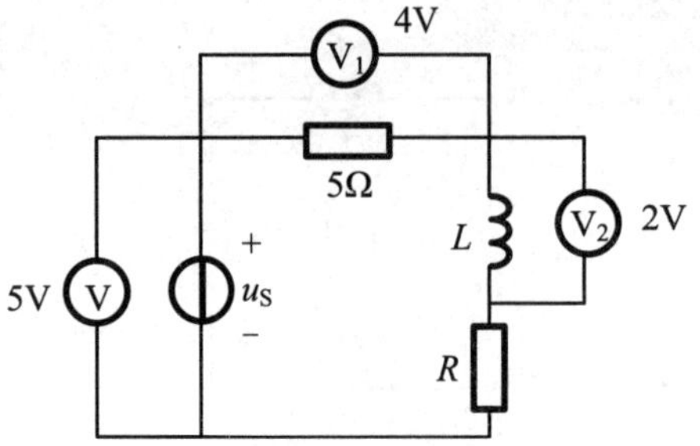

图 3.10　习题 3.14 电路

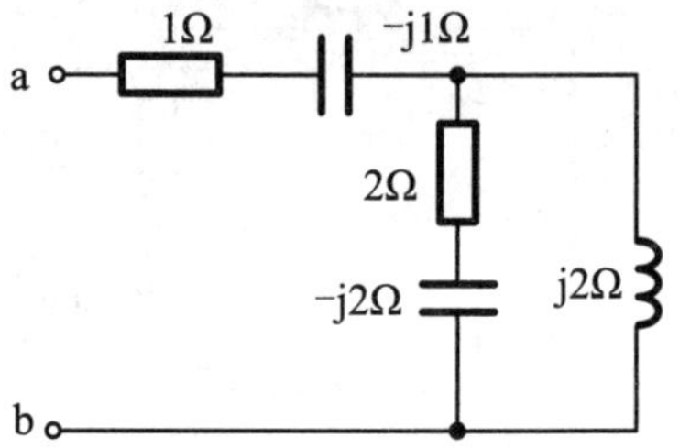

图 3.11　习题 3.15 电路

3.16　在电源相同，$R = X_C = X_L$ 的情况下，如图 3.12 所示电路中，哪个图中的灯最亮？哪个图中的灯最暗？

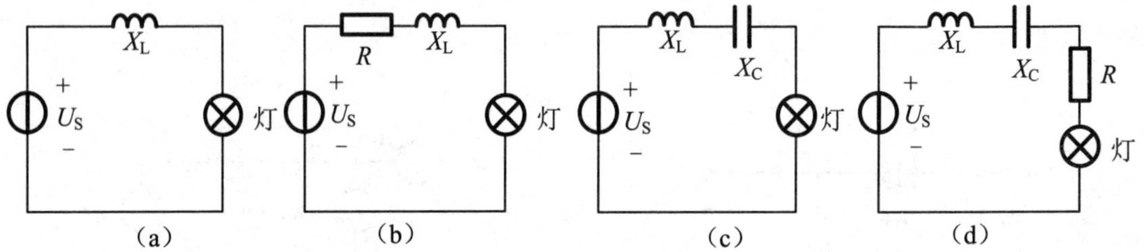

图 3.12　习题 3.16 电路

3.17　如图 3.13 所示，已知 $u_S = 4\sqrt{2}\sin 100t\text{V}$，$i_S = 4\sqrt{2}\sin 100t\text{A}$，试求 $\dot{I}$。

3.18　已知 $u_S = 2\sqrt{2}\sin 100t\text{V}$，试求图 3.14 中的电压 u。

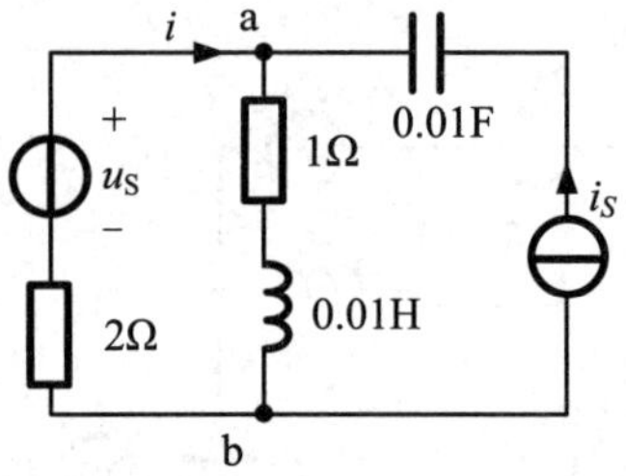

图 3.13　习题 3.17 电路

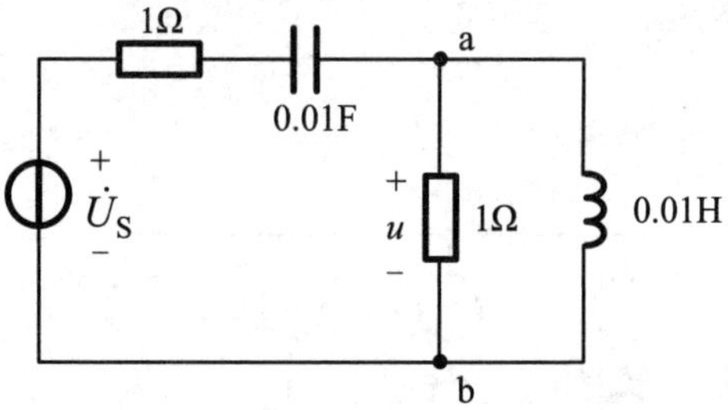

图 3.14　习题 3.18 电路

3.19　求图 3.15 所示电路的各支路电流 $\dot{I}$，$\dot{I}_1$，$\dot{I}_2$。

3.20　已知图 3.16 中的 $\dot{U}_S = 4\angle -90°\text{V}$，$\omega = 100\text{rad/s}$，求 $\dot{U}_C$、$\dot{U}_R$ 及 $\dot{U}_L$，并画相量图。

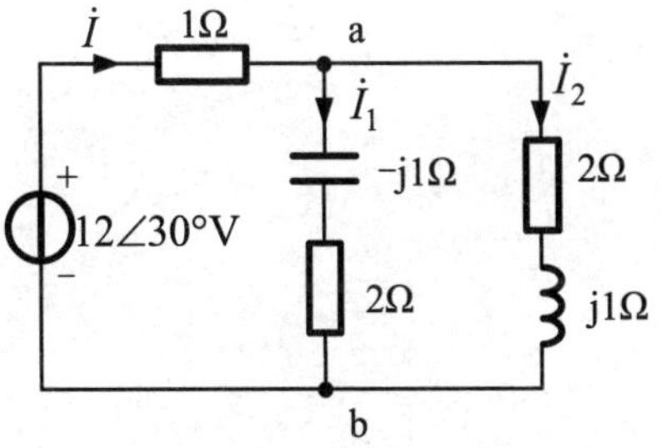

图 3.15　习题 3.19 电路

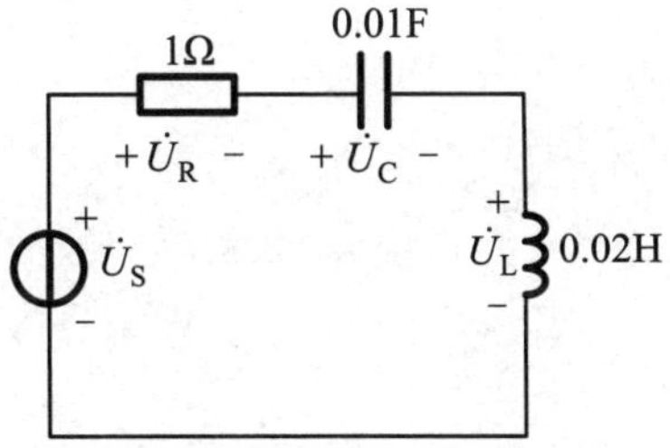

图 3.16　习题 3.20 电路

3.21　已知 $u_{S1} = 4\sqrt{2}\sin 5t$ V，$u_{S2} = 2\sqrt{2}\sin 5t$ V，试求图 3.17 中的电流 i。

3.22　试求图 3.18 中的电压 $\dot{U}$。

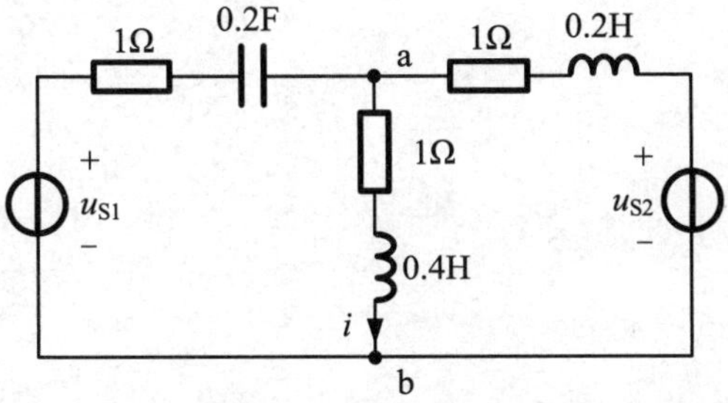

图 3.17　习题 3.21 电路

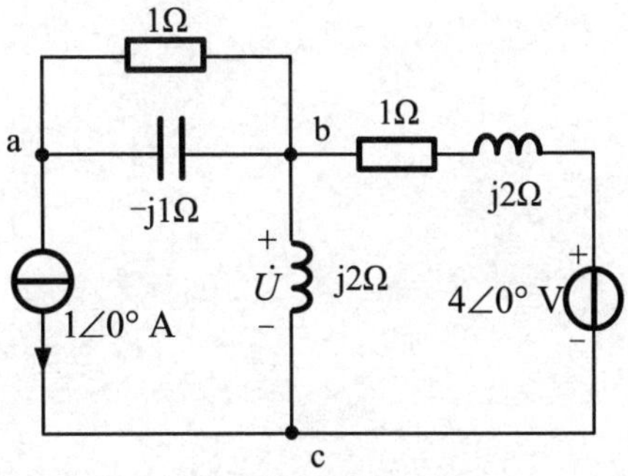

图 3.18　习题 3.22 电路

第2篇

模拟电子技术基础

第 4 章　半导体二极管

半导体二极管（Semiconductor Diode）是最简单的半导体器件，其主要特性是单向导电性。利用二极管可以构成整流电路、限幅电路、门电路、低电压稳压电路等多种应用电路。

4.1　半导体二极管外部特性

4.1.1　半导体的基础知识

导电能力介于导体和绝缘体之间的物质称为半导体（Semiconductor）。在自然界中属于半导体的物质很多，用来制造半导体器件的材料主要有四价元素硅、锗和砷化镓等。纯净的半导体称为本征半导体。在常温下，本征半导体的导电能力很弱。杂质半导体是掺入杂质后的半导体，其导电性能大大优于本征半导体。实验表明，室温下，在纯硅中掺入百万分之一的硼，可以使硅的导电能力提高 50 万倍。按掺入杂质的不同有 P 型半导体和 N 型半导体两类。在硅（或锗）中掺入五价的磷、砷、锑等元素之后，可形成以电子导电为主的半导体，称为 N 型（或电子型）半导体。在硅（或锗）中掺入三价的硼、铝、铟等元素之后，可形成以空穴导电为主的半导体，称为 P 型（或空穴型）半导体。

在同一块半导体基片的两边分别掺杂形成 P 型和 N 型半导体区，则这两种区域的交界面附近会形成一个很薄的空间电荷区，称为 PN 结。通常将加在 PN 结上的电压称为偏置电压，若 P 区接电位高端、N 区接电位低端，则称 PN 结外接正向电压或正向偏置，简称正偏；反之，若 P 区接电位低端、N 区接电位高端，则称 PN 结外接反向电压或反向偏置，简称反偏。

当 PN 结正偏时，正向电压增加到一定值后，正向电流较大，PN 结呈现很小的电阻，这种工作状态称为 PN 结导通。正向电流会随着正向电压的增大而显著增加。当 PN 结反偏时，PN 结呈现很大的电阻，反向电流近似为零。这种工作状态称为 PN 结截止。PN 结所具有的单方向导通特性称为单向导电性。

4.1.2　半导体二极管及其特性

在 PN 结的两端各引出一根电极引线，然后用外壳封装起来就构成了半导体二极管（以下简称二极管），其电路符号如图 4.1.1 所示。由 P 区引出的电极称为正极（或阳极），由 N 区引出的电极称为负极（或阴极）。二极管按所用的半导体材料不同分为硅管和锗管。二极管用途广泛，可构成普通二极管、整流二极管、开关二极管、稳压二极管、发光二极管等。

图 4.1.1　二极管符号

4.1.3　二极管的伏安特性

二极管电路如图 4.1.2（a）所示。二极管中流通的电流 i_D 与二极管两端所加的电压 u_D 之间的关系称为二极管的伏安特性。

$$i_D = I_S(e^{\frac{u_D}{U_T}} - 1) \tag{4.1.1}$$

式中，u_D 为二极管两端所加的电压；i_D 为二极管中流通的电流；I_S 为二极管的反向饱和电流，U_T 为温度电压当量，常温下 $U_T \approx 26\text{mV}$。

二极管的伏安特性也可用伏安特性曲线表示，如图 4.1.2 所示。

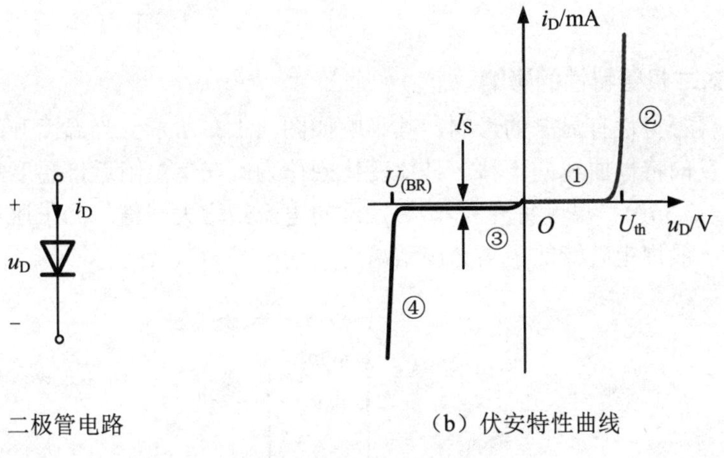

图 4.1.2　二极管及其伏安特性曲线

1.　正向特性

令 U_{th} 为二极管开启电压。当电压 $0 < u_D < U_{th}$ 时，二极管正向电流几乎为零，如图 4.1.2（b）所示的①段；而当二极管正偏电压大于开启电压 U_{th} 后，二极管正向电流随正偏电压的增加而迅速增大，如图 4.1.2（b）所示的②段。开启电压 U_{th} 称为门槛电压（或死区电压）。在室温下，硅管的 $U_{th} \approx 0.5\text{V}$，锗管的 $U_{th} \approx 0.1\text{V}$。二极管正向导通后的曲线②几乎是陡直的，即正向导通后二极管两端的电压几乎为恒值，这称为二极管的正向恒压特性。在实际电路中，开启电压定义为正向导通压降，用 $U_{D(on)}$ 表示。硅二极管导通时的正向压降为

0.6～0.8V，工程上近似认为硅二极管 $U_{D(on)} \approx 0.7V$。锗二极管导通时的正向压降为 0.1～0.3V，工程上近似认为锗二极管的 $U_{D(on)} \approx 0.2V$。

2. 反向特性

二极管的反向特性是指二极管反向截止时的伏安特性。在图 4.1.2（b）中，电压 $U_{(BR)}$ 为二极管发生反向击穿时所需的电压。当 $U_{(BR)} < u_D < 0$ 时，二极管反向截止，其对应曲线如图 4.1.2(b)所示的③段。当二极管上的反偏电压值小于 $|U_{(BR)}|$ 时，二极管上有反向电流 I_S。二极管的反向电流很小，称为反向饱和电流。在室温下，小功率硅管的反向电流小于 0.1μA；锗管的反向电流为几十微安。

3. 反向击穿特性

当加在二极管两端的反向电压值大于 $|U_{(BR)}|$ 时，二极管的反向电流将随反向电压的增加而急剧增大，如图 4.1.2（b）所示的④段。这种现象称为反向击穿，$U_{(BR)}$ 称为反向击穿电压，相应的伏安特性称为反向击穿特性。二极管在反向击穿后，如果其反向电流和反向电压的乘积不超过 PN 结容许的耗散功率，则二极管一般不会损坏。当反向电压下降到低于击穿电压后，其性能可恢复。这种可逆的击穿称为电击穿。二极管在反向击穿后，如果其反向电流和反向电压的乘积超过 PN 结容许的耗散功率，则会导致 PN 结因结温过高而烧坏。这种不可逆的击穿称为热击穿。二极管在使用时，通常需要串接电阻来限制其电流，以避免被烧坏。

4. 温度对二极管特性的影响

温度对二极管特性有显著的影响，其影响如图 4.1.3 所示。当温度升高时，正向特性曲线向左移，反向特性曲线向下移。具体变化规律为：在室温附近，温度每升高 1℃，正向电压减小 2～2.5mV；温度每升高 10℃，反向电流约增大一倍。为了避免半导体器件在高温下失效，一般规定硅管的最高允许结温为 150～200℃，锗管的最高允许结温为 75～100℃。

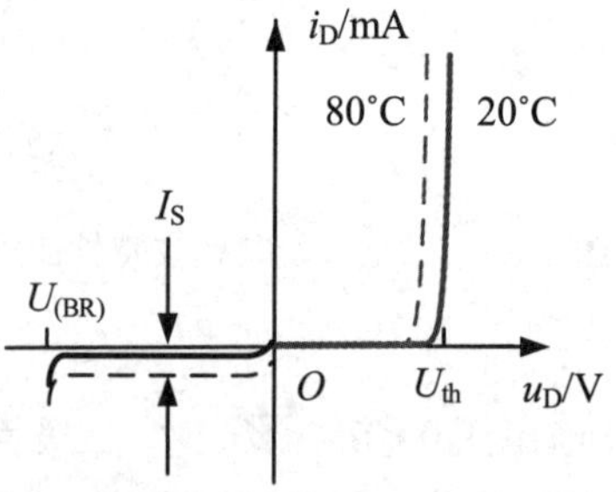

图 4.1.3　温度对二极管特性的影响

4.1.4 二极管的主要参数

二极管的特性除可用伏安曲线和伏安方程表示外，还可用参数来描述。在实际应用时，可通过查器件手册，依据参数来选用二极管。

1. 最大整流电流 I_F

最大整流电流 I_F 是指二极管长期运行允许通过的最大正向平均电流。二极管使用时，其整流电流若超过此值，则有可能烧坏二极管。

2. 最高反向工作电压 U_R

最高反向工作电压 U_R 是指允许施加在二极管两端上的最大反向电压。这个电压值通常规定为反向击穿电压 $U_{(BR)}$ 的一半。

3. 反向电流 I_R

反向电流 I_R 是指二极管未击穿时的反向电流值。反向电流也称为反向饱和电流，其值越小，二极管的单向导电性和温度稳定性越好。

4. 最高工作频率 f_M

最高工作频率 f_M 指二极管能够单向导电的最高工作频率，即二极管的单向导电性能开始明显退化时的信号频率。当信号频率超过 f_M 时，由于二极管的结电容效应，二极管的单向导电性变差，甚至失去单向导电性。

4.2 半导体二极管的分析方法

4.2.1 二极管的等效模型

1. 理想模型

理想二极管正向偏置时导通，电压为零；反向偏置时截止，电流为零，其伏安特性和电路符号如图 4.2.1 所示。理想二极管相当于一个理想开关，正偏时开关合上，反偏时开关断开。理想开关导通时 $u_D = 0V$，截止时 $i_D = 0A$。

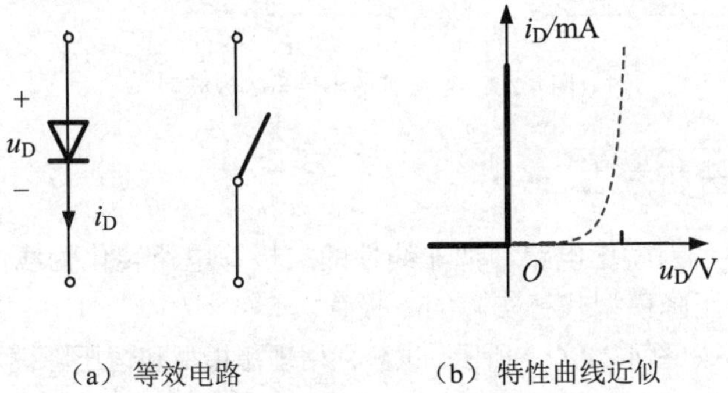

图 4.2.1　理想二极管伏安特性和电路符号

2. 恒压降模型

二极管的恒压降模型是指二极管正向导通后，其管压降不随电流变化，认为它为恒定值。由实际二极管的伏安特性曲线可知：$u_D > U_{D(on)}$ 时二极管导通，导通后电压约为 $U_{D(on)}$；$u_D < U_{D(on)}$ 时二极管截止，故可采用理想二极管串联电压源 $U_{D(on)}$ 来等效二极管。二极管恒压降模型如图 4.2.2 所示。

（a）等效电路　　（b）特性曲线近似

图 4.2.2　二极管恒压降模型

3. 交流小信号模型

当二极管在静态基础上有一动态小信号作用时，可将二极管等效为一个动态电阻。二极管的小信号等效模型如图 4.2.3 所示。其中，Q 点所对应的电压、电流为直流电压源产生的电压、电流，称为静态工作点。当信号 u_i 作用时，二极管的电压、电流在 Q 点附近变化，此时二极管可以等效为一个用 Q 点的切线斜率来描述的动态电阻 $r_d = \Delta u_D / \Delta i_D$。

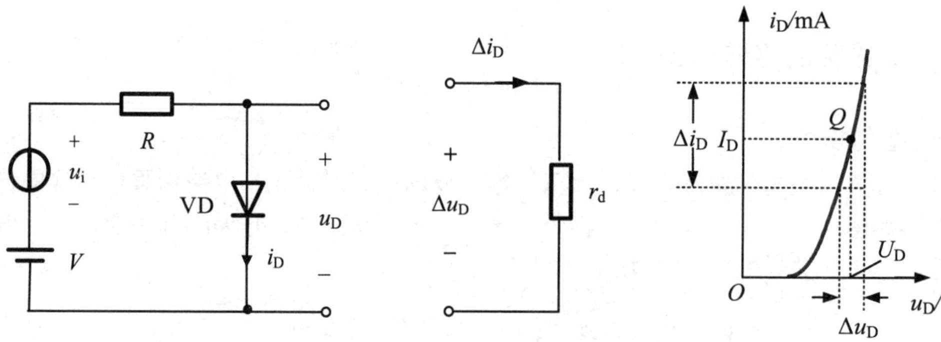

图 4.2.3　二极管的小信号等效模型

4.2.2　二极管的分析方法

在实际应用中，为简化电路，把非线性的二极管电路转化为线性电路，常利用二极管理想模型或恒压降模型代替实际的二极管。

【例 4.2.1】 电路如图 4.2.4（a）所示。试分别用理想模型和恒压降模型求输出电压 U_o。

解： 将二极管从电路中断开，计算电路中原二极管的正极和负极之间的压降。如果压降大于开启电压，则将二极管放入电路后，二极管导通。如果二极管导通，则可采用理想模型或恒压降模型代替二极管，再进行电路分析。如果二极管不能导通，则可将二极管断路，再进行电路分析。

（1）断开二极管 VD，所得电路如图 4.2.4（b）所示，求 U_D。

注意，U_D 参考方向应与二极管的方向相一致

$$U_D = \frac{2}{3+2} \times 5 - 1 = 1(\text{V})$$

（2）理想模型。

$U_D > 0$，所以 VD 导通。

用导通时的理想模型（导线）代替二极管，所得电路如图 4.2.4（c）所示。

由此求得：U_O=1V

（3）恒压降模型。

$U_{D(on)}$=0.7(V)，U_D>$U_{D(on)}$ 0.7(V)，所以 VD 导通。

用导通时的恒压降模型代替二极管，所得电路如图 4.2.4（d）所示。

由此求得：U_O=0.7+1=1.7(V)。

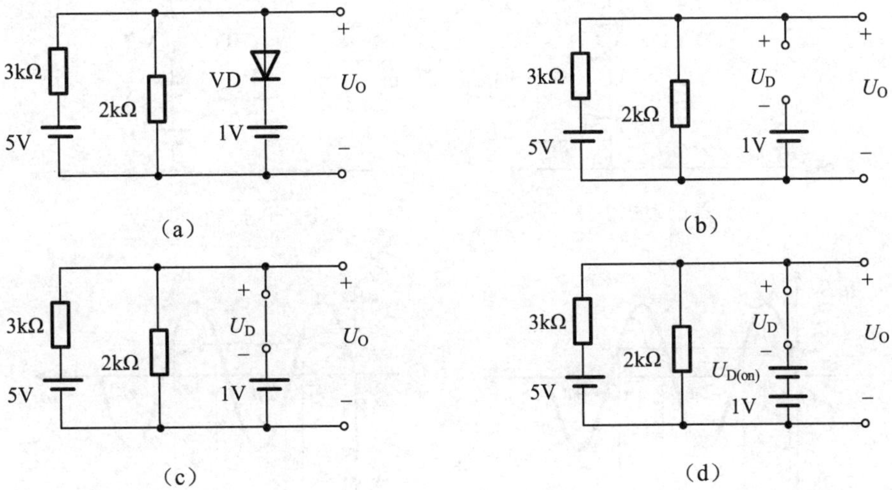

图 4.2.4　例 4.2.1 电路

4.3　半导体二极管的应用

半导体二极管广泛应用于各类功能电路中。例如：利用半导体二极管的单向导电性可构造电源设备的整流电路。利用半导体二极管的反向击穿特性，可以构造电源设备的稳压电路。

4.3.1　限幅电路

二极管的一个常见应用是构成限幅电路。在电子电路中，限幅电路用于将信号限制在预置的电平范围内，主要有三个方面的应用。

（1）整形。例如，削去输出波形的顶部或底部。

（2）波形转换。例如，将输出波形的正脉冲削去，只留下其中的负脉冲。

（3）过压保护。例如，用于限制过强的信号或干扰的输出，以避免损坏后续的部件。

【例 4.3.1】电路如图 4.3.1（a）所示。R=3kΩ，U_{REF}=2V 为直流参考电压源。当 u_i=5sinωtV 时分别用理想模型和恒压降模型分析该电路，画出相应的输出电压 u_o 的波形。

解：（1）理想模型。

当 $u_D<0$，即 $u_i\leqslant U_{REF}$ 时，二极管截止，$u_o=u_i$；当 $u_i>U_{REF}$ 时，二极管导通，$u_o=U_{REF}=2V$。其波形如图 4.3.1（c）所示。

（2）恒压降模型。

电路如图 4.3.1（b）所示。当 $u_i\leqslant(U_{REF}+U_{D(on)})$ 时，二极管截止，$u_o=u_i$；当 $u_i>(U_{REF}+U_{D(on)})$ 时，二极管导通，$u_i=(U_{REF}+U_{D(on)})=2+0.7=2.7V$。其波形如图 4.3.1（d）所示。

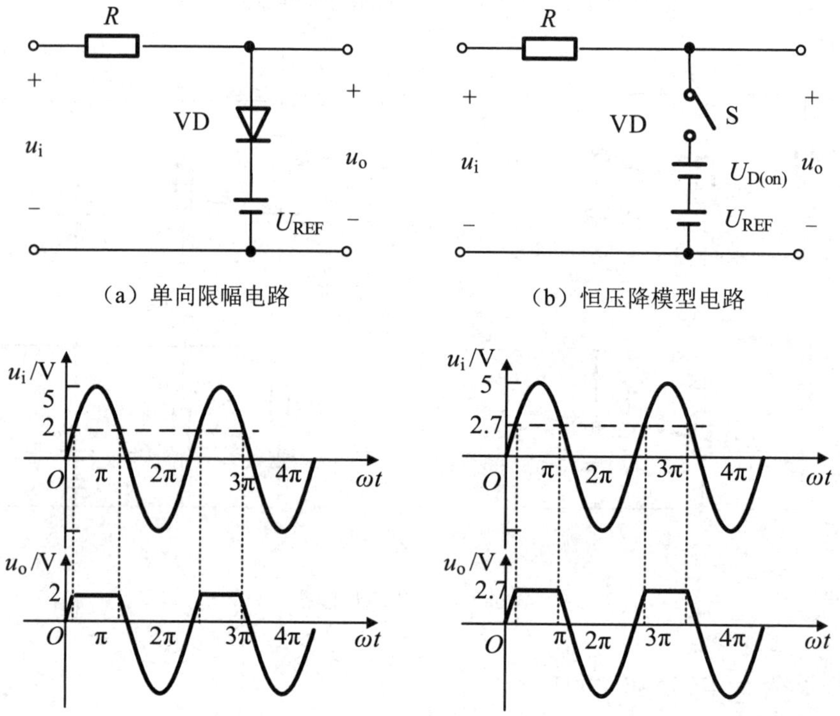

（a）单向限幅电路　（b）恒压降模型电路

（c）理想模型时的波形　（d）恒压降模型时的波形

图 4.3.1　例 4.3.2 电路

将图 4.3.1（a）所示的单向限幅电路，并联一路反向限幅电路即可构成双向限幅电路，如图 4.3.2（a）所示。用理想二极管模型分析可得该电路的传输特性如图 4.3.2（b）所示。其中正向限幅电路的幅值为 U_{REF1}，反向限幅电路的幅值为 U_{REF2}。

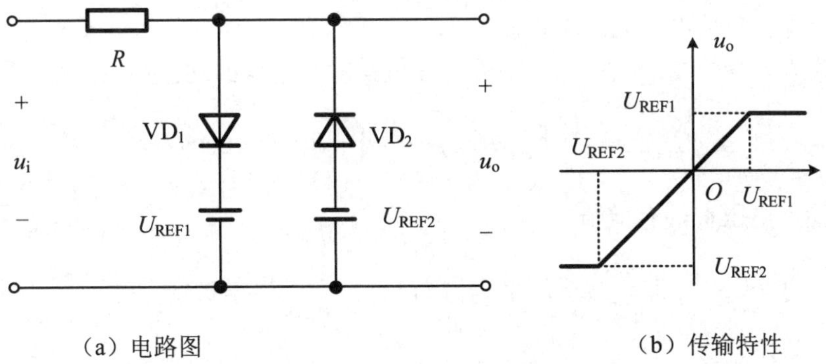

图 4.3.2　双向限幅电路

4.3.2　小功率整流滤波电路

将交流电转换为直流电的电路称为整流电路。整流电路可利用二极管的单向导电性来实现。在整流电路中，由于交流电源电压幅值u_m远大于二极管的正向压降u_D（$u_m >> u_D$），因此可利用理想二极管等效电路来分析电路的工作原理。

1.　半波整流电路

简单的半波整流电路如图 4.3.3（a）所示。

（1）电路及工作原理。

设输入的交流电压为$u_i = \sqrt{2}U\sin\omega t$。当$u_i$正半周时，$u_i > 0$时，二极管正向导通，则电流流向为$A \to VD \to R_L \to B$，有$u_o = u_i$，即$u_o = \sqrt{2}U\sin\omega t$；当$u_i \leqslant 0$时，二极管反向截止，则有$u_o = 0$。整流电路的输入电压$u_i$、输出电压$u_o$及二极管上的电压$u_D$波形如图 4.3.3（b）所示。由波形图可知，交流电只在$u_i > 0$的正半周有输出电压波形，在$u_i \leqslant 0$的负半周输出电压为 0。由于整流电路只在交流电的半个周期内有输出波形，故称为半波整流电路。

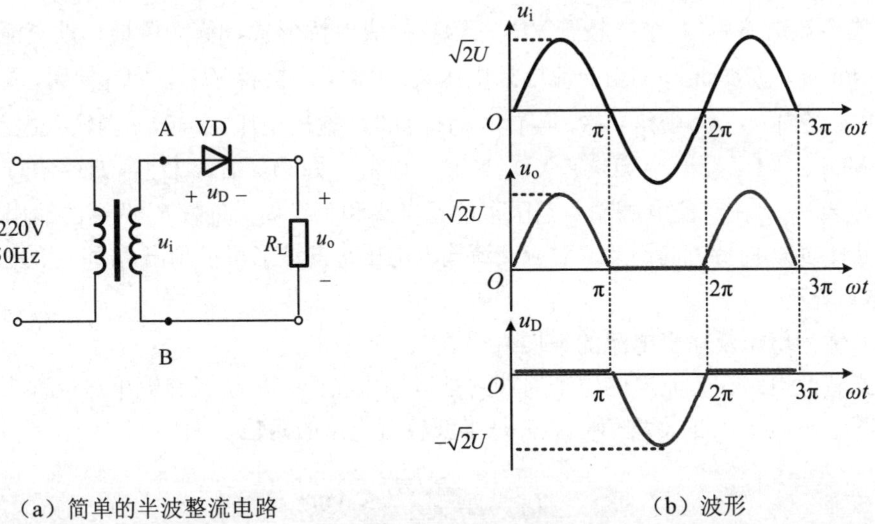

图 4.3.3　简单的半波整流电路及波形

（2）输出电压及输出电流的平均值。

由半波整流电路的波形图可知，半波整流电路输出电压的均值$U_{O(AV)}$为：

$$U_{O(AV)}=\frac{1}{2\pi}\int_0^{\pi}u_o d(\omega t)=\frac{1}{2\pi}\int_0^{\pi}u_i d(\omega t)=0.45U \tag{4.3.1}$$

式中，U 为输入电压u_i的有效值。

输出电流的平均值，即负载上的平均值为$I_{O(AV)}=\dfrac{U_{O(AV)}}{R_L}=0.45\dfrac{U}{R_L}$。（4.3.2）

（3）二极管的选择。

整流电路中的二极管，应根据极限参数最大整流平均电流I_F和最高反向工作电压U_R来选择。由整流电路的波形图可知，二极管的平均电流$I_{D(AV)}$与负载电阻的平均电流$I_{O(AV)}$相同。由此可得二极管的最大整流平均电流I_F为：

$$I_F=I_{D(AV)}=I_{O(AV)}=\frac{U_{O(AV)}}{R_L}=0.45\frac{U}{R_L} \tag{4.3.3}$$

二极管截止时所承受的最高反向电压$U_{D(RM)}$就是u_i的最大值，即

$$U_{D(RM)}=\sqrt{2}U \tag{4.3.4}$$

半波整流电路的优点是结构简单；缺点是有半个周期电流为零，输出电压平均值低，波形脉动大。半波整流电路适用于输出电流较小且允许电流分量较大的场合。

2. 单相桥式整流电路

桥式整流电路由多只整流二极管作桥式连接，是对二极管半波整流的一种改进。桥式整流电路可提高变压器的利用率，减小输出电压的脉动。在小功率电源中，应用最多的是单相桥式整流电路。单相桥式整流电路如图 4.3.4（a）所示。

（1）电路及工作原理。

桥式整流电路由 4 个二极管$VD_1\sim VD_4$接成电桥形式，称为桥堆。设交流输入电压$u_i=U_m\sin\omega t=\sqrt{2}U\sin\omega t$。当交流电源电压$u_i>0$时，二极管$VD_1$、$VD_3$导通，$VD_2$、$VD_4$截止。电流走向为：$A\to D_1\to R_L\to D_3\to B$，此时，输出电压$u_o=u_i$。当输入电压$u_i<0$，二极管$VD_1$、$VD_3$截止，$VD_2$、$VD_4$导通。电流走向为：$B\to D_2\to R_L\to D_4\to A$，输出电压$u_o=-u_i$。在交流电源输入电压$u_i$的正半周和负半周，负载$R_L$两端的输出电压$u_o$始终是上正下负，保持方向不变。对应交流输入电压$u_i$的波形可以画出$u_D$和$i_D$的波形，如图 4.3.4（b）所示。

（2）输出电压及输出电流的平均值。

桥式整流电路在交流电的整个周期内都有输出波形，故桥式整流电路也称为全波整流电路，其输出电压u_o的平均值$U_{O(AV)}$是半波整流电路的两倍，为：

$$U_{O(AV)}=\frac{2\sqrt{2}U}{\pi}\approx 0.9U \tag{4.3.5}$$

$$I_{O(AV)} = \frac{U_{O(AV)}}{R_L} \approx \frac{0.9U}{R_L} \tag{4.3.6}$$

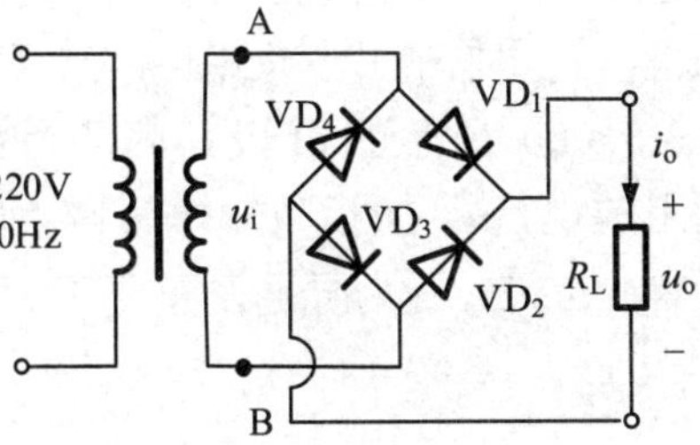

（a）单相桥式整流电路

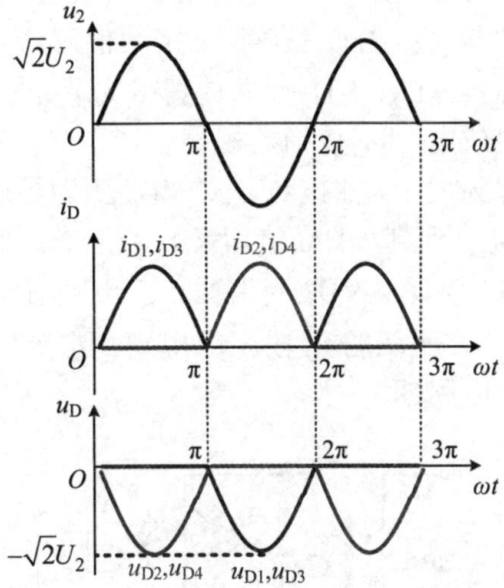

（b）波形

图 4.3.4　单相桥式整流电路及波形

（3）二极管的选择。

在单相桥式整流电路中，每只二极管只在输入电压的半个周期内导通，流过每个二极管的平均电流 $I_{D(AV)}$ 为负载电流 $I_{O(AV)}$ 的一半，即

$$I_{D(AV)} = \frac{I_{O(AV)}}{2} = 0.45\frac{U}{R_L}$$

每个二极管在截止时所承受的最大反向电压就是交流输入电源电压 u_i 的峰值，即

$$U_{D(RM)} = \sqrt{2}U$$

在实际选用二极管时，极限参数需要考虑至少有10% 的余量。因此，二极管的最大整流电流 I_F 和最高反向工作电压 $U_{D(RM)}$ 分别为：

$$I_F > 1.1\frac{I_{O(AV)}}{2}，\quad U_{D(RM)} > 1.1\sqrt{2}U$$

3.　电容滤波电路

交流电经过整流电路转换后，成换为含有大量的交流成分（称为纹波电压）的脉动直流电。为了获得平滑的直流电压，应在整流电路的后面加接滤波电路，以滤去交流成分。

（1）电路及工作原理。

电容滤波电路如图 4.3.5（a）所示。在桥式整流电路输出端与负载电阻之间并联一个较大的电容，即可构成电容滤波电路。

设电容两端初始电压为零，并假定在 $t=0$ 时接通电路，当变压器次级电压 u_i 处于正半周且数值大于电容两端电压时（$u_i > u_C$），VD_1、VD_3导通，电容被充电，同时电流经VD_1、VD_3向负载电阻供电，此时$u_o = u_C = u_i$，如图4.3.5（b）所示的ab段。当u_i上升到峰值后开始下降，电容通过负载电阻放电，电压u_C按指数规律下降，如图4.3.5（b）所示的bc段。当u_i下降到一定数值后，u_C的下降速度小于u_i的下降速度，使u_C大于u_i，从而导致VD_1、VD_3反向偏置变为截止。此时，4个二极管全部截止，电容继续通过负载电阻放电，u_C按指数规律缓慢下降，如图4.3.5（b）所示的cd段。当u的负半周幅值变化到大于u_C时，VD_2、VD_4变为导通，u再次对电容充电，如图4.3.5（b）的de段。u_C上升到u的峰值后又开始下降，如图4.3.5（b）所示的ef段。u_C下降到一定的数值时，VD_2、VD_4变为截止，电容对负载电阻放电，u_C按指数规律缓慢下降，如图4.3.5（b）所示的fg段。放电到一定数值时，VD_1、VD_3变为导通，重复下一个a至g的充放电周期。

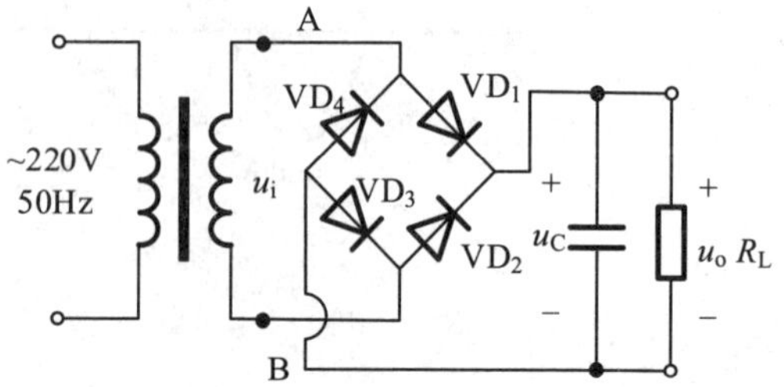

（a）电容滤波电路

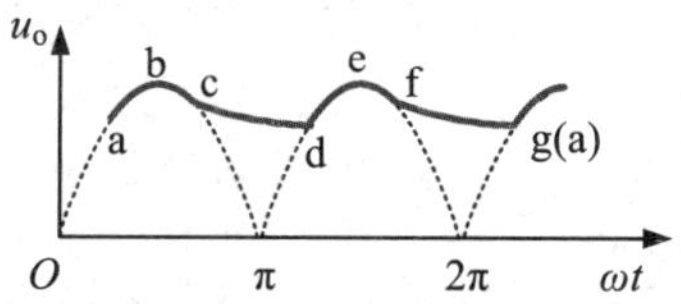

（b）理想情况下的波形

图4.3.5　电容滤波电路及波形

从图4.3.5（b）所示波形可以看出，经滤波后的输出电压变得较平滑，电压平均值$U_{o(AV)}$得到提高。

滤波电路的滤波效果取决于放电时间常数。滤波电路的时间常数$\tau = RC$。滤波电路中的二极管内阻和变压器副边的直流电阻都很小，因此滤波电路的充电时间常数τ很小。放电时，电容越大，负载电阻越大，时间常数$\tau = R_L C$越大。时间常数越大，滤波后输出电压越平滑，平均值越大，滤波效果越好。电容滤波电路利用电容的充、放电作用，可使输出电压趋于平滑。

（2）输出电压平均值。

估算滤波电路输出电压时，输出波形可采用锯齿波来近似。设T为交流电压的周期，则当$R_L C = (3 \sim 5)T/2$时，一般可认为输出电压的平均值为$U_{O(AV)} = (1.1 \sim 1.4)U$。工程上取$U_{O(AV)} \approx 1.2U$。

电容滤波电路的优点是电路简单，输出电压平均值高，适用于负载电流较小且变化也较小的场合；缺点是输出电压的误差比较大。

4.3.3　稳压管

稳压管是二极管的一种，其利用PN结的击穿区具有稳定电压的特性来工作。稳压管的符号和特性曲线如图4.3.6所示。

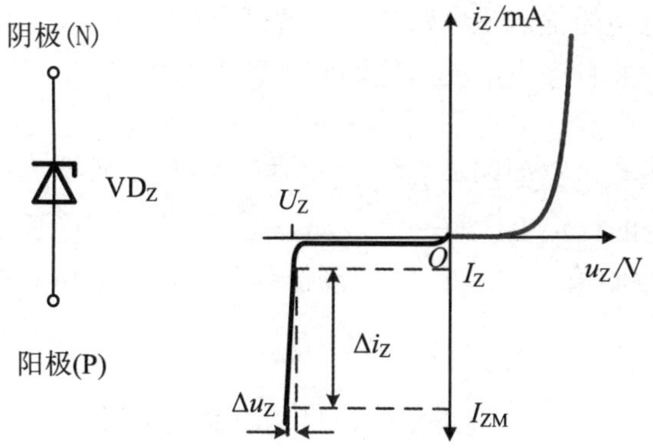

图 4.3.6　稳压管的符号和特性曲线

由二极管的伏安特性曲线可知，二极管反向击穿后的特性曲线非常陡直。此时，反向电流的变化 Δi_Z 可以很大，其两端电压的变化 Δu_Z 很小，可以视为恒定。利用二极管的这一特性可以构成稳压二极管，其工作在 PN 结的反向击穿区。

稳压管的实质就是一个工作在反向击穿区的二极管，其主要参数如下。

（1）稳定电压 U_Z：稳压管的反向击穿电压。

（2）稳定电流 I_Z：使稳压管工作在稳压状态的最小电流。

（3）最大耗散功率 P_{ZM}：允许的最大功率，$P_{ZM}=I_{ZM}U_Z$。

（4）动态电阻 r_z：工作在稳压状态时，$r_z=\Delta U_Z/\Delta I_Z$。

图 4.3.7 所示为常用的二极管稳压工作电路。图中，输入 U_I 为待稳定的直流电压。在二极管稳压电路中，由于负载电阻 R_L 与稳压管并联，故称为并联式稳压电路。电路中的电阻 R 可限定电路的工作电流，使电路工作在一个合适的工作状态，故称为限流电阻。当 U_I 或 R_L 变化时，稳压电路能自动调整稳压管电流 I_Z 的大小，改变限流电阻上的压降 $I_R R$，以达到维持输出电压 U_O 基本恒定的目的。例如，当 U_I 恒定而 R_L 值减少时，输出电流 I_O 增加。I_O 增加则 I_R 增加。I_R 增加则限流电阻 R 上的压降增大。在 U_I 不变的情况下，则 U_O 减小。U_O 减小则 I_Z 减小，I_R 减小。I_R 减小则限流电阻上的电压 $I_R R$ 减小，输出电压 U_o 增大，达到了维持输出电压 U_O 基本恒定的目的。二极管的稳压调节过程如图 4.3.8 所示。

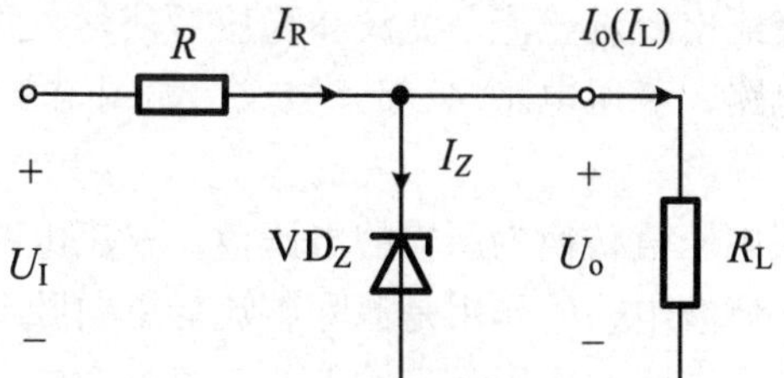

图 4.3.7　常用的二极管稳压工作电路

$$R_L^{\downarrow} \to I_o^{\uparrow} \to I_R^{\uparrow} \to U_o^{\downarrow} \to I_Z^{\downarrow} \to I_R^{\downarrow} \to I_R R^{\downarrow} \to U_o^{\uparrow}$$

图 4.3.8　二极管的稳压调节过程

并联型直流稳压电路的优点是电路简单、调试方便；缺点是输出电流较小，只能提供几十毫安的电流输出，并且输出电压不能调节，稳压性也较差，只适用于要求不高的小型电子设备上。

【例 4.3.2】硅稳压管电路如图 4.3.7 所示。其中待稳定的直流电压 U_I=21V，R=1kΩ，R_L=2kΩ，硅稳压管 VD_Z 的稳定电压 U_Z=10V，动态电阻及未被击穿时的反向电流均可忽略。（1）求 U_O、I_o、I_R 和 I_Z 的值。（2）求 R_L 值降低到多少时，电路的输出电压将不再稳定。

解：（1）$U_I \times \dfrac{R_L}{R+R_L} = 21\times\dfrac{2}{1+2} = 14(\text{V}) > U_Z$。

由上式可知，VD_Z 工作在反向击穿区，可输出稳定电压。

$$U_o = U_Z = 10(\text{V})$$

$$I_o = \frac{U_o}{R_L} = \frac{10}{2} = 5(\text{mA})$$

$$I_R = \frac{U_I - U_o}{R} = \frac{21-10}{1} = 11(\text{mA})$$

$$I_Z = I_R - I_o = 11 - 5 = 6(\text{mA})$$

（2）当 $U_I \times \dfrac{R_L}{R+R_L} < U_Z$，$VD_Z$ 工作在反向截止区，电路不稳定。代入 U_I、R 及 U_Z 可求得电路不再稳压时的 R_L，即

$$21\times\frac{R_L}{1+R_L} < 10$$

$$R_L < \frac{10}{11}(\text{k}\Omega)$$

4.3.4 直流稳压电源

大部分的电子设备（如手机）需要稳定的直流电源进行供电。电子设备所需的直流电，可以由干电池或直流发电机提供。但大多数的直流稳压电源，是通过转变交流电源得到的。电子设备对直流稳压电源的要求是：能输出稳定电压、纹波小、抗干扰性能良好、带负载能力强。功率较小的直流电源可通过将 50Hz 的交流电经过整流、滤波和稳压后获得。直流稳压电源一般由电源变压器、整流电路、滤波电路、稳压电路 4 部分组成，如图 4.3.9 所示。

电源变压器的作用是交流电压转换，可将输入电压值转换为所需的电压值；整流电路的作用是将交流电压转换为单向脉动的直流电压；滤波电路的作用是滤除整流后单向脉动电压中的交流成分，使之成为平滑的直流电压；稳压电路的作用是当输入的交流电源电压随负载和环境温度波动变化时，维持输出直流电压的稳定。

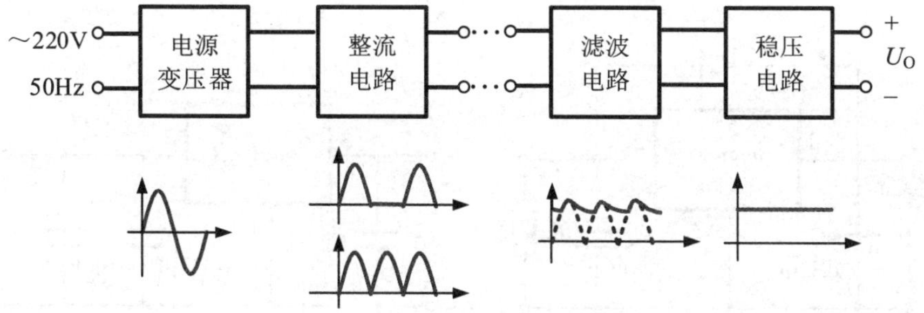

图 4.3.9　直流稳压电源的基本框图

4.3.5　三端集成稳压器

将直流稳压电路及其保护电路等制作在一块芯片上可构成集成稳压器。集成稳压器因其外围电路简单、输出电阻小、输出纹波电压小、瞬态响应好而得到广泛的应用。

1.　三端集成稳压器

三端式集成稳压器有 3 个引脚，分别为输入端、输出端及公共端，故称为三端集成稳压器。常用的集成稳压器有固定输出正电压的 78XX 系列、固定输出负电压的 79XX 系列。如：最大输出电流 I_{OM}=100mA 的 W78LXX（W79LXX）系列，I_{OM}=500mA 的 W78M（W79MXX）系列和 I_{OM} =1.5A 的 W78XX（W79XX）系列。型号中最后两位数表示输出电压值。例如 W7806 表示输出电压为+6V。W78XX 系列和 W79XX 系列三端稳压器的外形及电路符号如图 4.3.10 所示。两个系列的稳压器外形一致，引脚接法不同。

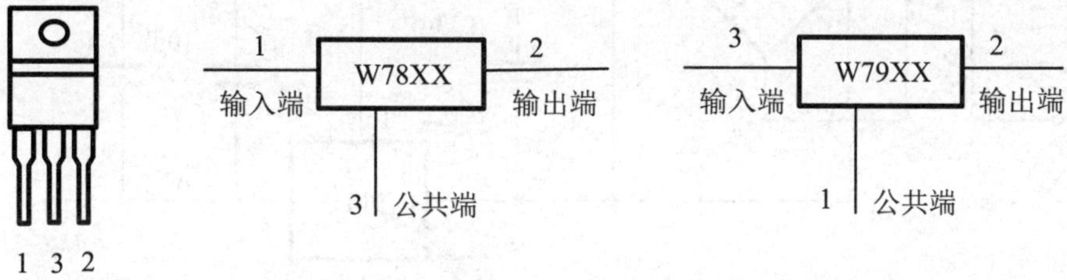

（a）外形图　（b）W78XX电路符号　（c）W79XX电路符号

图 4.3.10　W78XX 和 W79XX 三端集成稳压器

2.　三端集成稳压器的应用

三端集成稳压管的基本应用电路如图 4.3.11 所示。其中，4.3.11（a）为正输出 78 系列典型接法，4.3.11（b）为负输出 79 系列典型接法。电路中接入 C_1、C_2 实现频率补偿，可防止稳压器电路产生自激振荡并能抑制电路引入的高频干扰。C_3 为电解电容，可减小稳压电源输出端由输入电源引入的低频干扰。跨接在输入端和输出端之间的 VD，是起保护作用的二极管。

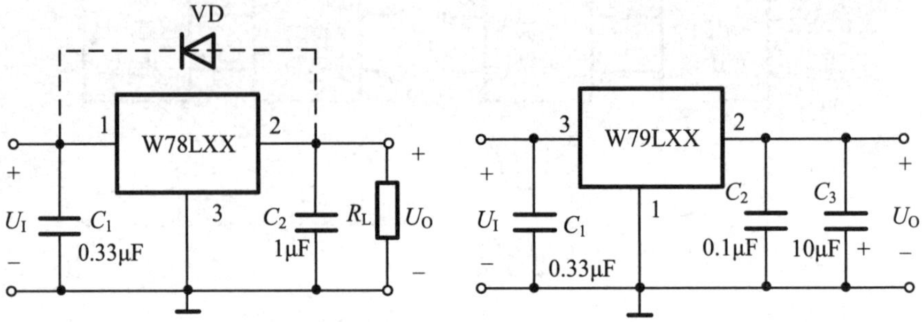

（a）正输出 78 系列典型接法　　（b）负输出 79 系列典型接法

图 4.3.11　三端稳压器的基本应用电路

利用 78XX 系列和 79XX 系列两个集成稳压器相配合，可以得到正负输出的稳压电路，如图 4.3.12 所示。图中利用固定输出正电压为 18V 的 78M18 和固定输出负电压为 18V 的 79M18 相配合，得到正负输出为 18V 的稳压电路。

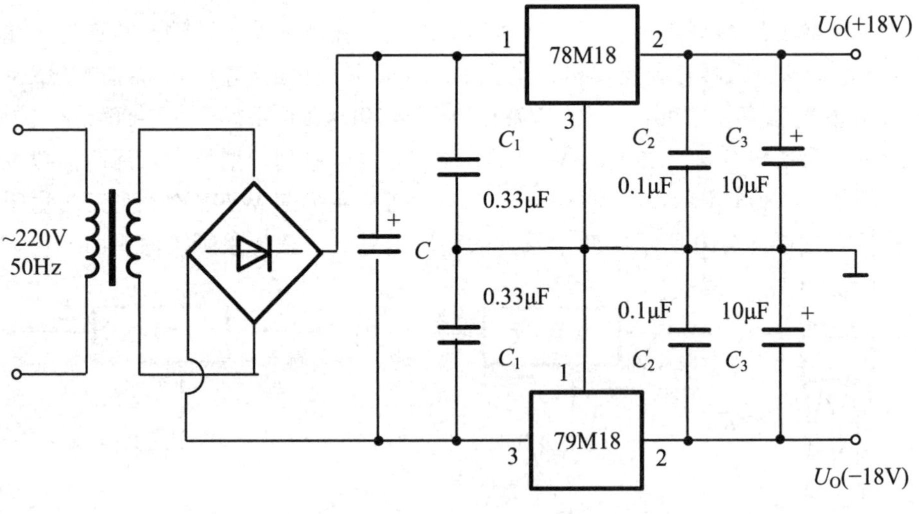

图 4.3.12　具有正、负输出电压的稳压电路

习题 4

4.1　音频放大器的电压转换电路如图 4.1 所示。设输入电压为 6V，二极管导通电压 $U_{D(on)}$ 约为 0.7V，试分别估算开关 S 断开和闭合时所得到的变换输出电压 U_o 的数值。

4.2　电子照明设备的电压转换电路如图 4.2 所示。试分析判断图 4.2 所示各电路中二极管是导通还是截止，并计算变换电路的输出电压 U_{ab}，设图中的二极管都是理想的。

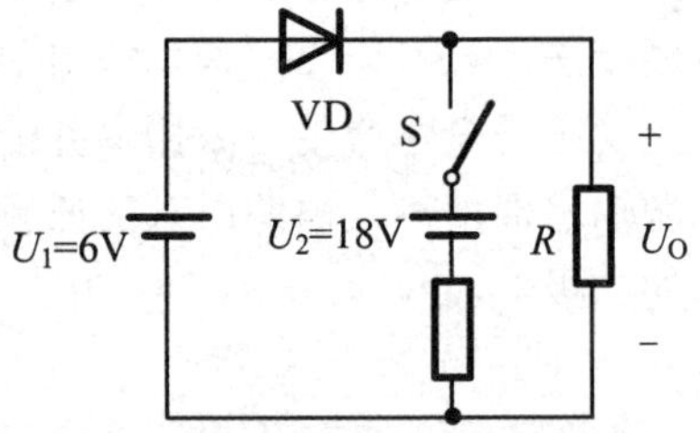

图 4.1　习题 4.1 图

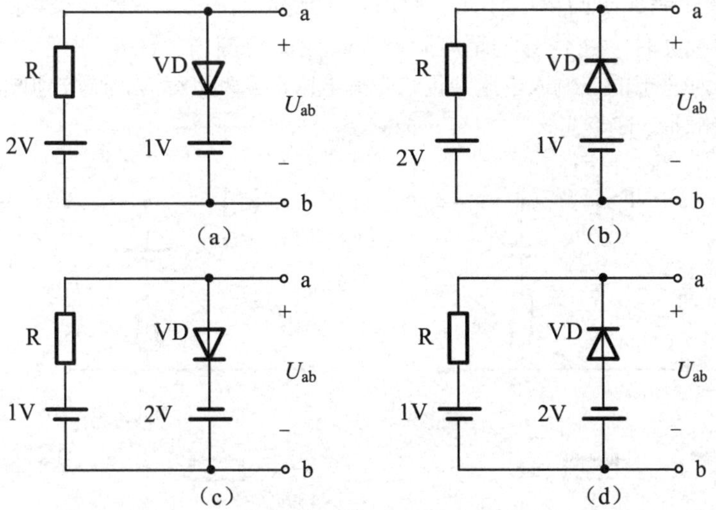

图 4.2　习题 4.2 图

4.3　发光二极管与普通二极管一样是由一个 PN 结组成，具有单向导电性。发光二极管通过电子与空穴复合释放能量发光，它在照明领域应用广泛。设 VD 为发光二极管，开启电压为 0.7V。电子设备的指示灯电路如图 4.3 所示。求电路的输出电压 U_{ab}。

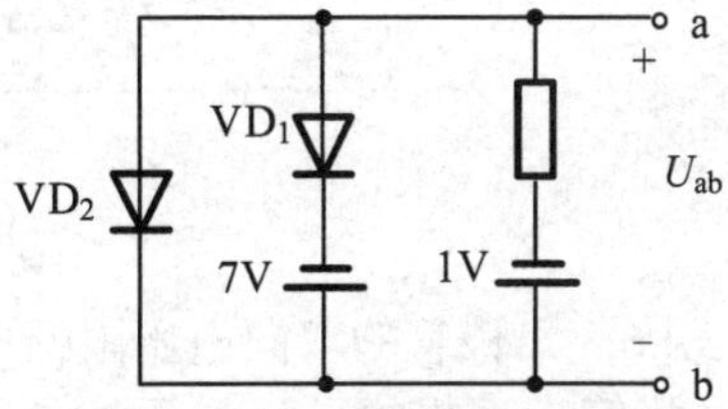

图 4.3　习题 4.3 图

4.4　二极管两端加正向电压使其导通后，其正向压降基本保持不变。因此二极管在电路中可以作为限幅元件，将信号的幅度限制在一定的范围内。图 4.4 所示的电路均为电压限幅电路。设二极管为理想的，输入电压为正弦交流电压 $u_i = 20\sin\omega t\text{V}$，试分别画出输出电压 u_o 的波形，并标出幅值。

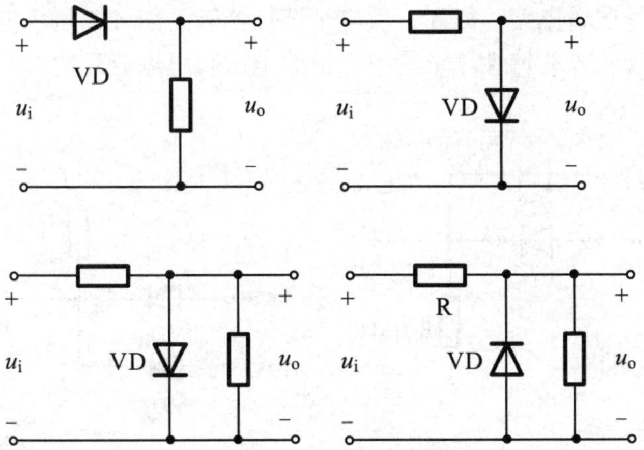

图 4.4　习题 4.4 图

4.5　二极管两端加正向电压使其导通后，其正向压降基本保持不变，因此二极管在电路中可以作为限幅元件，将信号的幅度限制在一定的范围内。图 4.5 所示电路均为电压限幅电路。设二极管为理想的，输入电压为正弦交流电压 $u_i = 9\sin\omega t$ V，试分别画出输出电压 u_o 的波形，并标出幅值。

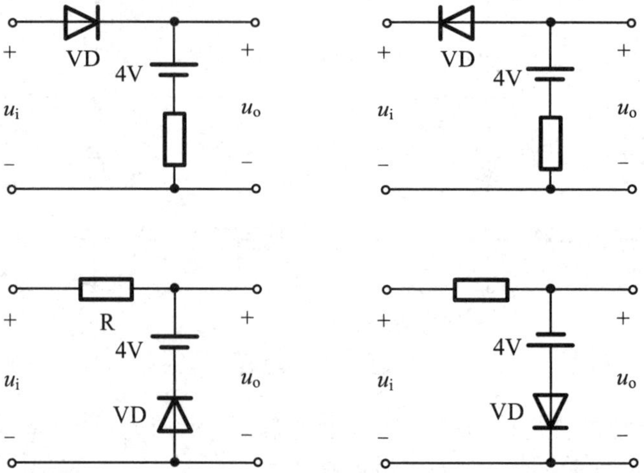

图 4.5　习题 4.5 图

4.6　二极管的双向电压限幅电路如图 4.6 所示。设二极管为理想的，输入正弦电压 $u_i = 5\sin\omega t$ V，试画出输出电压 u_o 的波形。

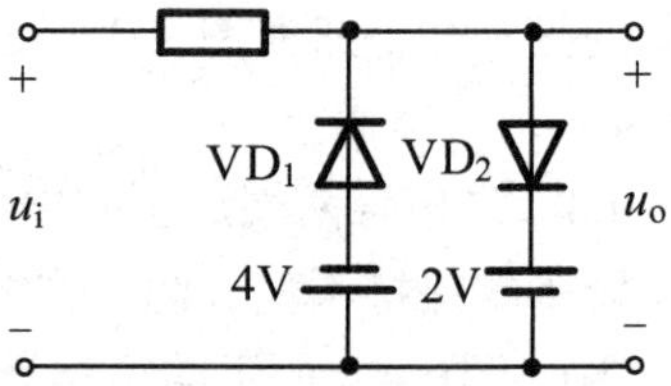

图 4.6　习题 4.6 图

4.7　由于二极管具有单向导电性，其在正向电压作用下电阻很小，相当于通路，类似于开关打开状态;而在反向电压作用下电阻很大，相当于断路，类似于开关闭合状态。二极管具有的这种开关特性，使得其可以组成各种逻辑电路，如高、低电平选择器等。图 4.7 所示电路中，设二极管是理想的。利用二极管的开关特性，求图中标记的电压和电流值。

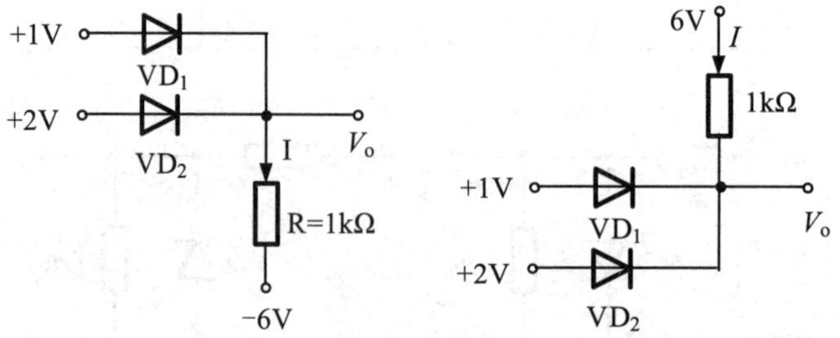

图 4.7　习题 4.7 图

4.8　电饭锅的控制电路在汤煮沸后，接通半波整流电路，降低电功率以维持汤的沸腾。其半波整流电路如图 4.8 所示。已知 $R=100\Omega$，输出电压平均值 $U_{O(AV)}=10V$。求：（1）输入电压的有效值。（2）设电网电压波动范围为 $\pm10\%$。选择二极管的主要参数：最大整流平均电流 I_F 和最高反向工作电压 U_R。

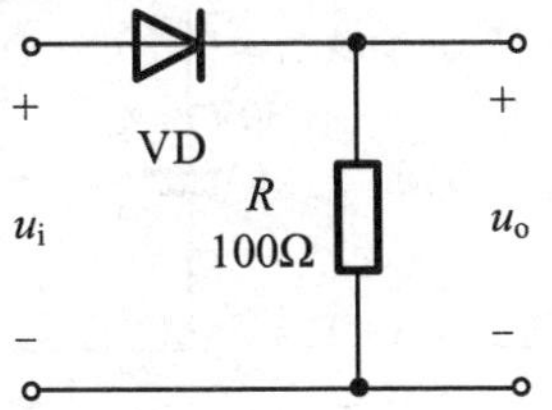

图 4.8　习题 4.8 图

4.9　电饭锅的煮饭控制电路通过全波整流电路接入电网。其全波整流电路如图 4.9 所示。已知输入电压 $u_i=10\sin\omega t V$，$R_L=100\Omega$，二极管为是理想二极管。求：（1）输出电压的平均值 $U_{O(AV)}$；（2）输出电流的平均值 $I_{O(AV)}$；（3）二极管的最大整流平均电流 I_F 和最高反向工作电压 U_R。

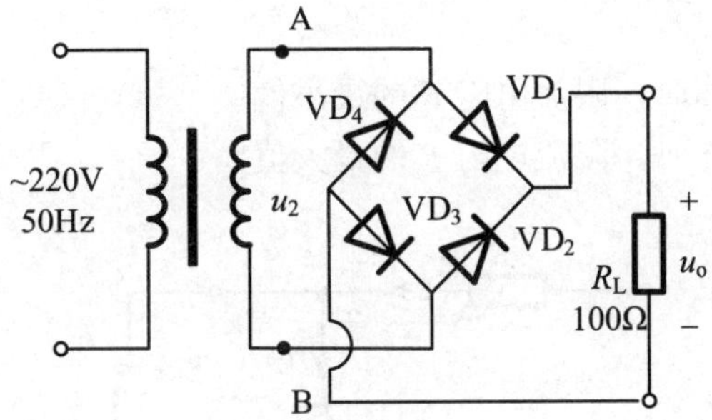

图 4.9　习题 4.9 图

4.10　稳压二极管利用的是二极管的反向工作特性，保持二极管两端电压大小基本不变。利于二极管的稳压特性构成的电压过压保护电路如图 4.10 所示。已知稳压管的稳压值 $U_Z=5V$，稳定电流的最小值 $I_{Z\min}=5mA$，负载上所能承受的电压不能超过 5V。求图 4.10 所示电路中 U_{O1} 和 U_{O2}，试分析这两个电路中的稳压管是否起到了过压保护的作用。

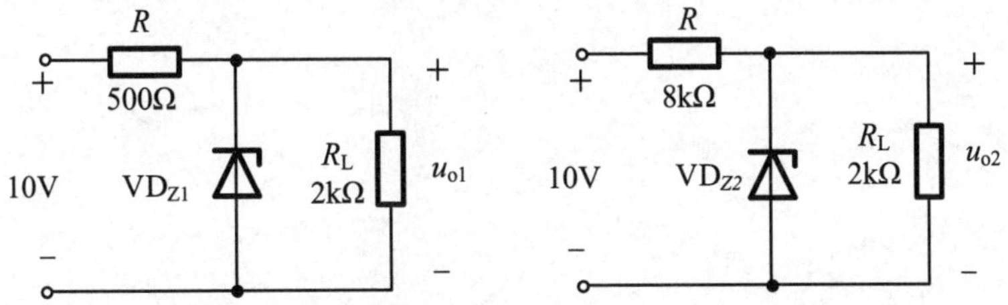

（a）　　　　　　（b）

图 4.10　习题 4.10 图

4.11　利用两个稳压值不同的稳压管构成的直流电稳压电路如图 4.11 所示。其中，稳压管 VD_{Z1} 的稳定电压值为 5V，稳压管 VD_{Z2} 的稳定电压值为 10V，稳压管正向导通电压为 0.7V，最小稳定电流为 5mA。判断 VD_{Z1} 和 VD_{Z2} 的工作状态并求各个电路的输出电压 U_{ab} 。

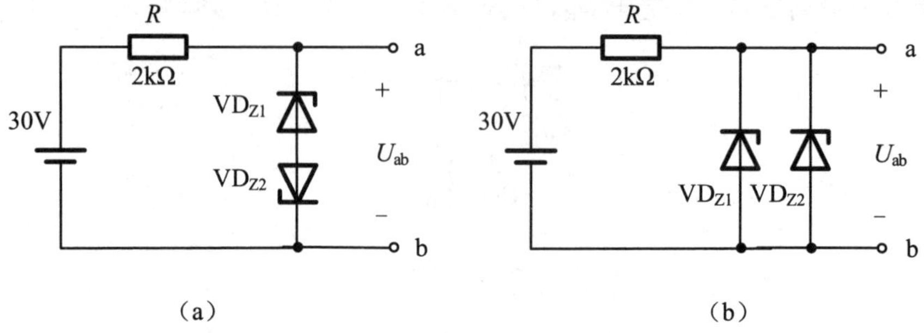

图 4.11　习题 4.11 图

4.12　稳压二极管利用的是二极管的反向工作特性，保持二极管两端电压大小基本不变。利用二极管的稳压特性构成的电压过压保护电路如图 4.12 所示。稳压二极管的特性为：稳压电压 $U_Z = 6V$ ，$I_{Z\max} = 10mA$ ，$I_{Z\min} = 0.2mA$ ，直流输入电压 $U_I = 10V$ ，其不稳定量 $\Delta U_I = \pm 1V$ ，I_L=0～5mA。试求：

（1）直流输出电压 U_O ；

（2）稳压管安全工作时，限流电阻 R 的最小值；

（3）稳压管稳定工作时，限流电阻 R 的最大值。

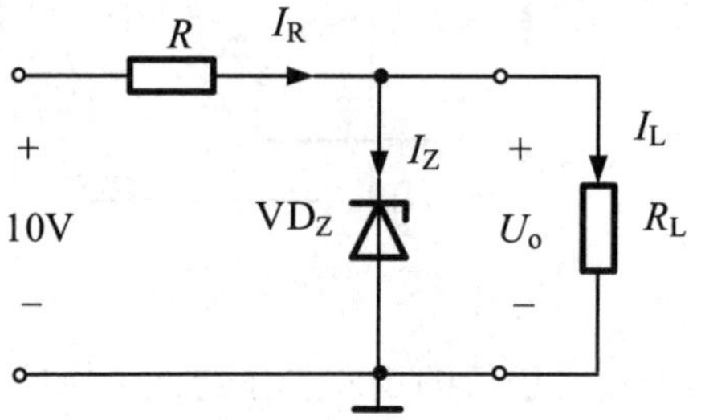

图 4.12　习题 4.12 图

第 5 章　三极管及其放大电路

放大电路是放大信号的一种装置。它的功能是将微弱的电信号（电压、电流、功率）放大到所需要的数值，从而使电子设备的终端执行元件（如继电器、扬声器、仪表等）有所动作或显示。本章将介绍三极管及其放大电路的工作原理、特点和分析方法。

5.1　三极管的外部特性

5.1.1　三极管的结构及其放大作用

三极管是通过一定的工艺，将两个 PN 结结合在一起所构成的器件。按照所用半导体材料不同，分为硅管和锗管；按照结构不同，分为 NPN 型管和 PNP 型管。三极管的基本结构和符号如图 5.1.1 所示。三极管由三个区域构成，中间区域称为基区，另外两个区域分别称发射区和集电区。三极管三个区域分别对应的三个电极为发射极（e，emitter）、基极（b，base）和集电极（c，collector）。由基区和发射区构成的 PN 结称为发射结，由集电区和基区构成的 PN 结称为集电结。两种三极管的符号中，发射极的箭头表示发射极电流的方向。箭头的指向是两种类型三极管符号的区别标记。其中，发射极电流箭头从基极 b 指向发射极 e 的三极管为 NPN 型三极管；发射极电流箭头从发射极 e 指向基极 b 的三极管为 PNP 型三极管。

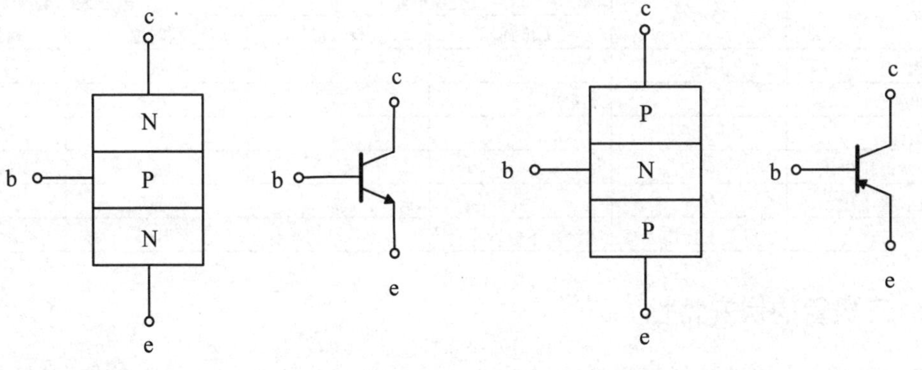

（a）NPN 型　　　　（b）PNP 型

图 5.1.1　三极管的基本结构和符号

三极管是非线性元件，可通过基极电流对集电极电流或发射极电流的控制来实现对电路的电压或电流的放大。图 5.1.2 所示为基本共射放大电路。其中，V_{BB}、R_b 和发射结构成输入回路；V_{CC}、R_c 和集电结构成输出回路。由于发射极是两个回路的公共端，因此图

5.1.2 所示电路称基本共射放大电路。其中，R_b 为基极限流电阻，R_c 为集电极限流电阻。

根据基尔霍夫电流定律，三极管正常工作时的电流方程为：

$$I_E = I_B + I_C$$

即由上式可知，工作在正常放大状态的三极管，发射极的电流 I_E 是基极电流 I_B 和集电集电流 I_C 的总和。定义三极管的放大倍数为集电极电流与基极电流的比值，记为 $\overline{\beta} = \frac{I_C}{I_B}$ 。

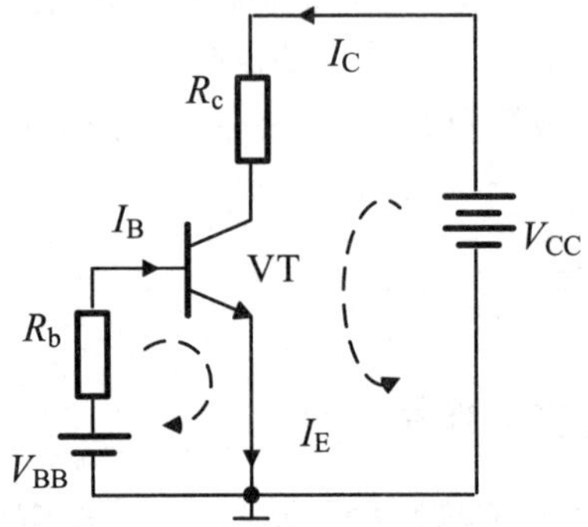

图 5.1.2　基本共射放大电路

三极管的电流放大作用实际上是利用基极电流的微小变化去控制集电极电流的巨大变化。三极管是一种电流放大器件，但在实际使用中常常通过电阻将三极管的电流放大作用转变为电压放大作用。放大电路输出信号的能量实际上是由直流电源提供的，只是经过三极管的控制，使之转换成信号能量，供给负载。

放大电路中不同的电压和电流所用的符号不同，如表 5.1.1 所示，以便区别。

表 5.1.1　放大电路中不同的电压、电流所用的符号表示方法

名　　称	静态值	交流分量		总电压或总电流	
		瞬时值	有效值	瞬时值	有效值
基极电流	I_B	i_b	I_b	i_B	$I_{B(AV)}$
集电极电流	I_C	i_c	I_c	i_C	$I_{C(AV)}$
发射极电流	I_E	i_e	I_e	i_E	$I_{E(AV)}$
集电极-发射极电压	U_{CE}	u_{ce}	U_{ce}	u_{CE}	$U_{CE(AV)}$
基极-发射极电压	U_{BE}	u_{be}	U_{be}	u_{BE}	$U_{BE(AV)}$
说明	字母及下标均大写	字母及下标均小写	大写字母小写下标	小写字母大写下标	下标用（AV）

5.1.2　三极管的伏安特性

三极管的伏安特性是指三极管的极电流与极间电压之间的关系，它反映了三极管的输入/输出性能。

1.　输入特性曲线

三极管的输入特性曲线是指三极管的集电极与发射极之间的压降，即管压降 u_{CE} 为某一常数时，三极管的基极输入电流 i_B 与基极-发射极极间输入电压 u_{BE} 之间的关系曲线。其方程可表示如下。

$$i_B = f(u_{BE})|_{u_{CE}=常数} \tag{5.1.1}$$

图 5.1.3 所示为 NPN 型硅三极管的输入特性曲线。不同的管压降值 u_{CE} 对应不同的输入曲线，因此输入特性曲线由一簇曲线构成。

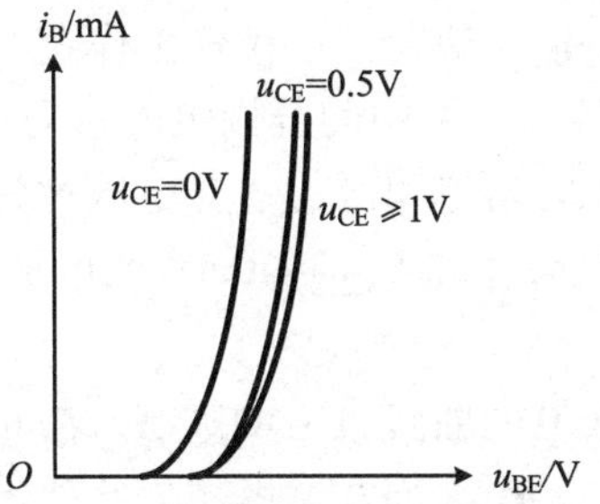

图 5.1.3　NPN 型硅三极管的输入特性曲线

（1）三极管的输入特性与二极管的输入特性类似，也存在死区电压，导通后发射结电压 u_{BE} 也近似具有恒压特性。一般认为硅管的死区电压约为 0.5V，锗管的死区电压约为 0.1V。

（2）当 $u_{CE}=0\text{V}$ 时，三极管的输入特性相当于二极管正向特性。当 u_{CE} 增大时，曲线右移。即在相同的输入电压 u_{BE} 下，基极的输入电流减小。当 $u_{CE} \geqslant 1\text{V}$ 后，所有的输入特性曲线基本重合。

2.　输出特性曲线

三极管的输出特性曲线是指基极输入电流 i_B 为某一常数时，三极管的集电极电流与集电极-发射极之间电压的关系曲线。其方程可表示如下。

$$i_C = f(u_{CE})|_{i_B=常数} \tag{5.1.2}$$

不同的 i_B 值对应不同的输出曲线，因此输出特性曲线由一簇曲线构成。三极管的输出特性曲线如图 5.1.4 所示。图中分为三个工作区：放大区、饱和区和截止区。

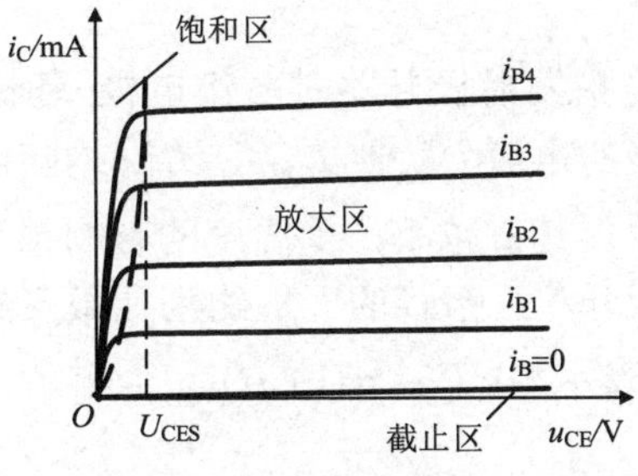

图 5.1.4　三极管的输出特性曲线

（1）放大区。

放大区是指图 5.1.4 中输出特性曲线的近似水平的部分，也称为线性区。放大区的工作条件为发射结正偏，集电结反偏。放大区的电流满足 $i_C=\beta i_B$，其中 β 为三极管的放大倍数0$i_E = i_C + i_B = (1+\beta)i_B \approx \beta i_B$0 在放大区，集电极电流$i_C$几乎取决于基极电流$i_B$，与三极管的管压降$u_{CE}$无关。$i_C$可理解为一个受$i_B$控制的恒流源。

（2）饱和区。

饱和区是指图 5.1.4 中输出电流i_C快速上升部分与纵轴之间的区域。饱和时的工作条件为，发射结和集电结都处于正向偏置。三极管工作在饱和区域时，饱和区域内的集电极电流i_C随着u_{CE}的增加而快速增大，不同的基极电流i_B对应的i_C曲线重合，集电极电流i_C基本不受基极电流i_B控制。放大区与饱和区的边界电压称为临界饱和电压，此时的管压降称为饱和管压降，记为U_{CES}。工程上将$U_{CES} \leqslant 0.3V$的区域称为饱和区。

（3）截止区。

截止区是指图 5.1.4 中$i_B = 0$的曲线以下的区域。截止区的工作条件为：集电结和发射结均为反偏。此时，$i_C = I_{CEO}$。I_{CEO}为穿透电流，其值很小。三极管在截止区没有电流放大能力，各极电流近似为 0，相当于开关断开的状态。

5.1.3 三极管的主要参数

三极管的参数用来表示三极管的性能指标，是设计电路、选用三极管的依据。

1. 电流放大倍数

电流放大倍数分为直流电流放大倍数和交流电流放大倍数。

共发射极直流电流放大倍数为电路静态时的集电极电流I_C与基极电流I_B之比，记为$\bar{\beta} = \dfrac{I_C}{I_B}$。

当三极管有交流信号输入时，基极电流的变化量为Δi_B，它引起集电极电流的变化量为Δi_C，Δi_C与Δi_B的比值称为交流电流放大倍数，记为$\beta = \dfrac{\Delta i_C}{\Delta i_B}$。$\bar{\beta}$和$\beta$分别代表三极管的直流和交流放大倍数，含义不同。三极管工作在放大区时，两者的数值比较接近，在做放大倍数估算时，可近似认为$\bar{\beta} \approx \beta$。

2. 极间反向电流

三极管的极间反向电流是指发射极开路时，集电极-基极反向饱和电流I_{CBO}和发射极开路是从集电极直通到发射极的电流I_{CEO}。I_{CBO}、I_{CEO}均随温度的上升而增大，所以其大小反映了三极管的温度稳定性，其值越小，受温度的影响越小，三极管的工作越稳定。室温下，小功率硅管的I_{CBO}小于$1\mu A$，锗管的I_{CBO}约为几微安到几十微安。I_{CEO}又可称为穿透电流。I_{CBO}与I_{CEO}的关系可表示为：$I_{CEO} = (1+\bar{\beta})I_{CBO}$。硅管的极间反向电流远小于锗管，因此实用中多用硅管。

5.1.4 极限参数

极限参数主要是指三极管允许的集电极最大允许电流I_{CM}，集电极最大允许功率损耗P_{CM}，最大集电极-发射极间反向击穿电压$U_{(BR)CEO}$。它们确定了三极管的安全工作范围。三极管的主要参数如图 5.1.5 所示。

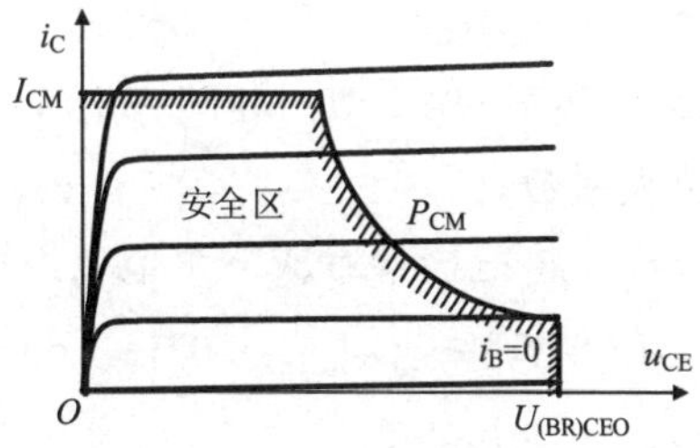

图 5.1.5　三极管的主要参数

1. 集电极最大允许电流 I_{CM}

半导体三极管可以通过的最大集电极电流是 I_{CM}。当集电极电流 I_C 增大到一定程度时，β 值明显减小。此时三极管不会被烧坏，但放大性能明显下降。当 β 值下降到额定值的 2/3 时，三极管相对应的集电极电流是最大集电极电流 I_{CM}。

2. 集电极最大允许功率损耗 P_{CM}

三极管的损耗功率通常用集电极损耗功率 P_C 表示。当 $P_C > P_{CM}$ 时，会使管因过热而性能变坏，甚至被烧坏。P_{CM} 的大小取决于三极管所允许的结温。由 $P_{CM} = i_C u_{CE}$ 可在输出特性曲线上画出三极管的允许功率损耗线，如图 5.1.5 所示。当工作点位于允许功率损耗线下方时，可满足 $P_C < P_{CM}$。

3. 最大集电极-发射极极间反向击穿电压

三极管有两个 PN 结，因此会发生反向击穿。常用的反向击穿电压参数是指基极开路时，集电极-发射极间的击穿电压，称为 $U_{(BR)CEO}$。当电压 $u_{CE} > U_{(BR)CEO}$ 时，I_{CEO} 将大幅上升，三极管被击穿。

综上可知，当三极管的工作点位于 $I_C < I_{CM}$、$u_{CE} < U_{(BR)CEO}$、$P_C < P_{CM}$ 的区域内时，三极管能安全工作，因此称该区域为安全区，参见 5.1.5。

【例 5.1.1】 设三极管工作在放大区时，其发射极电流为 6.1mA，集电极电流为 6.0mA，则三极管的放大倍数是多少？

解： 由三极管的 3 个极之间电流的关系，可求得基极电流 I_B

$$I_B = I_E - I_C = 6.1 - 6.0 = 0.1(\text{mA})$$

由三极管的放大倍数定义，得：$\bar{\beta} = \dfrac{I_C}{I_B} = \dfrac{6\text{mA}}{0.1\text{mA}} = 60$。

【例 5.1.2】 在放大电路中，三极管的 3 个电极的电流如图 5.1.6 所示，已知，$I_1 = -1.5\text{mA}$，$I_2 = -0.03\text{mA}$。

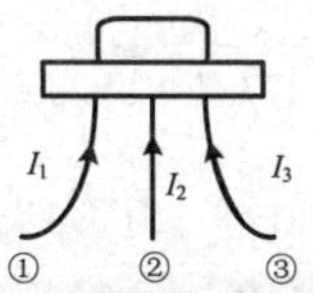

图 5.1.6　例 5.1.2 电路

（1）求出另一个电极电流 I_3 的大小；

（2）试确定三极管是 PNP 型还是 NPN 型，并区分出各电极；

（3）近似确定该管电流放大系数。

解：（1）根据节点电流方程，将三极管看成一个节点，可以得到：

$$I_3=-\left(I_1+I_2\right)=-(-1.5-0.03)=1.53(\text{mA})$$

（2）根据三极管 3 个电极的电流关系 $I_E>I_C>I_B$，故得

①脚为集电极，②脚为基极，③脚为发射极。

由于发射极电流的实际方向为向里，所以此晶体为 PNP 型管。

（3）可以求得电流放大系数：

$$\bar{\beta}=\frac{I_C}{I_B}=\frac{|I_1|}{|I_2|}=\frac{1.5}{0.03}=50$$

【例 5.1.3】已知三极管工作在放大区，今测得它们的引脚对地电位如图 5.1.7 所示，试判别三极管的 3 个引脚所对应的电极名称，说明是硅管还是锗管？是 NPN 型三极管还是 PNP 型三极管？

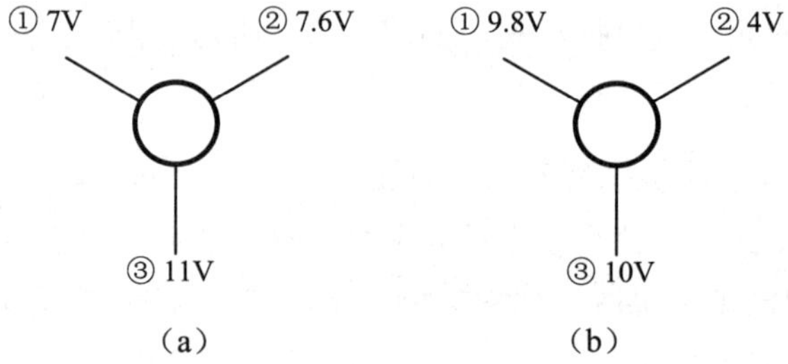

图 5.1.7　例 5.1.3 电路

解：（1）将三极管的 3 个电极的电位从高到低依次排序。

（2）中间电位对应的引脚是基极 b，图 5.1.7 中（a）中的②脚、（b）图的①脚为基极。

（3）与中间电位相差一个导通电压 $U_{BE(on)}$ 的引脚是发射极。图 5.1.7 中（a）中的①脚、（b）中的③脚为发射极。

（4）根据基极和发射极的电位差，确定三极管的材料，即

$|V_B-V_E|\approx\begin{cases}0.7(\text{V})\\0.3(\text{V})\end{cases}$，差值为 0.7V 的是硅管，差值为 0.3V 的是锗管。

由以上分析可知：图 5.1.7（a）为硅管、（b）为锗管。

（5）由 3 个电极电位的高低确定管型，由

$\begin{cases}\text{NPN型}\ \ V_C>V_B>V_E\\\text{PNP型}\ \ V_E>V_B>V_C\end{cases}$ 可得：图 5.1.7（a）为 NPN 型三极管、（b）为 PNP 型三极管。

综上所述，图 5.1.7（a）为 NPN 型硅管。①脚为发射极、②脚为基极、③脚为集电极。图 5.1.7（b）为 PNP 型锗管。①脚为基极、②脚为集电极、③脚为发射极。

5.2　放大电路的组成和工作原理

5.2.1　放大电路的组成

放大电路的组成必须满足两个条件：放大电路的电路器件处于放大状态，对于三极管而言，要求发射结正偏，集电结反偏；信号可顺利地从输入端传送到输出端。

典型的基本共射放大电路如图 5.2.1 所示。其中，图 5.2.1（a）所示的放大电路由电阻、直流电源、信号源、三极管构成，称为直接耦合放大电路。图 5.2.1（b）所示的放大电路由电容、电阻、直流电源、信号源、三极管构成，称为阻容耦合放大电路。放大电路中的电容称为耦合电容，在放大电路中起隔断直流、传送交流的作用。

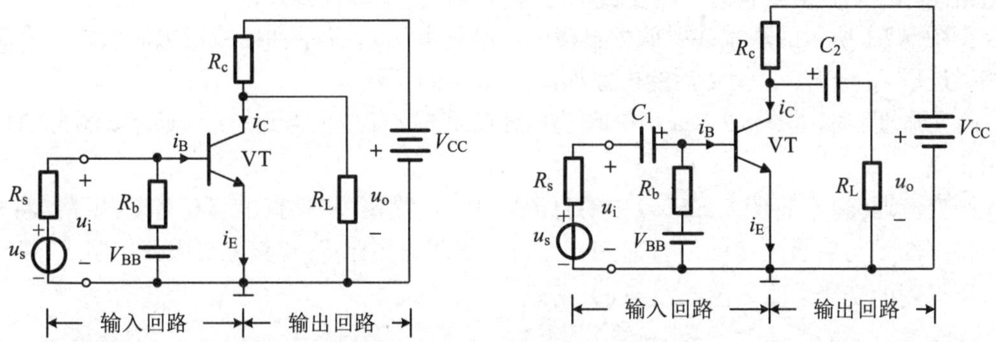

（a）直接耦合放大电路　　（b）阻容耦合放大电路

图 5.2.1　基本共射放大电路

在基本共射放大电路中，输入 u_i 是一个交流电压，是交流信号源 u_s 及其内阻 R_s 构成的实际电压源开路电压。u_i 接在基极与公共地之间，基极和发射极构成输入回路。输出信号 u_o 从集电极与地之间取出，集电极和发射极构成了输出回路。由于发射极是输入回路和输出回路的公共端，所以称为共发射极放大电路。

基极直流电压 V_{BB} 通过基极偏置电阻 R_b 为三极管的发射结提供正向偏置电压。集电极直流电压 V_{CC} 通过集电极偏置电阻 R_c 为三极管的集电结提供反向偏置电压。同时，V_{CC} 也为负载提供能量。集电极偏置电阻 R_c 可以将三极管的集电极电流 i_C 的变化转化为 R_c 上电压降的变化，从而使三极管集-射极间电压 u_{CE} 随之变化，并传送到负载电阻 R_L 上输出，实现电路的放大作用。

电容 C_1 和 C_2 是耦合电容，用来隔断直流，传送交流。

5.2.2　放大电路的工作原理

放大电路是交流、直流共存的电路，各变量的总瞬时值是直流分量和交流分量的叠加，即交流信号驮载在静态信号之上。

当无交流信号输入、$u_i = 0$、放大电路只有直流电源供电时，电路称为直流通路。此时三极管的各极电流和极间电压都是直流分量，不随时间变化，因此也称静态电路。基极电流 I_B、集电极电流 I_C 和管压降 U_{CE} 称为静态工作点 Q，常将 Q 点记为 I_{BQ}、I_{CQ}、U_{CEQ}。

当有交流信号输入时 $u_i \neq 0$，由 u_i 引起交流成分 i_b、i_c、u_{ce}。电路中总的电量瞬时值为静态的基础上叠加一个交流值，即

$$\begin{cases} i_B = I_B + i_b \\ i_C = I_C + i_c \\ u_{CE} = U_{CE} + u_{ce} \end{cases}$$

1. 放大电路分析

放大电路中直流电流流过的路径称为直流通路。直流电路分析时，首先要绘制直流通路电路图。绘制直流通路时，将交流信号源置零，将电容视为开路。

在图 5.2.1 所示的基本共射放大电路中，电路由 V_{BB}、V_{CC} 两路直流电源供电，为简化电路，选取 $V_{BB} = V_{CC}$。简化后的电路如图 5.2.2（a）所示。

画直流通路时，将图 5.2.2（a）中的隔直电容 C_1 和 C_2 开路，所得到的直流通路如图 5.2.2（b）所示。

画交流通路时，将图 5.2.2（a）中的直流电压 V_{CC} 置零，将隔直电容 C_1 和 C_2 短路。将 V_{CC} 置零得到的地与射极所接的地合而为一，将基极限流电阻 R_b 和集电极限流电阻 R_c 翻折下来，所得到的交流通路如图 5.2.2（c）所示。

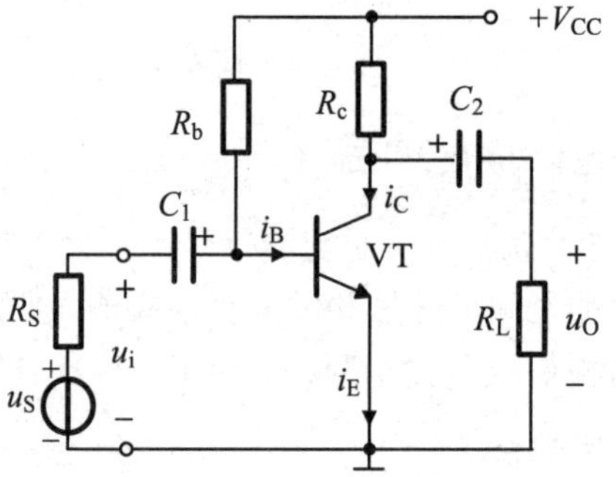

（a）

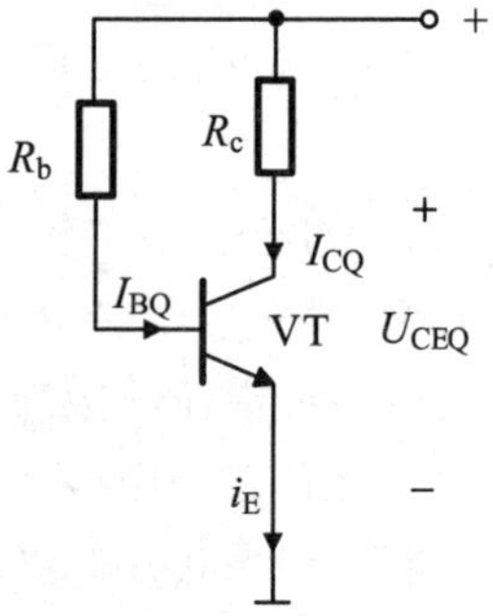

（b）

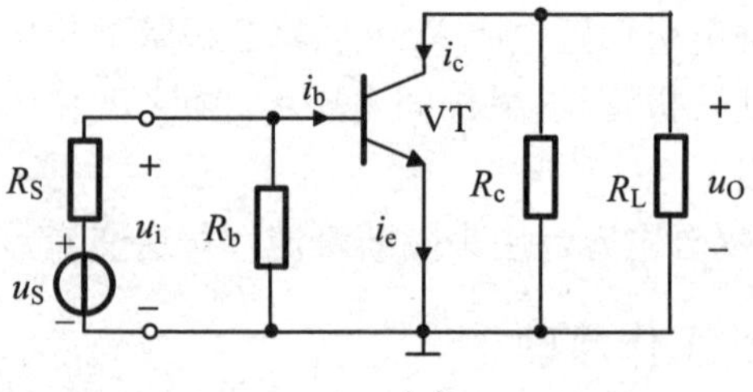

（c）

图 5.2.2　基本共射放大电路的直流通路和交流通路

2. 静态分析

（1）直流通路计算静态值。

采用图 5.2.3 所示的基本共射放大电路图直流通路进行静态分析。三极管的静态是指交流输入信号为零时，电路所处的直流工作状态。此时，放大电路的电流、电压的数值可用三极管特性曲线上一个确定的点表示，该点习惯上称为静态工作点 Q。静态分析主要分析四个物理量，基极电流（I_{BQ}）、集电极电流（I_{CQ}）、集电极-发射极电压（U_{CEQ}），基极-发射极电压U_{BEQ}。其中，U_{BEQ}在电路分析视为已知，硅管为 0.6～0.7V，锗管为 0.2～0.3V。

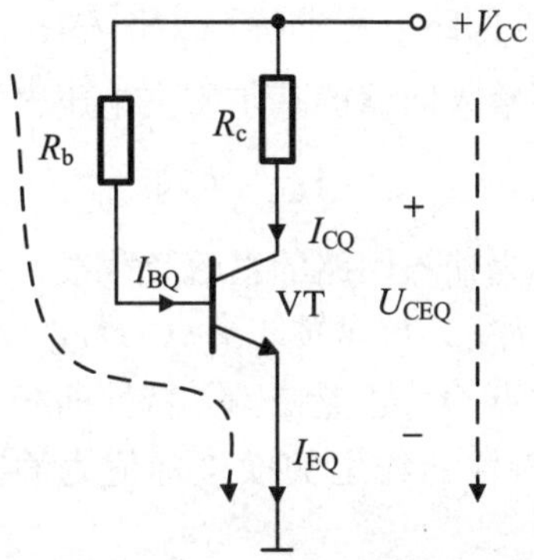

图 5.2.3　基本共射放大电路的直流通路

① 根据输入回路的 KVL 方程，可求得静态时的基极电流。

$V_{CC}=I_{BQ}R_b+U_{BEQ}$，其中，U_{BEQ}被认为是已知的常量，硅管约为 0.6～0.7V，锗管约为 0.2～0.3V。得

$$I_{BQ}=\frac{V_{CC}-U_{BEQ}}{R_b} \tag{5.2.1}$$

② 根据三极管的电流放大倍数方程，利用基极电路可求出集电极电流

$$I_{CQ}=\beta I_{BQ} \tag{5.2.2}$$

③ 由输出回路 KVL 得

$$V_{CC}=I_{CQ}R_C+U_{CEQ} \tag{5.2.3}$$

则集电极-发射极管压降为：

$$U_{CEQ}=V_{CC}-I_{CQ}R_C \tag{5.2.4}$$

【例 5.2.1】共射放大电路如图 5.2.2（a）所示。已知：V_{CC}=12V，R_c=3kΩ，R_b=600kΩ，β=100。求该电路的静态工作点。

解：由输入回路可得基极电流为

$$I_{BQ}=\frac{V_{CC}-U_{BEQ}}{R_b}=\frac{12-0.7}{600}\approx 18.83(\mu A)$$

设该电路工作满足放大条件，则集电极电流为基极电流的β倍。即

$$I_{CQ}=\beta I_{BQ}=1.88(\text{mA})$$

由输出回路可得集电极-发射极管压降

$$U_{CEQ}=V_{CC}-I_{CQ}R_c=6.36(\text{V})$$

（2）图解法确定静态值。

在三极管的特性曲线上采用作图的方式确定静态工作点 Q 的方法，称为作图法。

直流通路如图 5.2.3 所示。

① 利用输入特性曲线与输入回路方程求解I_{BQ}和U_{BEQ}。

根据三极管的输入回路列写输入回路的基尔霍夫电压方程，可得

$$u_{BE}=V_{CC}-i_BR_b \tag{5.2.5}$$

式（5.2.5）所描述的直线称为输入回路的直流负载线，在三极管的输入特性坐标系中画出负载线，它与横轴的交点为V_{CC}，与纵轴的交点为V_{CC}/R_b。输入回路的负载线与输入特性曲线的交点，就是静态工作点 Q。Q 点在输入特性曲线上的纵坐标值为静态工作点中的基极电流I_{BQ}，Q 点在输入特性曲线上的横坐标值为静态工作点中基极-发射极电压U_{BEQ}，如图 5.2.4（a）所示。

② 利用输出特性曲线确定集电极电流I_{CQ}和集电极-发射极电压U_{CEQ}。

列写输出回路的基尔霍夫电压方程，可得：

$$u_{CE}=V_{CC}-i_CR_c \tag{5.2.6}$$

式（5.2.6）所描述的直线称为输出回路的直流负载线。在三极管的输出特性坐标系中画出负载线，它与横轴的交点为V_{CC}，与纵轴的交点为V_{CC}/R_c，其斜率为$-1/R_c$。输入特性曲线上的静态工作点确定了I_{BQ}的值。直流负载线与$i_B=I_{BQ}$确定的输出特性曲线的交点，就是静态工作点Q。Q点在输出特性曲线上的纵坐标，对应静态工作点中的集电极电流I_{CQ}。Q 点在输出特性曲线上的横坐标，对应集电极-发射极电压U_{CEQ}，如图 5.2.4（b）所示。

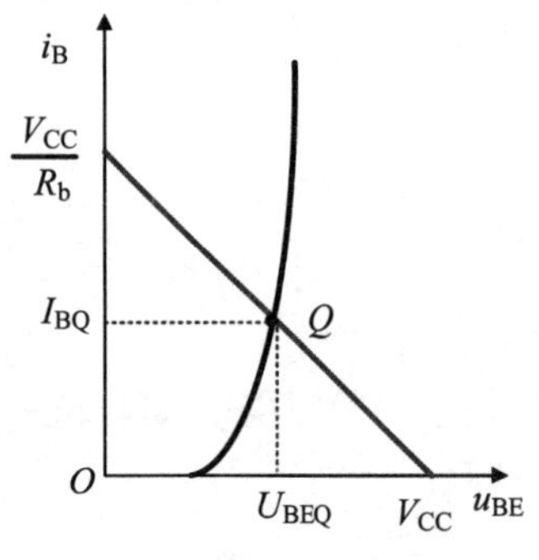

（a）输入特性曲线

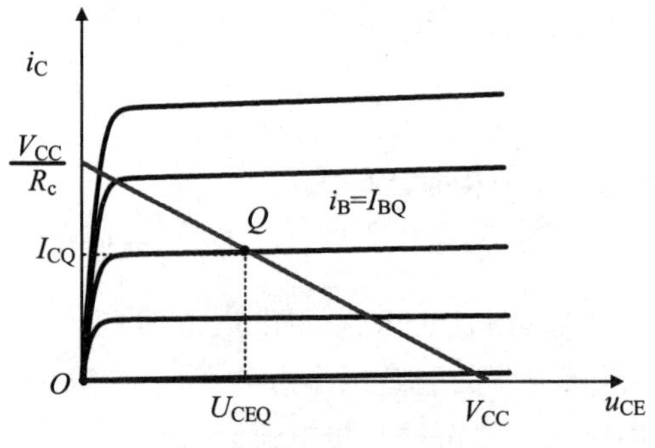

（b）输出特性曲线

图 5.2.4　图解法确定静态值

3. 动态分析

在电路的静态工作点 Q 确定后，即可分析信号的传输情况。一般可采用微变等效电路法和图解法来进行信号的动态分析。

（1）微变等效电路法。

放大电路的微变等效电路，是把非线性元件三极管所组成的放大电路等效为一个线性电路。

① 三极管的微变等效电路模型。

三极管是一个非线性元件，其输出端受输入端的发射结电压控制。共射连接的三极管一般模型如图 5.2.5（a）所示。其输入端可等效为一个二极管，输出端可等效为一个由 βi_B 表示的受控电流源，如图 5.2.5（b）所示。当输入信号比较小时，二极管可以进一步用小信号模型代替，得到三极管微变等效电路，如图 5.2.5（c）所示。

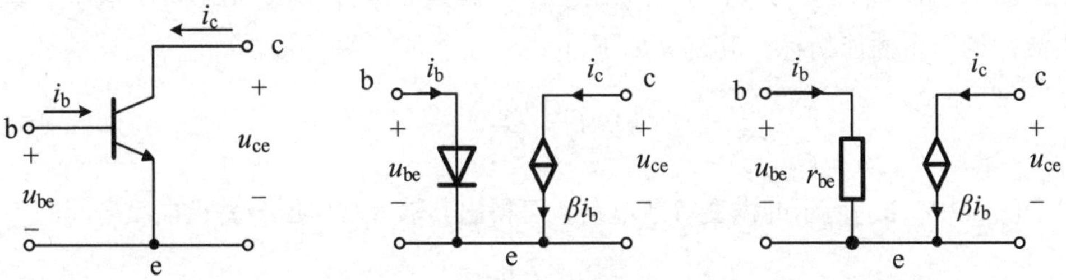

（a）共射连接的三极管　（b）三极管的一般电路模型　（c）三极管微变等效电路

图 5.2.5　三极管及其等效电路

在三极管的微变等效电路中，三极管的基极和发射极之间，其二极管可用三极管交流输入电阻 r_{be} 来代替，计算公式为：

$$r_{be} = r_{bb'} + (1+\beta)r_e = r_{bb'} + (1+\beta)\frac{U_T}{I_{EQ}} \tag{5.2.7}$$

式中，I_{EQ} 为三极管静态时的发射极电流；$r_{bb'}$ 为三极管的基区体电阻，一般取值为 300Ω；U_T 称为热电压，常温取值为 26mV。当 $0.1\text{mA} \leqslant I_{EQ} \leqslant 5\text{mA}$ 时，r_{be} 可重写为

$$r_{be} = 300 + (1+\beta)\frac{26(\text{mV})}{I_{EQ}(\text{mA})} \tag{5.2.8}$$

r_{be} 对于交流信号而言是动态电阻，其值一般为几百欧到几千欧。

② 放大电路的微变等效电路。

将三极管放大电路交流通路中的三极管 VT 用其微变等效电路进行等效后，可得放大电路的微变等效电路。共射放大电路的交流通路和微变等效电路如图 5.2.6 所示。将图 5.2.6（a）中交流通路虚框中的三极管输入端等效为三极管交流输入电阻 r_{be}；输出端等效为一个由 βi_B 表示的受控电流源；交流通路中的电阻、信号源保持不变；这就可以得到微变等效电路，如图 5.2.6（b）所示。电路中的电压和电流为交流分量。输入为正弦信号，电路中的电压和电流用相量来表示。

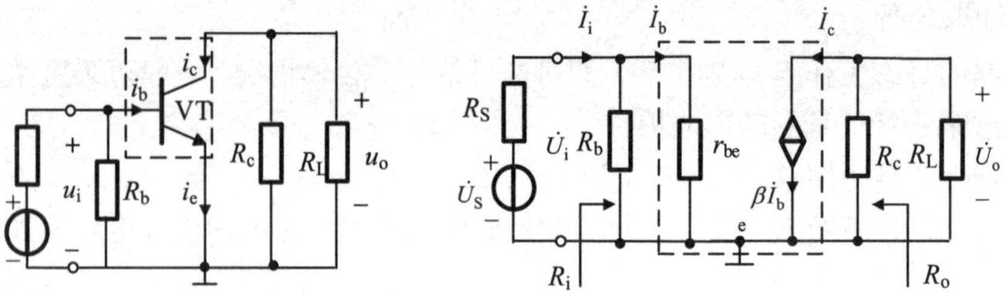

（a）交流通路　　　　　　（b）微变等效电路

图 5.2.6　共射放大电路的交流通路和微变等效电路

③ 放大电路交流性能指标的计算。

• 电压放大倍数 $\dot{A}_u$。

电压放大倍数 $\dot{A}_u$ 定义为放大电路输出电压和输入电压的相量之比，是用来衡量放大电路放大能力的一个性能指标。其定义如下

$$\dot{A}_u = \frac{\dot{U}_o}{\dot{U}_i} \tag{5.2.9}$$

对于图 5.2.6（b）所示的微变等效电路，可得出其输入端电压与基极电流之间的关系为

$$\dot{U}_i = \dot{I}_b r_{be} \tag{5.2.10}$$

从微变等效电路的输出端，可得出其输出电压与集电极电流的关系为

$$\dot{U}_o = -\dot{I}_c(R_c // R_L) \tag{5.2.11}$$

由三极管的放大作用可知 $\dot{I}_c = \beta\dot{I}_b$，则输出电压可用基极电流表示为

$$\dot{U}_o = -\dot{I}_c(R_c // R_L) = -\beta\dot{I}_b(R_c // R_L) = -\beta\dot{I}_b R'_L \tag{5.2.12}$$

式中，$R'_L = R_c // R_L$。将式（5.2.10）及式（5.2.12）代入式（5.2.9），可得

$$\dot{A}_u = \frac{\dot{U}_o}{\dot{U}_i} = -\beta\frac{R'_L}{r_{be}} \tag{5.2.13}$$

式中的负号表示共射放大电路的输出电压与输入电压相位相反。

• 输入电阻 R_i。

输入电阻 R_i 定义为从放大电路输入端看进去的交流等效电阻，如图 5.2.7 所示，即

$$R_i = \frac{\dot{U}_i}{\dot{I}_i} \tag{5.2.14}$$

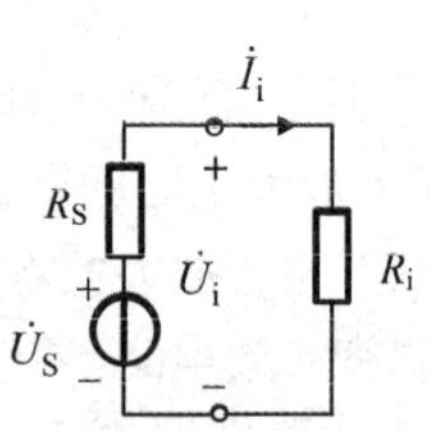

图 5.2.7　放大电路的输入电阻

在图 5.2.6（b）所示的微变等效电路中，根据输入电阻的定义，可得

$$R_i = \frac{\dot{U}_i}{\dot{I}_i} = R_b // r_{be} \tag{5.2.15}$$

输入电阻是用来衡量放大器对信号源影响的一个性能指标。输入电阻 R_i 的大小对放大电路的影响表现在如下三个方面：第一，输入电阻越大，表明放大器从信号源索取的电流越小，放大器输入端得到的信号电压越大，即信号源电压衰减得少。第二，信号源电压经过内阻 R_S 和 R_i 的分压，实际能加到放大电路的输入电压 u_i 为 R_i 上的压降，R_i 比较小则放大电路的输入电压 u_i 小，在电路具有相同放大倍数的情况下，电路的输出电压也比较小。第三，后级放大电路的输入电阻是前级放大电路的负载电阻，较小的输入电阻 R_i 会降低前级放大电路的电压放大倍数，通常电压放大电路的输入电阻取较大的值。

- 输出电阻 R_o。

输出电阻 R_o 定义为从放大器输出端向放大器本身看进去的交流等效电阻。

输出电阻可采用外接电源法求解。在放大电路的输入端，将输入信号源短路，即取 $\dot{U}_S = 0$，保留信号源内阻 R_S。在放大电路的输出端，将负载电阻开路，外加交流电压源 $\dot{U}$，如图 5.2.8（a）所示。输出电阻可表示为外接电压 $\dot{U}$ 与端口电流 $\dot{I}$ 的比值：

$$R_o = \frac{\dot{U}}{\dot{I}}\Big|_{\dot{U}_S=0, R_L=\infty} \tag{5.2.16}$$

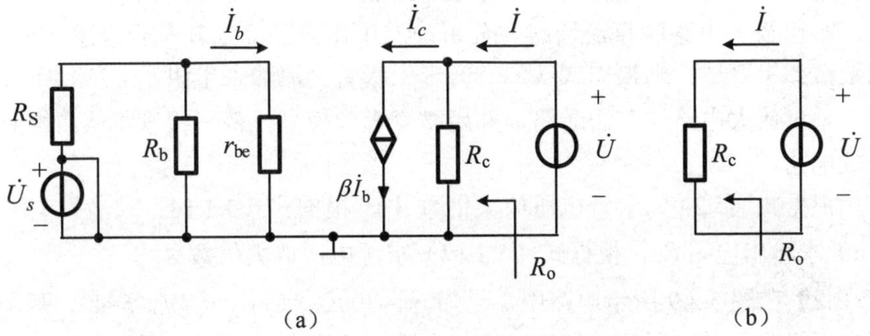

图 5.2.8　外接电源法求输出电阻

由图 5.2.8（a）可知，当 $\dot{U}_S = 0$，则 $\dot{I}_b = 0$，$\dot{I}_c = \beta\dot{I}_b = 0$，即受控电流源开路。因此，基本共射放大电路外施电源后，由外接电压源 $\dot{U}$ 和电阻 R_c 形成回路，如图 5.2.8（b）所示。由图 5.2.8（b）可知，输出电阻 $R_o \approx R_c$。

输出电阻用来衡量放大器在不同负载条件下维持输出信号电压（或电流）恒定能力的强弱，称为带负载能力。当放大器将放大了的信号输出给负载电阻时，对于负载电阻来说，放大器可以等效为具有 R_o 的信号源，由这个信号源提供输出信号电压和输出信号电流。如果 R_o 很小，满足 $R_o \ll R_L$ 条件，则当负载电阻在较大范围内变化时，就可基本维持输出信号电压的恒定。反之，如果 R_o 很大，满足 $R_o \gg R_L$ 条件，则当 R_L 在较大范围内变化时，就可维持输出信号电流的恒定。

- 源电压放大倍数 $\dot{A}_{us}$。

源电压放大倍数 $\dot{A}_{us}$ 定义为输出电压与信号源电压之比。计算源电压放大倍数时，需要考虑电压源的内阻 R_S 对源电压放大倍数 $\dot{A}_{us}$ 的影响。R_S 与电压放大倍数 $\dot{A}_u$ 无关。

$$\dot{A}_{us}=\frac{\dot{U}_o}{\dot{U}_S} \tag{5.2.17}$$

式（5.2.17）又可以重写为

$$\dot{A}_{us}=\frac{\dot{U}_o}{\dot{U}_i}\frac{\dot{U}_i}{\dot{U}_S} \tag{5.2.18}$$

根据输入电阻的定义，放大电路除信号源及其内阻以外的电路，可由 R_i 等效代替。由图 5.2.7 可知

$$\dot{U}_i=\dot{U}_S\frac{R_i}{R_i+R_S} \tag{5.2.19}$$

将式（5.2.19）代入式（5.2.18），可得到源电压放大倍数与电压放大倍数的关系。

$$\dot{A}_{us}=\frac{\dot{U}_o}{\dot{U}_i}\frac{\dot{U}_i}{\dot{U}_S}=\dot{A}_u\frac{\dot{U}_i}{\dot{U}_S}=\dot{A}_u\frac{R_i}{R_i+R_S} \tag{5.2.20}$$

综上所述，三极管放大电路的微变等效电路法的分析步骤总结如下。

第一，画出放大电路的直流通路。分析静态工作点，确定其是否合适，如果不合适，应进行调整；如果合适，则根据式（5.2.8）求三极管交流输入电阻 r_{be}。

第二，画出放大电路的交流通路，并用微变等效模型代替三极管，从而得到放大电路的微变等效电路。

第三，根据式（5.2.9）求解电压放大倍数 $\dot{A}_u$、根据式（5.2.14）求输入电阻 R_i、根据式（5.2.16）求输出电阻 R_o、根据式（5.2.17）求源电压放大倍数 $\dot{A}_{us}$。

【例 5.2.2】在图 5.2.9 所示电路中，已知 $r_{bb'}$=300Ω，U_{BEQ}=0.7V，β=40。两个电容对交流信号可视为短路，求电压放大倍数，输入电阻、输出电阻和源电压放大倍数。

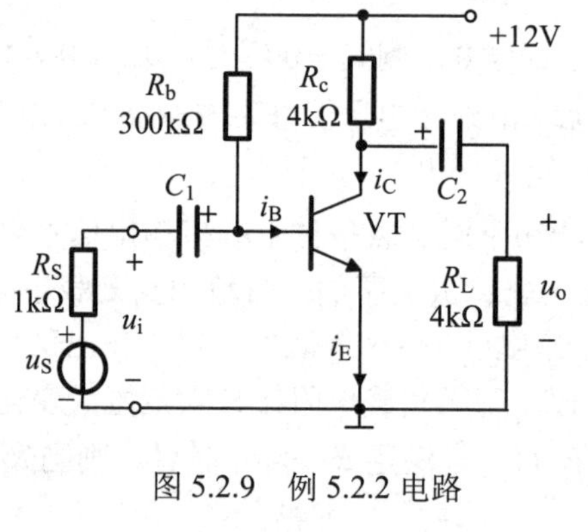

图 5.2.9　例 5.2.2 电路

解：（1）静态分析。

$$I_{BQ}=\frac{V_{CC}-U_{BEQ}}{R_b}=\frac{12-0.7}{300}=38(\mu A)$$

$$I_{CQ}=\beta I_{BQ}=1.52(mA)$$

$$U_{CEQ} = V_{CC} - I_{CQ}R_c = 12 - 1.52 \times 4 = 5.92(V)$$

（2）画出微变等效电路。

$$r_{be} = 300 + (1+40) \times \frac{26}{1.52} \approx 1.0(k\Omega)$$

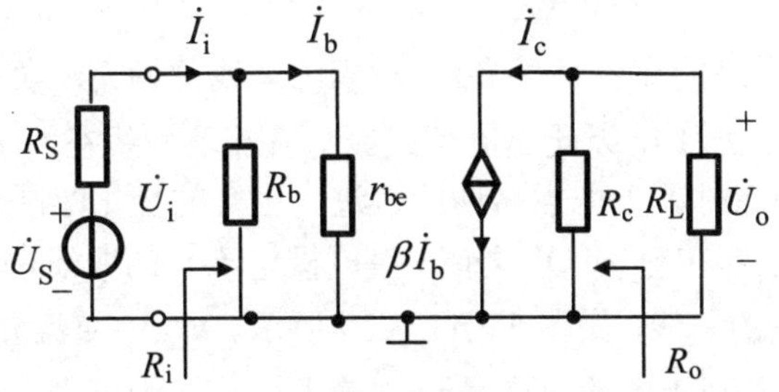

图 5.2.10　例 5.2.2 微变等效电路

（3）动态分析。

电压放大倍数

$$\dot{A}_u = -\frac{\beta(R_c // R_L)}{r_{be}} = -\frac{40 \times \frac{4}{2}}{1.0} = -80$$

输入和输出电阻

$$R_i = \frac{\dot{U}_i}{\dot{I}_i} = R_b // r_{be} = 1.0(k\Omega)$$

$$R_o \approx R_c = 4(k\Omega)$$

源电压放大倍数

$$\dot{A}_{us} = \dot{A}_u \times \frac{R_i}{R_i + R_S} = -80 \times \frac{1.0}{1.0+1} = -40$$

（2）图解法。

图解法可以分析动态（交流）信号的传输过程。动态分析在静态分析的基础上进行，分析步骤如下。

① 根据u_i，利用输入特性曲线画出i_B和u_{BE}波形。

设共射放大电路的输入信号为$u_i = U_m \sin\omega t \neq 0$，如图 5.2.11（a）所示。当输入信号进入放大电路的输入端后，三极管的基极和发射极之间的电压u_{BE}在原有的静态值U_{BEQ}的基础上叠加一个交流量u_i（u_{be}）；基极电流i_B在原有的静态值I_{BQ}的基础上叠加一个交流分量。u_{BE}和i_B的活动范围在Q'和Q''之间，如图 5.2.11（b1）所示。将图 5.2.11（b1）按电压和电流分别展开，可得基极电流i_B曲线，如图 5.2.11（b2）所示；基极和发射极之间的电压u_{BE}曲线，如图 5.2.11（b3）所示。由图 5.2.11（b2）可知，基极电流i_B随输入电压u_i在i_{B1}和i_{B2}之间变化。

② 根据 i_B 利用输出特性曲线画出 i_C 和 u_{CE} 的波形。

动态信号源起作用时，由于电容 C_2 的隔直作用，放大电路的静态工作点Q不受影响。从图5.2.2（c）所示的放大电路交流通路可知，输出回路的电阻为 R_c 和 R_L 的并联，交流负载电阻为 $R_L' = R_c // R_L$，则集电极-发射极间的电压 u_{CE} 为

$$u_{CE} = U_{CEQ} + u_{ce} = U_{CEQ} - (i_c - I_{CQ})R_L' \tag{5.2.21}$$

式(5.2.21)为输出回路的交流负载方程，对应的直线称为交流负载线，其斜率为 $-1/R_L'$。由于Q点坐标满足式(5.2.21)，因此交流负载线与直流负载线在Q点相交。图5.2.11（c1）中的交流负载线表示动态时，工作点移动的轨迹。由 i_B 的变化范围及交流负载线，可以确定 i_C 和 u_{CE} 的变化范围，即在Q′和Q″之间。集电极电流 i_C 的曲线，如图5.2.11（c2）所示。集电极-发射极电压 u_{CE} 的曲线，如图5.2.11（c3）所示。u_{CE} 中交流分量 u_{ce} 即输出电压 u_o，如图5.2.11（d）所示。负载上的输出信号 u_o 与输入信号 u_i 为同频率正弦波，但二者相位相反。交流信号的传输情况为

$$u_i(u_{be}) \rightarrow i_b \rightarrow u_o(u_{ce})$$

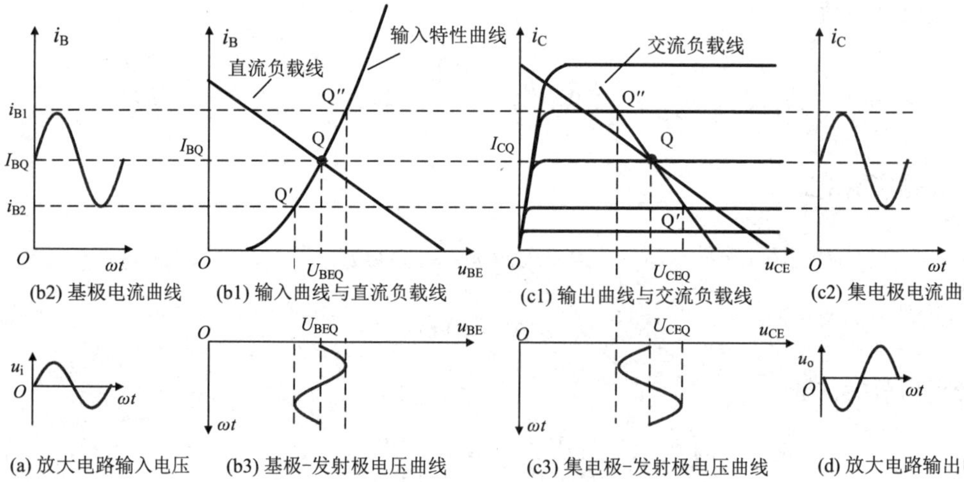

图5.2.11 图解法分析放大电路的动态过程

4. 放大电路的非线性失真

所谓失真，就是指输出波形与输入波形的形态不完全一致。对放大电路的一个基本要求就是输出信号尽可能不失真。静态工作点设置不合适或输入信号太大，将会使放大电路的工作范围超出三极管曲线上的线性范围，从而引起失真。基本放大电路的失真一般包括两种：截止失真和饱和失真。

（1）截止失真。

如果放大电路的静态工作点设置偏低，则静态时，基极电流 I_{BQ} 和集电极电流 I_{CQ} 的值偏小。当输入信号 u_i 的幅值比较大，在 u_i 处于负半周时，u_i 的瞬时值就会使基极电压瞬时值 u_{BE}（U_{BEQ} 与 u_i 的和）小于开启电压，三极管进入截止区，使得基极瞬时电流 i_B=0，放大电路输入端的基极电流 i_B 的波形出现削顶失真。放大电路输出端与基极电流 i_B 相对应的集

电极电流 i_C 和集电极电压 u_{CE} 的波形也随之出现削顶失真。因放大电路静态工作点设置低，工作状态进入截止区而产生的失真称为截止失真，如图 5.2.12 所示。

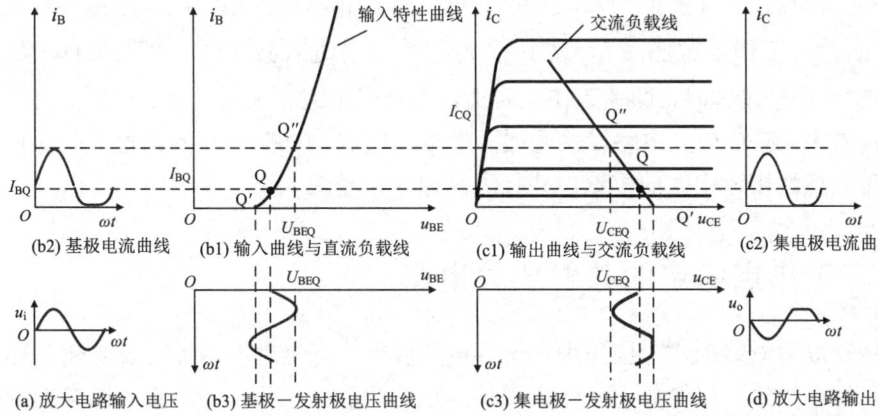

图 5.2.12　图解法分析截止失真

消除截止失真可从两方面来考虑：一是提高静态工作点的位置，如减小基极限流电阻 R_b 的阻值来增大基极静态电流 I_{BQ}，使静态工作点上移来消除截止失真；二是适当减小输入信号的幅值，使基极电压的瞬时值始终大于三极管的开启电压。

（2）饱和失真。

如果放大电路的静态工作点设置偏高，则静态时，基极电流 I_{BQ} 和集电极电流 I_{CQ} 的值偏大。当输入信号 u_i 的幅值比较大，在 u_i 处于正半周时，u_i 的瞬时值就会使 u_{BE}（U_{BEQ} 与 u_i 的和）达到临界饱和电流，三极管进入饱和区。饱和区中的 i_B 不产生失真。但是处于饱和区的三极管集电极电流 i_C 不能随 i_B 瞬时值增大而增大，其值恒为临界饱和电流 I_{CS}。i_C 波形的正半周被“削顶”，从而造成与 i_C 相位相反的 u_o 负半周也被“削顶”，如图 5.2.13 所示。

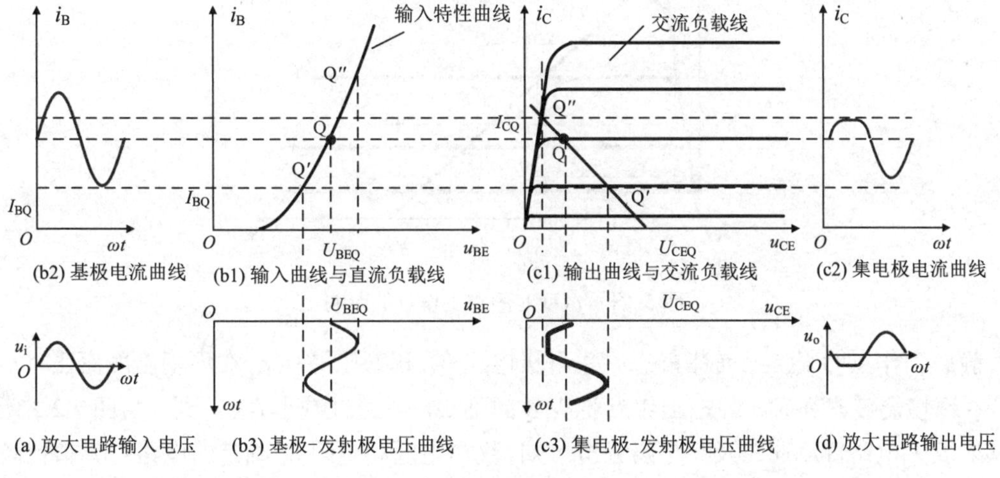

图 5.2.13　图解法分析饱和失真

消除饱和失真可从两方面来考虑：一是降低静态工作点的位置，如增大基极限流电阻

R_b 来减小基极静态电流 I_{BQ}，使静态工作点下移来消除截止失真；二是适当减小输入信号的幅值。

若静态工作点过高（表现为 I_{CQ} 过大），则工作点容易进入饱和区，产生失真（称为饱和失真）；若静态工作点过低（I_{BQ} 过小），则工作点易进入截止区，产生失真（称为截止失真）；当输入信号过大时，即使工作点合适，也会产生饱和失真、截止失真。为了实现信号的不失真放大，应给放大电路设置合适的静态工作点。一般 Q 点的位置选取在输出特性曲线上交流负载性接近中间的位置，并且限制输入信号的大小。

5.3 静态工作点稳定的共射放大电路

在三极管放大电路的实际应用中，电源电压波动、元器件参数差异及老化、环境温度的变化等，都会导致三极管静态工作点漂移。在引起静态工作点不稳定的诸多因素中，环境温度变化对静态工作点的影响最大。三极管的放大倍数 β，发射结开启电压 $U_{BE(on)}$，集电结反向饱和电流 I_{CBO} 这三个参数对温度比较敏感。当温度升高时，三极管的放大倍数 β 增大，集电结反向饱和电流 I_{CBO} 增大，发射结开启电压 $U_{BE(on)}$ 减小，这三大因素均会导致集电极电流 I_{CQ} 增大。

由 $U_{CEQ}=V_{CC}-I_{CQ}R_C$ 可知，I_{CQ} 逐渐增加，则管压降 U_{CEQ} 逐渐减小，三极管静态工作点 Q 上移到工作点 Q′，会进入饱和区，电路会出现失真。温度对静态工作点的影响如图 5.3.1 所示。

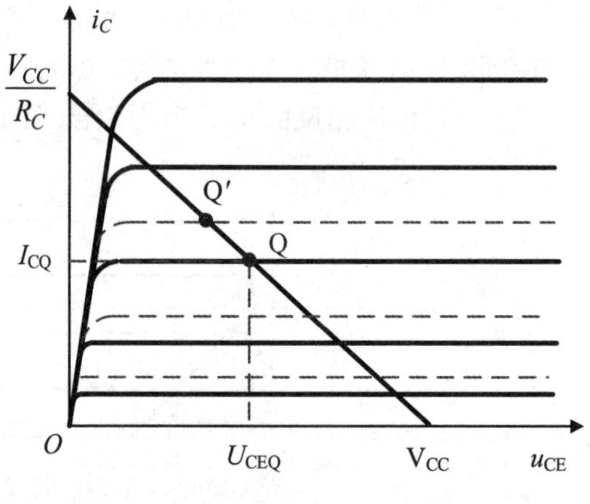

图 5.3.1　温度对静态工作点的影响

静态工作点 Q 稳定，是指静态时集电极电流 I_{CQ} 和管压降 U_{CEQ} 在环境温度变化时基本不变。环境温度升高时，静态工作点要从 Q′回到 Q，可通过减小 I_{BQ} 得到。由图 5.2.2 所示的共射放大电路直流通路及其电路分析可知，仅由电源和电阻 R_b 确定的电路对 β 值比较敏感。β 值会随温度的变化而变化。当 β 的值比较大，管压降 U_{CEQ} 会由于 $I_{CQ}R_c$ 增大而减小。当 $U_{CEQ}<0$ 时，放大电路进入饱和区。因此这个电路不实用。

为稳定静态工作点，可引入温度负反馈或温度补偿的方法，使 I_{BQ} 在温度变化时，产生与 I_{CQ} 相反的变化。典型抑制温度的电路，是以基本共射放大电路为基础的，在发射极与地之间、基极与地之间各加一个电阻构成，称为基极分压式射极偏置电路，如图 5.3.2（a）所示。其中，R_{b1}、R_{b2} 为偏置电阻，起分压的作用。偏置电路加上信号源、负载电阻及耦合电容后的放大电路如图 5.3.2（b）所示。

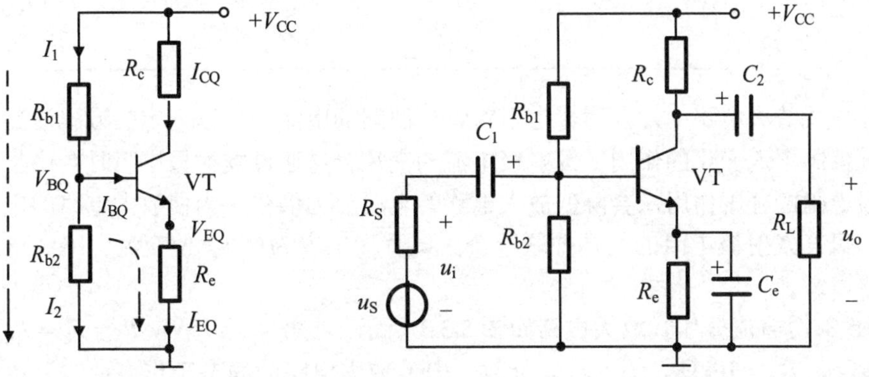

（a）基极分压式射极偏置电路　　（b）放大电路

图 5.3.2　静态工作点稳定的共射放大电路

如图 5.3.2(a)所示的电路中，为了稳定 Q 点，通常通过电路参数设定 $I_2 >> I_{BQ}$，即 $I_1 \approx I_2$。在估算基极电位 V_{BQ} 时，视 $I_{BQ}=0$。

根据输入回路的 KVL 方程由假设 $I_1 \approx I_2$ 可得：

$$I_1 \approx I_2 \approx \frac{V_{CC}}{R_{b1}+R_{b2}} \tag{5.3.1}$$

$$V_{BQ} = R_{b2}I_2 \approx \frac{R_{b2}}{R_{b1}+R_{b2}}V_{CC} \tag{5.3.2}$$

由式（5.3.2）可知，V_{BQ} 仅与偏置电阻 R_{b1}、R_{b2} 有关，与三极管的参数无关，因此不受温度的影响。

根据输出回路的 KVL 方程可知

$$V_{BQ} = U_{BEQ} + R_e I_{EQ} \tag{5.3.3}$$

假设 $V_{BQ} >> U_{BEQ}$，且 $I_{CQ} \approx I_{EQ}$，则由式（5.3.3）可得

$$I_{CQ} \approx I_{EQ} = \frac{V_{BQ}-U_{BEQ}}{R_e} \approx \frac{V_{BQ}}{R_e} \tag{5.3.4}$$

由式（5.3.4）可知，集电极电流 I_{CQ} 仅由基极电位 V_{BQ} 和发射极电阻 R_e 决定。这两个变量与温度无关，由此，基极分压式射极偏置电路的静态工作点基本上是稳定的。

基极分压式射极偏置电路能稳定静态工作点，需满足两个条件：$V_{BQ} >> U_{BEQ}$，$I_2 >> I_{BQ}$。

对于硅管而言，估算时一般选取 $I_2=(5\sim10)I_{BQ}$，$V_{BQ}=(5\sim10)U_{BEQ}$。

稳态电路的静态工作点的过程可表示为：由于温度升高，集电极电流 I_{CQ} 增大，相应发射极电流 I_{EQ} 增大，发射极电阻上的压降增大。在基极电位 V_{BQ} 基本不变的情况下，基极-发射极之间的压降 U_{BE} 减小。因此，基极电流 I_{BQ} 减小，集电极电流 I_{CQ} 减小，补偿了由于温度上升而导致的集电极电流 I_{CQ} 增大，使集电极电流 I_{CQ} 保持稳定。其反馈过程如下所示：

$$T(℃)\uparrow\rightarrow I_{CQ}\uparrow\rightarrow I_{EQ}\uparrow\rightarrow V_{EQ}(I_{EQ}R_e)\uparrow\rightarrow U_{BE}\downarrow(V_{BQ}\text{基本不变})\rightarrow I_{BQ}\downarrow\rightarrow I_{CQ}\downarrow$$

在分压式放大电路中，发射极电阻将输出回路的电流变化以一定的方式送到输入回路，从而起到抑制电流变化的作用。发射极电流的交流分量通过发射极电阻时会产生压降。由于发射极电阻的分压作用，会降低放大电路的电压放大倍数。为使放大电路的电压放大倍数不变，可在发射极电阻的两端并联一个大电容（电容为 C_e），使交流旁路。该电容称为交流旁路电容。

【例 5.3.1】直流分压式放大电路如图 5.3.3 所示。已知 $V_{CC}=15V$，$R_c=R_e=R_L=2k\Omega$，$R_{b1}=20k\Omega$，$R_{b2}=10k\Omega$，$\beta=50$。计算：（1）放大电路的静态工作点；（2）放大电路的电压放大倍数，输入电阻、输出电阻。

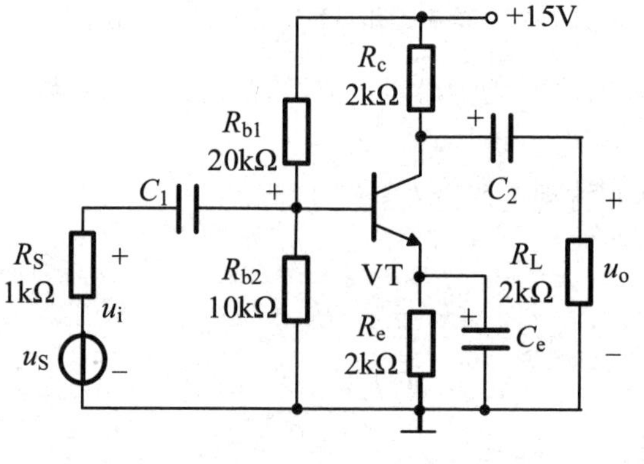

图 5.3.3　例 5.3.1 电路

解：（1）由直流通路计算静态工作点。

$$V_{BQ}\approx\frac{R_{b1}}{R_{b1}+R_{b2}}V_{CC}=15\times\frac{10}{20+10}=5(V)$$

$$I_{CQ}\approx I_{EQ}\approx\frac{V_{BQ}}{R_e}=\frac{5}{2\times10^3}=2.5(mA)$$

$$I_{BQ}=\frac{I_{CQ}}{\beta}=\frac{25}{50}=50(\mu A)$$

$$U_{CEQ}\approx V_{CC}-I_{CQ}(R_c+R_e)=15-2.5\times10^{-3}\times(2+2)\times10^3=5(V)$$

（2）由放大电路得到的微变等效电路如图 5.3.4 所示。

$$r_{be}=300+(1+\beta)\frac{26}{I_{EQ}}=300+51\times\frac{26}{2.5}\approx0.83(\text{k}\Omega)$$

$$\dot{A}_u=\frac{\dot{U}_o}{\dot{U}_i}=\frac{-\beta\dot{I}_b(R_c//R_L)}{\dot{I}_b r_{be}}=\frac{-50\times1}{0.83}\approx-60.24(\text{k}\Omega)$$

$$R_i=R_{b1}//R_{b2}//r_{be}=20//10//0.83\approx0.71(\text{k}\Omega)$$

$$R_o=R_c=2\text{k}\Omega$$

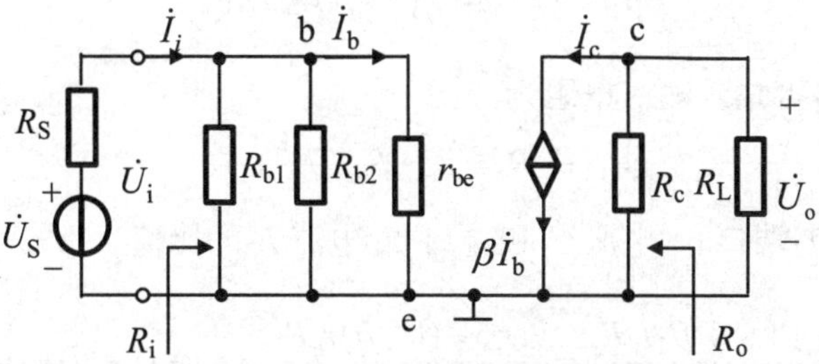

图 5.3.4　例 5.3.1 微变等效电路

【例 5.3.2】没有旁路电容的直流分压式放大电路如图 5.3.5 所示。已知 $V_{CC}=15\text{V}$，$R_c=R_e=R_L=2\text{k}\Omega$，$R_{b1}=20\text{k}\Omega$，$R_{b2}=10\text{k}\Omega$，$\beta=50$。求放大电路的电压放大倍数，输入电阻、输出电阻。

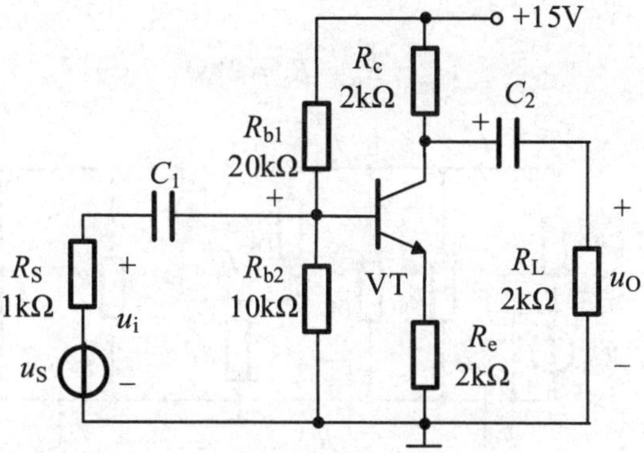

图 5.3.5　例 5.3.2 电路

解：（1）由直流通路计算静态工作点。

图 5.3.5 所示的直流通路与例 5.3.1 的相同，因此静态工作点与例 5.3.1 的相同。

（2）由放大电路得到的微变等效电路如图 5.3.6 所示。

由例 5.3.1 可知

$$r_{be}=0.83(\text{k}\Omega)$$

$$\dot{A}_u=\frac{\dot{U}_o}{\dot{U}_i}=\frac{-\beta(R_c//R_L)}{r_{be}+(1+\beta)R_e}=\frac{-50\times1}{0.83+51\times2}\approx-0.49$$

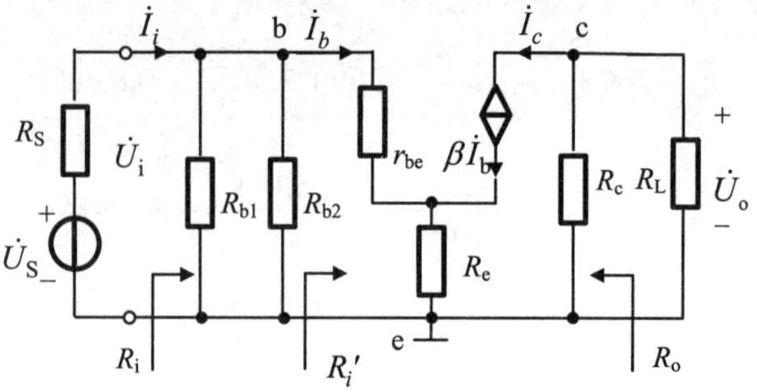

图 5.3.6　例 5.3.2 微变等效电路

由微变等效电路可知，输入电阻为

$$R_i = R_{b1}//R_{b2}//R_i'$$

其中 R_i' 可表示为端口 be 电压 $\dot{U}_i$ 和端口 be 电流 $\dot{I}_b$ 的比值。

$$R_i' = \frac{\dot{U}_i}{\dot{I}_b} = \frac{\dot{I}r_{be} + (1+\beta)\dot{I}_b R_e}{\dot{I}_b} = \frac{\dot{I}_b r_{be} + (1+\beta)\dot{I}_b R_e}{\dot{I}_b} = r_{be} + (1+\beta)R_e = 102.83(\text{k}\Omega)$$

$$R_i = R_{b1} // R_{b2} // [r_{be} + (1+\beta)R_e] = 6.27(\text{k}\Omega)$$

输出电阻由外接电源法计算，如图 5.3.7 所示。由图可知，信号源 U_S 短路，电流 $\dot{I}_b$ 为 0。受控电流源的电流 $\beta\dot{I}_b$ 也为 0，即受控电流源开路。电路外施电源后，由外接电压源 $\dot{U}$ 和电阻 R_c 形成回路，即：

$$R_o = R_c = 2\text{k}\Omega$$

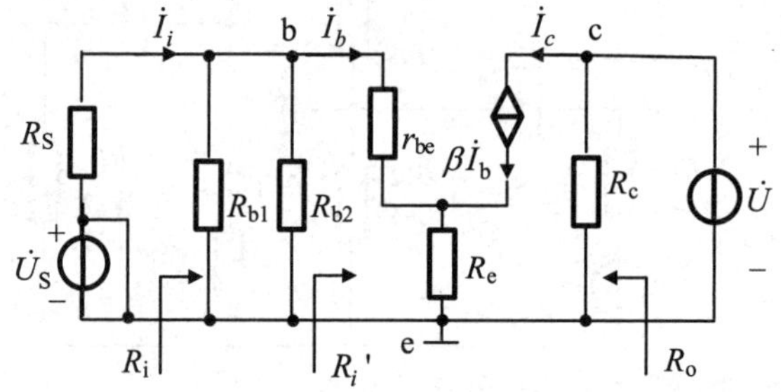

图 5.3.7　外接电源法求输入电阻

5.4　共集电极和共基极放大电路

5.4.1　共集电极放大电路

图 5.4.1（a）所示的电路为共集电极放大电路。图 5.4.1（b）所示的电路为共集电极放大电路的交流通路。从交流通路可看出，信号从基极进入三极管，基极-集电极与偏置电阻

R_b 构成输入回路。信号经过三极管放大之后从发射极取出，发射极-集电极、偏置电阻 R_e 和负载电阻形成输出回路。集电极是放大电路的公共端，因此称为共集电极放大电路。共集电极放大电路的微变等效电路如图 5.4.2 所示。

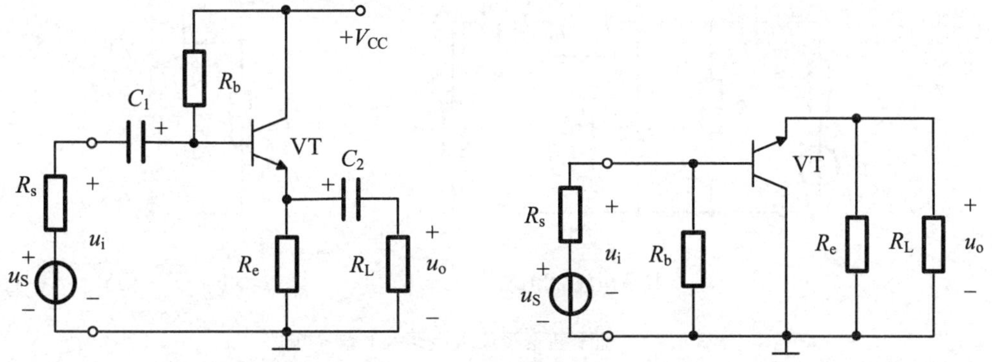

（a）共集电极放大电路原理图　　　　（b）交流电路

图 5.4.1　共集电极放大电路

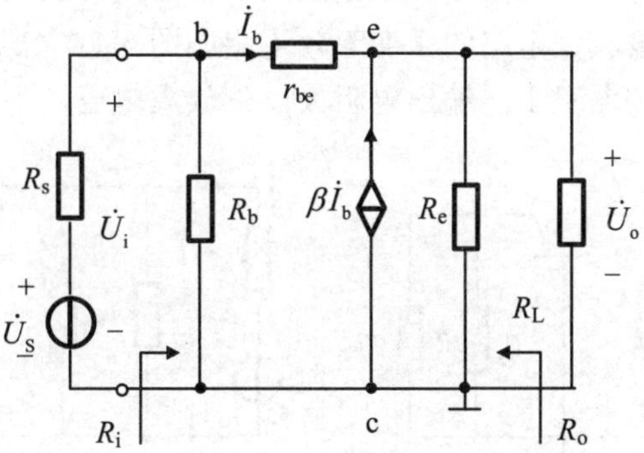

图 5.4.2　共集电极放大电路的微变等效电路

与共射电极放大电路相比，共集电极放大电路的输出电阻小，带负载能力强，且输出电阻的大小与信号源的内阻 R_S 有关。

共集电极放大电路电压增益小于 1 但接近于 1，u_o 与 u_i 同相；输入电阻大，对电压信号源衰减小，故共集电极放大电路又称为射极跟随器；输出电阻小，带负载能力强。它常用作多级放大电路的输入级、输出级或缓冲级。

5.4.2　共基极放大电路

图 5.4.3（a）所示电路为有稳定工作点的基本共基极放大电路。图 5.4.3（b）所示为图 5.4.3（a）所示电路的静态电路。

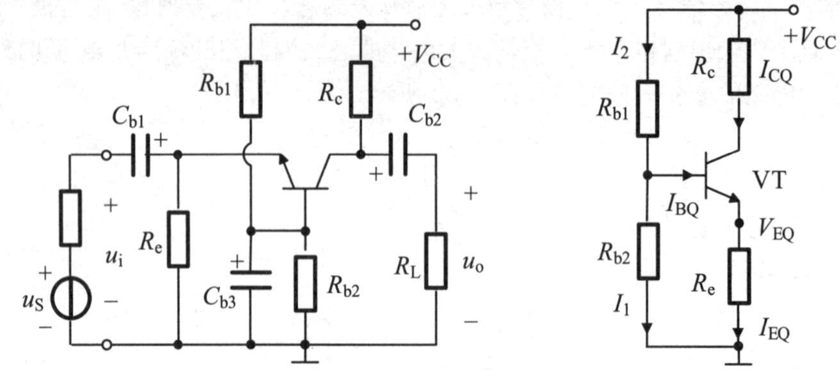

（a）基本共基极放大电路　　　　（b）静态电路

图 5.4.3　基本共基极放大电路及其静态电路

共基极放大电路的交流通路如图 5.4.4（a）所示。从图中可看出，信号从发射极进入三极管，基极-发射极与偏置电阻构成输入回路。信号经过三极管放大后从集电极取出，基极-集电极、偏置电阻 R_c 和负载电阻形成输出回路。基极是放大电路的公共端，因此称为共基极放大电路。共基极放大电路的微变等效电路如图 5.4.4（b）所示。

共基极放大电路输入电阻小，输出电阻大；只放大电压，不放大电流。

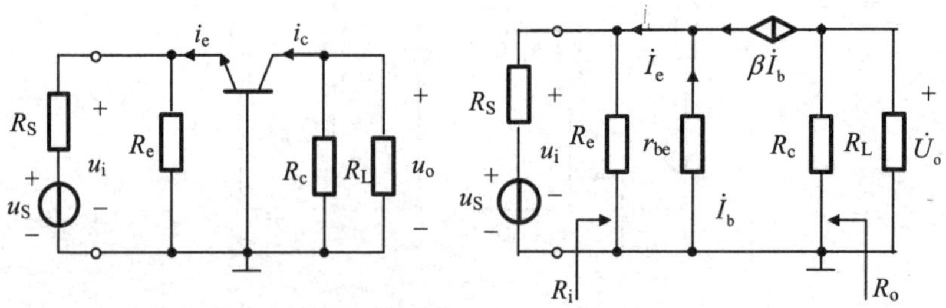

（a）共基极放大电路的交流通路　　（b）共基极放大电路的微变等效电路

图 5.4.4　共基极放大电路的交流通路及其微变等效电路

5.4.3　三种基本放大电路的性能比较

三种基本放大电路的组态性能比较如表 5.4.1 所示，并且总结如下。

表 5.4.1　基本放大电路的组态性能比较

接　法	共　射	共　集	共　基
A_u	大	小于 1	大
A_i	大	大	小于 1
R_i	中	大	小
R_o	大	小	大
频带	窄	中（较宽）	宽
用途	多级放大电路中间级	输入级、中间级、输出级	高频或宽频带电路

共发射极放大电路输出电压与输入电压反相，输入电阻和输出电阻大小适中，由于它的电压、电流、功率放大倍数都比较大，适用于一般放大或多级放大电路的中间级。

共集电极放大电路的输出电压与输入电压同相，电压放大倍数小于 1 而近似等于 1，但它具有输入电阻高、输出电阻低的特点，多用于多级放大电路的输入级或输出级。

共基极放大电路输出电压与输入电压同相，电压放大倍数较高，输入电阻很小而输出电阻较大，它适用于高频或宽带放大。

5.5　场效应管放大电路

5.5.1　场效应管的外部特性

场效应管（Field Effect Transistor，FET）又称为单极型三极管，是利用电场效应来控制其电流大小的半导体器件。场效应管主要有两类：金属-氧化物-半导体场效应管（MOSFET）即绝缘栅型场效应管（MOS 管）和结型场效应管（JFET）。本节主要讲述增强型 MOS 管。

增强型 MOS 管分为 N 沟道和 P 沟道两种。其符号如图 5.5.1 所示。场效应管的三个极分别为源极 S、漏极 D、栅极 G。B 为衬底极。增强型 MOS 管的源极 S 和漏极 D 之间不导通，用虚线表示。图中衬底箭头方向是 PN 结正偏时的正向电流方向。正向电流由衬底极 B 指向栅极 G 的 MOS 管称为 N 沟道型 MOS 管。正向电流由栅极 G 指向衬底极 B 的 MOS 管称为 P 沟道型 MOS 管。场效应管基本共源放大电路如图 5.5.2 所示。

图 5.5.1　增强型 MOS 管的符号

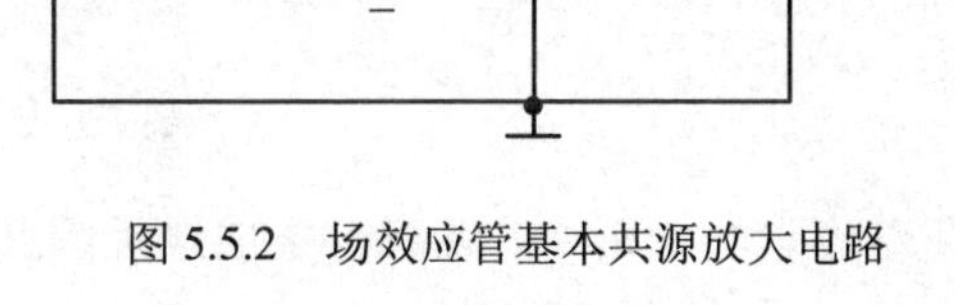

图 5.5.2　场效应管基本共源放大电路

1.　转移特性曲线

由于场效应管为绝缘栅级，源极 S 和漏极 D 之间不导通，输入端基本没有电流，因此场效应管讨论其迁移特性，描述当漏-源电压 u_{DS} 为常数时，漏极电流 i_D 与栅-源电压 u_{GS} 之间的函数关系为

$$i_D = f(u_{GS})\big|_{u_{DS}=\text{常数}}$$

增强型 MOS 管的源极 S 和漏极 D 之间没有导电沟道，只有在栅-源之间加的电压 $u_{GS} > U_{th}$ 时才有电流 $i_D > 0$，且 u_{GS} 增大，i_D 也随之增大，此时三极管“开启”，称 U_{th} 为开启电压。当 $u_{GS} < U_{th}$ 时，$i_D = 0$，N 沟道增强型 MOS 管的转移特性曲线如图 5.5.3（a）所示。转移特性曲线是一条抛物线，i_D 的近似表达式为

$$i_D = K(u_{GS} - U_{th})^2$$

式中，K 为常数，由场效应管结构决定。如果已知转移特性，可通过 U_{th} 和特性曲线上任一点的 u_{GS} 和 i_D 值估算出 K 值的大小。

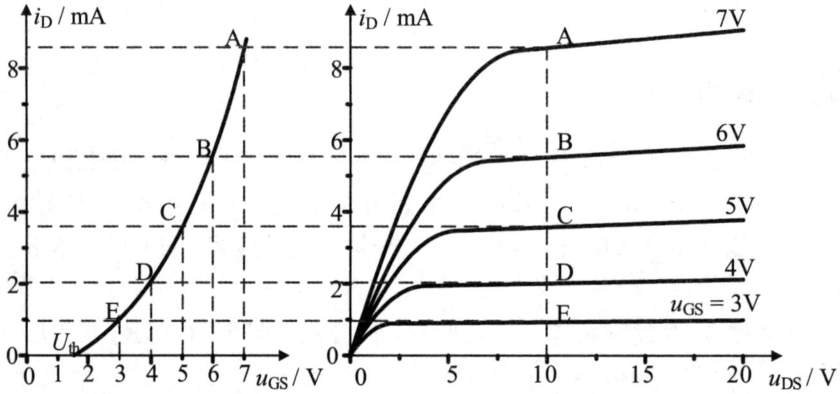

（a）转移特性曲线　　（b）输出特性曲线

图 5.5.3　N 沟道增强型 MOS 管的特性曲线

N 沟道增强型 MOS 管在使用时，需使栅-源电压为正，且 $u_{GS} > U_{th}$。这种在 $u_{GS} = 0$ 时没有导电沟通，而必须依靠栅-源电压的作用才形成导电沟道的场效应管称为增强型场效应管。

2. 输出特性

输出特性是指在栅-源之间加的电压 u_{GS} 为一个常量时，漏极电流 i_D 与漏-源电压 u_{DS} 之间的关系，即

$$i_D = f(u_{DS})\big|_{u_{GS}=\text{常数}}$$

对应于一个 u_{GS}，就有一条曲线，因此输出特性是一簇曲线。场效应管是电压控制器件。图 5.5.4（b）所示为一个 N 沟道增强型 MOS 管的输出特性曲线，可划分为 3 个工作区：截止区、可变电阻区和饱和区。

（1）截止区。

当 $u_{GS} < U_{th}$ 时，导电沟道尚未形成，$i_D = 0$，为截止工作状态，又称为夹断区。

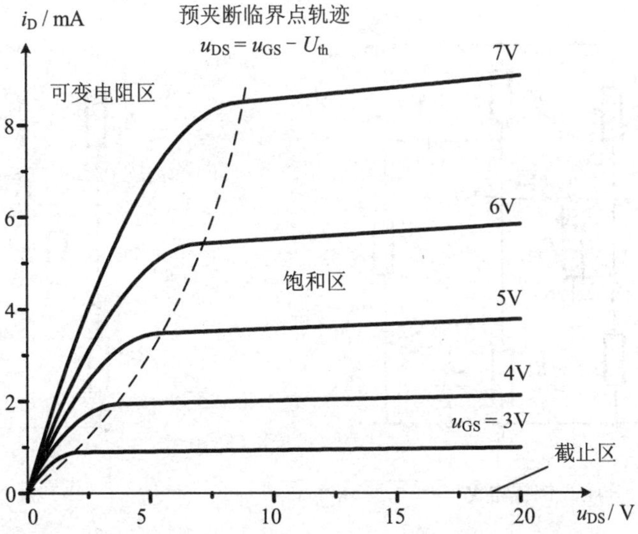

图 5.5.4　N 沟道增强型 MOS 管的输出特性曲线

（2）可变电阻区（非饱和区）。

图 5.5.4 中的虚线左边部分为可变电阻区。在这个区域中，i_D 不仅与 u_{GS} 有关，也与 u_{DS} 有关，这说明 u_{DS} 与导电沟道的大小也有关。当 $u_{DS} \leqslant (u_{GS} - U_{th})$ 时，称导电沟道未夹断。$u_{DS} = (u_{GS} - U_{th})$ 是预夹断临界条件。图 5.5.4 中虚线是预夹断轨迹。u_{GS} 越大，预夹断时的 u_{DS} 值也越大。该区域中的曲线近似为不同斜率的直线。当 u_{GS} 确定时，直线的斜率也被唯一确定，直线斜率的倒数为漏-源间的等效电阻。因此在此区域中，可以通过改变 u_{GS} 的大小（压控的方式）来改变漏-源电阻的阻值，故称为可变电阻区。

（3）饱和区（恒流区、放大区）。

当 $u_{GS} > U_{th}$，且 $u_{DS} > (u_{GS} - U_{th})$ 时，MOS 进入饱和区。如图 5.5.4 中预夹断轨迹右边的区域。当 u_{GS} 不变，u_{DS} 增大时，i_D 仅略有增加，因此可以将 i_D 近似为 u_{GS} 控制的电流源，故称该区域为恒流区。利用场效应管作为放大管时，应使其工作在该区域。

5.5.2　场效应管的放大电路

场效应管可对信号进行控制，能组成放大电路。场效应管组成的单管放大电路有 3 种：共源极、共漏极和共栅极。本节讨论共源极放大电路。

为了保证场效应管工作在放大区（恒流区），场效应管放大电路需要建立合适的静态工作点。场效应管是电压控制器件，需要有合适的栅-源电压。适用于各种类型场效应管的分压式偏置电路如图 5.5.5（a）所示。图中的场效应管为 N 沟道增强型 MOS 管。将耦合电容和旁路电容断开，可得到图 5.5.5（b）所示电路的直流通路。在该电路中，由于栅极电流为零，即阻值 R_{g3} 的电阻中无电流流过，所以栅极电位 V_{GQ} 等于 R_{g1}、R_{g2} 对电源 $+V_{DD}$ 的电压，即

$$V_{GQ} = \frac{R_{g1}}{R_{g1} + R_{g2}} V_{DD}$$

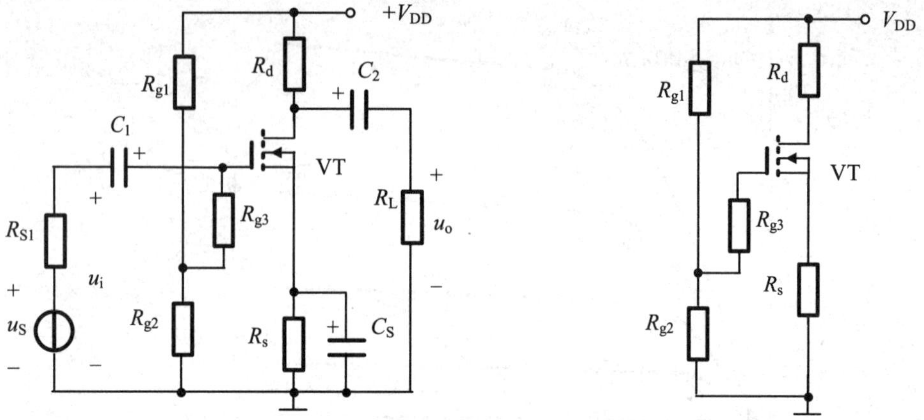

（a）分压式偏置电路　　　　（b）直流通路

图 5.5.5　共源放大电路及其直流通路

源极电位等于电流 I_{DQ} 在 R_S 上的压降，即

$$V_{SQ} = I_{DQ}R_S$$

栅-源偏置电压为

$$U_{GSQ} = V_{GQ} - V_{SQ} = \frac{R_{g1}}{R_{g1}+R_{g2}}V_{DD} - I_{DQ}R_S$$

分压式偏置电路是通过给栅极加固定电压和源极偏置结合产生偏置，是一种混合偏置。为了保证放大电路的高输入电阻，除可以增大 R_{g1}、R_{g2} 的值外，在电路中增加了阻值为 R_{g3} 的电阻以提高输入电阻，因为在静态时该阻值中无电流，所以不会影响静态工作点。

增强型 MOS 管在放大区的 I_{DQ} 和 U_{GSQ} 满足电流方程

$$I_{DQ} = K(U_{GSQ} - U_{th})^2$$

联立求解二元方程，可得 I_{DQ} 和 U_{GSQ}，再求解管压降

$$U_{DSQ} = V_{DD} - I_{DQ}(R_d + R_s)$$

求静态工作点后进行检验判断，舍去一组不合理的解。

【例 5.5.1】 电路如图 5.5.6 所示。电路中 N 沟道增强型 MOS 管的参数为：U_{th}=1V，K=0.5mA/V^2。求 U_{GSQ}，U_{DSQ}，I_{DQ}。

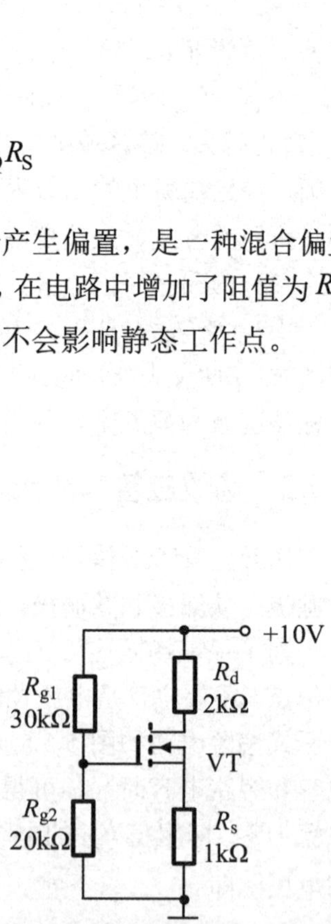

图 5.5.6　例 5.5.1 电路

解： 假设场效应管的工作在恒流区

$$U_{GSQ} = \frac{R_{g1}}{R_{g1}+R_{g2}}V_{DD} - I_{DQ}R_s = \frac{20}{30+20}\times 10 - I_{DQ}\times 1$$

$$I_{DQ} = K(U_{GSQ} - U_{th})^2 = 0.5(U_{GSQ} - 1)^2$$

得 $U_{GSQ}=\pm 2.65(\mathrm{V})$。

因为是 N 沟道增强型 MOS 管，舍去负值得

$$U_{GSQ}=2.65(\mathrm{V}),\quad I_{DQ}=1.36(\mathrm{mA})$$

$$\begin{aligned}U_{DSQ}&=V_{DD}-I_{DQ}(R_d+R_s)\\&=10-1.36\times(2+1)=5.92(\mathrm{V})\end{aligned}$$

$U_{DS}>(U_{GS}-U_{th})=1.65(\mathrm{V})$，所以假设成立。

5.5.3　场效应管的微变等效电路

1.　场效应管的微变等效电路

在场效应管输入回路中，由于栅-源间呈现很高的电阻，基本上不从信号源索取电流，故可认为栅-源间近似开路。在输出回路中，漏极电流仅取决于栅-源电压，可认为输出回路是一个电压控制的电流源。

场效应管在低频时的微变等效电路如图 5.5.7（a）所示。r_{ds} 称为场效应管漏-源动态电阻，也称为场效应管输出电阻。r_{ds} 是输出特性曲线在静态工作点上斜率的倒数，其数值通常比较大，可以认为是开路。r_{ds} 开路后所得的简化等效电路如图 5.5.7（b）所示。

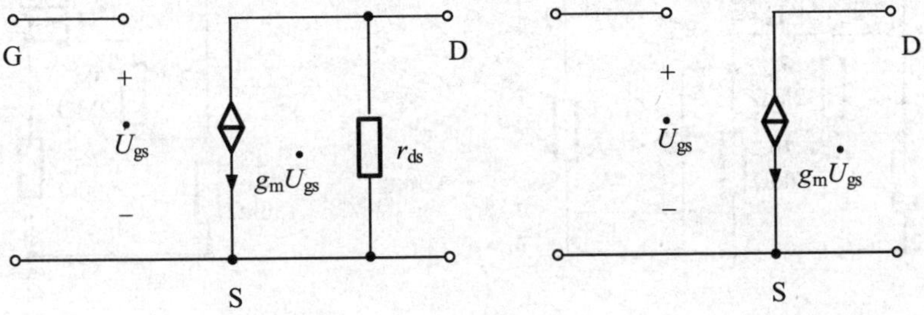

（a）微变等效电路　　（b）简化等效电路

图 5.5.7　场效应管的等效电路

2.　场效应管线性化模型的交流参数

（1）低频互导 g_m。

在 u_{DS} 等于常数时，漏极电流的微变量和引起这个变化的栅-源电压的微变量之比称为互导，即

$$g_m=\frac{\partial i_D}{\partial u_{GS}}\bigg|_{u_{DS}=\text{常数}}$$

互导反映了栅-源电压对漏极电流的控制能力，它相当于转移特性曲线上工作点处的斜率。g_m 与 Q 点密切相关，Q 点不仅影响电路是否会产生失真，而且影响着电路的动态参数。互导 g_m 是表征场效应管放大能力的一个重要参数，单位是西门子（S）。g_m 一般在十分之几毫西至几毫西的范围内。g_m 与切线点的位置密切相关，由转移特性曲线的非线性可知，I_D 越大，g_m 越大。

（2）交流输出电阻 r_{ds}。

$$r_{ds}=\left.\frac{\partial u_{DS}}{\partial i_D}\right|_{u_{GS}=常数}$$

输出电阻 r_{ds} 是输出特性曲线上某一点切线斜率的倒数，体现了 u_{DS} 对 i_D 的影响。

（3）极限参数。

① 最大漏极电流 I_{DM}。

I_{DM} 是场效应管正常工作时漏极电流的上限值。

② 击穿电压。

场效应管进入恒流区后，使 i_D 急剧上升时的 u_{DS} 称为最大漏-源电压 $U_{(BR)DS}$。$U_{(BR)GS}$ 是栅-源间反向电流开始急剧增加时的 u_{GS} 值，称为最大栅-源电压。

【例 5.5.2】 在图 5.5.8（a）所示电路中，已知 U_{th}=2V，增强型 MOS 管的 $K=0.5\text{mA/V}^2$。

（1）求静态工作点 Q。

（2）画出微变等效电路。

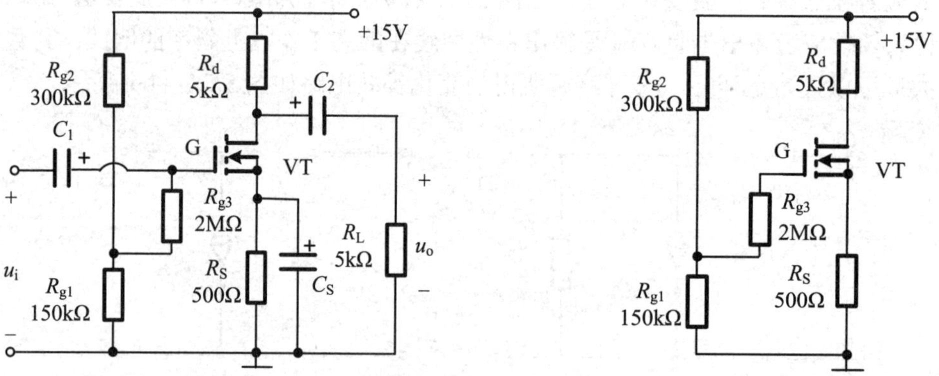

（a）放大电路　　（b）直流通路

图 5.5.8　例 5.5.2 电路

解：（1）首先画出直流通路，如图 5.5.8（b）所示。

$$U_{GSQ}=\frac{R_{g1}}{R_{g1}+R_{g2}}V_{DD}-I_{DQ}R_S=\frac{150}{150+300}\times 15-I_{DQ}\times 0.5=5-0.5I_{DQ}$$

$$I_{DQ}=K(U_{GSQ}-U_{th})^2=0.5(U_{GSQ}-2)^2$$

联立求解，得出

$$U_{GSQ}=\pm 4(\text{V})$$

舍去负值，得出

$$U_{GSQ}=4(\text{V})，I_{DQ}=2(\text{mA})$$

$$U_{DSQ}=V_{DD}-I_{DQ}(R_d+R_S)=15-2\times(5+0.5)=4(\text{V})$$

（2）画出微变等效电路，如图 5.5.9 所示。

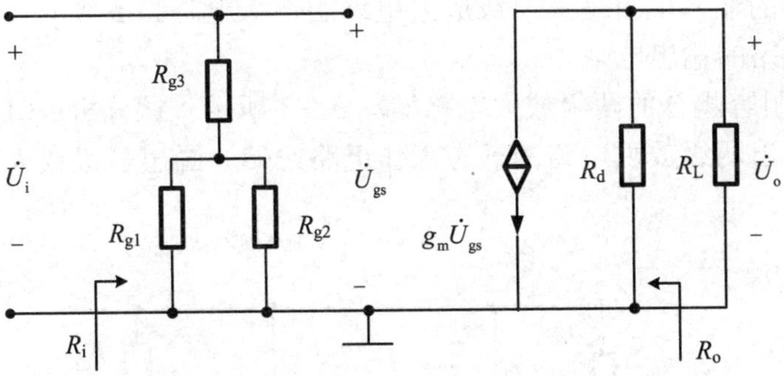

图 5.5.9　例 5.5.2 微变等效电路

5.6　多级放大电路

在实际应用中，为了满足电子设备对放大倍数和其他性能方面的要求，常需要把若干放大单元电路串接起来，组成多级放大器。

图 5.6.1 所示是多级放大电路的组成框图，通常包括输入级、中间级、推动级、输出级几部分。

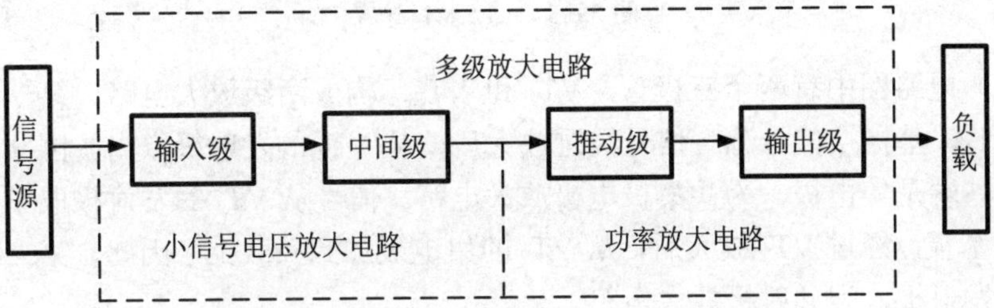

图 5.6.1　多级放大电路的组成框图

1. 静态工作点的分析

通过电容互相连接的多级放大电路称为阻容耦合多级放大电路。由于电容的隔直流作用，各级的静态工作点彼此独立，互不影响。分析多级阻容耦合放大电路时，可以画出每一级的直流通路，分别计算各级的静态工作点。

2. 电压放大倍数

在多级放大电路中，前一级的输出信号就是后一级的输入信号，其框图如图 5.6.2 所示。多级放大电路的电压放大倍数等于各级电路的电压放大倍数的乘积，即：

$$\dot{A}_u=\frac{\Delta U_o}{\Delta U_I}=\frac{\Delta U_{o1}}{\Delta U_I}\times\frac{\Delta U_{o2}}{\Delta U_{o1}}\times\cdots\times\frac{\Delta U_o}{\Delta U_{o(n-1)}}$$

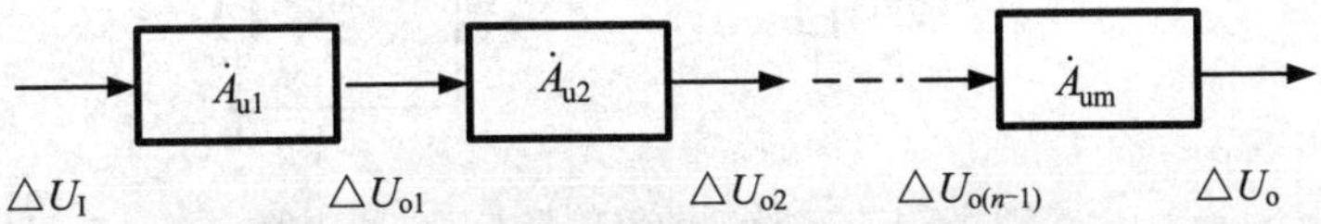

图 5.6.2　多级放大电路的电压放大倍数计算框图

3. 输入、输出电阻

多级放大器的输入电阻是第一级放大电路的输入电阻。多级放大器的输出电阻是最后一级放大电路的输出电阻。

【例 5.6.1】阻容耦合的两级放大电路如图 5.6.3 所示。试分析：(1) 两级放大电路的组态；(2) 画出两级放大电路的静态工作电路；(3) 画出多级放大电路的微变等效电路。

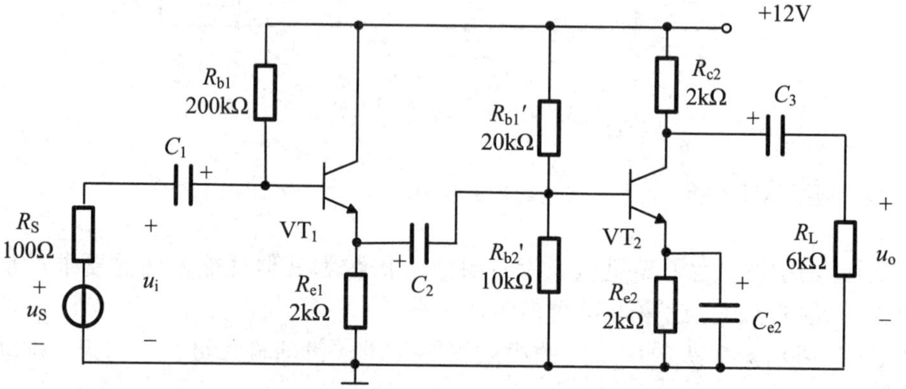

图 5.6.3　例 5.6.1 电路

解：(1) 电路图中有两个三极管，VT_1 和 VT_2，构成两级放大电路。第一级放大电路的三极管 VT_1，基极接信号源。信号经过放大后，从 VT_1 的发射极取出。因此，第一级放大电路的公共端是集电极，为共集极电极放大电路。信号从 VT_1 的发射极取出后，进入三极管 VT_2 的基极，经过 VT_2 放大后，从 VT_2 的集电极加到负载上。因此，第二级放大电路的公共端是发射极，为共射极放大电路。

(2) 此电路为两级放大电路，两级间通过电容和电阻耦合。根据电容的隔直流特性，前、后级的直流工作状态互相之间无影响，两级的静态电路相互独立。两级放大电路的静态工作点电路如图 5.6.4 所示。

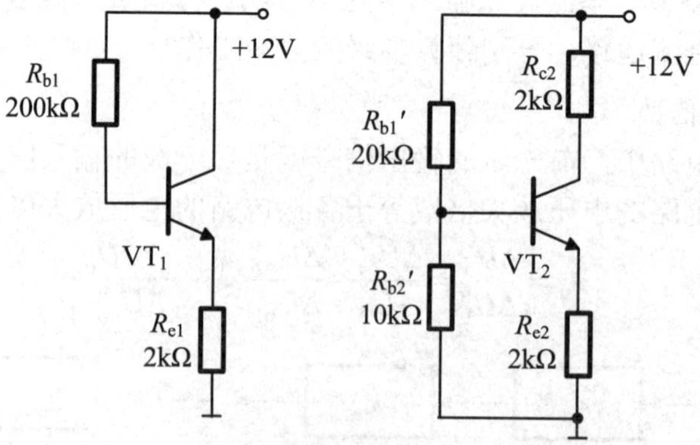

图 5.6.4　例 5.6.1 电路的静态工作点电路

（3）两级放大电路的微变等效电路为两级放大电路的串接，如图 5.6.5 所示。

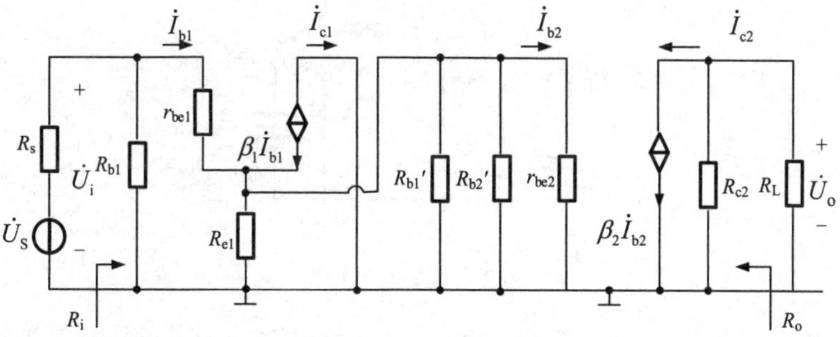

图 5.6.5　例 5.6.1 电路的微变等效电路

习题 5

5.1　工作在放大区的三极管的放大倍数及电极电流如图 5.1 所示。根据图中所给条件确定图中三极管其他两个电极的电流值。

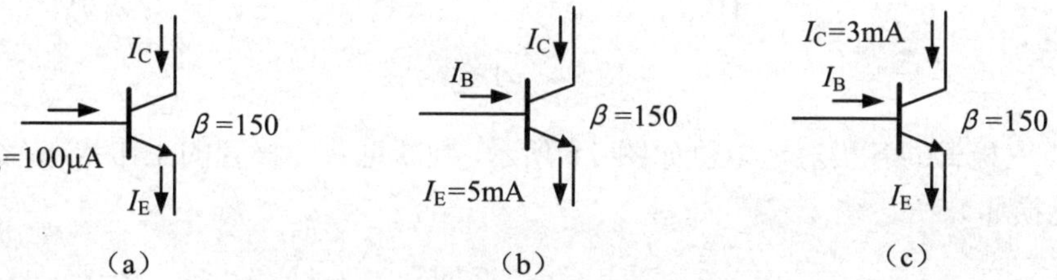

图 5.1　习题 5.1 图

5.2　处于工作状态的三极管，其中两个引脚的电流大小及方向如图 5.2 所示。求第三个引脚的电流大小及方向。判断三极管的类型、放大倍数及三个引脚分别为什么电极。

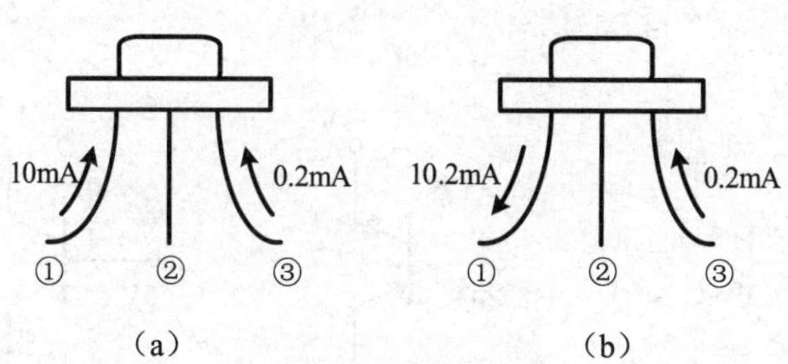

图 5.2　习题 5.2 图

5.3　三极管放大电路如图 5.3 所示。三极管的集电极连接单刀三掷开关。电路中开关 S 掷于 1 号位时，集电极接直流电源+V_{CC}。电路中开关 S 掷于 2 号位时，集电极接地。电中开关 S 掷于 3 号位时，集电极悬空。比较基极电流 I_B 的大小并给出原因。

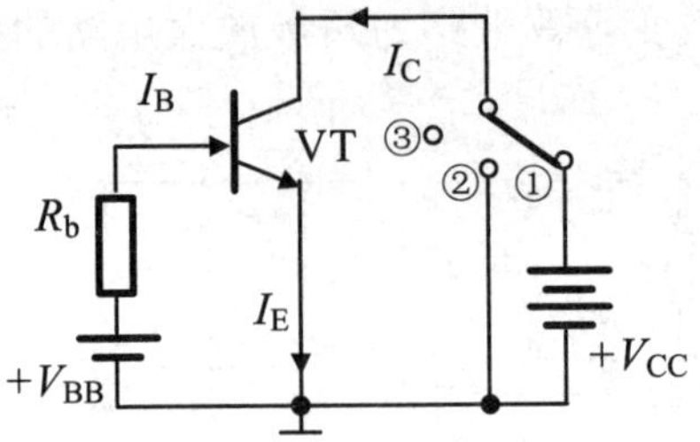

图 5.3　习题 5.3 图

5.4　处于放大工作状态的三极管各极直流电位如图 5.4 所示，判断三极管的类型（NPN 或 PNP）及三个电极，并分别说明它们是硅管还是锗管。

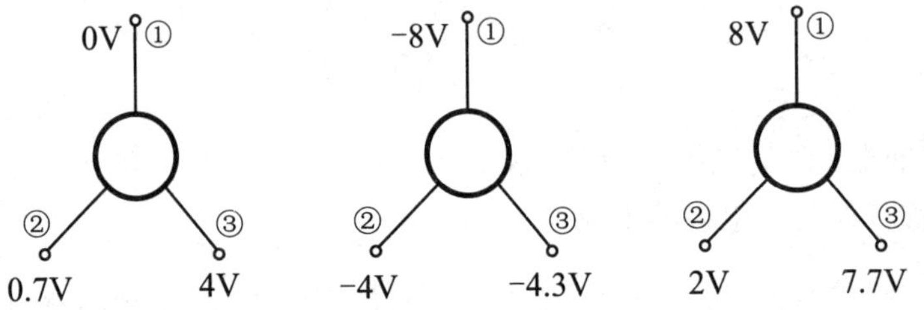

图 5.4　习题 5.4 图

5.5　三极管的各极对地电位如图 5.5 所示，判断这些三极管的工作状态（饱和、放大、截止或已损坏）。

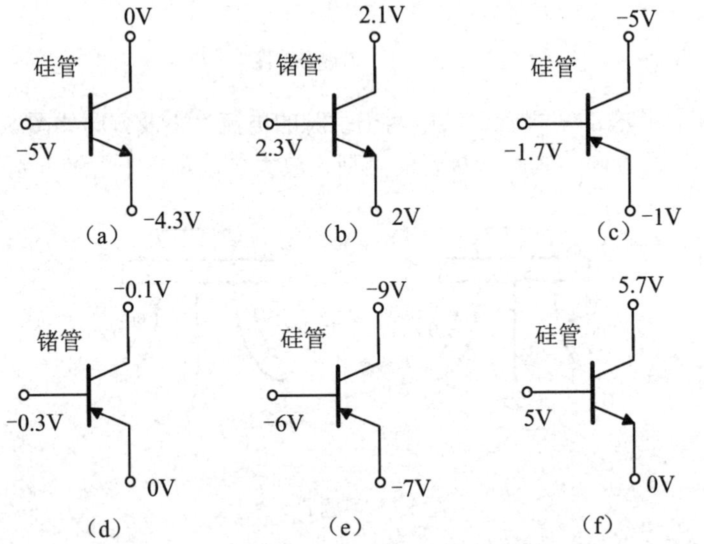

图 5.5　习题 5.5 图

5.6　某三极管的极限参数为 $I_{CM}=10\text{mA}$、$P_{CM}=100\text{mW}$、$U_{(BR)CEO}=7.5\text{V}$，在扩音器放大电路中，若此三极管的工作电流 $I_C=5\text{mA}$，求此时三极管工作电压 U_{CE} 的极限值。若扩音器的工作电压 $U_{CE}=6\text{V}$，求三极管工作电流 I_C 的极限值。

5.7　图 5.6 为某同学为电子产品设计的放大电路。设电路的容抗可以忽略。下列电路能否对正弦信号进行放大？如果不能放大正弦信号，说明理由并修正错误。

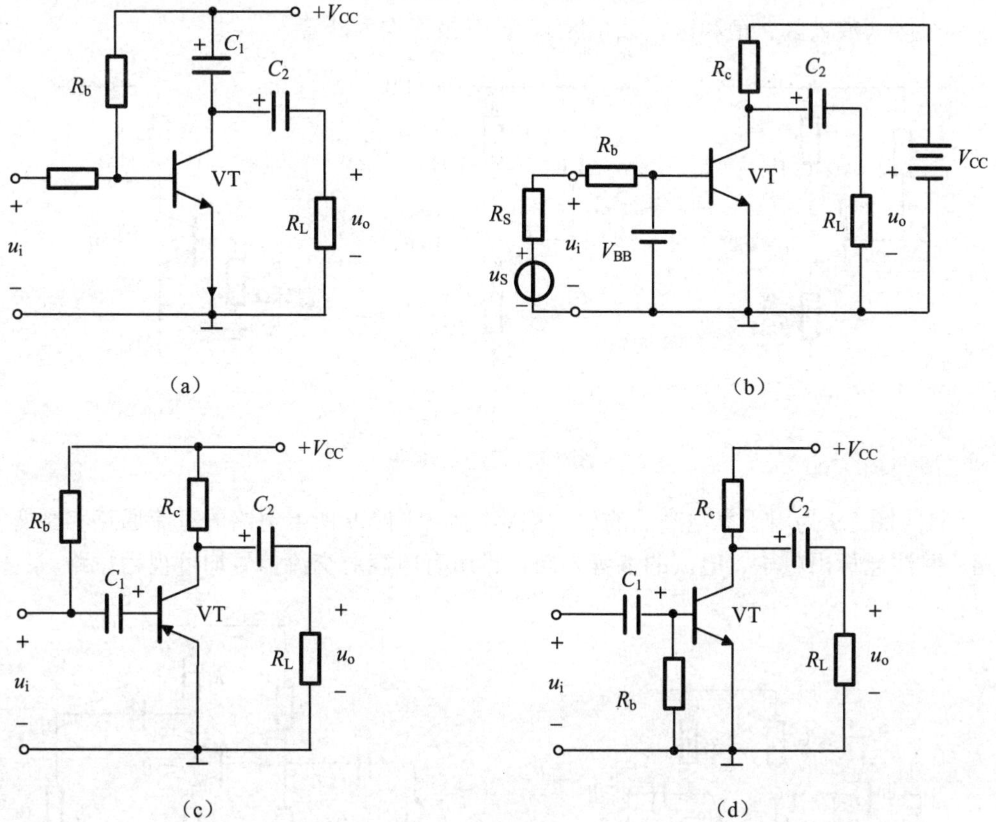

图 5.6　习题 5.7 图

5.8　语音放大电路如图 5.7 所示。求语音放大电路的静态工作点。

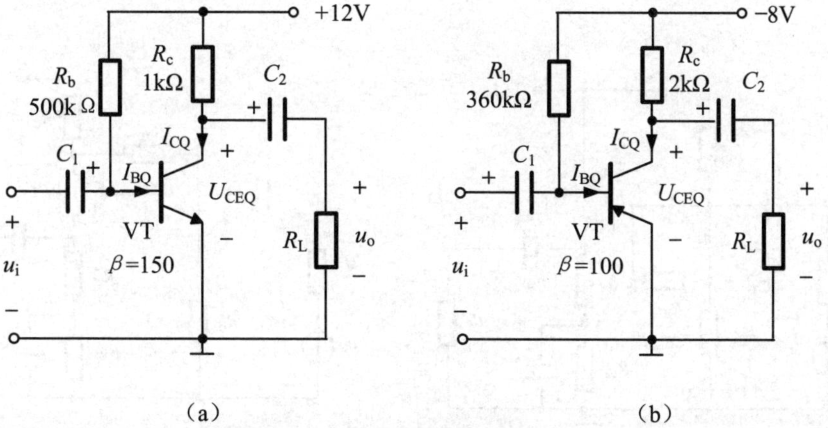

图 5.7　习题 5.8、习题 5.9 图

5.9 在图 5.7（a）所示的语音放大电路中，假设电路其他参数不变，（1）增大 R_b；（2）增大 V_{CC}；（3）增大 β。试说明放大电路的 I_{BQ}、I_{CQ} 和 U_{CEQ} 将增大、减小还是基本不变。

5.10 扩音器内部的三极管放大电路的直流通路如图 5.8 所示，判断它的静态工作点位于哪个区（放大区、饱和区、截止区）。设三极管均为硅管。

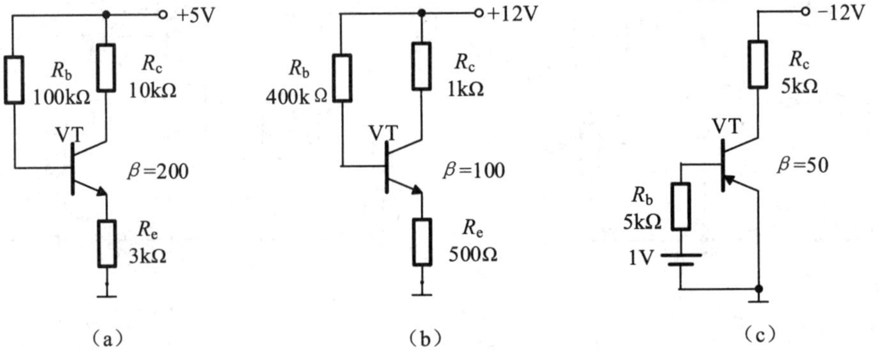

图 5.8 习题 5.10 图

5.11 图 5.9 为用于家电产品的放大电路，画出图 5.9 所示电路的直流通路和微变等效电路，并注意标出电压、电流的参考方向。设所有电容对交流信号均可视为短路。

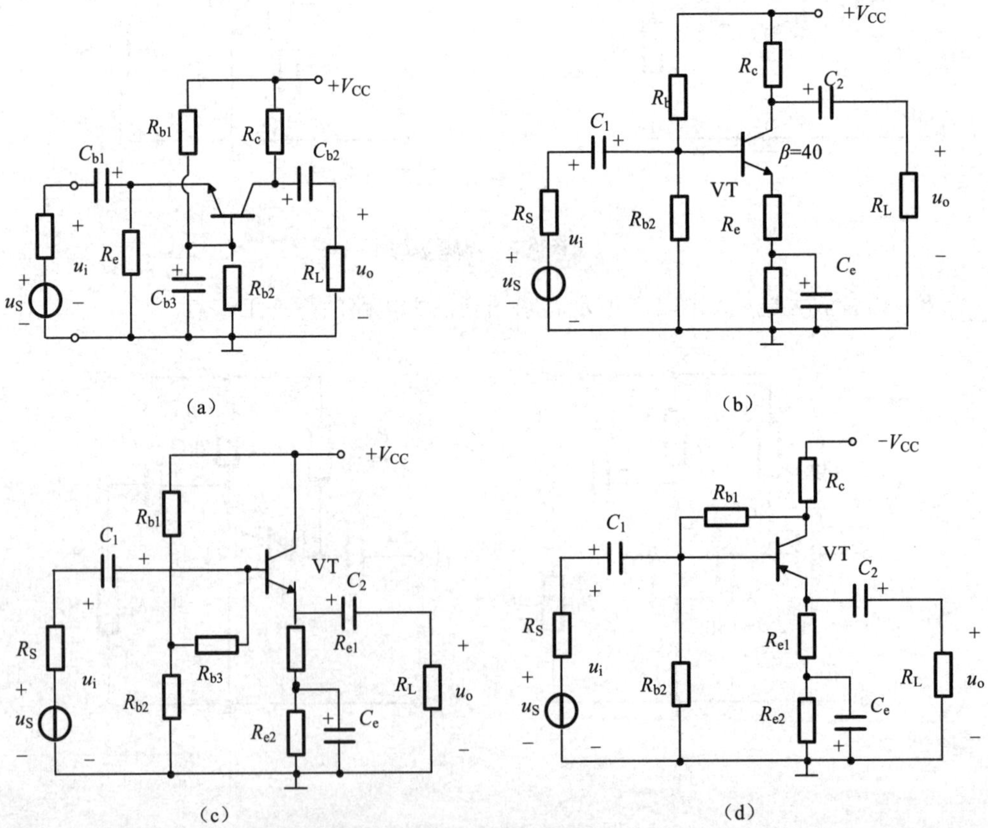

图 5.9 习题 5.11 图

5.12　功率放大器的中间级放大电路如图 5.10 所示。设所有电容对交流均视为短路，$U_{BEQ}=0.7V$，$\beta=40$。（1）计算静态工作点 Q 的数值；（2）画出小信号等效电路；（3）求电路的输入电阻 R_i、输出电阻 R_o、电压放大倍数 $\dot{A}_u$。

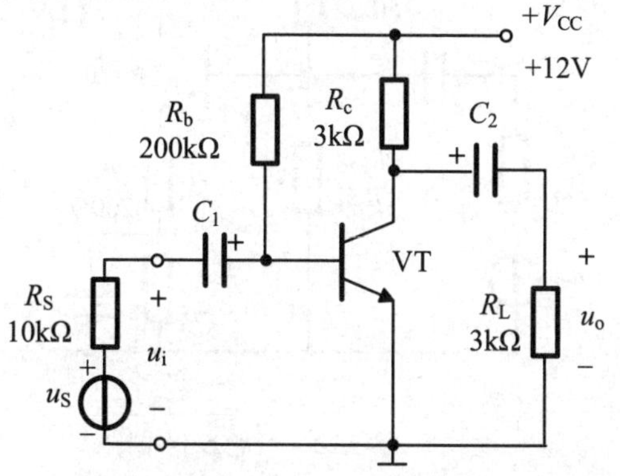

图 5.10　习题 5.12 图

5.13　可以抑制温度漂移的音频放大电路中间级放大电路如图 5.11 所示。设所有电容对交流均视为短路，$U_{BEQ}=0.7V$，$\beta=100$，U_{CES}=0.5V。（1）估算电路的静态工作点；（2）求电路的输入电阻 R_i 和输出电阻 R_o；（3）求电路的电压放大倍数 $\dot{A}_u$。

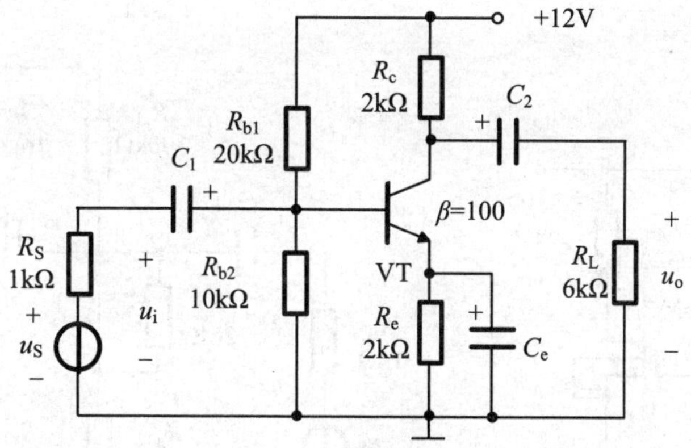

图 5.11　习题 5.13 图

5.14　具有稳定工作点的音频放大电路中间级放大电路如图 5.12 所示，设所有电容对交流均视为短路。已知 $U_{BEQ}=0.7V$，$\beta=80$。（1）估算静态工作点；（2）画出小信号等效电路图；（3）求放大电路输入电阻 R_i 和输出电阻 R_o；（4）计算交流电压放大倍数 $\dot{A}_u$。

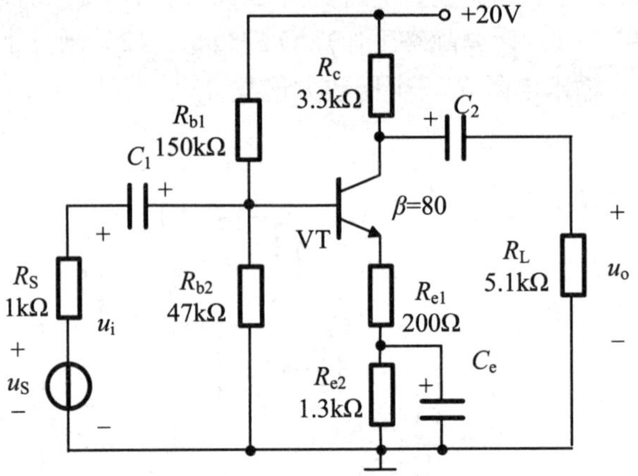

图 5.12　习题 5.14 图

5.15　画出 $U_T = 8V$，$K = 0.2mA/V^2$ 的 MOSFET 场效应管的转移特性曲线。

5.16　音频放大器电路如图 5.13 所示，MOSFET 的 $U_{th} = 2V$，$K_n = 50mA/V^2$，确定电路 Q 点的 I_{DQ} 和 U_{DSQ} 值。

5.17　音频放大器电路如图 5.14 所示。场效应管工作于放大状态，r_{ds} 忽略不计，电容对交流视为短路，跨导为 $g_m = 1ms$。（1）画出电路的交流小信号等效电路；（2）求输入电阻 R_i 和输出电阻 R_o；（3）求电压放大倍数 $\dot{A}_u$ 和源电压放大倍数 $\dot{A}_{us}$。

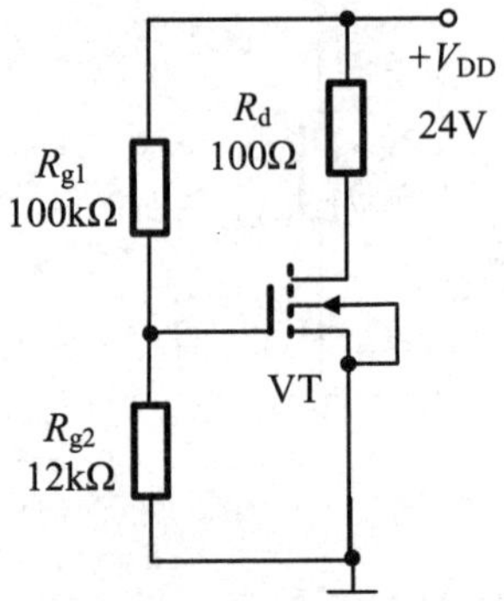

图 5.13　习题 5.16 图

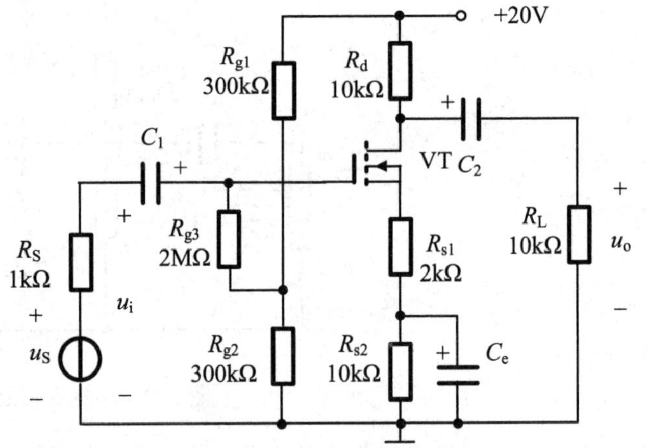

图 5.14　习题 5.17 图

第 6 章　集成运算放大器

实际应用时，为了得到足够大的放大倍数或考虑到对输入电阻、输出电阻等性能指标的特殊要求，放大电路往往由多级电路组成。集成运算放大器（Integrated Operational Amplifier）是由多级直接耦合（把前、后级放大电路直接相连）放大电路组成的高增益、高性能模拟集成电路。例如典型的通用型运算放大器 F007、CF358 等。

本章主要介绍集成运算放大器的概述、单元电路，以及集成运算放大器的符号、电压传输特性和等效电路、理想集成运算放大器。

6.1　集成运算放大器的概述

6.1.1　集成运算放大器

集成运算放大器以半导体单晶硅为芯片，把三极管、场效应管、二极管、电阻和电容等各个电子器件在相同的工艺条件和工艺流程下制造在一块硅片上，组成一个内含多级放大电路的高增益、高性能模拟集成电路。集成运算放大器最初多用于各种模拟信号的运算(如比例、求和、求差、积分、微分……)上，故而得名，简称集成运放。集成运放通常被设计成通用模块，以适应于各种不同的应用要求，广泛用于模拟信号的处理和产生电路之中，因为其高性能、低价位、小体积、低功耗，所以在大多数情况下，已经取代了分立元件放大电路。

6.1.2　集成运算放大器的特点及组成

由于采用集成工艺，所以可以使相邻元器件具有良好的对称性和同向偏差，且采用三极管电路，使得集成运放的性能十分优越。理想的集成运放应该具有电压增益高、输入电阻大、输出电阻小、工作点漂移小等特点。集成运放的型号各异，但用得最为普遍的是通用型集成运放，其内部电路一般为差分输入级、放大中间级和互补输出级，并带有各种各样的电流源电路。归纳起来，集成运放有如下特点。

① 目前，在集成电路工艺中难于制造电感元件和大容量的电容元件，所以集成运放中各级均采用直接耦合方式。

② 利用对称结构改善电路性能。因为相邻元器件具有良好的对称性，所以受环境温度和干扰等影响后的变化也相同，如差分输入级电路、电流源电路等。

③ 增加元器件并不增加制造工序，即电路的复杂化并不会使工艺过程复杂化，所以集成运放允许采用复杂的电路形式，以达到提高各方面性能的目的。集成运放中的二极管往往用三极管改接而成。

④ 硅片上不能集成高阻值电阻，所以尽可能用有源器件代替电阻（恒流源电路当作偏置电路或有源负载）。

集成运放一般由输入级、中间级、输出级和偏置电路四部分组成，如图 6.1.1 所示。集成运放有两个输入端（u_P、u_N）和一个输出端 u_o 均以“地”为公共端。u_P（也记为 u_+）称为同相输入端，其电压极性与输出端的电压极性一致；u_N（也记为 u_-）称为反相输入端，其电压极性与输出端的电压极性相反。

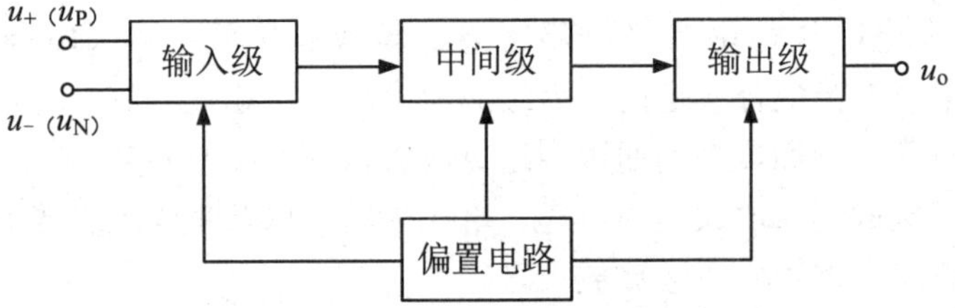

图 6.1.1　集成运放方框图

（1）输入级。

输入级又称前置级，它通常是一个采用对称结构的双端输入的高性能差分放大电路。采用差分放大电路的原因是为了提高对输入干扰、电路噪声等的抑制能力，一般要求其输入电阻高，差模电压放大倍数大，抑制共模信号的能力强，静态电流小。输入级的好坏直接影响集成运放的大多数性能参数。

（2）中间级。

中间级是整个放大电路的主放大电路，其作用是使集成运放具有较强的放大能力，多采用共射（或共源）放大电路。而且，为了提高电压放大倍数，经常采用复合管作为放大管，以电流源电路作为集电极负载。其电压放大倍数可达千倍以上，同时为了保证放大电路具有良好的线性特性，还在中间级设置一些补偿措施。

（3）输出级。

输出级应提供较宽的动态电压输出范围，并且具有输出电阻小（带负载能力强）、非线性失真小等特点。因此集成运放的输出级多采用互补功率放大电路，减小了静态电流，提高了放大倍数，使输出得到更大的功率。

（4）偏置电路。

偏置电路用于为集成运放各级设置静态工作点。与分立元件不同，集成运放采用电流源电路为各级提供合适的集电极（或发射极、漏极）静态工作电流，使其具有合适的静态工作点。

6.2　集成运算放大器中的单元电路

对于中间级的共射（或共源）放大电路的基本内容已在第 5 章做了讲解，本节主要对直接耦合放大电路的零点漂移现象及其他部分单元电路的基本原理加以阐述。

6.2.1　直接耦合放大电路的零点漂移现象

工业控制中的很多物理量均为模拟量，如温度、流量、压力、液面、长度等，它们通过各种不同传感器转化成的电量也均为变化缓慢的非周期性信号，而且比较微弱，因而这类信号一般均需通过直接耦合放大电路放大后才能驱动负载。

但在直接耦合放大电路中，即使将输入端短路（静态时），用灵敏的电压表测量输出端，也会有变化缓慢的输出电压，如图 6.2.1 所示，这种输入电压为零而输出电压的变化不为零的现象称为零点漂移现象（简称零漂）。

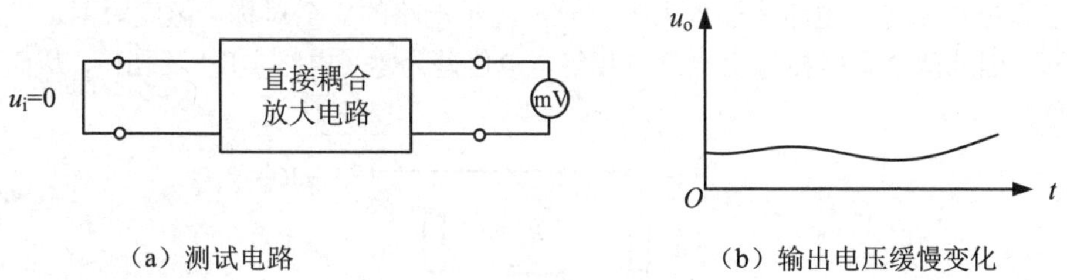

（a）测试电路　　（b）输出电压缓慢变化

图 6.2.1　零点漂移现象

在放大电路中，任何元件参数的变化，如电源电压的波动、元件的老化、半导体元件参数随温度变化而产生的变化，都将产生零点漂移。采用高质量的稳压电源和经过老化处理的元件就可以大大减小由此而产生的漂移。其中，由温度变化所引起的半导体器件参数的变化就成为产生零点漂移现象的主要原因，因此，零点漂移也称为温度漂移，简称温漂。

在阻容耦合放大电路中，这种缓慢变化的漂移电压会因电容的隔直通交特性，而不会传递到下一级电路被进一步放大。但是，在直接耦合放大电路中，由于前后级直接相连，前一级的漂移电压会和有用信号一起被送到下一级，而且逐级放大，以至于有时在输出端影响有用信号，更甚者，漂移电压会使输出级放大电路进入截止区或饱和区，使得放大电路不能正常工作。

很显然，对于直接耦合放大电路，必须采取措施抑制温度漂移。稳定静态工作点的方法也是抑制温度漂移的方法。因为从某种意义上讲，温度漂移就是 Q 点的漂移，因此抑制温度漂移的主要方法如下。

① 硅管的集电结反向饱和电流要比锗管小好几个数量级，因此目前高质量的直流放大电路几乎都采用硅管。另外，三极管的制造工艺也很重要，所以必须严格挑选合格的半导体器件。

② 在电路中引入直流负反馈，如图 5.3.2 所示的静态工作点稳定电路中射极电阻所起的作用。

③ 采用温度补偿，利用热敏元件来抵消放大管的变化。

④ 受温度补偿法的启发，采用两个型号特性相同的管子，使它们的温度漂移相互抵消，构成“差分放大电路”，这是在直接耦合放大电路中，抑制温度漂移最有效的方法。

6.2.2 差分放大电路

差分放大电路利用电路参数的对称性和负反馈作用，有效地稳定静态工作点，以抑制相同的输入信号、放大两个输入信号之差为显著特征，是构成集成运放的基本单元电路，常作为集成运放的输入级。

1. 电路组成

设计思想是利用两个元件参数及管子特性都完全相同的电路对称相接，以两个管子的集电极电位差作为输出，构成一个双端输入双端输出的电路，如图 6.2.2 所示。当两个输入端的输入电位相等（电路净输入为零）时，由于电路的完全对称，温度对两边电路的影响也相同，因此两个集电极输出电位也相等，电位差为零（电路实现零输出），从而克服了温度漂移。

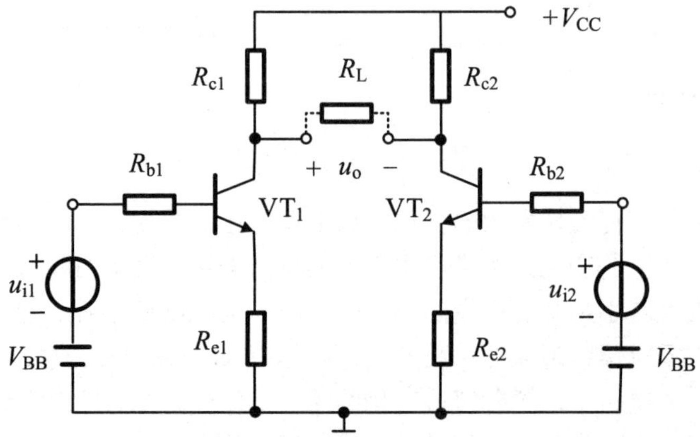

图 6.2.2 对称式电路

为了简化电路，便于调节 Q 点，增强对有用信号的放大能力，将 R_{e1} 和 R_{e2} 并成为 R_e；同时，为了使电源与信号源“共地”，差分放大电路改成双电源，如图 6.2.3 所示。由于电路像拖了一个长尾巴，因此称为长尾式差分放大电路。

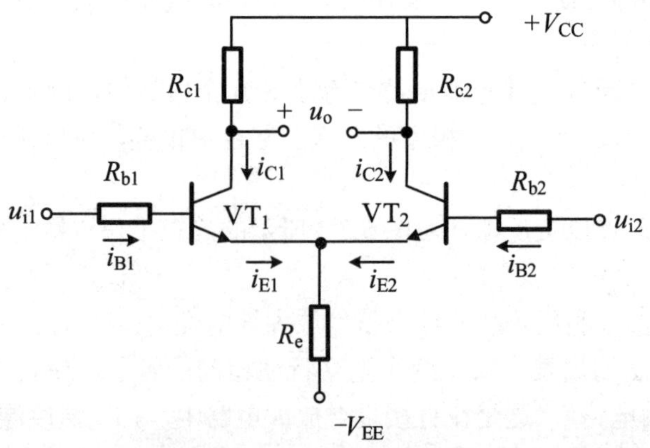

图 6.2.3 长尾式差分放大电路

由于差分放大电路的设计思想就是利用两个元件参数及管子特性完全相同的电路对称相接，因此对于差分放大电路的分析，多是在两边电路理想对称情况下进行的。由于实际电阻的阻值误差各不相同，特别是三极管的特性不可能完全一样，任何分立元件差分放大电路的参数不可能理想对称，也就不可能完全抑制零点漂移；而在集成电路中，由于相同元件具有良好的对称性，故能够实现趋于参数理想对称的差分放大电路。

2. 共模信号和差模信号输入时的电路分析

（1）共模信号（Common-mode Signal）。

在图 6.2.3 所示电路中，当 u_{i1} 与 u_{i2} 大小相等、极性相同时，由于电路参数对称，VT_1 和 VT_2 所产生的电流变化相等，因此集电极电位的变化也相等，所以图中所标注的输出电压 u_o 为零，即当两输入端信号相同时，电路没有输出信号。

这种大小相等、极性相同的信号，称为共模信号（u_{ic}）。常把温度、噪声等对两边电路造成相同漂移的信号折算到输入端等效成共模信号。

输入共模信号时的电压放大倍数称为共模放大倍数，记作 A_c，定义为

$$A_c = \frac{u_{oc}}{u_{ic}} \tag{6.2.1}$$

式中，u_{ic} 为共模输入电压，u_{oc} 是 u_{ic} 作用下的输出电压。

当共模信号作用于电路时，两个管子发射极电流的变化量相等，即 $i_{e1}=i_{e2}=i_e$，因而 R_e 的电流变化量为 2 倍的 i_e，$u_e=i_e(2R_e)$，所以对于每边三极管而言，发射极的等效电阻为 $2R_e$，交流通路如图 6.2.4 所示。

差分放大电路对共模信号具有很强的抑制作用，不但利用了电路参数对称性所起的补偿作用，使两个三极管的集电极电位变化相等；而且还利用了发射极电阻 R_e 对共模信号的负反馈作用，抑制了每个三极管集电极电流的变化，从而抑制集电极电位的变化。在图 6.2.4 所示的电路中，若电路参数理想对称，则共模输出电压为零，即共模放大倍数为

$$A_c = 0 \tag{6.2.2}$$

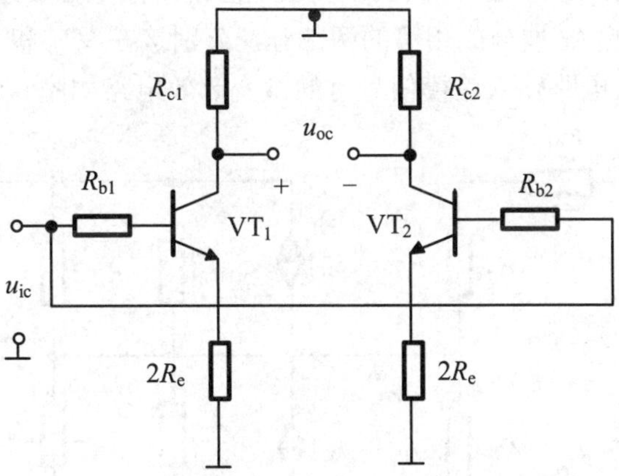

图 6.2.4　长尾式差分放大电路共模信号输入时的等效交流通路

（2）差模信号（Differential-mode Signal）。

为使信号 u_{id} 得以放大，将其分成大小相等的两部分，按相反极性加在电路的两个输入

端，如图 6.2.5 所示，即 $u_{i1}=u_{id}/2$，$u_{i2}=-u_{id}/2$，中间相当于“地”点。这种大小相等、极性相反的信号称为差模信号。

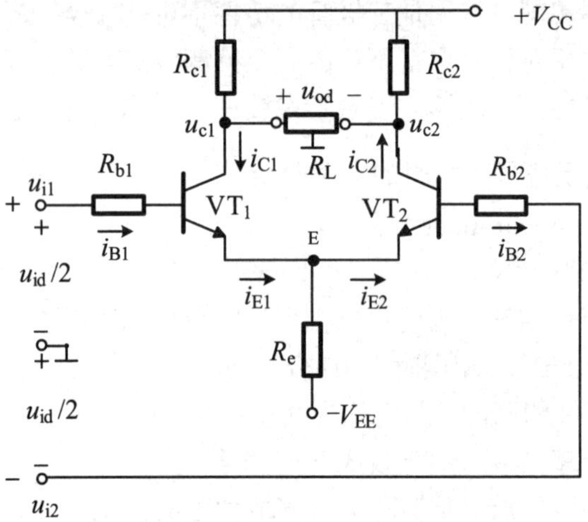

图 6.2.5　差分放大电路输入差模信号

输入差模信号时的电压放大倍数称为差模放大倍数，记作 A_d，定义为

$$A_d=\frac{u_{od}}{u_{id}} \tag{6.2.3}$$

式中，$u_{id}=u_{i1}-u_{i2}$，是两个输入信号之差，称为差模输入电压；u_{od} 是 u_{id} 作用下的输出电压。

在图 6.2.5 所示差分放大电路中，因为 $u_{i1}=-u_{i2}$，若电路参数理想对称，则对 VT_1 和 VT_2 所产生的电流变化大小相等而方向相反，因此集电极电位的变化也是大小相等且方向相反，即 $u_{c1}=-u_{c2}$，这样得到的输出电压 $u_{od}=u_{c1}-u_{c2}=2u_c$，从而实现电压放大。

当差模信号作用于电路时，两个三极管发射极电流的变化大小相等而方向相反，因此 R_e 上的电流变化量为 0，其上电压保持不变，故而 E 点电位在差模信号作用下不变，交流通路中相当于恒压源因此接“地”；又由于负载电阻的中点电位在差模信号作用下也不变，也相当于接“地”，因此 R_L 被分成相等的两部分，分别接在 VT_1 和 VT_2 管的集电极和发射极之间，所以差分放大电路输入差模信号时的微变等效电路如图 6.2.6 所示。

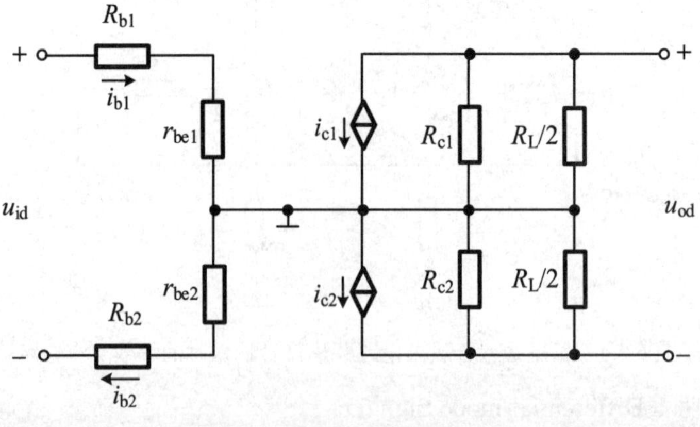

图 6.2.6　差分放大电路输入差模信号时的微变等效电路

$$A_d = -\frac{\beta\left(R_c // \frac{R_L}{2}\right)}{R_b + r_{be}} \tag{6.2.4}$$

由式（6.2.4）可见，虽然差分放大电路用了两只三极管，但它的电压放大能力只相当于单管共射放大电路。差分放大电路是以牺牲一个三极管的放大倍数为代价来换取抑制温漂效果的。

根据输入电阻的定义，从图 6.2.6 可以看出电路的差模输入电阻为

$$R_{id}=2(R_b + r_{be}) \tag{6.2.5}$$

它是单管共射放大电路输入电阻的两倍。

电路的差模输出电阻

$$R_{od}=2R_c \tag{6.2.6}$$

也是单管共射放大电路输出电阻的两倍。

3. 共模抑制比

任意两个输入信号 u_{i1} 和 u_{i2} 都可以分解为一对共模信号和一对差模信号的叠加：差模输入电压 u_{id} 是两个输入信号之差，而共模信号 u_{ic} 是两者的算术平均值，即

$$u_{id}= u_{i1}-u_{i2} \tag{6.2.7}$$

$$u_{ic}=\frac{u_{i1}+u_{i2}}{2} \tag{6.2.8}$$

当用差模信号和共模信号表示两个输入电压时，将上述两式进行线性变换，有

$$u_{i1}=u_{ic}+\frac{u_{id}}{2} \tag{6.2.9}$$

$$u_{i2}=u_{ic}-\frac{u_{id}}{2} \tag{6.2.10}$$

上述分析的差分放大电路，仅对两个任意输入信号 u_{i1} 和 u_{i2} 之差即差模输入电压有放大作用，因此也有文献称为差动放大电路。所谓“差动”，是指只有当两个输入端之间的电位有差别（变化量）时，输出电压才有变动（变化量）的意思。

为了综合考察差分放大电路对差模信号的放大能力和对共模信号的抑制能力，特引入了一个指标参数——共模抑制比，记作 K_{CMR}，定义为

$$K_{CMR}=\left|\frac{A_d}{A_c}\right| \tag{6.2.11}$$

其值愈大，说明电路性能愈好。实际上也常用分贝（dB）来表示，即

$$K_{CMR}(dB)=20\lg\left|\frac{A_d}{A_c}\right|(dB) \tag{6.2.12}$$

在图 6.2.3 所示电路中，若电路参数理想对称，由于 $A_c = 0$，则 $K_{CMR} = \infty$。

4. **差分放大电路的四种接法**

在实际应用中，为了防止干扰，常将两个输入端的一端接地，信号源加在另一端和地之间的接法称为“单端输入”；而在图 6.2.3 所示电路中，两个输入端均没有接地点，称为“双端输入”。

为了便于差分放大电路的输出直接连到下一级放大，以及负载的安全，有时输出端仅由一端取出，另一端接地，这种输出方式称为“单端输出”；而在图 6.2.3 所示电路中，两个输出端均没有接地点，称为“双端输出”。

因此，根据输入端和输出端接地情况不同，差分放大电路共有四种接法，即除图 6.2.3 所示的双端输入双端输出电路外，还有双端输入单端输出、单端输入双端输出和单端输入单端输出。

（1）双端输入单端输出。

如图 6.2.7 所示，信号源加在两个输入端，均未接地；输出信号取自一端，另一个输出端接地，这是双端输入单端输出接法。虽然输入回路参数取值对称，但输出回路已经不再对称，因此影响了静态工作点和动态参数。

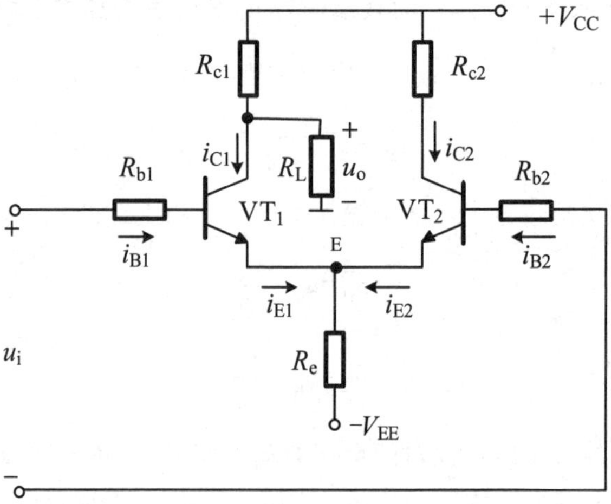

图 6.2.7　双端输入单端输出差分放大电路

当输入共模信号时，交流通路与图 6.2.4 所示相似，区别是输出另一端接地。两个三极管发射极电流的变化大小相等方向相同，对于每边三极管而言，发射极电阻的电流变化量为 2 倍，因此与输出电压相关的 VT_1 边电路的发射极的等效电阻为 $2R_e$，对共模信号的微变等效电路如图 6.2.8（a）所示。由于电路参数理想对象，可分析共模放大倍数为

$$A_c = -\frac{\beta(R_c // R_L)}{R_b + r_{be} + 2(1+\beta)R_e} \tag{6.2.13}$$

当输入差模信号时，两个三极管发射极电流的变化大小相等而方向相反，因此发射极电阻的电流变化量为零，其电压保持不变，故 E 点电位在差模信号作用下不变，交流通路

中相当于恒压源接地；与双端输出电路相比，只有单边 VT_1 集电极电位的变化量加在负载电阻上，因此差模放大倍数数值减小，但要注意，因负载电阻全部加在单边上，单端输出电路的差模放大倍数并非是双端输出电路的完全减半。对差模信号的微变等效电路如图 6.2.8（b）所示。由于电路参数理想对象，可分析差模放大倍数为

$$A_d = -\frac{\beta(R_c // R_L)}{2(R_b + r_{be})} \tag{6.2.14}$$

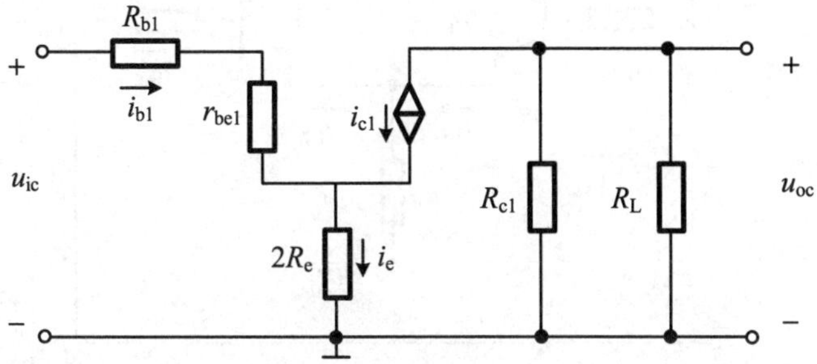

（a）对共模信号的微变等效电路

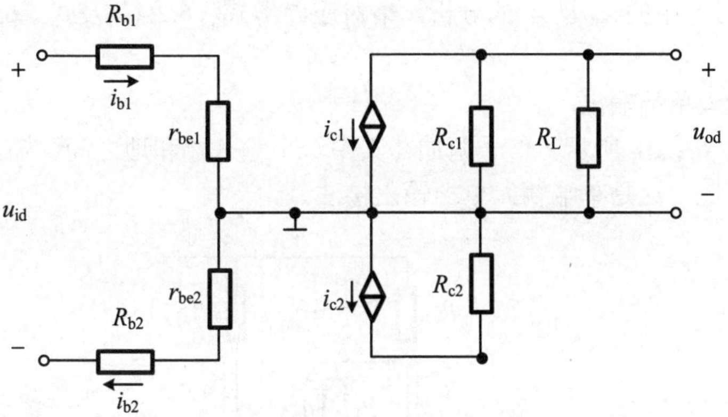

（b）对差模信号的微变等效电路

图 6.2.8　双端输入单端输出微变等效电路

（2）单端输入双端输出。

其电路如图 6.2.9 所示，信号源加在其中一个输入端和地之间；输出信号取自两个输出端，均未接地，这是单端输入双端输出接法。分析此种接法的电路，不妨可以将它看成一种特殊的双端输入，即 $u_{i1}=u_i$，$u_{i2}=0$，因此单端输入双端输出与双端输入双端输出电路的静态工作点及动态参数的分析完全相同。

它们的区别在于：单端输入在输入差模信号的同时，总伴随着共模信号的输入 $\frac{u_i}{2}$。因此，在共模放大倍数 A_c 不为零时，输出电压中不仅有差模信号作用而得到的差模输出电压，而且还有共模信号作用得到的共模输出电压，即输出电压

$$u_o = A_d \cdot u_i + A_c \cdot \frac{u_i}{2} \tag{6.2.15}$$

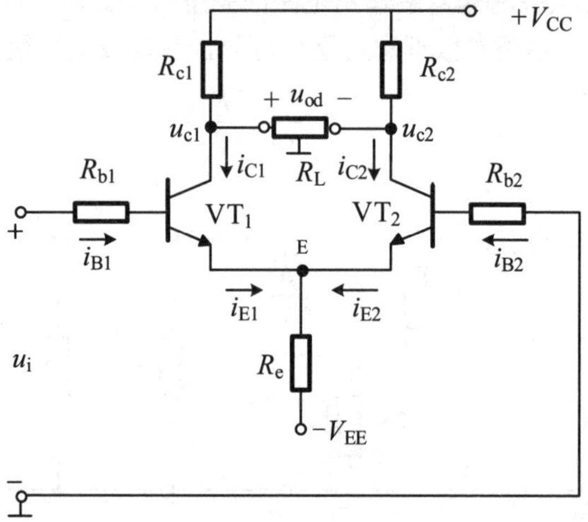

图 6.2.9　单端输入双端输出差分放大电路

对式（6.2.15）中的 A_d 及 A_c 的分析，请对应参考式（6.2.4）及式（6.2.2）的分析计算过程。

（3）单端输入单端输出。

其电路如图 6.2.10 所示，信号源加在其中一个输入端和地之间；输出信号取自一端，另一个输出端接地，这是单端输入单端输出接法。

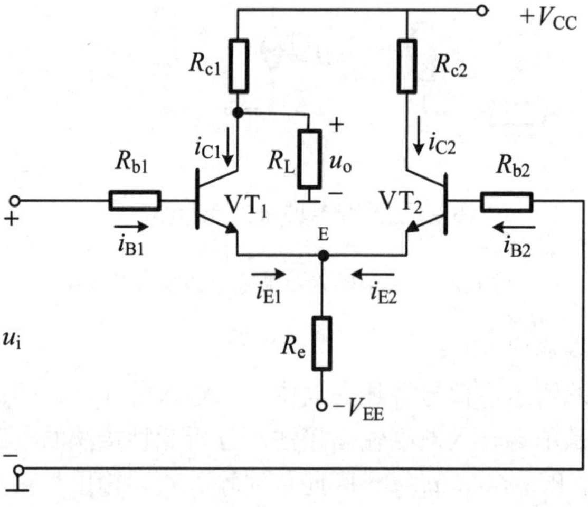

图 6.2.10　单端输入单端输出差分放大电路

因为单端输入可以看成一种特殊的双端输入，因此分析此种接法的电路，其静态工作点以及动态参数的分析与双端输入单端输出的差分放大电路完全相同，所以对 A_c 及 A_d 的分析，可参考式（6.2.13）及式（6.2.14）的分析过程。

（4）特点分析。

综合上述分析，差分放大电路四种接法的特性如表 6.2.1 所示。

表 6.2.1　差分放大电路四种接法的特性

接　法	差模输入电阻	差模输出电阻	差模放大倍数 A_d	共模放大倍数 A_c
双端输入双端输出	$R_{id}=2(R_b+r_{be})$	$R_{od}=2R_c$	$A_d=-\dfrac{\beta\left(R_c//\dfrac{R_L}{2}\right)}{R_b+r_{be}}$	$A_c=0$
单端输入双端输出	同上	同上	同上	同上
双端输入单端输出	同上	$R_o=R_c$	$A_d=-\dfrac{\beta(R_c//R_L)}{2(R_b+r_{be})}$	$A_c=-\dfrac{\beta(R_c//R_L)}{R_b+r_{be}+2(1+\beta)R_e}$
单端输入单端输出	同上	同上	同上	同上

可以看出，四种接法的差分放大电路，其动态参数有如下特点。

① 单端输入可以看成一种取值特殊的双端输入，因此四种接法的差分放大电路的差模输入电阻均为 $R_{id}=2(R_b+r_{be})$；共模输入电阻 $R_{ic}=R_b+r_{be}+2(1+\beta)R_e$ 远大于差模输入电阻。

② 单端输入时，在差模信号输入的同时总伴随着共模信号输入。

③ 差分放大电路的性能（A_d、A_c、R_o）与输入方式无关，只与输出方式有关。

当输入、输出接法不同时，放大电路的性能也不尽相同。采用何种接法的差分放大电路，一般应从各级电路实际考虑。例如，当用于将差模信号转换为单端信号，以便与后面的放大级相连实现放大时，常用双端输入单端输出；当要将单端信号转换为双端输出，以便作为下一级的差分输入信号时，常用单端输入双端输出。

6.2.3　电流源电路

集成运放电路中的三极管和场效应管，除了作为放大管外，还构成电流源电路，为各级提供合适的静态电流；或者作为有源负载取代高阻值的电阻，从而提高放大电路的放大能力。本节将介绍基本的电流源电路及有源负载的应用。

1.　基本电流源电路

（1）三极管电流源电路。

三极管电流源电路是模拟集成电路中广泛使用的一种单元电路，如图 6.2.11（a）所示。

当电源及电阻参数确定时，基极电位 V_B 固定（I_B 一定），可知 I_C 基本恒定；从三极管的输出特性曲线（见图 5.1.4）可知，放大区部分近似水平，即交流电阻比较大，$r_{ce}=\dfrac{\Delta u_{ce}}{\Delta i_c}$，一般可以达到几十千欧至几百千欧，等效电路如图 6.2.11（b）所示，I_C 具有近似恒流的性质。

显然，对三极管电流源电路的主要要求：一是能输出符合要求的直流电流；二是交流电阻 r_{ce} 尽可能大。

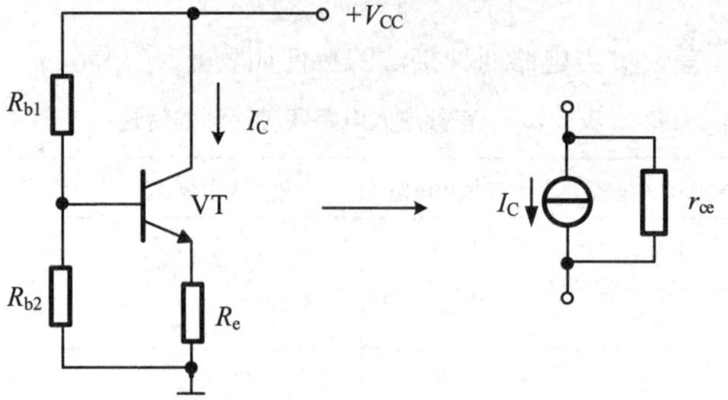

（a） 电路　　　　（b）等效电路

图 6.2.11　三极管电流源电路及其等效电路

（2）镜像电流源电路。

图 6.2.12 所示为镜像电流源电路，它由两只特性完全相同的三极管 VT_1 和 VT_2 构成。由于 VT_1 的集电极电位与基极电位相等，即管压降 U_{CE1} 与基极和发射极间电压 U_{BE1} 相等，从而保证 VT_1 管工作在放大状态，而不进入饱和状态，故集电极电流 $I_{C1}=\beta_1 I_{B1}$；图中 VT_1 和 VT_2 的基极、发射极分别接在一起，其间电压相等，故基极电流 $I_{B1}=I_{B2}=I_B$；由于电流放大系数 $\beta_1=\beta_2=\beta$，故集电极电流 $I_{C1}=I_{C2}=I_C=\beta I_B$，又 $I_R=I_{C1}+I_{B1}+I_{B2}=I_C+\dfrac{2I_C}{\beta}$，即

$$I_C=\frac{\beta}{\beta+2}I_R \tag{6.2.16}$$

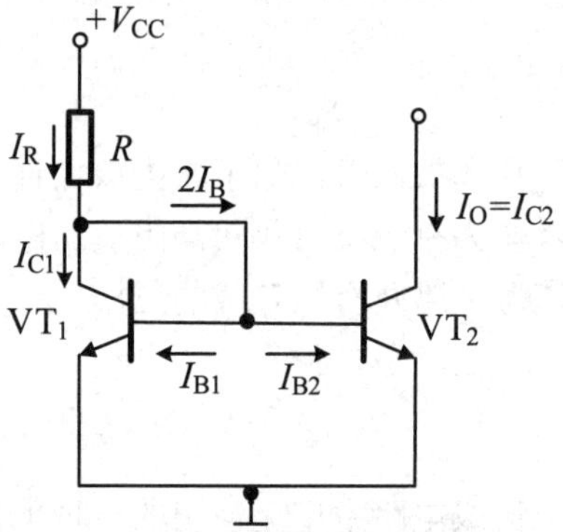

图 6.2.12　镜像电流源电路

若$\beta \gg 2$ 时，输出电流

$$I_O=I_C\approx I_R=\frac{V_{CC}-U_{BE}}{R} \tag{6.2.17}$$

式（6.2.17）表明，只要 I_R 一定，I_O 就恒定并与之近似相等，如同 I_R 的镜像，因此该电路称为镜像电流源电路。一般称 I_R 为基准电流，改变 I_R，I_O 也跟着变化。

（3）比例电流源电路。

在实际应用中，经常需要 I_O 和 I_R 成特定比例，图 6.2.13 是带有发射极电阻的镜像电流源，同样由两个特性完全相同的三极管 VT_1 和 VT_2 构成。

由电路可知

$$U_{BE1}+I_{E1}R_1=U_{BE2}+I_{E2}R_2 \tag{6.2.18}$$

只要β足够大，就可以认为$I_R\approx I_{E1}$，$I_O=I_{C2}\approx I_{E2}$，又由于 $U_{CE1}\approx U_{CE2}$，故式（6.2.18）可以整理为

$$I_O=I_{C2}\approx\frac{R_1}{R_2}I_R \tag{6.2.19}$$

I_R 为基准电流，只要合理选择两个射极电阻的阻值，就可得到与 I_R 成相应比例的 I_O，因此称为比例电流源电路。

（4）微电流源电路。

在有些情况下，要求得到极其微小的输出电流 I_O，在集成电路中，显然不适宜用大电阻，这时可令比例电流源中的 R_1=0，如图 6.2.14 所示，即可以在 R_2 不大的情况下得到微电流 I_{C2}。

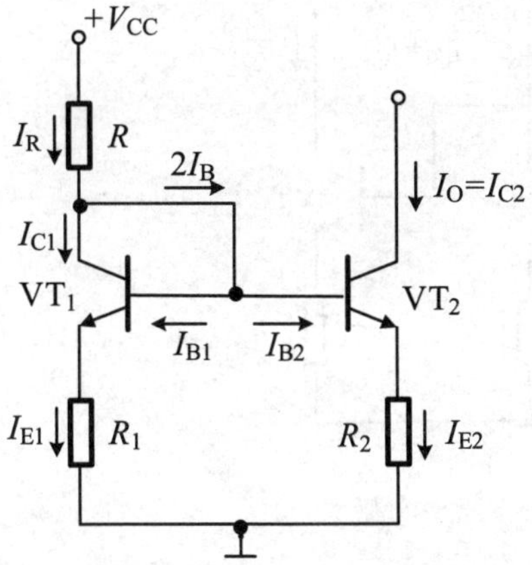

图 6.2.13　比例电流源电路

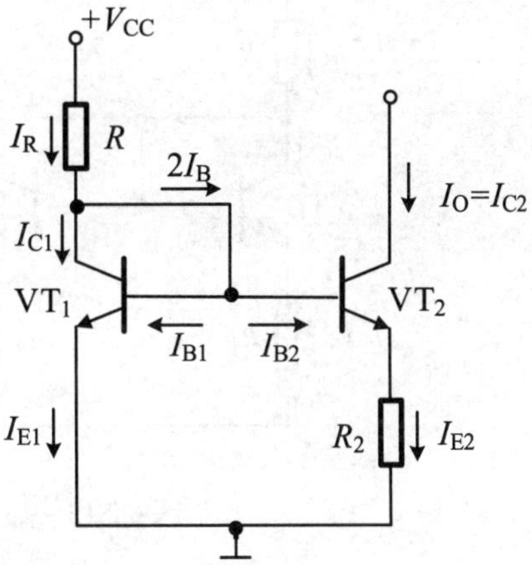

图 6.2.14　微电流源电路

由电路可知

$$I_{E2}=(U_{BE1}-U_{BE2})/R_2 \tag{6.2.20}$$

根据集电结特性又有$I_E\approx I_S e^{\frac{U_{BE}}{U_T}}$，可得

$$\frac{I_{E1}}{I_{E2}}\approx e^{\frac{(U_{BE1}-U_{BE2})}{U_T}} \tag{6.2.21}$$

整理式（6.2.20）和式（6.2.21），可得

$$U_{BE1}-U_{BE2}=U_T\ln\frac{I_{E1}}{I_{E2}}=I_{E2}R_2 \tag{6.2.22}$$

只要β是足够大的，可认为$I_{E2}\approx I_{C2}$，$I_{E1}\approx I_{C1}\approx I_R=\frac{V_{CC}-U_{BE1}}{R}$，最后整理得

$$I_{C2}=\frac{U_T}{R_2}\ln\frac{I_R}{I_{C2}} \tag{6.2.23}$$

在已知R_2的情况下，式（6.2.23）对I_{C2}而言是超越方程，可以通过图解法或累试法求解。实际上设计电路时，一般首先确定I_R和I_{C2}，然后选定R和R_2。

2. 多路电流源电路

集成运放是一个多级放大电路，因此需要多路电流源分别给各级提供合适的静态电流。可以利用同一个基准电流去获得多个不同的输出电流，以适应各级的需要。图6.2.15所示电路是在比例电流源电路的基础上得到的多路电流源，I_R为基准电流，I_{C2}、I_{C3}和I_{C4}为三路输出电流。由于各三极管的基极和发射极之间电压数值大致相等，因此可得近似关系

$$I_{E1}R_{E1}\approx I_{E2}R_{E2}\approx I_{E3}R_{E3}\approx I_{E4}R_{E4}$$

只要β足够大，就可以认为$I_R\approx I_{E1}$，各级只要选择合适的电阻，就可以得到所需电流。

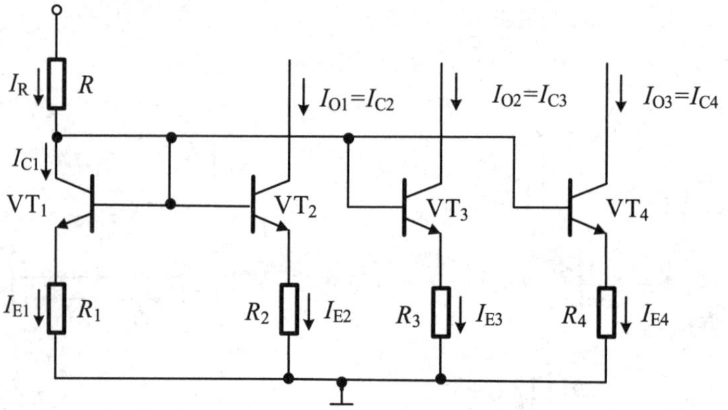

图6.2.15 基于比例电流源的多路电流源

图6.2.16所示为多集电极管构成的多路电流源电路，VT多为横向PNP管。当基极电流一定时，集电极电流之比等于它们的集电区面积之比。

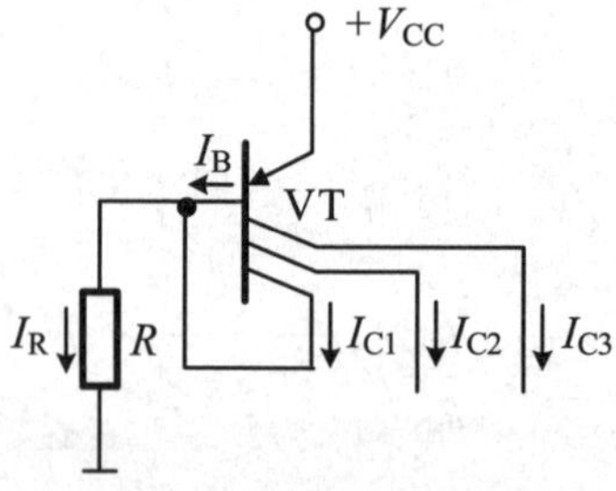

图6.2.16 多集电极管构成的多路电流源

3. 以电流源电路作为有源负载的放大电路

在共射（或共源）放大电路中，为了提高电压放大倍数的数值，直接的办法是增大集电极电阻 R_c（或漏极电阻 R_d）。但是 R_c 不能太大，一是不利于集成，二是随着 R_c 的增大，三极管的静态工作点更靠近饱和区，导致动态电压输出范围减小或容易产生失真，因此必须提高电源电压，而当电源电压增大到一定程度时，电路的设计就变得不合理了。出现上述问题的原因是集电极电阻在直流通路和交流通路中都起作用，而要求又不一致。试想，如果用一个直流电阻小、而交流电阻大的元件或电路取代集电极电阻，在电源电压不变的情况下，既可获得合适的静态电流，对于交流信号，又可得到很大的等效的 R_c（或 R_d），这个问题就解决了。而电流源电路就具有此特点，由于三极管（或场效应管）是有源元件，而在上述电路中又以它们作为负载，故称为有源负载。

图 6.2.17（a）所示为有源负载共射放大电路。VT_A 为放大管，VT_1 和 VT_2 构成镜像电流源，VT_2 是 VT_A 的有源负载。电路中并不需要很高的电源电压，只要 V_{CC} 与 R 相配合，就可设置合适的集电极电流 I_{CQ}。若负载电阻 R_L 很大，则 VT_A 和 VT_2 在微变等效电路中的集电极和发射极间的动态电阻 r_{ce} 和 r_{ce2} 就不能忽略不计，因此图 6.2.17（a）所示电路的微变等效电路如图 6.2.17（b）所示。

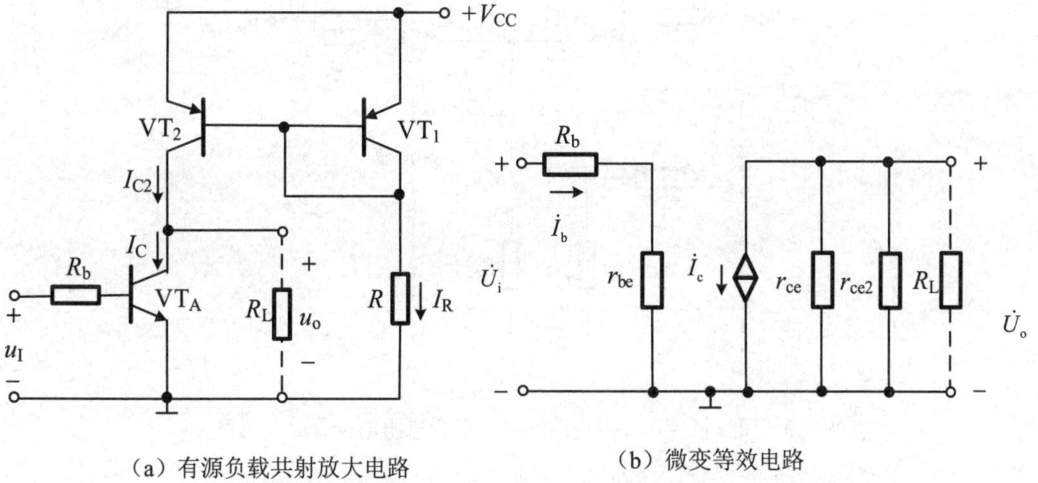

图 6.2.17　有源负载共射放大电路及其微变等效电路

应当指出，图 6.2.17（a）所示电路输入端的 u_I 中应含有直流分量，为 VT_A 提供静态基极电流，而不应与镜像电流源提供的 I_{C2} 产生冲突，而负载电阻 R_L 的变化也将引起 I_{CQ} 的变化。

4. 具有电流源电路的改进型差分放大电路

在差分放大电路中，特别是对于单端输出电路，发射极电阻 R_e 的值越大，就越可以有效地抑制温漂，提高共模抑制比。但 R_e 值的增大也是受限的，因为电路中要保持合适的静态电流，则随着 R_e 的增大，要求 V_{EE} 也要增大，这就要求差分管必须选择高耐压管，对于小信号放大电路显然是不合理的。而且，R_e 不能过大还有一个原因就是集成电路不易使用较大阻值的电阻。

可以考虑将长尾式差分放大电路中的发射极电阻 R_e 用三极管电流源电路代替，如图 6.2.18（a）所示，这是具有电流源电路的改进型差分放大电路，这是分立元件电路常用的形式。而在集成电路中，大多数采用镜像电流源、微电流源等。

由于没有动态信号作用到 VT_3，因此 I_{C3} 电流恒定，差分放大电路的发射极电路部分可以等效成一个恒流源，并且在理想情况下其输出内阻趋于无穷大，因此差分放大电路无论双端输出还是单端输出，共模电压放大倍数都可以近似为零，从而使共模抑制比趋于无穷大。这样改进的差分放大电路在不高的电源电压下既可以设置合适的静态工作点，又可以使电路具有较大的共模抑制比。

恒流源的具体电路多种多样，若用恒流源符号取代具体电路，则可得到如图 6.2.18（b）所示的差分放大电路。由于实际电路中难以做到理想的参数对称，常将一个阻值很小的电位器 R_W 加在两个三极管的发射极之间，调节电位器的滑动端位置使得当零输入时零输出。

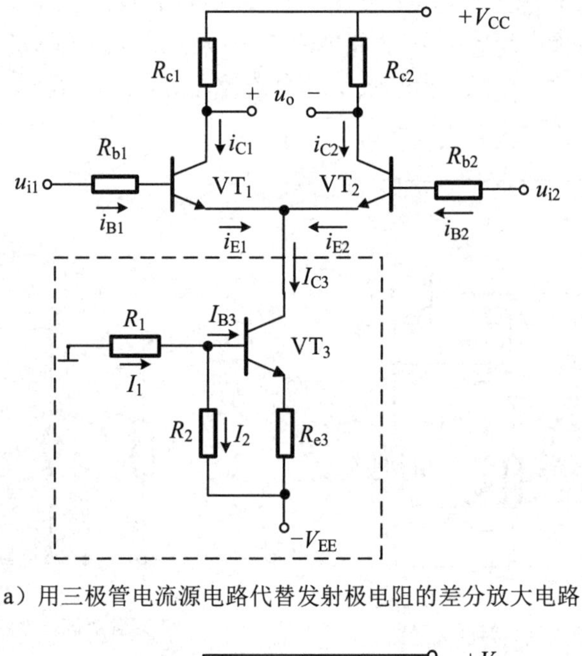

（a）用三极管电流源电路代替发射极电阻的差分放大电路

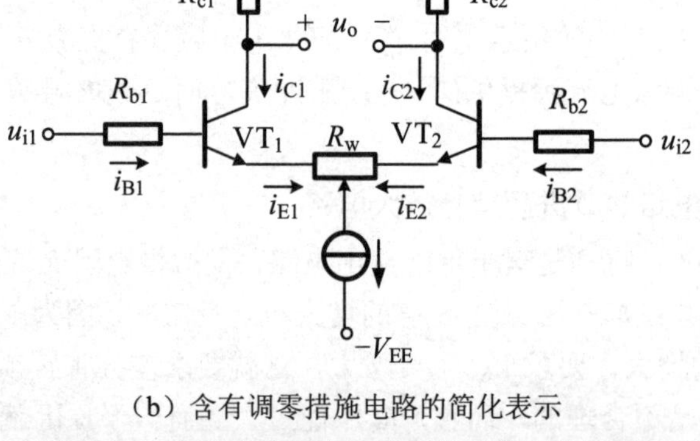

（b）含有调零措施电路的简化表示

图 6.2.18　具有电流源电路的改进型差分放大电路

6.2.4　功率放大电路

前面讨论的放大电路，如共射、共集、共基、差分电路等，均属于小信号放大电路，即在输入信号整个周期内，放大管（一般选择小功率管）始终工作在线性区，利用微变等效模型进行分析；在实用电路中，放大电路的输出级不要求电压放大能力，但能提供一定的功率，以驱动负载工作（如驱动收音机中的扬声器发声、驱动仪表使指针偏转），并减少对前级的影响。为此，集成运放的输出级一般采用互补对称输出电路，这种能够向负载提供足够大的输出功率的放大电路称为功率放大电路，简称功放。

功率放大电路与其他放大电路在本质上都是能量转换电路，但是，功放既不是单纯追求输出高电压，也不是单纯追求输出大电流，而是追求在电源电压确定的情况下，输出尽可能大的功率。因此，在电路的组成、分析方法、器件的选择上，与小信号的电压放大电路有明显的不同。

在功率放大电路中，为使输出功率尽可能大，所以功率放大电路的输出电压和输出电流幅值均很大，电路工作在大信号状态；从能量控制角度看，是利用有源器件将直流电源的直流能量转化为负载所需的信号能量，希望能量转化效率高，因此要求功率放大管工作在近极限（不失真的限度）状态，故而功率放大管特性的非线性不可忽略。在分析功率放大电路时，不能采用仅适用于小信号的交流等效电路法，而应采用图解法，其主要特点整理如下。

① 输出功率大：根据负载要求，提供尽可能大的输出功率。

② 效率要高：具有较高的效率，即将电源提供的功率转换为更多有用的信号功率。

③ 非线性失真要小：电路在大信号下工作，功率放大管一般都工作在近极限状态，输出信号不可避免会有非线性失真，而且输出功率越大，非线性失真越严重。一般需要根据负载的要求来选择允许的失真度范围，尽量减小非线性失真。

④ 分析方法不同：因功率放大管的非线性不可忽略，并且电路工作在大信号状态，故不能采用前面讲的小信号等效电路的分析方法，一般采用图解法进行分析。

⑤ 参数选择：在功率放大电路中，有相当大的功率以热能的形式消耗在有源器件上，因此必须注意功率器件的正确选择以保证安全工作。

对于放大电路的输出级，一般有两个基本要求：一个是输出电阻低带负载能力强；另一个是最大不失真输出电压尽可能大，直流功耗小。分析所学过的各种基本放大电路，共集放大电路满足前一要求，但它带上负载后静态工作点会产生变化，且输出不失真电压也将减小。为了满足上述要求，并且做到输入电压为零时输出电压为零，便产生了双向跟随的互补输出级。

图 6.2.19 所示为互补输出级的基本电路——无输出电容直接耦合的功放电路（Output Capacitor Less，OCL）。虽然 VT_1 为 NPN 型管，VT_2 为 PNP 型管，但是要求其参数相同，特性对称。

静态时，输入电压为零，输出电压为零，静态工作点设置在截止区。设输入电压 u_i 为正弦波，三极管为理想的。当 $u_i > 0$ 时，VT_1 导通，VT_2 截止，VT_1 以射极输出形式将正半周信号传递到负载，$u_o = u_i$。此时正电源 $+V_{CC}$ 供电，电流通路如图 6.2.19 中实线所示。与此相反，当 $u_i<0$ 时 VT_1 管截止，VT_2 管导通，VT_2 管以射极输出形式将负半周信号传递到负载，$u_o=u_i$。此时负电源 $-V_{CC}$ 供电，电流通路如图 6.2.19 中虚线所标注。这样，VT_1 与 VT_2 以互补的方式工作在各自的半个周期内，形成交替工作，而正、负电源交替供电，电路实现了双向跟随。这种电路的输入电阻高、输出电阻大、带负载能力强，也扩大了输出电压的动态范围，满足集成运放输出级的要求。

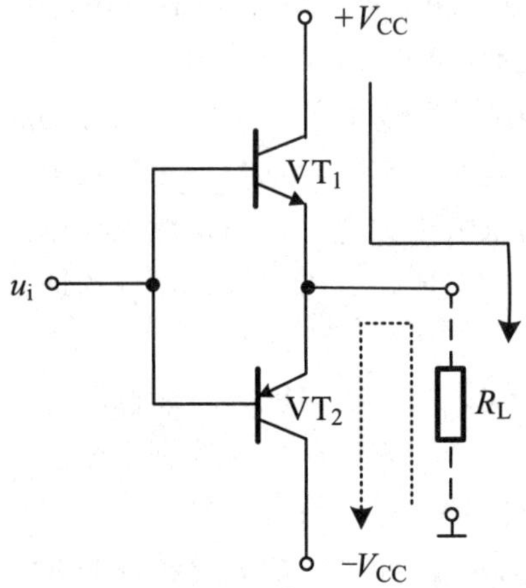

图 6.2.19　互补输出级的基本电路

如果考虑三极管的实际输入特性，则不难发现，当输入电压小于基极和发射极间开启电压 U_{on} 时，VT_1 与 VT_2 均处于截止状态，负载上无电流流过，出现死区。也就是说，只有当 $|u_i|>U_{on}$ 时，输出电压才跟随 u_i 变化。因此，当输入电压为正弦波时，在 u_i 过零附近即 $|u_i|<U_{on}$，输出电压将产生失真，如图 6.2.20 所示，这种失真称为交越失真。

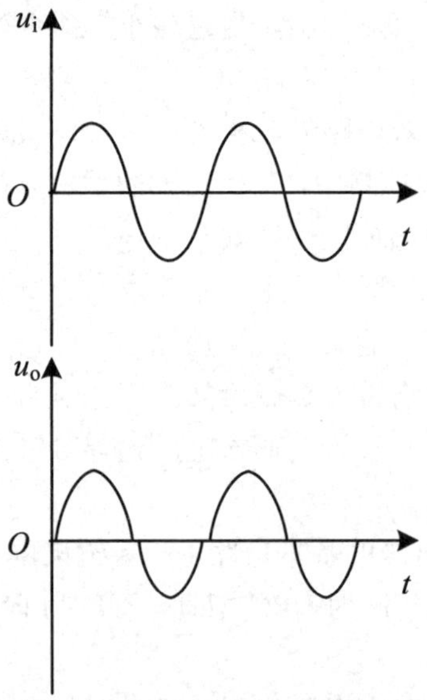

图 6.2.20　交越失真

消除失真的方法也是通过设置合适的静态工作点进行的。如果在静态时就让 VT_1 与

VT2 均处于临界导通或有一个微小的静态电流的微导通状态，那么只要有信号输入，就能保证至少有一个三极管导通，实现双向跟随。利用二极管消除交越失真的互补输出级如图 6.2.21 所示。

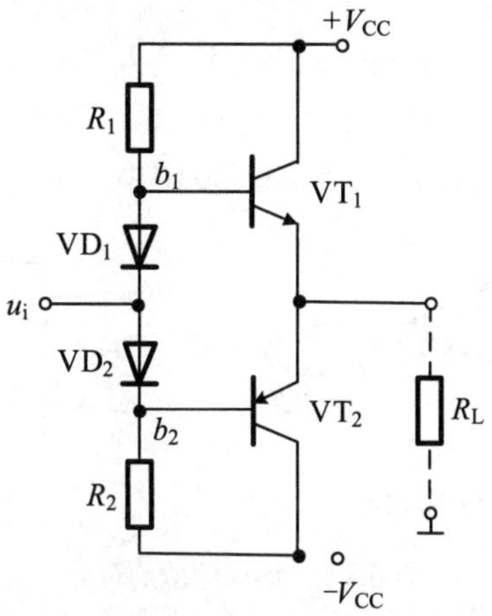

图 6.2.21　利用二极管消除交越失真的互补输出级

电路中，静态时，两个二极管 VD_1 和 VD_2 均正向导通，利用二极管的导通电压为 VT_1 和 VT_2 提供合适的基极和发射极间静态电压，使 VT_1 和 VT_2 均处于微导通状态。当输入电压 U_s 为正弦波时，由于二极管的动态电阻很小，可以认为 VT_1 基极动态电位与 VT_2 基极动态电位变化近似相等，且随着输入而变化，均约为 u_i，即 $u_{b1} \approx u_{b2} \approx u_i$ 使得交越失真大为减少。

按照三极管的工作特点，常将放大电路分为甲类、乙类和甲乙类三种。前面讨论的共射、共集、共基、差分电路等，三极管在信号的整个周期内始终导通（导通角为 360°），这种工作方式称为甲类放大；图 6.2.19 的互补输出级电路中的两个三极管分别在信号的正半周期或负半周期导通（导通角为 180°），这种工作方式称为乙类放大；图 6.2.21 所示的互补输出电路的改进型，其中三极管的导通时间虽然大于半个周期但小于整个周期（导通角为 180°～360°），这种工作方式称为甲乙类放大。

甲类功率输出级主要优点是失真小，主要缺点是效率低；乙类功率输出级的主要优点是效率高，主要缺点是存在严重的交越失真；甲乙类功率输出级吸收了甲类和乙类的优点，因此得到广泛的应用，但电路结构比甲类、乙类都复杂。

6.3　集成运算放大器的符号、电压传输特性和等效模型

6.3.1　集成运算放大器的符号

将集成运放的各单元电路（见图 6.1.1）利用半导体的集成工艺封装起来，作为一个完整器件，使用时不需要研究其内部电路。从外部看，可以认为集成运放是一个双端输入、单端输出，具有高电压放大倍数、高输入电阻、低输出电阻，能较好地抑制零点漂移现象

的高性能电压放大电路；有单电源供电和正负双电源供电之分，大多数集成运放采用正、负对称的双电源供电，不做特别说明时，本书所用集成运放都是双电源供电，并且供电电源不在图中标出。

集成运放的符号如图 6.3.1 所示，有同相输入端（u_+或 u_P）和反相输入端（u_-或 u_N）两个输入端，一个输出端 u_o，其中 $u_{id}=u_+-u_-$为同相输入端与反相输入端之间的电位差，称为差模输入电压（或净输入电压）。这里的“同相”和“反相”是指集成运放的输入电压与输出电压之间的相位关系是相同的还是相反的，在图中一般用“+”号和“-”号标出。

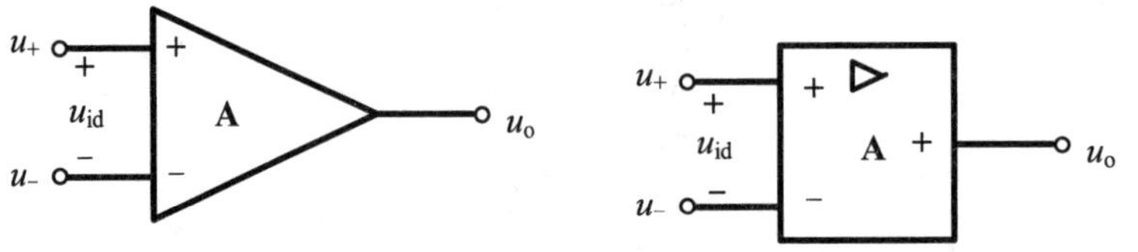

（a）常用符号　　（b）国家标准符号

图 6.3.1　集成运放的符号

6.3.2　集成运算放大器的电压传输特性

用来描述输入电压与输出电压之间的函数关系的特性称为电压传输特性。用电压传输特性来描述集成运放的外部特性，其表达式可记为

$$u_o=f(u_+-u_-)=f(u_{id}) \tag{6.3.1}$$

由于集成运放放大的是差模输入电压，且没有通过外电路引入反馈，故称其电压放大倍数为差模开环放大倍数，记作 A_{od}。通常 A_{od} 非常高，可达几十万倍甚至上百万倍，因此集成运放电压传输特性中的线性区非常窄。当输入电压增大到一定程度时，由于受供电电压的限制，输出电压不再增加，到达正向饱和压降$+U_{OM}$ 或反向饱和压降$-U_{OM}$，称进入饱和状态。

因此，集成运放的电压传输特性分为线性放大区域（线性区）和饱和区域（非线性区）两部分，如图 6.3.2 所示。①区间所示为线性区，即$-u_{idm}<u_{id}<+u_{idm}$时，曲线的斜率为电压放大倍数；②区间所示为非线性区的正向饱和区，即 $u_{id}>+u_{idm}$时，输出电压为$+U_{OM}$；③区间所示为非线性区的反向饱和区，即 $u_{id}<-u_{idm}$时，输出电压为$-U_{OM}$。

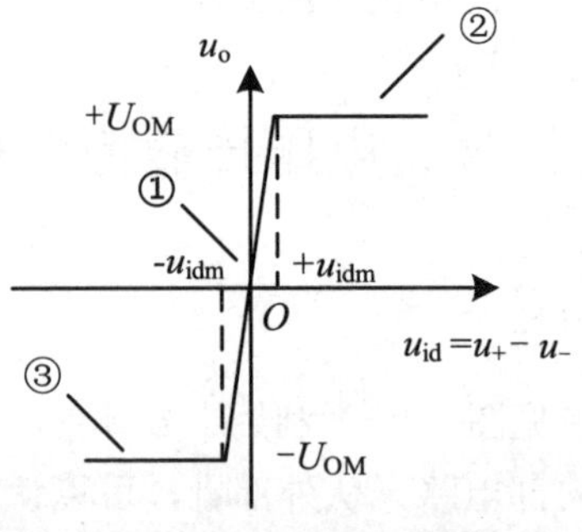

图 6.3.2　集成运放的电压传输特性

6.3.3　集成运算放大器的等效模型

集成运放是电压放大器，在研究对输入差模信号的放大作用时，可以用一个双口网络来等效，如图 6.3.3 所示。从输入端看进去的二端网络等效为输入电阻 r_{id}，从输出端看进去的二端网络等效为输出电阻 r_o 和受控电压源 $A_{od}u_{id}$ 的串联，因此开环时差模电压放大倍数 $A_{od}=\dfrac{u_o}{u_{id}}=\dfrac{u_o}{u_+-u_-}$。

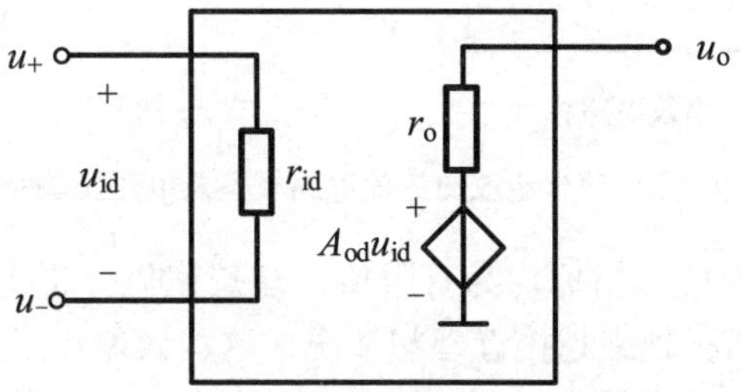

图 6.3.3　集成运放的等效电路模型

因此，考察集成运放的性能时，主要的参数分析如下。

① 开环差模电压放大倍数 A_{od}。

② 差模输入电阻 r_{id}。

③ 差模输出电阻 r_o。

④ 共模抑制比 K_{CMR}。

6.4　理想集成运算放大器

6.4.1　理想集成运算放大器的主要参数

利用集成运放可以构成各种不同功能的实际电路，在分析电路时，通常将集成运放视为理想运放，理想运放的符号如图 6.4.1 所示。所谓理想运放，就是将集成运放的性能指标理想化，即

① 开环电压增益 $A_{od}=\infty$。

② 输入电阻 $r_{id}=\infty$。

③ 输出电阻 $r_o=0$。

④ 共模抑制比 $K_{CMR}=\infty$。

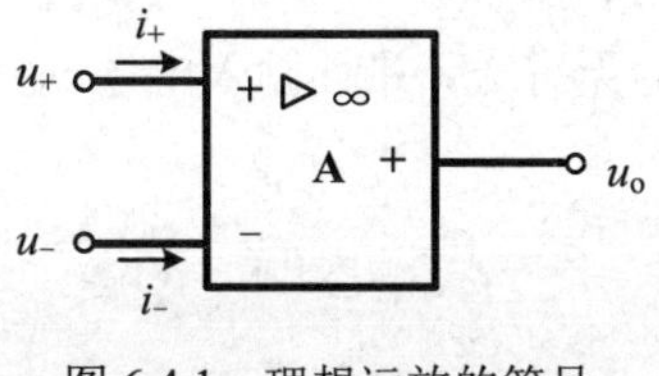

图 6.4.1　理想运放的符号

理想运放的等效电路模型及电压传输特性如图 6.4.2 所示。

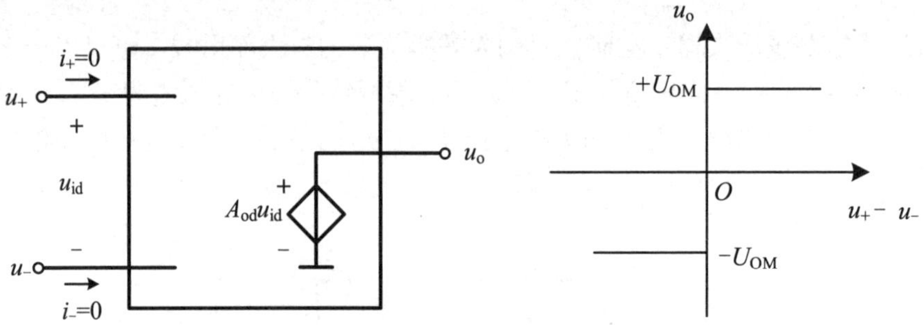

（a）等效电路模型　　（b）电压传输特性

图 6.4.2　理想运放的等效电路模型及电压传输特性

实际上，集成运放的技术指标均为有限值，理想化后分析电路必定带来一定的误差，但现在集成运放的性能指标越来越接近理想情况，这些误差在工程计算中都是允许的，因此，后面的运放电路分析都将其看成是理想的。只有在误差分析时，才考虑实际集成运放的有限增益，以及带宽、输入电阻、输出电阻等带来的影响。

6.4.2　理想集成运算放大器工作在线性区的特点

根据图 6.4.2（b）所示理想运放的电压传输特性，由于 A_{od} 为无穷大，若直接将信号作用于理想运放的两个输入端，则必然使之工作在非线性区。因此，为使理想运放工作在线性区，则必须加外部电路，引入负反馈，使两个输入端的电位差 u_{id} 趋于零。将放大电路的输出量通过一定的方式引回到输入端来影响净输入量，称为反馈。若反馈的结果使得输出量的变化减小，则称为负反馈，否则称为正反馈。具体内容详见第 7 章中的反馈部分。

当集成运放工作在线性区，即输出电压与输入电压呈线性关系时，具有以下两个主要特点。

① 净输入电压 u_{id} 趋于零（虚短）。

当理想运放工作于线性区时，输出电压与输入电压呈线性关系，即

$$u_o = A_{od}u_{id} = A_{od}\left(u_+ - u_-\right) \tag{6.4.1}$$

由于 u_o 为有限值，对于理想运放 $A_{od}=\infty$，因此输入电压 $u_{id} = u_+ - u_- \approx 0$，即

$$u_+ \approx u_- \tag{6.4.2}$$

式（6.4.2）说明，运放的两个输入端没有短路，却具有与短路相同的特征，这种情况称为两个输入端“虚短路”，简称“虚短”。

② 输入电流趋于零（虚断）。

由于理想运放的输入电阻为无穷大，并且输入电压 u_{id} 趋于零，因此流入理想运放两个输入端的电流为

$$i_+ = i_- = \frac{u_{id}}{r_{id}} \approx 0 \tag{6.4.3}$$

式（6.4.3）说明理想运放的两个输入端没有断路，却具有断路的特征，这种情况称为两个输入端“虚断路”，简称“虚断”。

“虚短”和“虚断”是两个非常重要的概念，是分析工作在线性区的理想运放应用电路中输入与输出函数关系的基本出发点。

集成运放必须引入负反馈，才能保证其工作在线性区，工作在线性区的应用电路主要包括运算电路、有源滤波电路等。

6.4.3　理想集成运算放大器工作在非线性区的特点

如前所述，若理想运放没有引入负反馈，即工作在开环状态或是引入正反馈，则理想运放势必会工作在非线性区。当理想运放工作在非线性区时，同样具有如下两个主要特点。

① 输出电压只有高电平或低电平两种。

若理想运放工作在开环状态或引入了正反馈，由于 $u_o = A_{od}(u_+ - u_-)$，而理性运放的 A_{od} 为无穷大，所以当同相输入端和反相输入端之间加的电压不为零时，就会使得输出电压达到正向饱和压降 $+U_{OM}$ 或负向饱和压降 $-U_{OM}$。因此，电压传输特性如图 6.4.2（b）所示，输出电压和净输入电压之间不呈线性关系。可见，理想运放工作在非线性区时输出电压只有高、低两种电平。

$$u_o = \begin{cases} +U_{OM}, & u_+ > u_- \\ -U_{OM}, & u_+ < u_- \end{cases} \tag{6.4.4}$$

② 输入电流趋于零（虚断）。

由于理想运放的输入电阻为无穷大，即使输入电压 u_{id} 为有限值不趋于零，净输入电流仍会趋于零，即

$$i_+ = i_- = \frac{u_{id}}{r_{id}} \approx 0 \tag{6.4.5}$$

工作在非线性区的理想运放仍具有“虚断”的特点，但一般不再具有“虚短”的特点。

当理想运放处于开环或正反馈时，工作在非线性区，它的应用电路主要包括电压比较器、信号发生器等。对于工作在非线性区的集成运放应用电路，也主要从上述两个特点出发分析。

习题 6

6.1　通用型集成运放一般由几部分电路组成，每一部分常采用哪种基本电路？通常对各部分的性能要求是什么？

6.2　什么是零点漂移？产生零点漂移的主要原因是什么？

6.3　一个双端输入，双端输出的差动放大电路，两边的输入电压分别为 u_{i1}=5.0005V，u_{i2}=4.9995V。

（1）求差模输入信号电压 u_{id} 和共模输入电压 u_{ic}；

（2）设差模电压增益 A_d 为 80dB，求当共模抑制比 K_{CMR} 为无穷大和 100dB 时的输出电压 u_o 各为多大？

6.4　某集成运放输入端差分放大电路如图 6.1 所示，设电路参数理想对称，三极管的 $\beta = 100$，$r_{bb'} = 100\Omega$，$U_{BEQ} \approx 0.7V$，其他电路元件参数：R_W=100kΩ，R_c=10kΩ，R_e=5.1kΩ，V_{CC}=12V，$-V_{EE}$=−6V。

（1）计算可变电阻滑动端在中点时 VT_1 和 VT_2 的发射极静态电流 I_{EQ1} 和 I_{EQ2}，以及动态参数 A_d 和 R_i；

（2）分析若可变电阻滑动在右边时各参数将发生何种变化。

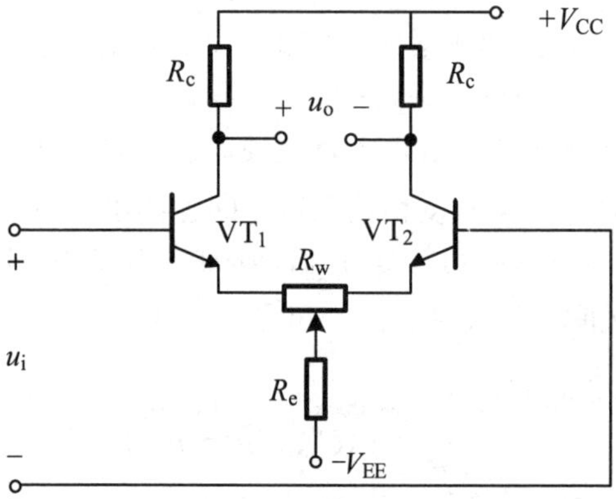

图 6.1　习题 6.4 图

6.5　利用差分电路可以将差分输入转换为带可调增益的单端输出，实现比单端输入更优越的性能改进，电路如图 6.2 所示，已知 $R_{c2}=R_L$=10kΩ，R_e=5.1kΩ，$R_{b1}=R_{b2}$=2kΩ，V_{CC}=24V，$-V_{EE}$=−12V，两个三极管的β相等均为 60，r_{be} 均为 1kΩ，求：

（1）差模电压放大倍数、差模输入电阻和输出电阻；

（2）电路的共模抑制比。

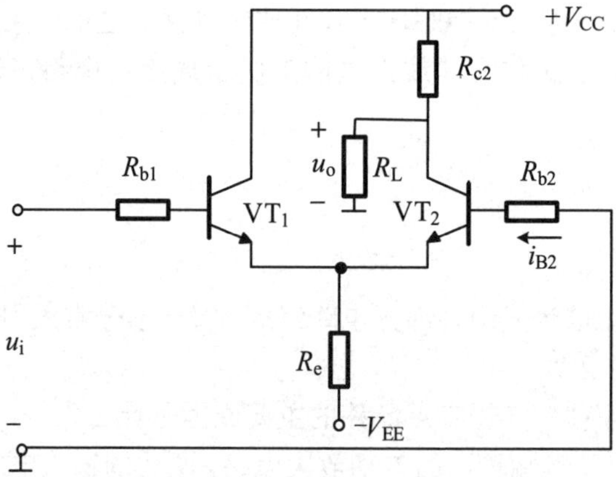

图 6.2　习题 6.5 图

6.6　恒流源差分放大电路如图 6.3 所示，R_c=10kΩ，R_b=2kΩ，两个三极管的 β 相等均为 60，r_{be} 均为 1kΩ，试问：若输入直流信号 u_{i1}=30mV，u_{i2}=20mV，则电路的共模输入电压、差模输入电压及输出动态电压各是多少？

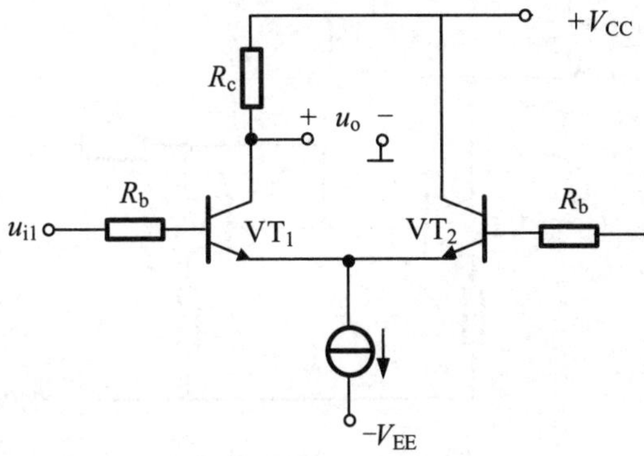

图 6.3 习题 6.6 图

6.7　在图 6.4 所示电路中，已知 V_{CC}=12V，$-V_{EE}$=−6V，恒流源电路 I=1mA，R_{b1}=R_{b2}=1kΩ，R_{c1}=R_{c2}=10kΩ，两个三极管的 β 相等均为 100，r_{be} 均为 2kΩ，求：

（1）电路静态时 VT$_1$ 和 VT$_2$ 的集电极电位；

（2）电路的差模放大倍数、共模放大倍数、输入电阻和输出电阻。

6.8　电路如图 6.5 所示，已知三极管的 β 相等均为 100，各三极管的 U_{BEQ}≈0.7V，R=134kΩ，V_{CC}=15V，求 I_O 的值。

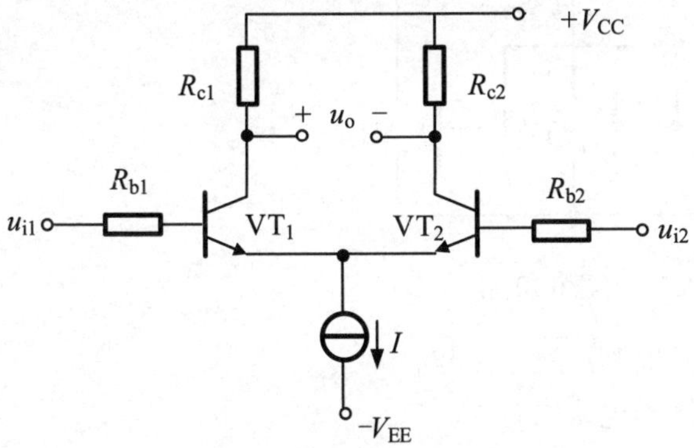

图 6.4　习题 6.7 图

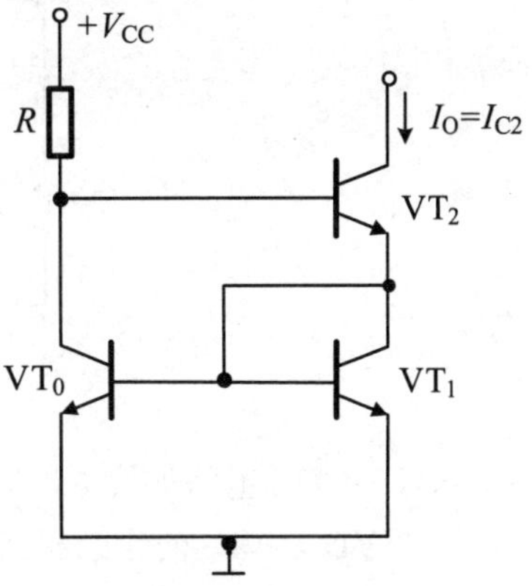

图 6.5　习题 6.8 图

6.9　具有电流源的差分电路如图 6.6 所示，已知 U_{BEQ}≈0.7V，β=100，$r_{bb'}$=200Ω，R_{c1}= R_{c2}=12kΩ，R_1= R_2=1kΩ，R=4.3 kΩ，试求：

（1）VT$_1$ 和 VT$_2$ 静态工作点 I_{CQ}、U_{CQ}；

（2）差模电压放大倍数；

（3）差模输入电阻和输出电阻。

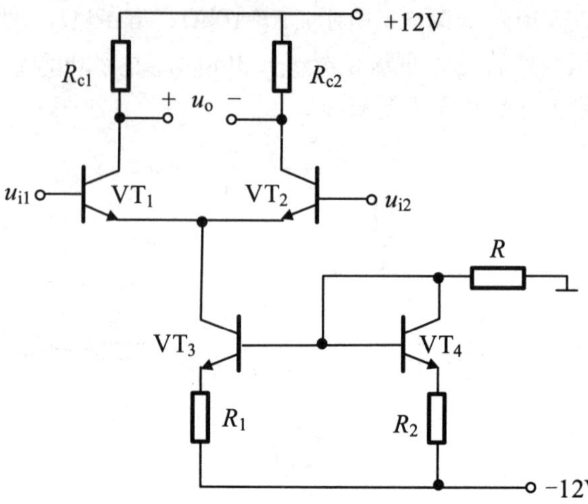

图 6.6　习题 6.9 图

6.10　多路电流源电路如图 6.7 所示，已知所有三极管的特性均相同，$U_{BE}\approx0.7V$，R=134kΩ，求 I_{C2}、I_{C3} 各为多少。

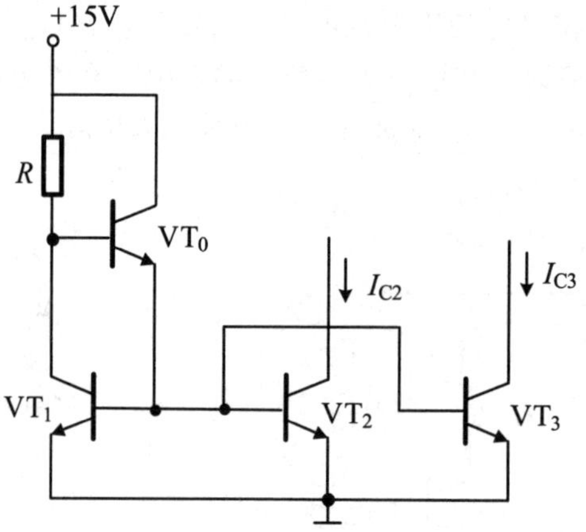

图 6.7　习题 6.10 图

6.11　OCL 电路如图 6.8 所示，分析电路：

（1）VD_1、VD_2 两个二极管可否反接于电路中？

（2）VT_1 和 VT_2 两个三极管工作在哪种状态？

（3）若 VT_1 和 VT_2 的饱和压降 $U_{CES1}=U_{CES2}$=2V，R_L=8Ω，求该电路的最大不失真功率 P_{om}。

（4）若电源提供的总功率 P_E=16.3W，求各管的最大管耗 P_1，P_2。

6.12　电路如图 6.9 所示，R_L=4Ω，两管的饱和管压降都是 2V，输入电压足够大，试分析：

（1）该电路的最大不失真功率 P_{om}；

（2）三极管的最大功耗是多少？

（3）为使输出功率达到最大，输入电压的有效值约为多少？

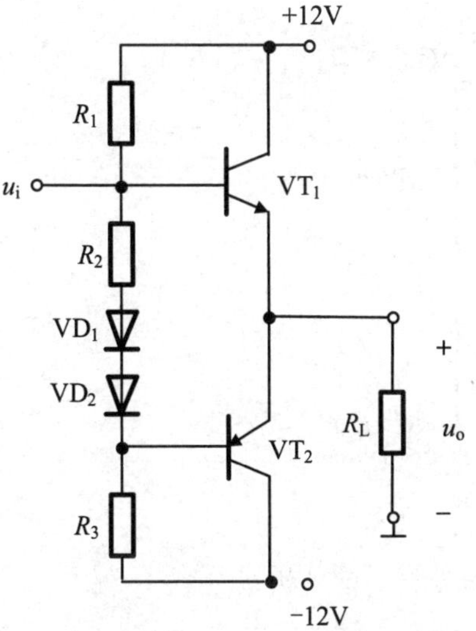

图 6.8　习题 6.11 图

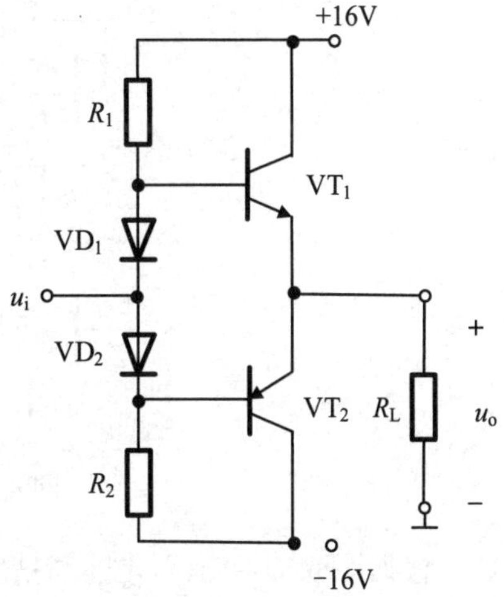

图 6.9　习题 6.12 图

6.13　比较图 6.10 所示两个电路，分别说明它们是如何消除交越失真及如何实现过流保护的。

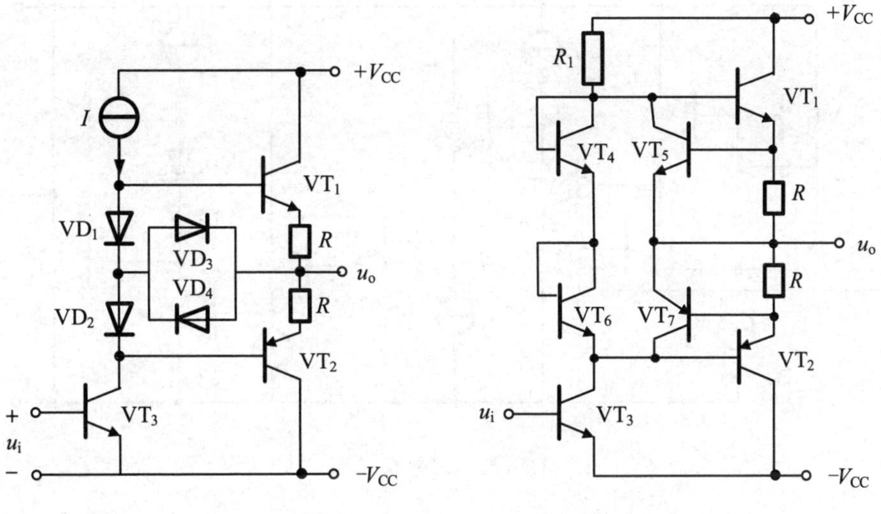

（a）　　（b）

图 6.10　习题 6.13 图

6.14　集成运算放大器工作在线性区和非线性区各有什么特点。

6.15　当在放大电路的输入端接入信号源电压 u_S=15mV，信号源电阻 R_S=1kΩ 时，测得电路的输入端的电压为 u_i=10mV，求放大电路的输入电阻 R_i。

6.16　如图 6.11 所示电路，试说明各三极管的作用。

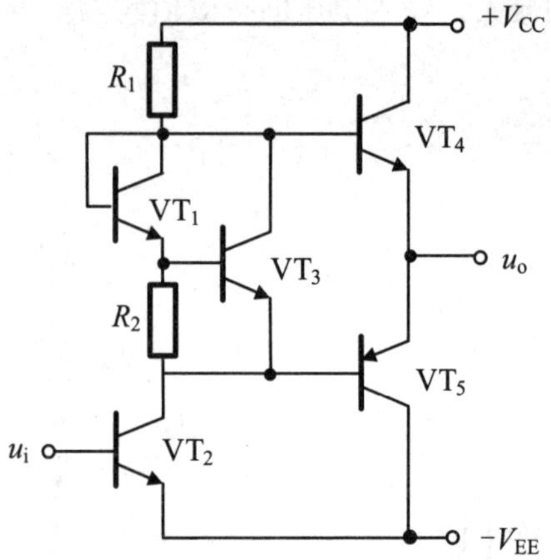

图 6.11　习题 6.16 图

6.17　根据图 6.12 所示简化的高精度运放电路原理图，试分析：

（1）两个输入端中哪个是同相输入端，哪个是反相输入端；

（2）VT_1 和 VT_2 的作用；

（3）电流源 I_3 的作用；

（4）VD_1 和 VD_2 的作用。

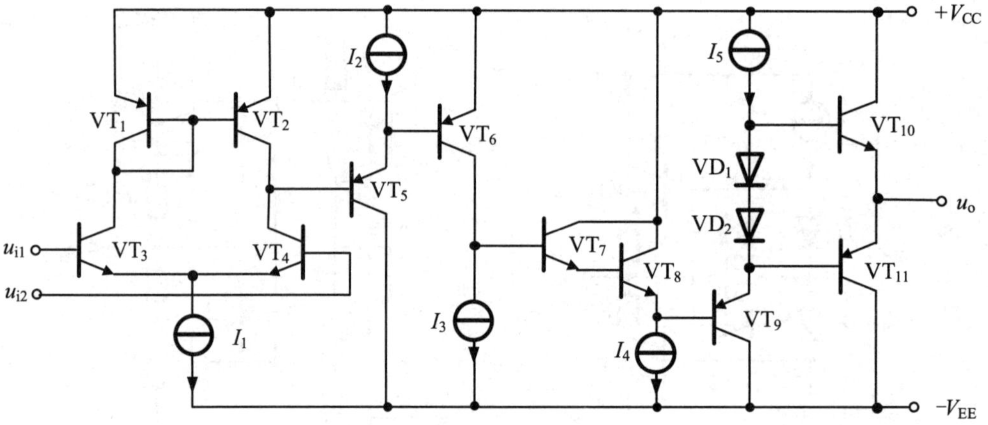

图 6.12　习题 6.17 图

第 7 章　负反馈放大电路

反馈在电路中的应用十分广泛，在实际放大电路中，总需要引入不同类型的负反馈以改善放大电路某方面的性能（如精度、稳定性等），因此，反馈的学习是研究实用电路的基础。本章从反馈的基本概念入手，通过介绍反馈的分类详细说明反馈类型的判断方法，重点讨论交流负反馈的四种基本组态及其特点，以及对放大电路性能的影响；研究具有深度负反馈放大电路的放大倍数的估算方法。

7.1　反馈的基本概念及分类

7.1.1　反馈的基本概念

1.　反馈的概念

在电子电路中，反馈是指把输出量（输出电压或输出电流）的一部分或全部按一定方式引回到输入回路，从而通过影响放大电路的净输入量（净输入电压或净输入电流）以影响放大电路输出量的回送过程。

引入反馈的放大电路称为反馈放大电路，其组成如图 7.1.1 所示。仅由基本放大电路构成的电路称为开环放大电路；连接输出回路与输入回路的通路称为反馈通路或反馈网络；反馈放大电路由基本放大电路和反馈网络构成一个闭环系统，称为闭环放大电路。将输出量经过反馈网络往回引得到反馈量，在输入端与输入量相叠加（+/−表示叠加结果是增大还是减小）得到净输入量，再经过基本放大电路影响输出。

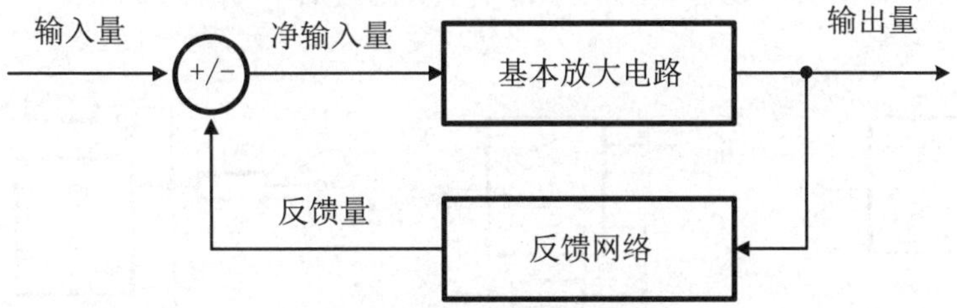

图 7.1.1　反馈放大电路

在分析反馈放大电路时，由于电路各不相同，为了研究反馈放大电路的共同规律，常将反馈放大电路框图简化为反馈电路方块图，如图 7.1.2 所示。在放大电路中，常用正弦交流电量作为输入信号，因此方块图中的信号都用相量形式表示。以 $\dot{A}$ 表示基本放大电路，$\dot{F}$ 表示反馈网络；对于输入量、反馈量、净输入量和输出量，这些量既可能是电压量，也可能是电流量，分别以 $\dot{X}_i$、$\dot{X}_f$、$\dot{X}_{id}$、$\dot{X}_o$ 表示。应当指出，基本放大电路是在断开反馈且考虑了反馈网络的负载效应的情况下所构成的放大电路，对于反馈网络的负载效应这里不做深入讨论。图中连线的箭头表示信号的传输方向，为了易于分析，近似地认为信号是单向流通的，即输入量 $\dot{X}_i$ 不通过反馈网络传递到输出，而只通过基本放大电路传递到输出；输出量 $\dot{X}_o$ 只通过反馈网络传递到输入，而不通过基本放大电路传递到输入；反馈量 $\dot{X}_f$ 仅仅取决于输出量 $\dot{X}_o$ 而与输入量 $\dot{X}_i$ 无关。

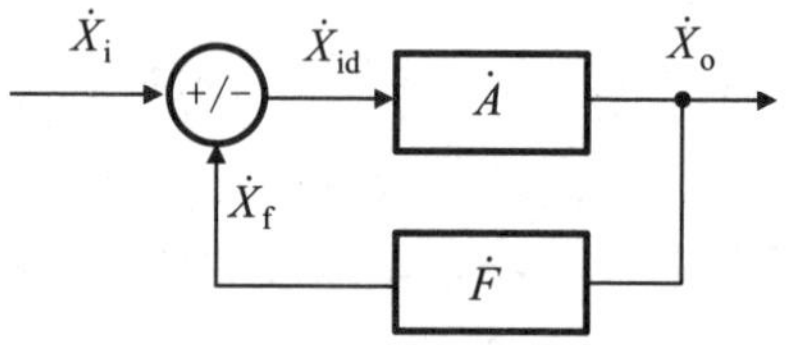

图 7.1.2　反馈放大电路方块图

图 5.3.2 所示的静态工作点稳定的共射放大电路就是利用反馈改善了电路的性能，稳定了静态工作点。其中，射极电阻 R_e 既是输入回路的一部分，又是输出回路的一部分，是将输出量引回到输入端的通道。该电路稳定静态工作点的具体过程在前面已有介绍，这里不再赘述，仅从反馈的角度进行描述：在此电路中，射极电阻 R_e 将输出电流 $I_C \approx I_E$ 变成反馈电压量 V_E 引回到输入端，从而影响净输入电压 U_{BE}，以稳定输出电流 I_C。

2. 有无反馈的判断

判断电路是否存在反馈，从反馈的概念出发，看该电路是否存在连接输出回路与输入回路的通路，并是否影响放大电路的净输入量。

在图 7.1.3（a）所示电路中，集成运放的输出端与同相输入端和反相输入端之间均无通路，故电路中没有引入反馈；在图 7.1.3（b）所示电路中，集成运放的输出端与同相输入端之间跨接了电阻，有了联系通路，但集成运放的同相端接地，输出量不能通过电阻形成反馈量作用于输入回路影响电路的净输入，故此电路中还是没有引入反馈；在图 7.1.3（c）所示电路中，电阻 R_2 将集成运放的输出端和反相输入端连接起来，使得集成运放的净输入量不仅取决于输入信号 u_i，还与输出信号 u_o 有关，该电路中引入了反馈。

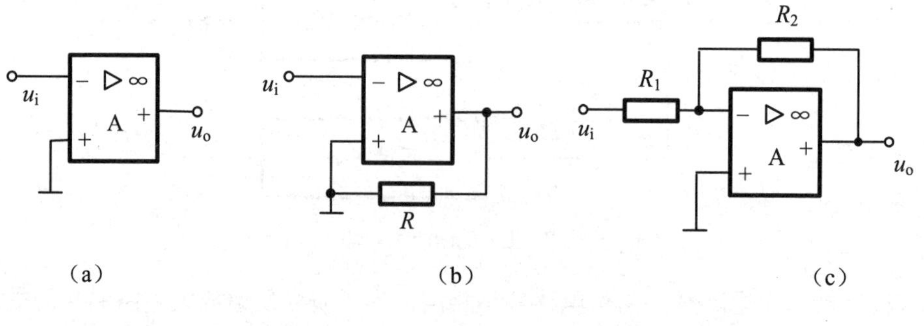

图 7.1.3　放大电路有无反馈的判断

由上述分析可知，判断电路中是否引入反馈，要从定义出发进行两方面的分析：一方面是“找联系”；另一方面是“有影响”。若放大电路中存在将输出回路与输入回路相连接的通路（“找联系”），且由此影响放大电路的净输入量（“有影响”），则表明电路引入了反馈，否则电路中就没有反馈。注意，因为反馈通路要对放大电路的净输入造成影响，因此在分析正弦交流电量作为输入的放大电路时，反馈通路中不能接直流电源、不能接地。

3. 局部反馈和级间反馈

只对多级放大电路中某一级起反馈作用的称为局部反馈；将多级放大电路输出级的输出量引回到输入级的输入回路的反馈称为级间反馈。图 7.1.4 所示的两级反馈放大电路中，通过电阻 R_3 引入的是局部反馈，通过电阻 R_4 引入的是级间反馈。对多级放大电路一般主要研究级间反馈。

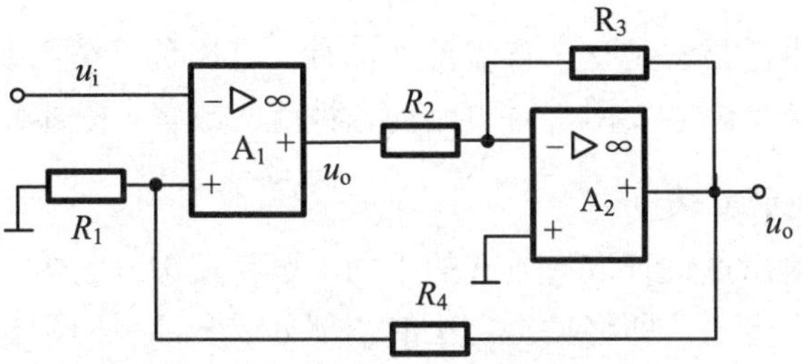

图 7.1.4　局部反馈和级间反馈电路

7.1.2 反馈的分类及判断

根据反馈信号本身的交直流特性、反馈信号的取样对象、反馈的作用对象、反馈的结果等划分，放大电路的反馈主要有以下四种分类方法。

1. 直流反馈和交流反馈

反馈放大电路是将输出量的一部分或全部经过反馈通道形成反馈量引回到输入端的，反馈量本身可具有交、直流特性。根据反馈量本身的交、直流特性，反馈电路可分为直流反馈和交流反馈。判断方法为：在反馈电路中，结合电容的隔直通交特性分析，如果反馈量只含有直流量，则称为直流反馈；如果反馈量只含有交流量，则称为交流反馈。

图5.3.2所示的静态工作点稳定的共射放大电路，因为射极电阻R_e并联了旁路电容C_e，因此电路中仅引入直流反馈而无交流反馈。

正常工作的放大电路一般包括直流通路和交流通路。根据直流反馈和交流反馈的定义，也可以通过“看通路”进行判断，即看反馈是存在于放大电路中直流通路还是交流通路，来判断电路引入的是直流反馈还是交流反馈。

在图 7.1.5（a）所示电路中，因反馈通道中的电容 C 在交流通路中具有“通交”特性，相当于短路接地，因此无交流反馈，仅有直流反馈；在图 7.1.5（b）所示电路中，因反馈通道中电容 C 在直流通路中具有“隔直”特性，相当于开路，因此无直流反馈，仅有交流反馈；在图 7.1.5（c）所示电路中无电容存在，交、直流反馈共存。

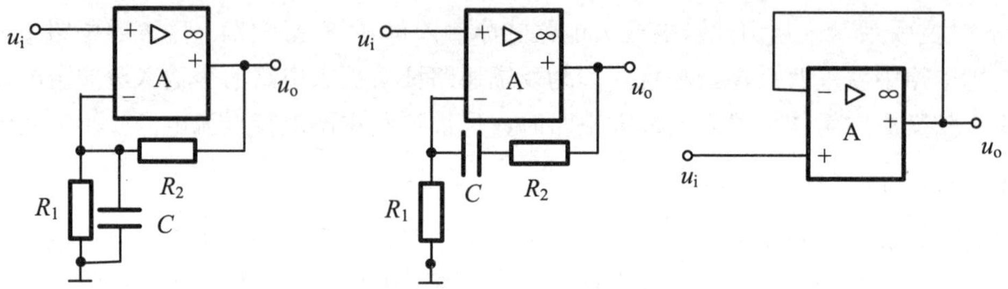

（a）　（b）　（c）

图 7.1.5　直流反馈与交流反馈判断电路

在很多放大电路中，常常是交、直流反馈都有。直流负反馈主要用于稳定放大电路中的静态工作点；交流负反馈主要用于对电路动态性能的改善，是本章讲述的重点。

2. 电压反馈和电流反馈

根据反馈网络对输出量进行取样方式的不同，可将反馈分为电压反馈和电流反馈。如果反馈信号取样于输出电压，即将输出电压的一部分或全部引回到输入回路来影响净输入量，则这种反馈称为电压反馈；如果反馈信号取样于输出电流，即将输出电流的一部分或全部引回到输入回路来影响净输入量，则这种反馈称为电流反馈。

判断电压反馈和电流反馈的方法常用“输出短路法”。将放大电路的输出端（或负载 R_L）短路，也就是输出电压 u_o 置零，如果反馈消失，则说明反馈量取自输出电压，即为电压反馈；如果反馈不消失，则说明反馈量取自输出电流，即为电流反馈。

在图 7.1.6（a）所示电路中，若将输出 u_o 短路置零，则 R_f 右端因相当于接地而反馈消失，说明反馈量取自输出电压，故该电路所引反馈为电压反馈；在图 7.1.6（b）所示电路中，若将 R_L 短路输出 u_o 置零，输出电流经 R_f 形成反馈量影响输入端，反馈仍存在，说明反馈量不是取自输出电压而是取自输出电流，故该电路所引反馈为电流反馈。

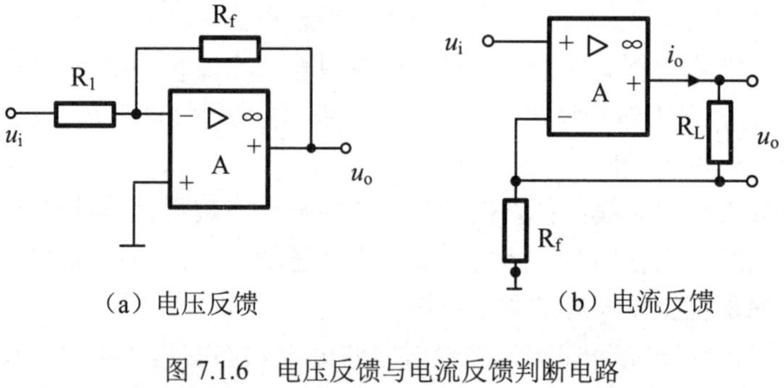

（a）电压反馈　（b）电流反馈

图 7.1.6　电压反馈与电流反馈判断电路

3. 并联反馈和串联反馈

根据反馈的作用对象不同，可将反馈分为并联反馈和串联反馈。若反馈量为电流量，则在输入端以电流的形式与输入电流量相叠加，从而影响放大电路的净输入电流量，称为并联反馈，此时反馈网络和基本放大电路在输入端采用并联方式连接。若反馈量为电压量，则在输入端以电压的形式与输入电压量相叠加，从而影响放大电路的净输入电压量，称为串联反馈，此时反馈网络和基本放大电路在输入端采用串联方式连接。

判断并联反馈和串联反馈常用“找节点”法。如果反馈信号与输入信号在输入端相交于同一节点，则说明反馈量与输入量以电流的形式在输入端相叠加，这就是并联反馈，否则为串联反馈。

在图 7.1.7（a）所示电路中，经 R_f 的反馈信号与输入信号都接入集成运放的反相输入端，即在输入端相交于同一节点 A，是并联反馈，说明反馈量与输入量以电流的形式在输入端相叠加。在图 7.1.7（b）所示电路中，输入信号接入集成运放的同相输入端，反馈信号接入集成运放的反相输入端，两者没有相交节点，是串联反馈，说明反馈量与输入量以电压的形式在输入端相叠加。

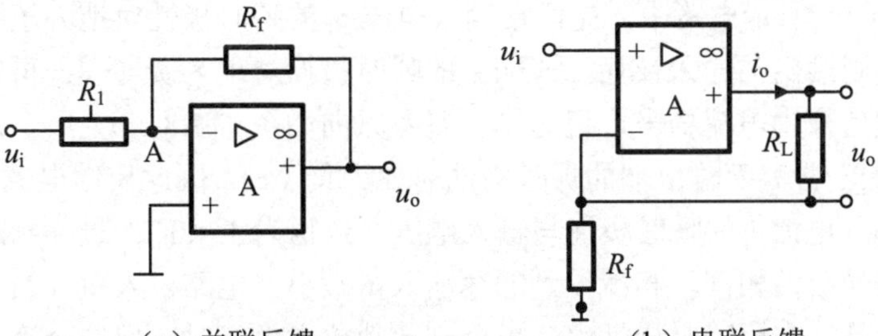

图 7.1.7　并联反馈与串联反馈判断电路

4.　正反馈和负反馈

从反馈的结果来判断，凡反馈的结果使输出量的变化减小的为负反馈，否则为正反馈。也可以从对净输入量的影响角度判断，凡反馈的结果使净输入量减小的为负反馈，否则为正反馈。

判断正反馈和负反馈常用“瞬时极性法”：先假定输入电压信号 u_i 在某一瞬时的极性（对地为正，用“+”表示，对地为负，用“−”表示），通常为了分析方便，常将输入电压信号瞬时对地极性设为正（+），然后沿着信号传输方向，逐步推出有关信号的瞬时极性（分析电流信号时，瞬时增大记为“+”，瞬时减小记为“−”），直到推出反馈信号 $\dot{X}_f$ 的瞬时极性，最后判断反馈信号使得净输入信号是增大还是减小，如果增大，则为正反馈；如果减小，则为负反馈。

通常放大电路中的净输入信号设为输入信号与反馈信号相减，所以当两者极性相同时会使得净输入信号减小，电路引入了负反馈，表达式写为 $\dot{X}_{id}=\dot{X}_i-\dot{X}_f$；当两者极性相反时会使得净输入信号增大，电路引入了正反馈，表达式写为 $\dot{X}_{id}=\dot{X}_i-\left(-\dot{X}_f\right)=\dot{X}_i+\dot{X}_f$。

在图中用“⊕”标记极性为“+”的信号，用“⊖”标记极性为“−”的信号。

在图 7.1.8（a）所示电路中，先假设输入电压 u_i 的瞬时极性对地为正（+），信号由反相输入端输入，则输出与输入反相，即输出的瞬时极性对地为负（−）；再判断该反馈为串联反馈，即反馈信号为电压信号，记为 u_f，电阻元件不改变极性，反馈电压信号的瞬时极性与输出信号相同，也对地为负（−）；最终，因输入电压信号瞬时为正（+）与反馈电压信号瞬时为负（-）极性相反，相减得到的净输入量增大，电路引入正反馈。

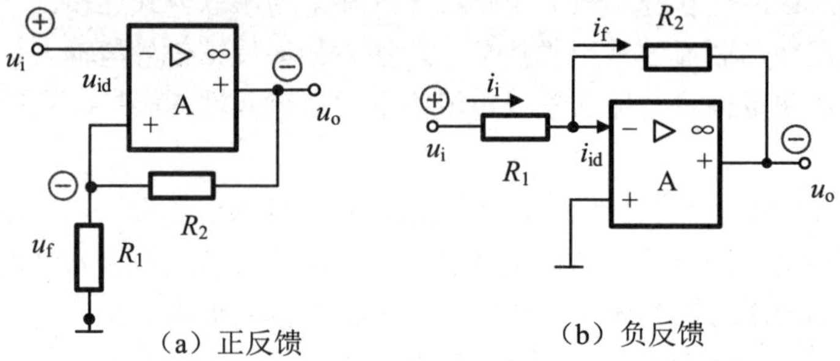

图 7.1.8　正反馈与负反馈判断电路

在图 7.1.8（b）所示电路中，先假设输入电压 u_i 的瞬时极性对地为正（+），信号由反相输入端输入，则输出与输入反相，即输出的瞬时极性对地为负（-）；再判断该反馈为并联反馈，即反馈信号为电流信号，记为 i_f，参考方向如图 7.1.8（b）所示，由于输入端的瞬时极性对地为正（+）而输出端的瞬时极性对地为负（-），因此反馈电流 i_f 增大，极性为正（+），由于输入电流 i_i 的瞬时极性与输入电压一致也为正（+）；最终判断因输入电流信号与反馈电流信号极性相同，相减得到的净输入量减小，电路引入负反馈。

值得一提的是，在用瞬时极性法分析分立元件放大电路时，要结合第 5 章三极管三种基本放大电路所学知识，根据电路的不同接法判定各个极的相位关系。

对于负反馈电路，任何因素引起的输出量的变化均将得到抑制，因此能够稳定输出，多用于改善放大电路的性能；但由于输入量的变化所引起的输出量的变化也同样会受到抑制，所以负反馈使得电路的放大能力下降。而正反馈电路因为会增大输出量的变化，多用于振荡电路。本章主要分析负反馈放大电路。

7.1.3　负反馈放大电路的一般表达式

由图 7.1.2 所示的反馈电路方块图，可得到负反馈放大电路方块图，如图 7.1.9 所示。

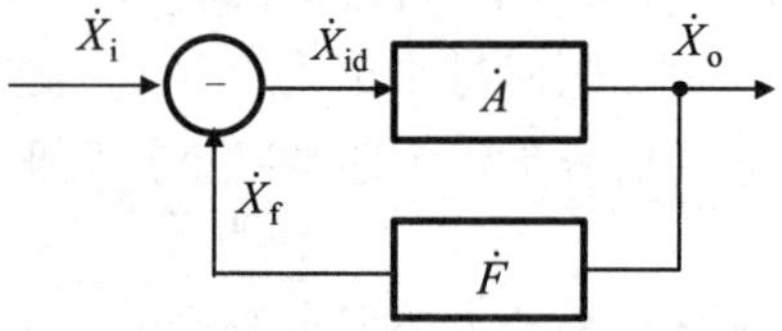

图 7.1.9　负反馈放大电路方块图

在输入端，输入量 $\dot{X}_i$ 与反馈量 $\dot{X}_f$ 相叠加，并使净输入量 $\dot{X}_{id}$ 减小，可表示为：

$$\dot{X}_{id}=\dot{X}_i-\dot{X}_f \tag{7.1.1}$$

基本放大电路的放大倍数 $\dot{A}$（开环放大倍数）为输出量 $\dot{X}_o$ 与净输入量 $\dot{X}_{id}$ 之比，即

$$\dot{A}=\frac{\dot{X}_o}{\dot{X}_{id}} \tag{7.1.2}$$

反馈系数 $\dot{F}$ 为反馈量 $\dot{X}_f$ 与输出量 $\dot{X}_o$ 之比，即

$$\dot{F} = \frac{\dot{X}_f}{\dot{X}_o} \tag{7.1.3}$$

负反馈放大电路的放大倍数 $\dot{A}_f$（闭环放大倍数）为输出量 $\dot{X}_o$ 与输入量 $\dot{X}_i$ 之比，即

$$\dot{A}_f = \frac{\dot{X}_o}{\dot{X}_i} \tag{7.1.4}$$

由式（7.1.1）～式（7.1.4）整理可得

$$\dot{A}_f = \frac{\dot{X}_o}{\dot{X}_i} = \frac{\dot{X}_o}{\dot{X}_{id} + \dot{X}_f} = \frac{\dot{A}\dot{X}_{id}}{\dot{X}_{id} + \dot{F}\dot{X}_o} = \frac{\dot{A}\dot{X}_{id}}{\dot{X}_{id} + \dot{F}\dot{A}\dot{X}_{id}}$$

即负反馈放大电路放大倍数的一般表达式为

$$\dot{A}_f = \frac{\dot{A}}{1 + \dot{A}\dot{F}} \tag{7.1.5}$$

由式（7.1.5）可看出，引入反馈后的放大倍数 $\dot{A}_f$ 与（1+ $\dot{A}\dot{F}$ ）有关，称（1+ $\dot{A}\dot{F}$ ）为反馈深度。

① $|1+\dot{A}\dot{F}|>1$ 时，$|\dot{A}_f|<|\dot{A}|$，即引入反馈后，放大电路的放大倍数减小了，此种反馈为负反馈。

② $|1+\dot{A}\dot{F}|\gg 1$ 时，$\dot{A}_f \approx \frac{1}{\dot{F}}$，称为深度负反馈，表明放大倍数几乎仅取决于反馈网络，而与基本放大电路无关。

③ $|1+\dot{A}\dot{F}|<1$ 时，$|\dot{A}_f|>|\dot{A}|$，即引入反馈后，放大电路的放大倍数增大了，此种反馈为正反馈。

④ $|1+\dot{A}\dot{F}|=0$ 时，$|\dot{A}_f|\to\infty$，此时即使没有输入信号也有输出，称电路产生了自激振荡。

7.1.4　交流负反馈的四种基本组态

对于交流负反馈放大电路，研究就集中在对输出端、输入端的不同连接方式上。

① 从输出端看，反馈的目的是稳定输出电压还是稳定输出电流，即反馈量是取自输出电压还是输出电流（引入电压反馈还是电流反馈）；

② 从输入端看，反馈的结果是减小净输入电压还是减小净输入电流，即反馈量与输入量是以电压形式相叠加还是以电流形式相叠加（引入串联反馈还是并联反馈）。

将输出端与输入端综合分析，交流负反馈放大电路共有四种反馈组态：电压串联负反馈、电压并联负反馈、电流串联负反馈、电流并联负反馈。

1. 电压串联负反馈

电压串联负反馈电路是将输出电压（ $\dot{X}_o$ 可具体表示为 $\dot{U}_o$ ）往回引，得到反馈电压量

（$\dot{X}_f$ 可具体表示为$\dot{U}_f$），即与输入信号（$\dot{X}_i$ 可具体表示为$\dot{U}_i$）以电压的形式相叠加，其方块图如图 7.1.10 所示。基本放大电路的输出端与反馈网络为并联接法，反馈信号取样于输出电压，为电压反馈；在基本放大电路的输入端，信号源与反馈网络接入不同输入端，没有相交节点，为串联反馈。

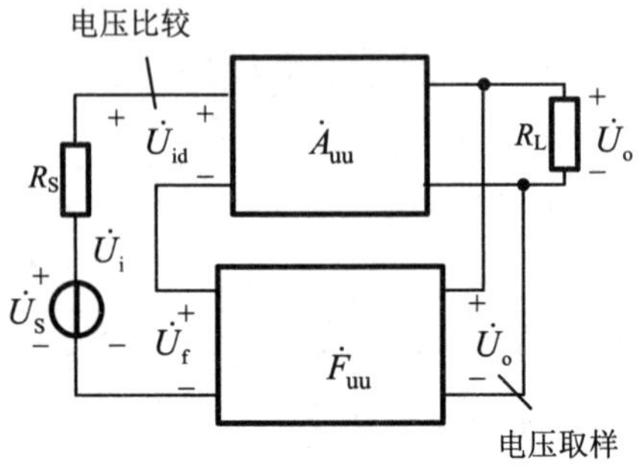

图 7.1.10　电压串联负反馈电路方块图

在输入端，输入量$\dot{U}_i$ 与反馈量$\dot{U}_f$ 相叠加，满足关系式：

$$\dot{U}_{id} = \dot{U}_i - \dot{U}_f \tag{7.1.6}$$

基本放大电路的放大倍数（$\dot{A}$ 可具体表示为$\dot{A}_{uu}$）为输出量$\dot{U}_o$与净输入量$\dot{U}_{id}$之比，即

$$\dot{A}_{uu} = \frac{\dot{U}_o}{\dot{U}_{id}} \tag{7.1.7}$$

反馈系数（$\dot{F}$ 可具体表示为$\dot{F}_{uu}$）为反馈量$\dot{U}_f$与输出量$\dot{U}_o$之比，即

$$\dot{F}_{uu} = \frac{\dot{U}_f}{\dot{U}_o} \tag{7.1.8}$$

负反馈放大电路的放大倍数（$\dot{A}_f$ 可具体表示为$\dot{A}_{uuf}$）为输出量$\dot{U}_o$与输入量$\dot{U}_i$ 之比，即

$$\dot{A}_{uuf} = \frac{\dot{U}_o}{\dot{U}_i} \tag{7.1.9}$$

电压负反馈是对输出电压进行实时取样，并通过反馈网络回送到输入端，与输入信号进行比较得出差值（净输入量），进而影响放大电路的输出，使得输出变化量减小，故保持了输出电压恒定。放大电路引入电压负反馈可稳定输出电压。

串联负反馈中信号源与反馈电压相串联，R_S 的阻值越小，信号源越接近恒压源，输入电压$\dot{U}_i$ 越稳定，则$\dot{U}_f$ 的变化对$\dot{U}_{id}$ 的影响就越大，反馈效果就越明显。内阻短路时，$\dot{U}_f$ 的变化全部转化为$\dot{U}_{id}$ 的变化，反馈效果最好。因此，串联负反馈电路适用于恒压源或内阻R_S 很小的恒流源（等效恒压源）。

【例 7.1.1】 分析如图 7.1.11 所示电路的反馈类型及反馈系数。

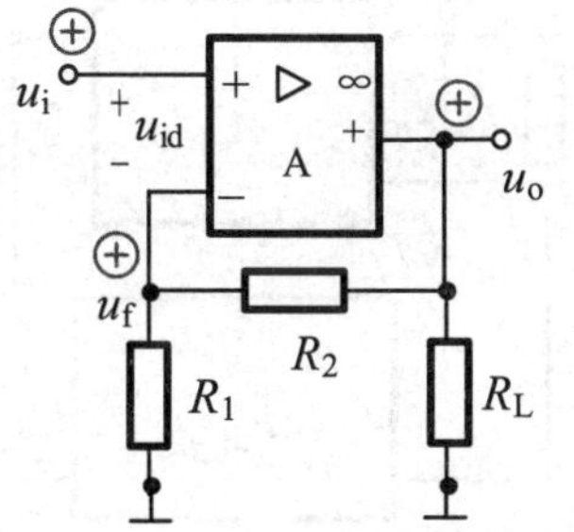

图 7.1.11　电压串联负反馈放大电路

解：（1）图 7.1.11 中的集成运放为基本放大电路，R_2 跨接在输入回路与输出回路之间构成反馈网络，放大电路有反馈。

（2）若将负载电阻 R_L 短路，即输出电压置零，电路无反馈存在，则放大电路引入了电压反馈。

（3）输入信号接入集成运放的同相输入端，反馈信号接入集成运放的反相输入端，两者没有相交节点，是串联反馈，说明反馈量与输入量以电压的形式在输入端相叠加。

（4）先假设输入电压 u_i 的瞬时极性对地为正（+），信号由同相输入端输入，则输出与输入同相，即输出的瞬时极性对地为正（+）；电阻元件不改变极性，反馈电压信号的瞬时极性与输出信号相同，也对地为正（+）；最终，因为输入电压信号瞬时极性与反馈电压信号瞬时极性相同，两者相减得到的净输入量减小，所以电路引入负反馈。

由此可知，电路引入了电压串联负反馈。

（5）由反馈类型判断可知，反馈信号为电压信号 u_f，仅与输出电压信号 u_o 有关，反馈通道中电阻 R_1 和 R_2 对输出电压 u_o 分压形成反馈电压 u_f，有

$$u_f = \frac{R_1}{R_1 + R_2} u_o \tag{7.1.10}$$

因此反馈系数 $\dot{F}_{uu} = \dfrac{u_f}{u_o} = \dfrac{R_1}{R_1 + R_2}$，无量纲。

2. 电压并联负反馈

电压并联负反馈电路是将输出电压 $\dot{U}_o$ 往回引，得到反馈电流量（$\dot{X}_f$ 具体应表示为 $\dot{I}_f$），即与输入信号（$\dot{X}_i$ 可具体表示为 $\dot{I}_i$）以电流的形式相叠加。一般方块图可如图 7.1.12 所示，基本放大电路的输出端与反馈网络的接法跟图 7.1.10 相同，反馈信号是取样输出电压，为电压反馈；在基本放大电路的输入端，反馈网络与信号源在输入端相交于同一节点，为并联反馈。

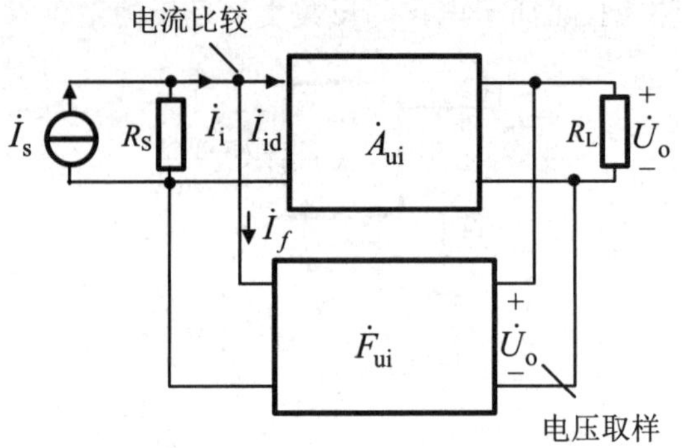

图 7.1.12　电压并联负反馈电路方块图

在输入端，输入量 $\dot{I}_i$ 与反馈量 $\dot{I}_f$ 相叠加，参考方向如图 7.1.12 所示，满足关系式

$$\dot{I}_{id} = \dot{I}_i - \dot{I}_f \tag{7.1.11}$$

基本放大电路的放大倍数（$\dot{A}$ 具体表示为 $\dot{A}_{ui}$）为输出量 $\dot{U}_o$ 与净输入量 $\dot{I}_{id}$ 之比，即

$$\dot{A}_{ui} = \frac{\dot{U}_o}{\dot{I}_{id}} \tag{7.1.12}$$

反馈系数（$\dot{F}$ 具体表示为 $\dot{F}_{iu}$）为反馈量 $\dot{I}_f$ 与输出量 $\dot{U}_o$ 之比，即

$$\dot{F}_{iu} = \frac{\dot{I}_f}{\dot{U}_o} \tag{7.1.13}$$

负反馈放大电路的放大倍数（$\dot{A}_f$ 具体表示为 $\dot{A}_{uif}$）为输出量 $\dot{U}_o$ 与输入量 $\dot{I}_i$ 之比，即

$$\dot{A}_{uif} = \frac{\dot{U}_o}{\dot{I}_i} \tag{7.1.14}$$

并联负反馈中信号源与反馈电流相并联，R_S 的阻值越大，信号源越接近恒流源，输入电流 $\dot{I}_i$ 越稳定，则 $\dot{I}_f$ 的变化对 $\dot{I}_{id}$ 影响越大，反馈效果就越明显。R_S 开路时，$\dot{I}_f$ 的变化全部转化为 $\dot{I}_{id}$ 的变化，反馈效果最好。因此，并联反馈电路适用于恒流源或内阻 R_S 很大的恒压源（等效恒流源）。

【例 7.1.2】 分析如图 7.1.13 所示电路的反馈类型及反馈系数。

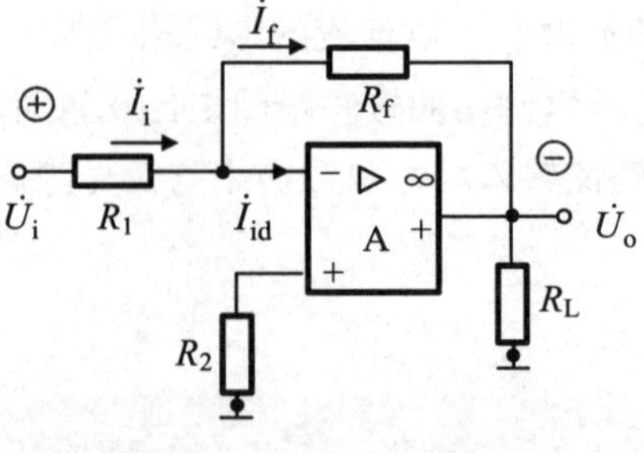

图 7.1.13　电压并联负反馈放大电路

解：（1）图 7.1.13 中的集成运放为基本放大电路，R_f跨接在输入回路与输出回路之间构成反馈网络，放大电路有反馈。

（2）将负载电阻 R_L 短路，即输出电压置零，相当于 R_f 一端接地，电路无反馈存在，因此放大电路引入了电压反馈。

（3）输入信号接入集成运放的反相输入端，反馈信号也接入集成运放的反相输入端，两者相交于同一节点，是并联反馈，说明反馈量与输入量以电流的形式在输入端相叠加。

（4）先假设输入电压 $\dot{U}_i$ 的瞬时极性对地为正（+），则输入电流 $\dot{I}_i$ 也瞬时为正（+）；信号源经集成运放的反相输入端输入，则输出与输入反相，即输出电压的瞬时极性对地为负（-）；电路引入了并联反馈，设反馈电流 $\dot{I}_f$ 参考方向如图所示，由于输出端的瞬时极性对地为负（-），所以反馈电流 $\dot{I}_f$ 方向因与电压降方向一致，也瞬时为正，记为+；最终，因为输入电流信号与反馈电流信号极性相同，两者相减得到的净输入量减小，所示电路引入负反馈。

由此可知，电路引入了电压并联负反馈。

（5）由反馈类型判断可知，反馈信号为电流信号 $\dot{I}_f$，仅与输出电压信号 $\dot{U}_o$ 有关，即输出电压 $\dot{U}_o$ 经过反馈通道电阻 R_f 形成电流信号 $\dot{I}_f$，考虑参考方向有

$$\dot{I}_f = \frac{0-\dot{U}_o}{R_f} \tag{7.1.15}$$

因此反馈系数 $\dot{F}_{iu} = \dfrac{\dot{I}_f}{\dot{U}_o} = -\dfrac{1}{R_f}$，电导量纲。

3. 电流串联负反馈

电流串联负反馈电路是将输出电流 $\dot{I}_o$ 往回引，得到反馈电压 $\dot{U}_f$，即与输入信号以电压的形式相叠加，一般方块图可如图 7.1.14 所示。基本放大电路的输出端与反馈网络为串联接法，反馈信号是取样于输出电流，为电流反馈；在基本放大电路的输入端，信号源与反馈网络接入不同输入端，没有相交节点，为串联反馈。

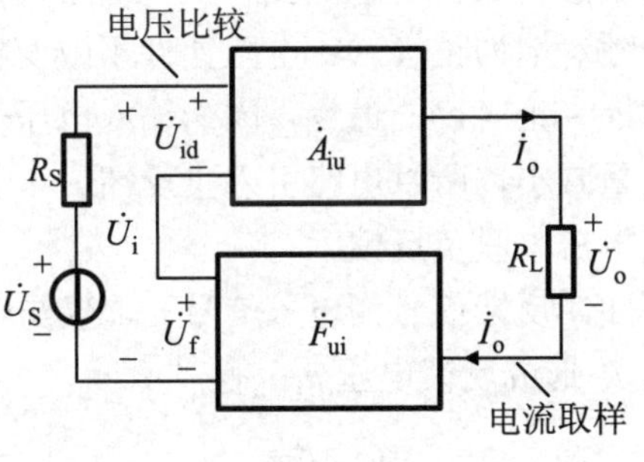

图 7.1.14　电流串联负反馈电路方块图

在输入端，输入量 $\dot{U}_i$ 与反馈量 $\dot{U}_f$ 相叠加，满足关系式：

$$\dot{U}_{id} = \dot{U}_i - \dot{U}_f \tag{7.1.16}$$

基本放大电路的放大倍数（$\dot{A}$ 具体表示为 $\dot{A}_{iu}$）为输出量 $\dot{I}_o$ 与净输入量 $\dot{U}_{id}$ 之比，即

$$\dot{A}_{iu} = \frac{\dot{I}_o}{\dot{U}_{id}} \tag{7.1.17}$$

反馈系数（$\dot{F}$ 具体表示为 $\dot{F}_{ui}$）为反馈量 $\dot{U}_f$ 与输出量 $\dot{I}_o$ 之比，即

$$\dot{F}_{ui} = \frac{\dot{U}_f}{\dot{I}_o} \tag{7.1.18}$$

负反馈放大电路的放大倍数（$\dot{A}_f$ 可具体表示为 $\dot{A}_{iuf}$）为输出量 $\dot{I}_o$ 与输入量 $\dot{U}_i$ 之比，即

$$\dot{A}_{iuf} = \frac{\dot{I}_o}{\dot{U}_i} \tag{7.1.19}$$

电流负反馈是对输出电流进行实时取样，并经过反馈网络回送到输入端，与输入信号进行比较得出差值（净输入量），进而影响放大电路的输出，使得输出变化量减小，故保持了输出电流恒定。放大电路引入电流负反馈可稳定输出电流。

【例 7.1.3】 分析如图 7.1.15 所示电路的反馈类型及反馈系数。

解：（1）图 7.1.15 中的集成运放为基本放大电路，R_f 既接在输入回路，也接在输出回路，构成反馈通道，放大电路有反馈。

（2）将负载电阻 R_L 短路，即输出电压置零，反馈通道仍存在，有反馈，因此放大电路引入了电流反馈。

（3）输入信号接入集成运放的同相输入端，反馈信号接入集成运放的反相输入端，两者没有同点相连出现节点，是串联反馈，说明反馈量与输入量以电压的形式在输入端相叠加。

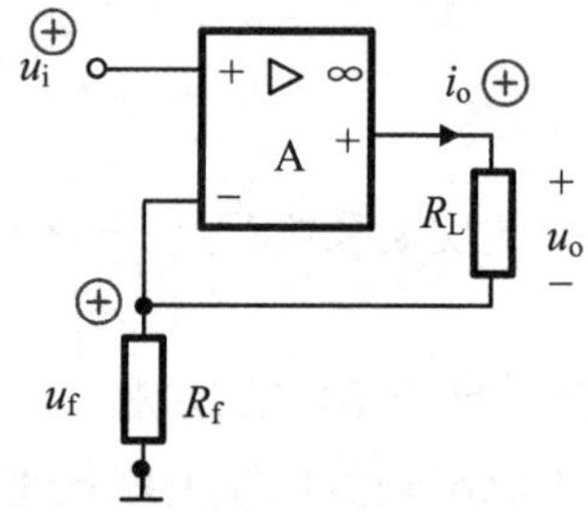

图 7.1.15　电流串联负反馈放大电路

（4）先假设输入电压 u_i 的瞬时极性对地为正（+），信号由同相输入端输入，则输出与输入同相，即输出的瞬时极性对地为正（+）；电阻元件不改变极性，反馈电压信号的瞬时极性与输出信号相同，也对地为正（+）；最终，因为输入电压信号与反馈电压信号极性相同，两者相减得到的净输入量减小，所以电路引入负反馈。

由此可知，电路引入了电流串联负反馈。

（5）由反馈类型判断可知，反馈信号为电压信号 u_f，仅与输出电流信号 i_o 有关，即输出电流 i_o 经过反馈通道电阻 R_f 形成反馈电压 u_f，有

$$u_f = R_f i_o \tag{7.1.20}$$

因此反馈系数 $\dot{F}_{ui} = \dfrac{u_f}{i_o} = R_f$，电阻量纲。

4. **电流并联负反馈**

电流并联负反馈电路是将输出电流 $\dot{I}_o$ 往回引，得到反馈电流 $\dot{I}_f$，即与输入信号以电流的形式相叠加，其一般方块图如图 7.1.16 所示。

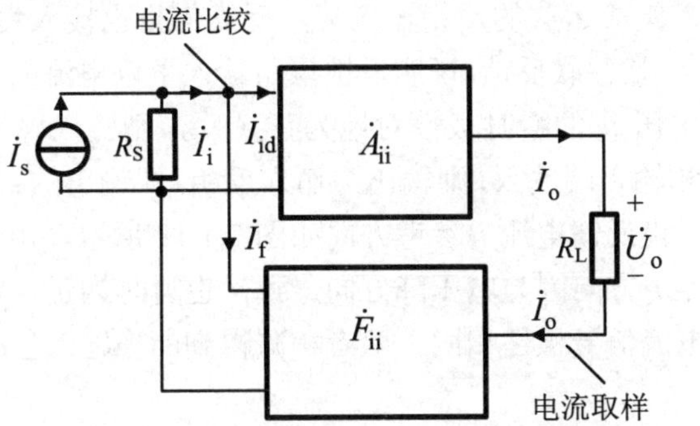

图 7.1.16　电流并联负反馈电路方块图

在输入端，输入量 $\dot{I}_i$ 与反馈量 $\dot{I}_f$ 相叠加，满足关系式：

$$\dot{I}_{id}=\dot{I}_i-\dot{I}_f \tag{7.1.21}$$

基本放大电路的放大倍数（$\dot{A}$ 具体表示为 $\dot{A}_{ii}$）为输出量 $\dot{I}_o$ 与净输入量 $\dot{I}_{id}$ 之比，即

$$\dot{A}_{ii}=\frac{\dot{I}_o}{\dot{I}_{id}} \tag{7.1.22}$$

反馈系数（$\dot{F}$ 具体表示为 $\dot{F}_{ii}$）为反馈量 $\dot{I}_f$ 与输出量 $\dot{I}_o$ 之比，即

$$\dot{F}_{ii}=\frac{\dot{I}_f}{\dot{I}_o} \tag{7.1.23}$$

负反馈放大电路的放大倍数（$\dot{A}_f$ 具体表示为 $\dot{A}_{iif}$）为输出量 $\dot{I}_o$ 与输入量 $\dot{I}_i$ 之比，即

$$\dot{A}_{iif}=\frac{\dot{I}_o}{\dot{I}_i} \tag{7.1.24}$$

【例 7.1.4】分析如图 7.1.17 所示电路的反馈类型及反馈系数。

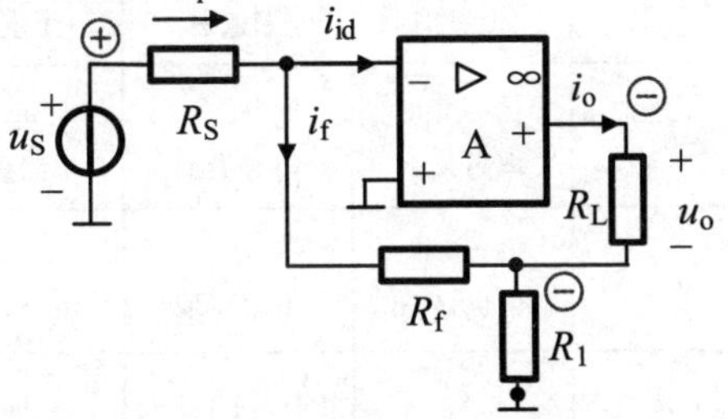

图 7.1.17　电流并联负反馈放大电路

解：（1）图 7.1.17 中的集成运放为基本放大电路，R_f跨接在输入回路与输出回路之间，放大电路有反馈。

（2）将负载电阻 R_L 短路，即输出电压置零，反馈通道仍存在，有反馈，因此放大电路引入了电流反馈。

（3）输入信号接入集成运放的反相输入端，反馈信号也接入集成运放的反相输入端，两者同点相连出现节点，是并联反馈，说明反馈量与输入量以电流的形式在输入端相叠加。

（4）先假设输入电压 u_i 的瞬时极性对地为正（+），则输入电流 i_i 的瞬时极性也为正（+），由集成运放的反相输入端输入，则输出与输入反相，即输出的瞬时极性对地为负（-）；电路引入了并联反馈，设反馈电流 i_f 参考方向如图 7.1.17 所示，由于输出端的瞬时极性对地为负（-），反馈电流 i_f 方向因与电压降方向一致，也瞬时为正，记为（+）；最终，因为输入电流信号与反馈电流信号极性相同，两者相减得到的净输入量减小，所以电路引入负反馈。

由此可知，电路引入了电流并联负反馈。

（5）由反馈类型判断可知，反馈信号为电流信号 i_f，仅与输出电流信号 i_o 有关，即输出电流 i_o 经过反馈通道电阻 R_f 和 R_1 并联分流形成反馈电流 i_f，有

$$i_f = -\frac{R_1}{R_1 + R_f} i_o \tag{7.1.25}$$

因此反馈系数 $\dot{F}_{ii} = \frac{i_f}{i_o} = -\frac{R_1}{R_1 + R_f}$，无量纲。

与电流串联负反馈一样，由于是电流反馈，所以可以稳定输出电流。

由于输入信号、反馈信号、净输入信号和输出信号，既可能是电压量，也可能是电流量，所以反馈组态不同，则 $\dot{A}$、$\dot{A}_f$、$\dot{F}$ 的含义及表达式也不同（有不同量纲）。四种组态反馈放大电路的信号与增益表达式含义如表 7.1.1 所示。

表 7.1.1　四种组态反馈放大电路的信号与增益表达式含义

反馈组态	输出量 $\dot{X}_o$	反馈量 $\dot{X}_f$	输入量/净输入量 $\dot{X}_i$ / $\dot{X}_{id}$	开环增益 $\dot{A}=\frac{\dot{X}_o}{\dot{X}_{id}}$	反馈系数 $\dot{F}=\frac{\dot{X}_f}{\dot{X}_o}$	闭环增益 $\dot{A}_f=\frac{\dot{X}_o}{\dot{X}_i}$	功能
电压串联	$\dot{U}_o$	$\dot{U}_f$	$\dot{U}_i$ / $\dot{U}_{id}$	$\dot{A}_{uu}$ 无量纲	$\dot{F}_{uu}$ 无量纲	$\dot{A}_{uuf}$ 无量纲	输入电压控制输出电压（电压放大）
电压并联	$\dot{U}_o$	$\dot{I}_f$	$\dot{I}_i$ / $\dot{I}_{id}$	$\dot{A}_{ui}$ 电阻量纲	$\dot{F}_{iu}$ 电导量纲	$\dot{A}_{uif}$ 电阻量纲	输入电流控制输出电压（电流-电压转换）
电流串联	$\dot{I}_o$	$\dot{U}_f$	$\dot{U}_i$ / $\dot{U}_{id}$	$\dot{A}_{iu}$ 电导量纲	$\dot{F}_{ui}$ 电阻量纲	$\dot{A}_{iuf}$ 电导量纲	输入电压控制输出电流（电压-电流转换）
电流并联	$\dot{I}_o$	$\dot{I}_f$	$\dot{I}_i$ / $\dot{I}_{id}$	$\dot{A}_{ii}$ 无量纲	$\dot{F}_{ii}$ 无量纲	$\dot{A}_{iif}$ 无量纲	输入电流控制输出电流（电流放大）

7.2　深度负反馈放大电路电压增益的近似计算

7.2.1　深度负反馈分析

在深度负反馈条件下，$|1+\dot{A}\dot{F}|>>1$，可由式（7.1.5）得闭环放大倍数为

$$\dot{A}_{\mathrm{f}}=\frac{\dot{X}_{\mathrm{o}}}{\dot{X}_{\mathrm{i}}}=\frac{\dot{A}}{1+\dot{A}\dot{F}}\approx\frac{1}{\dot{F}} \tag{7.2.1}$$

基本放大电路的放大能力越强，即 $\dot{A}$ 的数值越大，反馈深度 $1+\dot{A}\dot{F}$ 就越大，$\dot{A}_{\mathrm{f}}$ 与 $\frac{1}{\dot{F}}$ 的近似程度就越好，负反馈放大电路的放大倍数 $\dot{A}_{\mathrm{f}}$ 几乎仅取决于反馈网络 $\dot{F}$，而与基本放大电路 $\dot{A}$ 无关。大多数负反馈放大电路，特别是用集成运放组成的负反馈放大电路，一般都满足 $|1+\dot{A}\dot{F}|>>1$ 的条件，因此在近似分析负反馈放大电路的放大倍数时，就不需要定量分析基本放大电路，即不需要求 $\dot{A}$ 了。

整理式（7.2.1）可得

$$\dot{F}\approx\frac{\dot{X}_{\mathrm{i}}}{\dot{X}_{\mathrm{o}}} \tag{7.2.2}$$

根据式（7.1.3）知反馈系数 $\dot{F}=\frac{\dot{X}_{\mathrm{f}}}{\dot{X}_{\mathrm{o}}}$，比较可得

$$\dot{X}_{\mathrm{f}}\approx\dot{X}_{\mathrm{i}} \tag{7.2.3}$$

由式（7.2.3）可知，在深度负反馈条件下，反馈信号 $\dot{X}_{\mathrm{f}}$ 紧随输入信号 $\dot{X}_{\mathrm{i}}$ 变化，使放大电路净输入信号 $\dot{X}_{\mathrm{id}}$ 接近于零。应注意，在输入端引入不同反馈组态时，近似分析中所忽略的净输入量的物理量也不同，即：

- 引入串联深度负反馈时，反馈电压信号 $\dot{U}_{\mathrm{f}}$ 紧随输入电压信号 $\dot{U}_{\mathrm{i}}$ 变化，即净输入电压 $\dot{U}_{\mathrm{id}}=\dot{U}_{\mathrm{i}}-\dot{U}_{\mathrm{f}}\approx 0$，满足虚短；
- 引入并联深度负反馈时，反馈电流信号 $\dot{I}_{\mathrm{f}}$ 紧随输入电流信号 $\dot{I}_{\mathrm{i}}$ 变化，即净输入电流 $\dot{I}_{\mathrm{id}}=\dot{I}_{\mathrm{i}}-\dot{I}_{\mathrm{f}}\approx 0$，满足虚断。

7.2.2　基于反馈系数的电压增益近似计算

由表 7.1.1 可知，电路引入不同组态的反馈时，放大电路闭环增益具有不同的量纲，其含义及表达式也不相同。因此，在分析深度负反馈放大电路的电压增益 $\dot{A}_{\mathrm{u}}$（$\dot{A}_{\mathrm{uf}}$ 或 $\dot{A}_{\mathrm{uuf}}$）时，对于引入不同反馈组态的电路，其分析方法也不尽相同。

1.　电压串联负反馈

根据表 7.1.1，电压串联负反馈放大电路的放大倍数就是电压增益，即

$$\dot{A}_{u}=\frac{\dot{U}_{o}}{\dot{U}_{i}}=\dot{A}_{uuf}\approx\frac{1}{\dot{F}_{uu}} \tag{7.2.4}$$

【例 7.2.1】分析如图 7.1.11 所示电路的电压增益。

解：电路引入了电压串联负反馈。

$$\dot{A}_{u}=\frac{\dot{U}_{o}}{\dot{U}_{i}}=\dot{A}_{uuf}\approx\frac{1}{\dot{F}_{uu}}$$

由式（7.1.10）整理可得放大电路的电压增益为

$$\dot{A}_{u}\approx 1+\frac{R_2}{R_1}$$

该电路电压增益与 R_L 无关，电路输出可近似等效为受控恒压源，也说明引入电压负反馈后能稳定输出电压。

2. 电压并联负反馈

根据表 7.1.1，电压并联负反馈放大电路的放大倍数 $\dot{A}_{uif}=\frac{\dot{U}_{o}}{\dot{I}_{i}}\approx\frac{\dot{U}_{o}}{\dot{I}_{f}}=\frac{1}{\dot{F}_{iu}}$。

实际上，并联负反馈电路的输入量通常不是理想的恒流源 $\dot{I}_i$，而是有内阻 R_S 的信号源 $\dot{I}_S$，如图 7.1.12 所示为电压并联负反馈电路方块图。根据电源等效变换原理，可将与内阻 R_S 并联的电流源 $\dot{I}_S$ 等效变换为与内阻 R_S 串联的电压源 $\dot{U}_S$（$\dot{U}_S=\dot{I}_S R_S$），如图 7.2.1 所示。

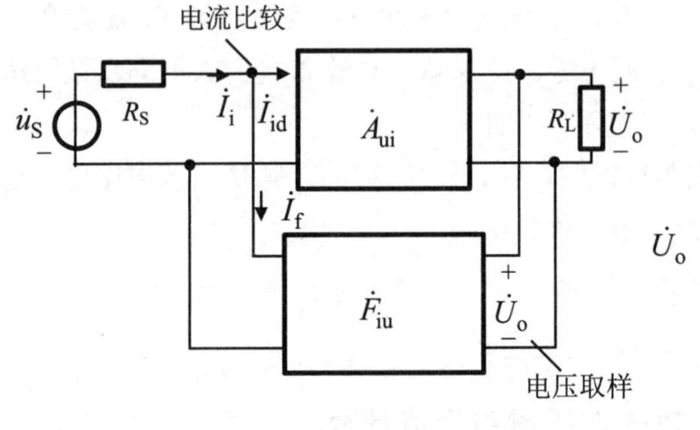

图 7.2.1　电源变换后的电压并联负反馈电路方块图

由于引入并联深度负反馈时满足虚断，即 $\dot{I}_i\approx\dot{I}_f$，$\dot{I}_{id}\approx 0$，可认为 $\dot{U}_S$ 几乎全部降落在内阻 R_S 上，因此有

$$\dot{U}_S=\dot{I}_S R_S\approx\dot{I}_i R_S\approx\dot{I}_f R_S \tag{7.2.5}$$

可得电压并联负反馈放大电路的电压增益

$$\dot{A}_u=\frac{\dot{U}_o}{\dot{U}_s}\approx\frac{\dot{U}_o}{\dot{I}_f R_S}=\frac{1}{\dot{F}_{iu}R_S} \tag{7.2.6}$$

如前所述，并联反馈电路适用于恒流源或内阻 R_S 很大的恒压源（等效恒流源），因此，若放大电路信号源内阻较小时，应外加一个相当于 R_S 的电阻以获得更好的效果。

【例 7.2.2】分析如图 7.1.13 所示电路的电压增益。

解：电路引入了电压并联负反馈，根据式（7.2.6）可得

$$\dot{A}_u=\frac{\dot{U}_o}{\dot{U}_i}\approx\frac{\dot{U}_o}{\dot{I}_f R_1}=\frac{1}{\dot{F}_{iu}R_1} \tag{7.2.7}$$

由【例 7.1.2】的分析结果知反馈系数 $\dot{F}_{iu}=\frac{\dot{I}_f}{\dot{U}_o}=-\frac{1}{R_f}$，代入式（7.2.7）得电路的电压增益 $\dot{A}_u=\frac{\dot{U}_o}{\dot{U}_i}\approx-\frac{R_f}{R_1}$。

3. 电流串联负反馈

根据表 7.1.1，电流串联负反馈放大电路的放大倍数是 $\dot{A}_{iuf}=\frac{\dot{I}_o}{\dot{U}_i}\approx\frac{\dot{I}_o}{\dot{U}_f}=\frac{1}{\dot{F}_{ui}}$。由图 7.1.14 电流串联负反馈电路方块图可知，输出电压 $\dot{U}_o=\dot{I}_o R_L$，故电流串联负反馈放大电路的电压增益

$$\dot{A}_u=\frac{\dot{U}_o}{\dot{U}_i}\approx\frac{\dot{U}_o}{\dot{U}_f}=\frac{\dot{I}_o R_L}{\dot{U}_f}=\frac{R_L}{\dot{F}_{ui}} \tag{7.2.8}$$

【例 7.2.3】分析如图 7.1.15 所示电路的电压增益。

解：电路引入了电流串联负反馈，根据式（7.2.8）可知

$$\dot{A}_u=\frac{u_o}{u_i}\approx\frac{R_L}{\dot{F}_{ui}} \tag{7.2.9}$$

由【例 7.1.3】的分析结果知反馈系数 $\dot{F}_{ui}=\frac{u_f}{i_o}=R_f$，代入式（7.2.9）得电路的电压增益 $\dot{A}_u=\frac{u_o}{u_i}\approx\frac{R_L}{R_f}$。

【例 7.2.4】分析图 7.2.2 所示静态工作点稳定的共射放大电路的电压增益。

解：（1）判断电路引入了交流电流串联负反馈。

（2）在分析分立元件放大电路时，串联负反馈放大电路净输入电压一般为 u_{be}，输出电流一般取集电极电流（发射极电流）而非负载电阻上的电流，因此交流通路中分析电路的等效负载。

$$R_L'=R_c//R_L$$

（3）由反馈类型判断可知，反馈信号为电压信号 u_f，仅与输出电流信号 i_o 有关，即输出电流 i_o 经过反馈通道电阻 R_e 形成反馈电压 u_f，有

$$u_f = R_e i_e \approx R_e i_c = -R_e i_o \tag{7.2.10}$$

（4）由以上分析，可知反馈系数 $\dot{F}_{ui} = \dfrac{u_f}{i_o} = -R_e$，连同等效负载代入式（7.2.8）可得电路的电压增益 $\dot{A}_u = \dfrac{u_o}{u_i} \approx -\dfrac{R_L^{'}}{R_e}$。对比【例 5.3.2】利用微变等效电路法分析所得的结果，不难发现，当满足 $r_{be} \ll (1+\beta)R_e$ 及 $\beta \gg 1$ 时，两种分析方法所得结果近似相等。

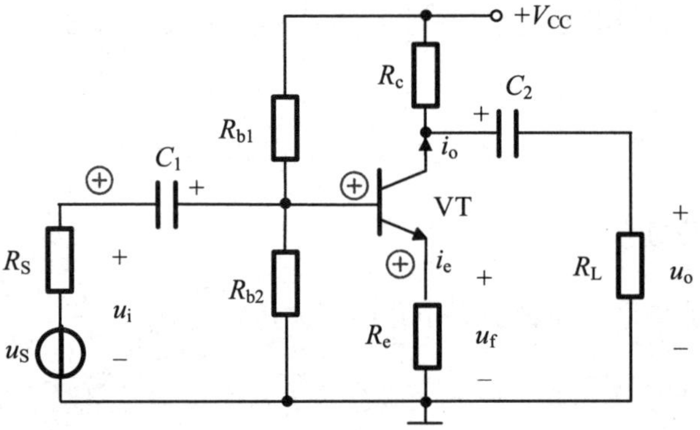

图 7.2.2　无射极旁路电容的静态工作点稳定的共射放大电路

4. 电流并联负反馈

根据表 7.1.1，电流并联负反馈放大电路的放大倍数是 $\dot{A}_{iif} = \dfrac{\dot{I}_o}{\dot{I}_i} \approx \dfrac{\dot{I}_o}{\dot{I}_f} = \dfrac{1}{\dot{F}_{ii}}$。由图 7.1.16 电流并联负反馈电路方块图可知，输出电压 $\dot{U}_o = \dot{I}_o R_L$；根据式（7.2.5）可知等效输入电压 $\dot{U}_S = \dot{I}_f R_S$，参见，故电流并联负反馈放大电路的电压增益：

$$\dot{A}_u = \frac{\dot{U}_o}{\dot{U}_S} \approx \frac{\dot{I}_o R_L}{\dot{I}_f R_S} = \frac{1}{\dot{F}_{ii}} \frac{R_L}{R_S} \tag{7.2.11}$$

【例 7.2.5】分析如图 7.1.17 所示电路的电压增益。

解：电路引入了电流并联负反馈，根据式（7.2.11）可知

$$\dot{A}_u = \frac{u_o}{u_S} \approx \frac{1}{\dot{F}_{ii}} \frac{R_L}{R_S} \tag{7.2.12}$$

由【例 7.1.4】的分析结果可知，反馈系数 $\dot{F}_{ii} = \dfrac{i_f}{i_o} = -\dfrac{R_1}{R_1 + R_f}$，代入式（7.2.12）得电路的电压增益 $\dot{A}_u = \dfrac{u_o}{u_S} \approx -\left(1 + \dfrac{R_f}{R_1}\right)\dfrac{R_L}{R_S}$。

【例 7.2.6】深度负反馈放大电路如图 7.2.3 所示，分析电路的电压增益。

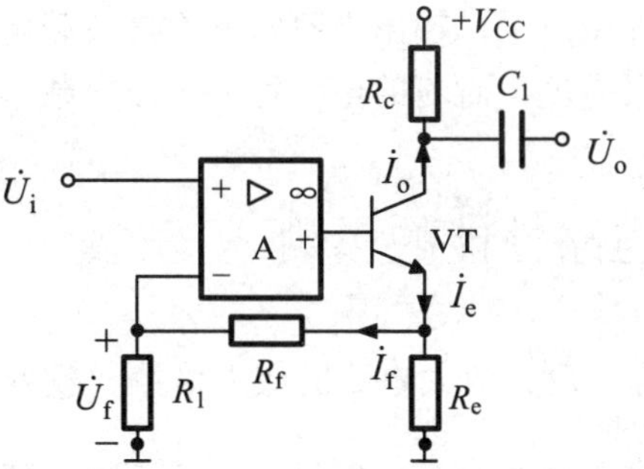

图 7.2.3　例 7.2.6 电路

解：（1）R_f 连接输出回路和输入回路，电路有反馈，需判断电路引入何种反馈组态。

（2）从输出端看，利用“输出短路法”，将电路的输出电压置零，反馈没有消失，因此这个放大电路引入电流反馈。

（3）从输入端看，输入信号接入集成运放的同相输入端，反馈信号接入集成运放的反相输入端，两者没有交于同一节点，是串联反馈。

（4）利用瞬时极性法判断反馈结果是正反馈还是负反馈，如图 7.2.4 所示，设输入电压信号对地瞬时为正（+），逐步推出有关信号的瞬时极性如图 7.2.4 所示，最后推出反馈电压信号对地瞬时为正（+）。因为输入电压信号瞬时极性与反馈电压信号瞬时极性相同，两者相减得到的净输入量减小，所以电路引入负反馈。

由此可知，电路引入电流串联负反馈。

（5）在交流通路中，$\dot{I}_o=-\dot{I}_c$ 全部流过 R_c，有 $\dot{U}_o=\dot{I}_oR_c$，电路的等效负载 $R_L'=R_c$。

分析反馈通道，$\dot{U}_f=\dfrac{R_e}{(R_1+R_f)+R_e}\dot{I}_eR_1\approx\dfrac{R_e}{(R_1+R_f)+R_e}\dot{I}_cR_1=-\dfrac{R_eR_1}{(R_1+R_f)+R_e}\dot{I}_o$。

（6）由上述分析可知，反馈系数 $\dot{F}_{ui}=\dfrac{\dot{U}_f}{\dot{I}_o}=-\dfrac{R_eR_1}{(R_1+R_f)+R_e}$，连同等效负载 $R_L'=R_c$ 代入式（7.2.8）可得电路的电压增益 $\dot{A}_u=\dfrac{\dot{U}_o}{\dot{U}_i}\approx\dfrac{R_L'}{\dot{F}_{ui}}=-\dfrac{R_1+R_f+R_e}{R_eR_1}R_c$。

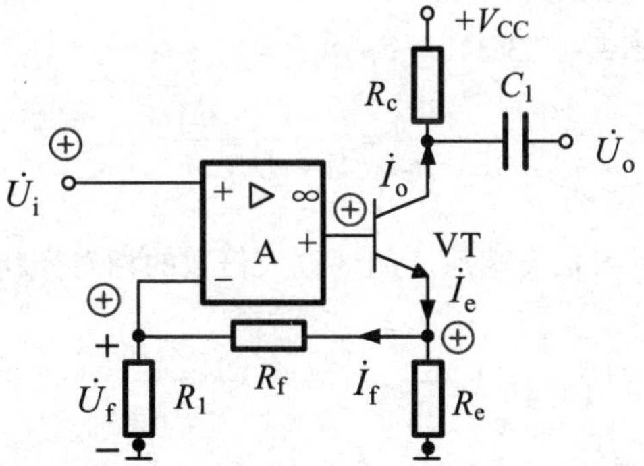

图 7.2.4　瞬时极性法分析例 7.2.6 电路

应当指出，在分立元件电路中，输出电流常常不是负载电阻上的电流，而是输出级三极管的集电极电流或发射极电流，对应的电阻称为等效负载，记为R_L'。

7.3 负反馈对放大电路性能的影响

根据 7.1.3 节所述内容，反馈放大电路的放大倍数一般表达式为$\dot{A}_f=\dfrac{\dot{A}}{1+\dot{A}\dot{F}}$，在引入负反馈后，放大电路的放大倍数减小了，但也正是通过牺牲放大倍数得到电路其他性能上的改善，如提高电路放大倍数的稳定性、减小非线性失真、改变输入输出电阻、展宽通频带等。

7.3.1 提高电路放大倍数的稳定性

放大电路的放大倍数受电源电压的波动、器件老化、负载和环境温度的影响，会发生变化。通常用放大倍数相对变化量的大小来衡量放大倍数稳定性的优劣，相对变化量越小，则稳定性越好。

由 7.2.1 节分析可知，深度负反馈放大电路的放大倍数几乎仅取决于反馈网络，而与基本放大电路无关。由于反馈网络常用无源网络，受环境温度的影响较小，因此放大电路的放大倍数能够具有很高的稳定性。

在中频段，$\dot{A}$、$\dot{A}_f$、$\dot{F}$都是实数，常直接写为A、A_f、F。电路没有引入反馈时，放大倍数的相对变化量为$\dfrac{dA}{A}$；引入反馈后，放大倍数的相对变化量为$\dfrac{dA_f}{A_f}$。闭环放大倍数可重写为

$$A_f=\frac{A}{1+AF} \tag{7.3.1}$$

将式（7.3.1）对A求导，可得

$$\frac{dA_f}{dA}=\frac{1}{(1+AF)^2} \tag{7.3.2}$$

结合式（7.3.1）整理式（7.3.2）可得

$$\frac{dA_f}{A_f}=\frac{1}{(1+AF)}\frac{dA}{A} \tag{7.3.3}$$

式（7.3.3）表明，引入负反馈后，闭环放大倍数的相对变化量$\dfrac{dA_f}{A_f}$是未加反馈时开环放大倍数相对变化量$\dfrac{dA}{A}$的$\dfrac{1}{1+AF}$，也就是说A_f的稳定性是A的（$1+AF$）倍。

7.3.2 减小非线性失真

理想的放大电路，输出信号与输入信号应呈线性关系。但由于组成放大电路的三极管、

场效应管等是半导体器件，其伏安特性均是非线性的，因此在静态工作点设置不合适或输入信号幅值较大时，容易引起输出信号的非线性失真。引入负反馈后，可以有效地减小这种失真。

设输入信号 $\dot{X}_i$ 为正弦波，经基本放大电路放大后，产生正半周大、负半周小的非线性失真信号 $\dot{X}_o$，如图 7.3.1（a）所示；经过反馈通道后，在反馈系数 $\dot{F}$ 为常数的条件下，反馈信号 $\dot{X}_f$ 也是正半周大、负半周小的失真波形。

引入反馈形成闭环，如图 7.3.1（b）所示，输入信号 $\dot{X}_i$ 与反馈信号 $\dot{X}_f$ 相叠加得到的净输入信号 $\dot{X}_{id}=\dot{X}_i-\dot{X}_f$ 的波形将是正半周小、负半周大的波形；失真的净输入信号再通过基本放大电路，使输出信号的正半周减小，负半周增大，即正负半周信号趋于对称，校正了基本放大电路产生的失真。

非线性失真产生于电路内部，引入负反馈后才能被抑制，如果非线性信号混入输入信号或输入信号本身是失真的，则负反馈将不起作用。负反馈只能利用失真波形来改善波形失真，不能彻底消除失真。

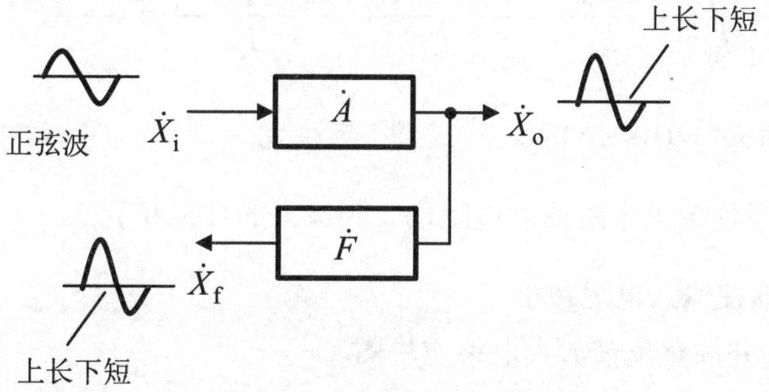

（a）开环放大电路产生非线性失真

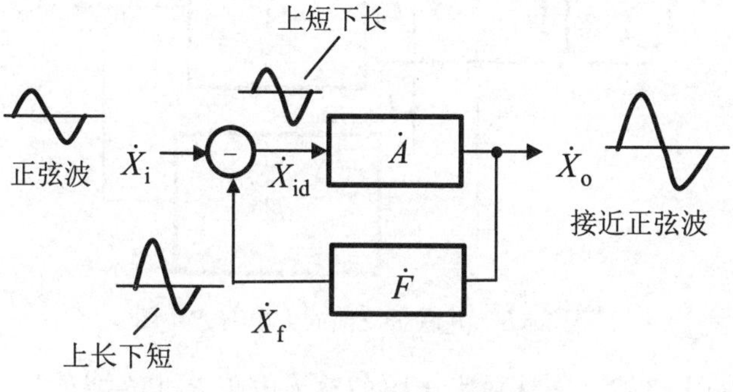

（b）引入负反馈形成闭环

图 7.3.1　负反馈放大电路减小非线性失真

7.3.3　负反馈对输入电阻的影响

基本放大电路和反馈网络在输入端采用的连接方式不同，则对输入电阻的影响也不同，即负反馈对输入电阻的影响与在输入端所引的反馈类型(是串联反馈还是并联反馈)有关。

1. 串联负反馈使输入电阻增大

图 7.3.2 所示为串联负反馈放大电路方块图。

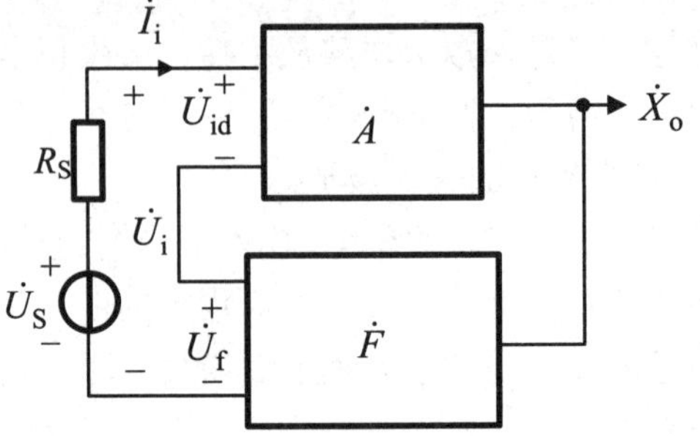

图 7.3.2　串联负反馈放大电路方块图

根据输入电阻的定义式，闭环放大电路的输入电阻 R_{if} 可写为

$$R_{if}=\frac{\dot{U}_i}{\dot{I}_i}=\frac{\dot{U}_{id}+\dot{U}_f}{\dot{I}_i}=\frac{\dot{U}_{id}+\dot{F}\dot{X}_o}{\dot{I}_i}=\frac{\dot{U}_{id}+\dot{F}\dot{A}\dot{U}_{id}}{\dot{I}_i}=(1+\dot{A}\dot{F})\frac{\dot{U}_{id}}{\dot{I}_i}$$

由 $\dfrac{\dot{U}_{id}}{\dot{I}_i}=R_i$ 可得 $R_{if}=(1+\dot{A}\dot{F})R_i$。

可见串联负反馈使放大电路输入电阻增大到原来的 $(1+\dot{A}\dot{F})$ 倍。

2. 并联负反馈使输入电阻减小

图 7.3.3 所示为并联负反馈放大电路方块图。

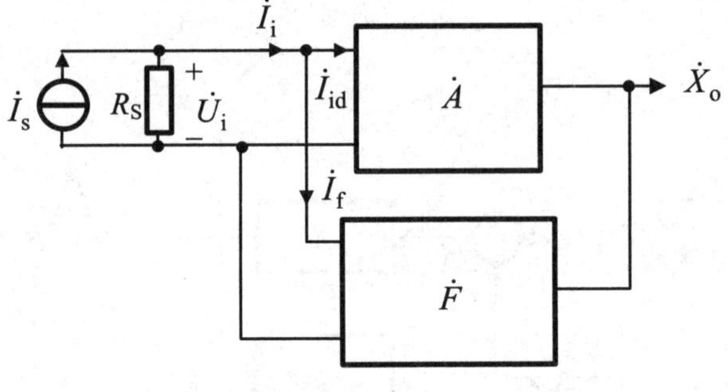

图 7.3.3　并联负反馈放大电路方块图

根据输入电阻的定义式，闭环放大电路的输入电阻 R_{if} 可写为

$$R_{if}=\frac{\dot{U}_i}{\dot{I}_i}=\frac{\dot{U}_i}{\dot{I}_{id}+\dot{I}_f}=\frac{\dot{U}_i}{\dot{I}_{id}+\dot{F}\dot{X}_o}=\frac{\dot{U}_i}{\dot{I}_{id}+\dot{F}\dot{A}\dot{I}_{id}}=\frac{1}{(1+\dot{A}\dot{F})}\frac{\dot{U}_i}{\dot{I}_{id}}$$

由 $\dfrac{\dot{U}_i}{\dot{I}_{id}}=R_i$ 可得 $R_{if}=\dfrac{1}{1+\dot{A}\dot{F}}R_i$。

可见并联负反馈使放大电路输入电阻减小到原来的 $\dfrac{1}{1+\dot{A}\dot{F}}$ 倍。

7.3.4　负反馈对输出电阻的影响

基本放大电路和反馈网络在输出端采用的连接方式不同，则对输出电阻的影响也不同，即负反馈对输出电阻的影响与在输出端所引的反馈类型（电压反馈或电流反馈）有关。

1.　电压负反馈使输出电阻减小

在电压负反馈放大电路中，反馈网络与基本放大电路在输出端相并联，所以 R_{of} 必小于 R_o，即电压负反馈使放大电路的输出电阻减小。从另一角度分析，由于电压负反馈能够稳定输出电压，即在输入信号一定时，电压负反馈放大电路的输出趋近于一个恒压源，也说明其输出电阻很小。

图 7.3.4（a）所示为电压负反馈放大电路方块图，为了便于分析，画出基本放大电路的等效输出模型。

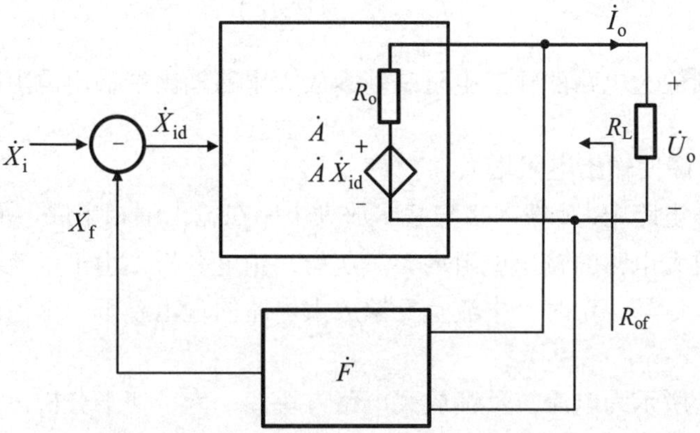

（a）方块图

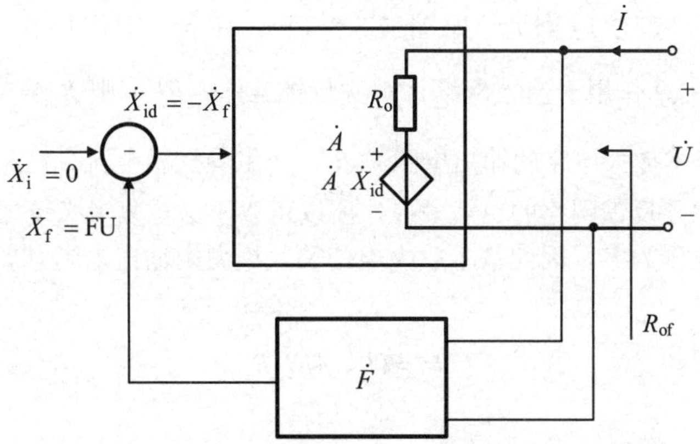

（b）外加电源法分析输出电阻

图 7.3.4　电压负反馈放大电路

根据输出电阻的定义，令输入信号 $\dot{X}_i=0$，断开负载 $R_L\to\infty$，利用外加电源法，在输出端加电压 $\dot{U}$，产生电流 $\dot{I}$，如图 7.3.4（b）所示，即闭环放大电路的输出电阻 $R_{of}=\frac{\dot{U}}{\dot{I}}|_{\dot{X}_i=0,R_L=\infty}$。$\dot{U}$ 作用于反馈网络，得到反馈 $\dot{X}_f=\dot{F}\dot{U}$，则 $\dot{X}_{id}=\dot{X}_i-\dot{X}_f=-\dot{F}\dot{U}$ 作用于基本放大电路，基本放大电路的输出电阻为 R_o，产生受控源电压 $\dot{A}\dot{X}_{id}=-\dot{A}\dot{F}\dot{U}$。因为在基本放大电路中已考虑了反馈网络的负载效应，所以可以不必重复考虑反馈网络的影响，因此基本放大电路等效模型中输出电阻 R_o 上的电流也为 $\dot{I}$，有

$$\dot{I}=\frac{\dot{U}-(-\dot{A}\dot{F}\dot{U})}{R_o}=\frac{(1+\dot{A}\dot{F})\dot{U}}{R_o}$$

整理得

$$\frac{\dot{U}}{\dot{I}}=R_{of}=\frac{R_o}{(1+\dot{A}\dot{F})}$$

即电压负反馈放大电路的输出电阻是基本放大电路输出端输出电阻的 $\frac{1}{1+\dot{A}\dot{F}}$ 倍。

2. 电流负反馈使输出电阻增大

在电流负反馈电路中，反馈网络与基本放大电路在输出端相串联，所以 R_{of} 必大于 R_o，即电流负反馈使放大电路的输出电阻增大。从另一角度分析，由于电流负反馈能够稳定输出电流，即在输入信号一定时，电流负反馈放大电路的输出趋于一个恒流源，也说明其输出电阻很大。

图 7.3.5（a）所示为电流负反馈放大电路方块图，为了便于分析，画出基本放大电路的等效输出模型。

根据输出电阻的定义，令输入信号 $\dot{X}_i=0$，断开负载（$R_L\to\infty$），利用外施电源法，在输出端加电压 $\dot{U}$，产生电流 $\dot{I}$，如图 7.3.5（b）所示，即闭环放大电路的输出电阻 $R_{of}=\frac{\dot{U}}{\dot{I}}|_{\dot{X}_i=0,R_L=\infty}$。$-\dot{I}$ 作用于反馈网络，得到反馈 $\dot{X}_f=-\dot{F}\dot{I}$，则 $\dot{X}_{id}=\dot{X}_i-\dot{X}_f=\dot{F}\dot{I}$ 作用于基本放大电路，基本放大电路的输出电阻为 R_o，产生受控源电流 $\dot{A}\dot{X}_{id}=\dot{A}\dot{F}\dot{I}$。因为在基本放大电路中已考虑了反馈网络的负载效应，所以可以不必重复考虑反馈网络的影响，即作用于反馈网络的电压为零，因此基本放大电路等效模型中输出电阻 R_o 上的电压也为 $\dot{U}$，有

$$\dot{U}=(\dot{I}+\dot{A}\dot{F}\dot{I})R_o$$

整理得

$$R_{of}=\frac{\dot{U}}{\dot{I}}=(1+\dot{A}\dot{F})R_o$$

即电流负反馈放大电路的输出电阻是基本放大电路输出端输出电阻的 $1+\dot{A}\dot{F}$ 倍。

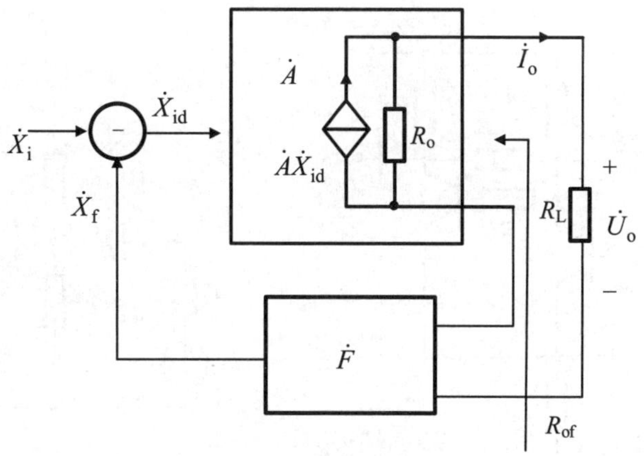

（a）方块图

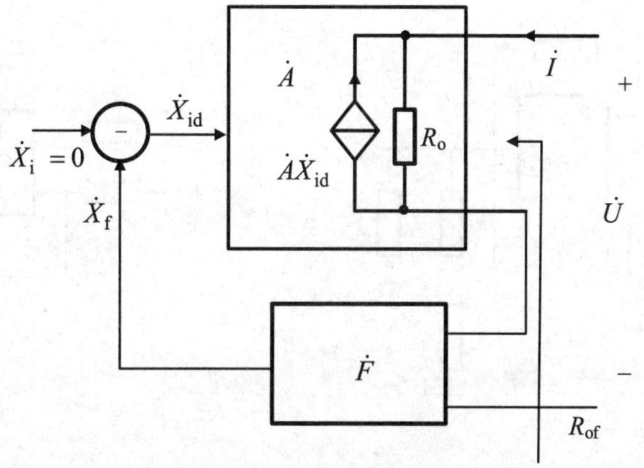

（b）外加电源法分析输出电阻

图 7.3.5　电流负反馈放大电路

习题 7

7.1　什么是放大电路的反馈？放大电路的反馈包括几种基本类型？

7.2　引入何种类型的反馈，可以稳定信号源内阻很小的放大电路的输出电压？引入何种类型的反馈，可减小从电压信号源索取的电流并增加带负载的能力？

7.3　试用方框图说明负反馈放大电路各组成部分的关系。

7.4　何种类型的负反馈，可以得到一个电流控制的电流源？

7.5　各类带反馈的实用放大电路如图 7.1 所示。指出图 7.1 所示的各电路中的反馈网络。设所有电容对交流信号可视为短路。判断反馈网络引入的是正反馈还是负反馈？是直流反馈还是交流反馈？

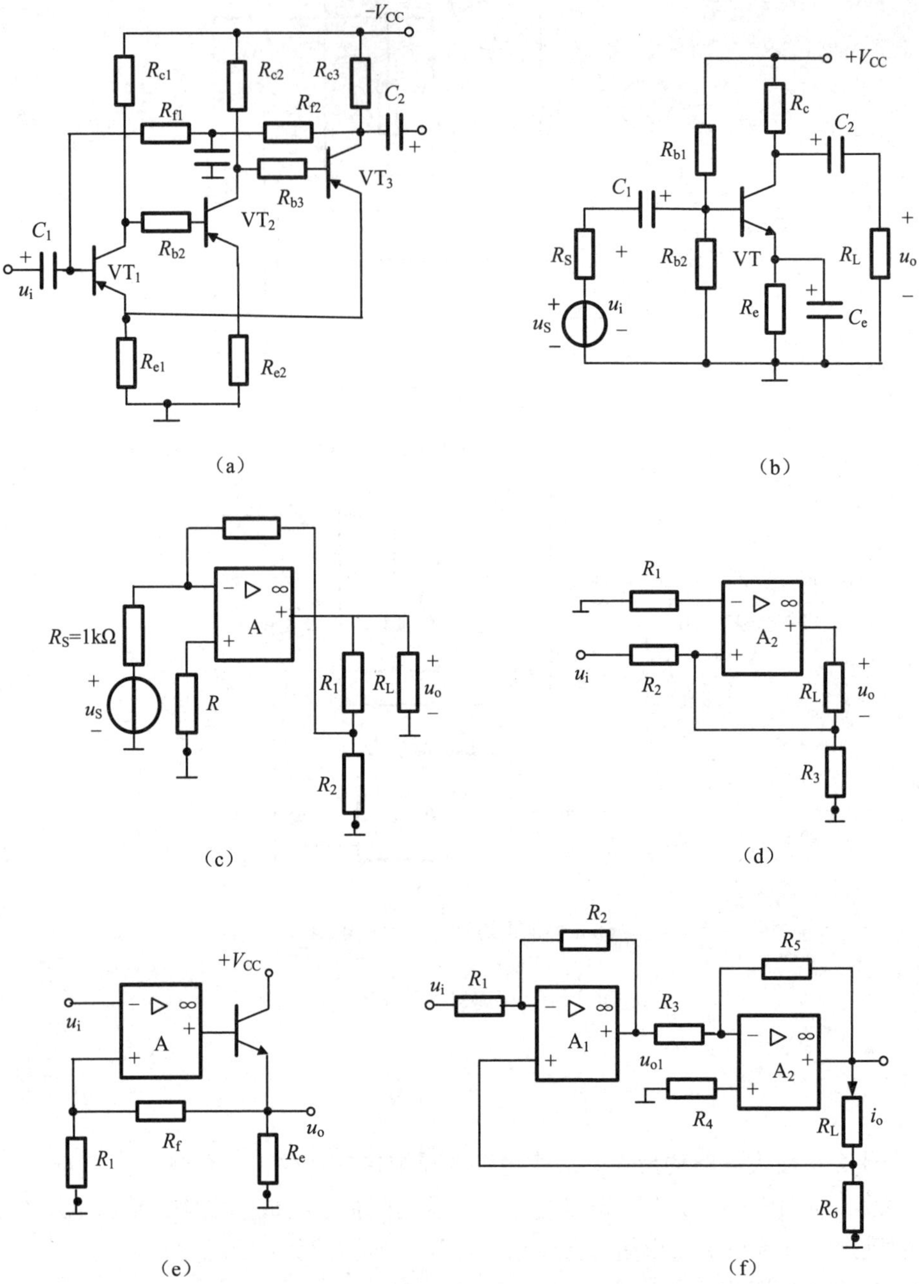

图 7.1　习题 7.5、习题 7.6、习题 7.15 图

7.6　试判断图 7.1 所示电路的级间交流反馈的组态。

7.7　某反馈放大电路的方框图如图 7.2 所示，已知其开环电压增益 $\dot{A}=4000$，反馈系数 $\dot{F}=0.098$。若输出电压 $\dot{X}_o=4V$，求输入电压 $\dot{X}_i$、反馈电压 $\dot{X}_f$ 及净输入电压 $\dot{X}_{id}$ 的值。

7.8　一个放大电路的开环增益 $A_{uo}=10^4$，当它连接成负反馈放大电路时，其闭环电压增益 $A_{uf}=50$，若 A_{uo} 变化 10%，问 A_{uf} 变化多少？

7.9　受输入电压控制的基本电压放大器如图 7.3 所示，设 U_i =200mV，U_f =190mV，U_o=20V。计算放大倍数 A 和反馈系数 F。

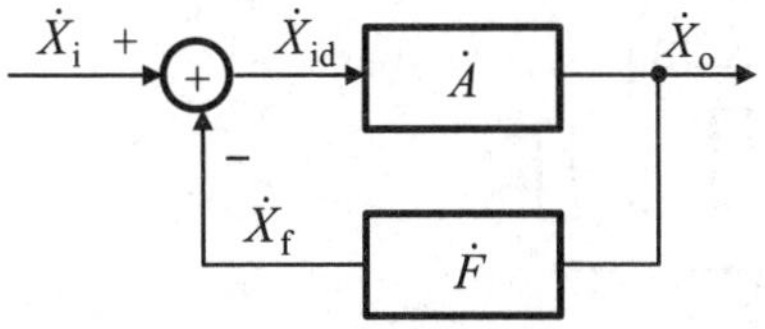

图 7.2　习题 7.7 图

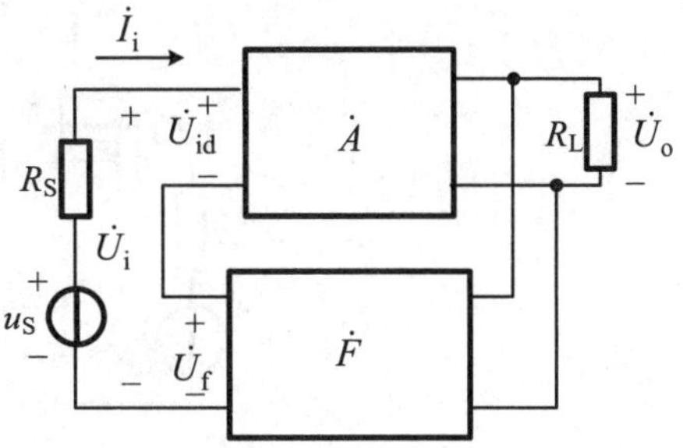

图 7.3　习题 7.9 图

7.10　受输入电压控制的电压-电流转换器基本电压放大器如图 7.4 所示，设 U_i=200mV，U_f=190mV，I_o=20mA。计算放大倍数 A 和反馈系数 F。

7.11　伺服电机控制电路中的电压反馈的放大器采用一个增益为 100，输出电阻为 1kΩ 的基本放大器。反馈放大器的闭环输出电阻为 200Ω。问其闭环增益是多少？

7.12　某电压串联负反馈放大器采用一个增益为 2000，输入与输出电阻均为 1kΩ 的基本放大器。反馈系数 F=0.1。求闭环放大器的增益 A_{uf}、输入电阻 R_{if} 和输出电阻 R_{of}。

7.13　音频放大器多级放大电路中，如果要在（1）电路参数变化时，u_o 变化不大，并希望有较小的输入电阻 R_{if}，应当引入何种级间反馈？（2）当负载变化时，i_o 变化不大，并希望放大器有较大的输入电阻 R_{if}，应当引入何种级间反馈？

7.14　实用信号放大器电路如图 7.5 所示。电路为何种反馈组态？有何特点？求 I_o 表达式。

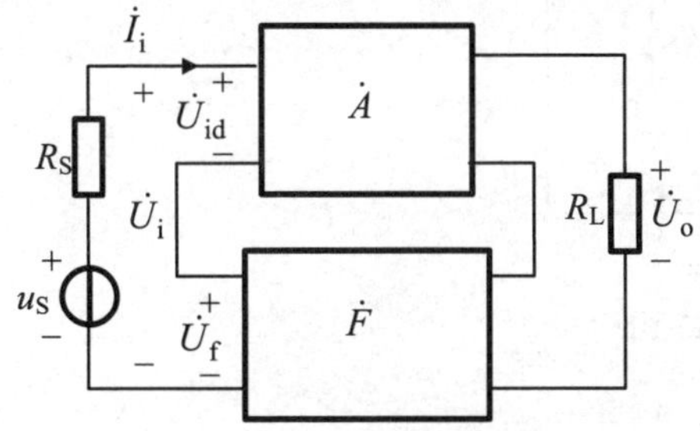

图 7.4　习题 7.10 图

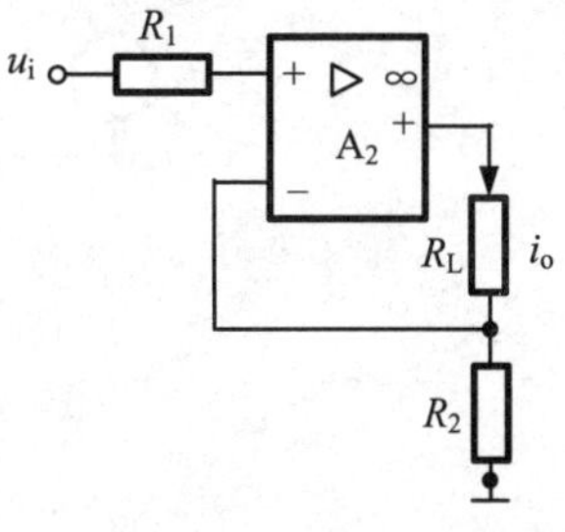

图 7.5　习题 7.14 图

7.15　在图 7.1（a）、图 7.1（c）所示电路中，在深度负反馈的条件下，近似计算它的闭环增益和闭环电压增益。

7.16　音频放大器反馈放大电路如图 7.6 所示，（1）指明级间反馈元件，并判别反馈类型和性质；（2）若电路满足深度负反馈的条件，求其电压放大倍数 $\dot{A}_{uf}$ 的表达式；（3）若要求放大电路有稳定的输出电流，如何改接 R_f。请在电路图中画出改接的反馈路径，并说明反馈类型。

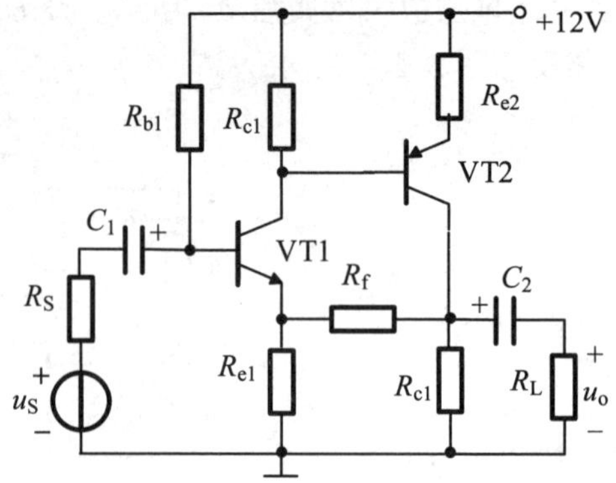

图 7.6　习题 7.16 图

7.17　音频放大器的核心部件反馈放大电路如图 7.7 所示，各电容对交流呈短路，已知 $R_{e1}=750\Omega$，$R_{e2}=1\text{k}\Omega$，$R_S=1\text{k}\Omega$，$R_{c2}=4\text{k}\Omega$，$R_L=1\text{k}\Omega$，$R_f=10\text{k}\Omega$，R_{b1}和R_{b2}忽略不计。（1）指明级间反馈元件，并判别反馈类型；（2）若电路满足深度负反馈的条件，求其源电压增益$\dot{A}_{ufs}$。

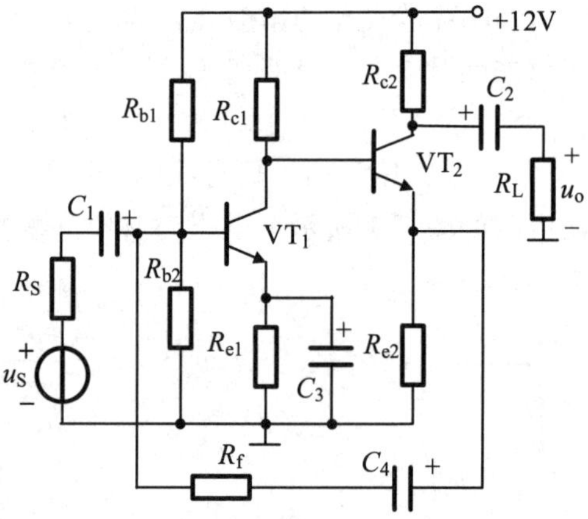

图 7.7　习题 7.17 图

第3篇

模拟电子技术的基本应用

第 8 章　信号的运算和处理

在许多模拟系统和混合信号系统中，集成运放作为一个完整器件，可以构成各种功能电路，在模拟信号的运算、处理及产生等领域有着广泛的应用。本章主要介绍集成运放在信号的基本运算电路、电压比较器及有源滤波电路中的应用。

8.1　基本运算电路

集成运放的基本应用之一是能构成各种运算电路，并因此而得名。例如，在自动控制系统中，常常需要将其主要参数（如温度、压力、流量等）经传感器变为电信号放大后，再经一定的数学运算（如比例、积分、微分等），最后去驱动执行机构，才能获得最佳控制。另外，基本运算电路也是构成其他集成运放应用电路的基础电路。

运算电路的目的是分析输入电压 u_i 与输出电压 u_o 两个变量之间的函数关系 $u_o=f(u_i)$。为了实现两个变量之间的某种运算关系，运算电路中的集成运放应当工作在线性区，因此电路中必须引入负反馈；并且为了得到稳定的输出电压，还应引入电压负反馈；由于集成运放的高性能指标，运算电路从集成运放的输出端到其反相输入端引入的不管是电压串联负反馈，还是电压并联负反馈，均为深度负反馈。

一般情况下，在分析运算电路时，将集成运放均设为理想状态有利于简化分析过程，其分析误差在工程上是允许的，因此“虚短”和“虚断”是分析运算电路的基本出发点。

8.1.1　比例运算电路

能实现输出与输入信号呈一定比例关系的电路称为比例运算电路。

1.　反相比例电路

图 8.1.1 所示电路中输入信号 u_i 经电阻 R_1 加到集成运放的反相输入端，称为反相比例电路。输出信号 u_o 经 R_f 引到集成运放的反相输入端形成负反馈，同相输入端经平衡电阻 R_p 接地，R_p 的作用是为了使得电路具有对称性以提高运算精度，其阻值等于反相输入端所接的等效电阻，故 $R_p=R_1//R_f$。

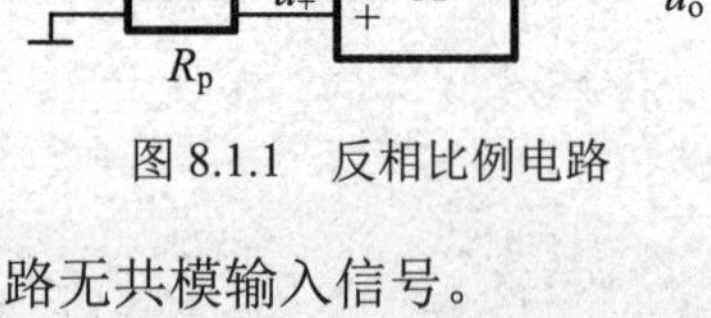

图 8.1.1　反相比例电路

利用“虚短”和“虚断”的概念，由图 8.1.1 可知

$$\because i_+=0\ （虚断）\ \therefore u_+=0$$

$$\because i_-=0\ （虚断）\ \therefore i_1=i_f$$

$$\because u_-=u_+\ （虚短）\ \therefore u_-=0$$

可见，反相输入端与“地”等电位，称为“虚地”，电路无共模输入信号。

而 $i_1 = \dfrac{u_i - u_-}{R_1}$，$i_f = \dfrac{u_- - u_o}{R_f}$，所以整理可得 $\dfrac{u_i}{R_1} = -\dfrac{u_o}{R_f}$，即

$$u_o = -\frac{R_f}{R_1} u_i \tag{8.1.1}$$

接入负反馈后的电压放大倍数称为闭环电压放大倍数 A_{uf}

$$A_{uf} = \frac{u_o}{u_i} = -\frac{R_f}{R_1} \tag{8.1.2}$$

式（8.1.2）表明，输出电压与输入电压的相位相反，大小成一定的比例关系，电路实现反相比例运算，只要阻值 R_1、R_f 精确而稳定，就可得到准确的比例运算关系，与运放本身的 A_{od}、r_{id} 和 r_o 无关。$|A_{uf}|$ 可以大于 1，也可以小于 1。当 $R_1=R_f$ 时，$A_{uf} = -1$，称为反相器。

根据前面所学知识可以判断，图 8.1.1 所示的反相比例电路引入了电压并联负反馈，使得输入电阻减小，输出电阻也减小。可从输入电阻的定义出发，又有反相输入端“虚地”，分析电路的输入电阻 $R_i = \dfrac{u_i}{i_1} = R_1$；由于理想运放的输出电阻 $r_o = 0$，所以该电路的输出电阻 $R_o = 0$，因此带负载能力很强。

2. 同相比例电路

改变反相比例电路，将输入信号 u_i 改成从集成运放的同相输入端接入，其他不变，即输出信号 u_o 依然经过 R_f 引到反相输入端形成负反馈，平衡电阻为 $R_p=R_1//R_f$。同相比例电路如图 8.1.2 所示。

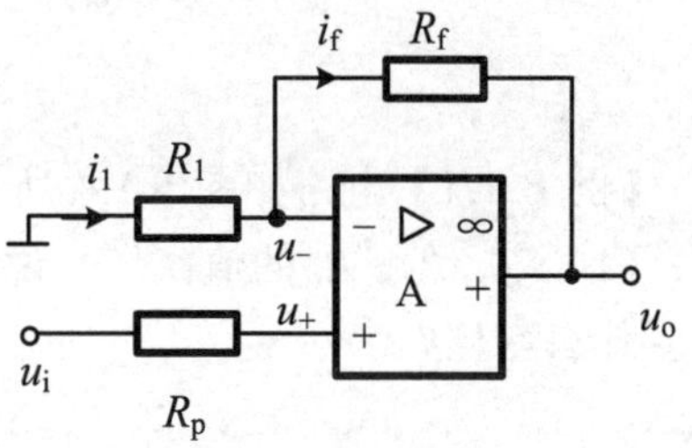

图 8.1.2　同相比例电路

利用“虚短”和“虚断”的概念，由图 8.1.2 可知

$\because i_+ = 0$（虚断）$\therefore u_+ = u_i$

$\because i_- = 0$（虚断）$\therefore i_1 = i_f$

$\because u_- = u_+$（虚短）$\therefore u_- = u_i$

注意此时反相输入端已不满足“虚地”，电路中有共模输入信号 u_i。

又有 $i_1 = \dfrac{0 - u_-}{R_1}$，$i_f = \dfrac{u_- - u_o}{R_f}$，所以 $\dfrac{0-u_-}{R_1} = \dfrac{u_- - u_o}{R_f}$，整理可得

$$u_o = \left(1 + \frac{R_f}{R_1}\right) u_+ = \left(1 + \frac{R_f}{R_1}\right) u_i \tag{8.1.3}$$

闭环电压放大倍数

$$A_{uf} = \frac{u_o}{u_i} = 1 + \frac{R_f}{R_1} \tag{8.1.4}$$

式（8.1.4）表明，输出电压与输入电压的相位相同，大小成一定的比例关系，电路实现了同相比例运算，只要阻值 R_1、R_f 精确而稳定，就可得到准确的比例运算关系，$A_{uf}\geqslant 1$。

根据前面所学知识可以判断，图 8.1.2 所示的同相比例电路引入了电压串联负反馈，使得输入电阻增大，输出电阻减小：由于 $i_+=0$，根据输入电阻的定义可得 $R_i=\dfrac{u_i}{i_+}=\infty$；而由于理想运放的输出电阻 $r_o=0$，所以该电路的输出电阻 $R_o=0$，因此带负载能力很强。

比较两种比例运算电路可以看到，虽然都能实现输出与输入信号的比例关系，但同相比例运算电路具有高输入电阻、低输出电阻的优点；而缺点也明显，因为电路的反相输入端已不满足“虚地”，说明集成运放有共模输入电压，实际应用时，会对运算精度带来影响，为提高运算精度，一般应选用高共模抑制比的集成运放。

由式（8.1.3）可知，当取 $R_1=\infty$、$R_f=0$ 时电路如图 8.1.3（a）所示，当取 $R_1=\infty$、$R_f=R_p=R$ 时电路如图 8.1.3（b）所示，$A_{uf}=1$，即输出电压与输入电压大小相等、相位相同，这种电路称为电压跟随器。

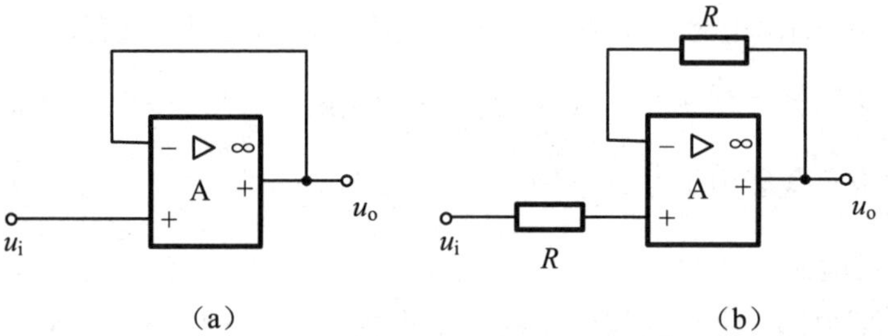

图 8.1.3　电压跟随器

【例 8.1.1】电路如图 8.1.4 所示，已知 $u_o=-44u_i$，$R_1=10\text{k}\Omega$，$R_3=100\text{k}\Omega$，$R_4=100\text{k}\Omega$，求：（1）R_2、R_5、R_6 的值；（2）说明若 u_i 与地互相换接，则输出电压与输入电压的关系将产生什么变化？

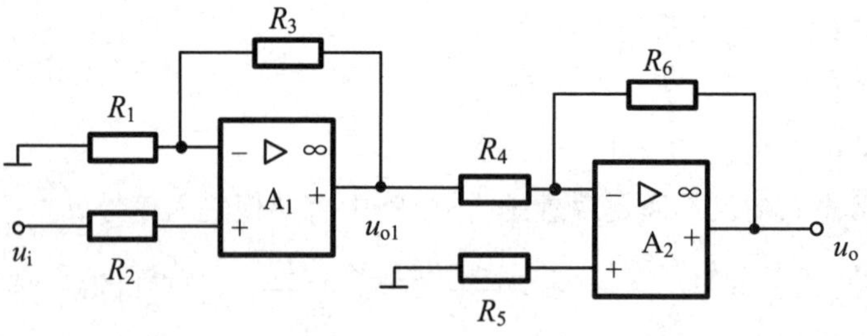

图 8.1.4　例 8.1.1 电路

解：（1）A_1 构成同相比例电路

$$u_{o1}=\left(1+\frac{R_3}{R_1}\right)u_i=11u_i$$

R_2 为平衡电阻，$R_2=R_1//R_3\approx 9.1\text{k}\Omega$

A_2 构成反相比例电路

$$u_o = -\frac{R_6}{R_4}u_{o1} = -\frac{R_6}{R_4} \times 11u_i = -44u_i$$

整理可得 $R_6=4R_4=400\text{k}\Omega$

R_5 为平衡电阻，$R_5=R_4//R_6=80\text{k}\Omega$

（2）若 u_i 与地互相换接，则第一级变为反相比例运算电路。因此

$$u_{o1} = -\frac{R_3}{R_1}u_i = -\frac{100\text{k}\Omega}{10\text{k}\Omega}u_i = -10u_i$$

由于第二级电路的比例系数仍为 $-\frac{R_6}{R_4}=-4$，所以 $u_o = 40u_i$。

注意，在多级运算电路的分析中，因各级电路的输出电阻均为零，后级电路作为前级电路的负载不影响前级电路的运算关系，所以对每级电路的分析和单级电路的分析完全相同。

8.1.2　加减运算电路

实现多个输入信号按各自不同的比例求和或求差的电路统称为加减运算电路。若所有输入信号均作用于集成运放的同一个输入端，则实现加法运算；若一部分输入信号作用于同相输入端，而另一部分输入信号作用于反相输入端，则实现减法运算。

1. 加法运算电路

多个输入信号均作用于集成运放的反相输入端，称为反相加法运算电路。图 8.1.5 所示为两个输入信号作用于反相输入端的反相加法电路。

多个输入信号均作用于集成运放的同相输入端，称为同相加法运算电路。图 8.1.6 所示为两个输入信号作用于同相输入端的同相加法电路。

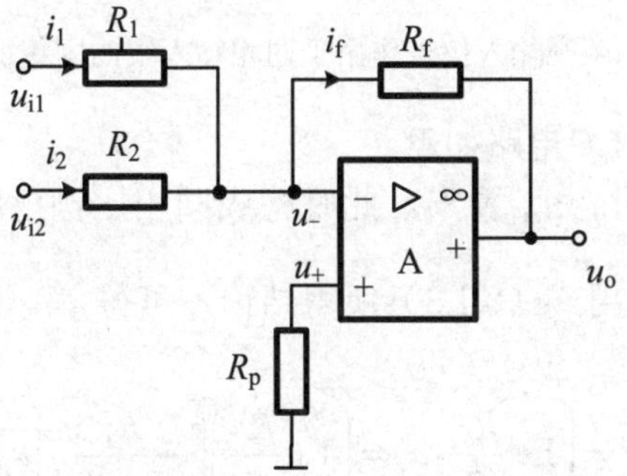

图 8.1.5　两个输入信号作用于反相输入端的反相加法电路

利用“虚短”和“虚断”的概念，由图 8.1.5 可知

$$\because i_+ = 0\ （虚断），\ \therefore u_+ = 0$$

$$\because i_- = 0\ （虚断），\ \therefore i_1 + i_2 = i_f$$

$$\because u_- = u_+ \text{（虚短）}，\ \therefore u_- = 0 \text{（虚地）}$$

而 $i_1 = \dfrac{u_{i1} - u_-}{R_1}$， $i_2 = \dfrac{u_{i2} - u_-}{R_2}$， $i_f = \dfrac{u_- - u_o}{R_f}$，由 $i_1 + i_2 = i_f$ 整理可得

$$\frac{-u_o}{R_f} = \frac{u_{i1}}{R_1} + \frac{u_{i2}}{R_2}$$

即

$$u_o = -R_f\left(\frac{u_{i1}}{R_1} + \frac{u_{i2}}{R_2}\right) \tag{8.1.5}$$

式（8.1.5）表明，输出电压等于各输入电压按各自不同的比例（权重不同）求和，因此，该电路也称为加权加法电路。调节相应电阻的阻值，可以得到所需比例系数。

对于多输入的电路除用上述节点电流法求解运算关系外，还可利用叠加定理，首先分别求出各输入电压单独作用时的输出电压，然后将它们相加，便得到所有信号共同作用时输出电压与输入电压的运算关系。

图 8.1.6 所示为两个输入信号作用于同相输入端的同相加法运算电路，分析方法类似反相加法运算电路，既可以利用节点电流法分析，也可以利用叠加定理分析。

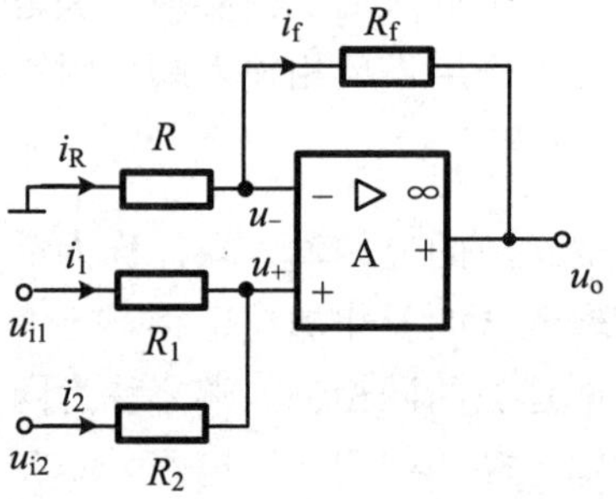

图 8.1.6　两个输入信号作用于同相输入端的同相加法电路

利用叠加定理分析图 8.1.6 电路如下。

- 当 u_{i1} 单独起作用时，u_{i2} 置零，此时构成同相比例电路，由 $i'_+ = 0$（虚断）可得 $u'_+ = \dfrac{R_2}{R_1 + R_2}u_{i1}$，利用式（8.1.3）所得结论，可得

$$u'_o = \left(1 + \frac{R_f}{R}\right)u'_+ = \left(1 + \frac{R_f}{R}\right)\left(\frac{R_2}{R_1 + R_2}\right)u_{i1}$$

- 当 u_{i2} 单独起作用时，u_{i1} 置零，此时同样构成同相比例电路，同理可得

$$u''_o = \left(1 + \frac{R_f}{R}\right)u''_+ = \left(1 + \frac{R_f}{R}\right)\left(\frac{R_1}{R_1 + R_2}\right)u_{i2}$$

- 利用叠加定理 $u_o = u_o' + u_o''$ 得

$$u_o = \left(1+\frac{R_f}{R}\right)\left[\left(\frac{R_2}{R_1+R_2}\right)u_{i1} + \left(\frac{R_1}{R_1+R_2}\right)u_{i2}\right] \tag{8.1.6}$$

式（8.1.6）表明，输出电压等于各输入电压按各自不同的比例求和。

2. 减法运算电路

从比例运算电路和求和运算电路的分析可知，输出电压与同相输入端信号电压极性相同，与反相输入端信号电压极性相反，因此如果有多个输入信号同时作用于两个输入端，那么所得结果必然可以实现减法运算。图 8.1.7 所示为单运放减法电路。

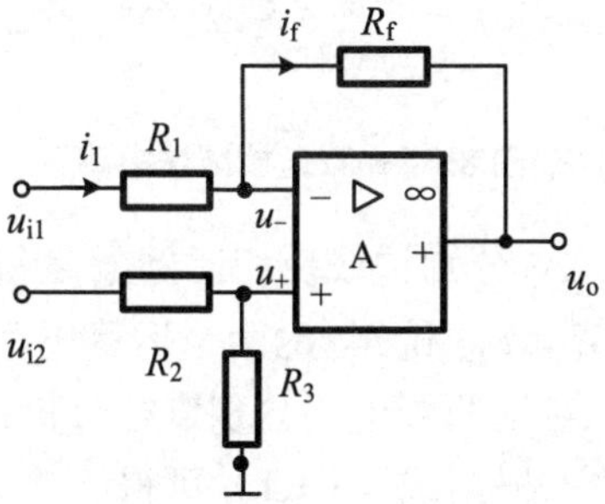

图 8.1.7　单运放减法电路

利用“虚短”和“虚断”的概念，由图 8.1.7 可知

$$u_- = u_+ \text{（虚短）}$$

$$i_1 = i_f \text{（虚断）}$$

$$u_+ = \frac{R_3}{R_2+R_3}u_{i2} \text{（虚断）}$$

而 $i_1 = \dfrac{u_{i1}-u_-}{R_1}$，$i_f = \dfrac{u_- - u_o}{R_f}$，所以整理可得

$$u_o = \left(1+\frac{R_f}{R_1}\right)\frac{R_3}{R_2+R_3}u_{i2} - \frac{R_f}{R_1}u_{i1} \tag{8.1.7}$$

对于多输入的减法电路除用上述节点电流法求解运算关系外，同样还可利用叠加定理分析输出电压与输入电压的运算关系。

若电路满足电阻平衡条件 $\dfrac{R_f}{R_1} = \dfrac{R_3}{R_2}$ 时，式（8.1.7）可写成

$$u_o = -\frac{R_f}{R_1}(u_{i1} - u_{i2}) \tag{8.1.8}$$

式(8.1.8)表明输出电压与两个输入电压的差值成比例运算，即电路实现了差分放大，

该电路也称为差分放大器或差动放大器。

在单运放构成的减法电路中，由于电阻的选取和调整不方便，因此实际应用常采用双运放减法电路，如图 8.1.8 所示。

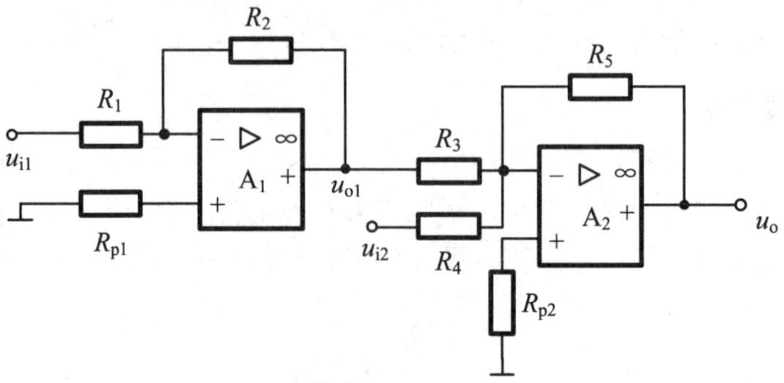

图 8.1.8　双运放减法电路

由图 8.1.8 可见，运放 A_1、A_2 分别构成反相比例电路和反相加法电路，同相输入端都接地，即都存在“虚地”的特点，R_{p1} 和 R_{p2} 为两个运算电路的平衡电阻。

当 A_1、A_2 为理想运放时，对这两级电路分别进行分析：

由于 A_1 构成反相比例电路，根据式（8.1.1）可得

$$u_{o1} = -\frac{R_2}{R_1}u_{i1} \tag{8.1.9}$$

而 A_2 构成反相加法电路，根据式（8.1.5）可得

$$u_o = -R_5\left(\frac{u_{o1}}{R_3} + \frac{u_{i2}}{R_4}\right) \tag{8.1.10}$$

将式（8.1.9）代入式（8.1.10），并整理得

$$u_o = -R_5\left(-\frac{R_2}{R_1 R_3}u_{i1} + \frac{u_{i2}}{R_4}\right) \tag{8.1.11}$$

由式（8.1.11）可知电路实现了减法运算。当 $R_1=R_2$、$R_3=R_4=R$ 时，式（8.1.11）变为

$$u_o = \frac{R_5}{R}(u_{i1} - u_{i2}) \tag{8.1.12}$$

由式（8.1.12）可知该电路也可实现差分放大。

【例 8.1.2】电路如图 8.1.9 所示，设各运放均为理想运放：

（1）试分别说明 A_1、A_2、A_3 各构成什么运算电路；

（2）求 u_o 的表达式。

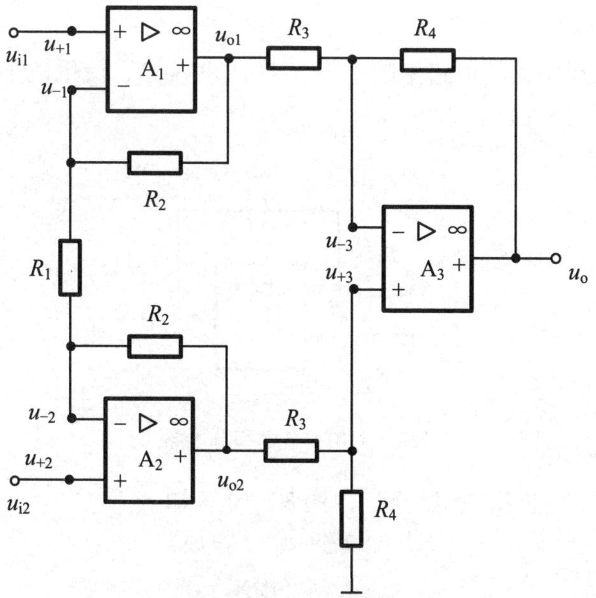

图 8.1.9　例 8.1.2 电路

解： A_1、A_2、A_3 均构成减法电路，两个输入电压分别从同相、反相输入端输入。

对于 A_1、A_2 运算电路，利用“虚短”特点可得，$u_{-1}=u_{+1}=u_{i1}$、$u_{-2}=u_{+2}=u_{i2}$，u_{-2} 可作为 A_1 运算电路反相输入端信号，u_{-1} 可作为 A_2 运算电路反相输入端信号。对于 A_1、A_2 运算电路分别利用叠加定理可算得

$$u_{o1}=\left(1+\frac{R_2}{R_1}\right)u_{i1}-\frac{R_2}{R_1}u_{i2}$$

$$u_{o2}=\left(1+\frac{R_2}{R_1}\right)u_{i2}-\frac{R_2}{R_1}u_{i1}$$

对于 A_3 运算电路，利用叠加定理，u_{o1} 单独作用时即等效为反相比例运算电路，u_{o2} 单独作用时即等效为同相比例运算电路，可得

$$u_o=-\frac{R_4}{R_3}u_{o1}+\left(1+\frac{R_4}{R_3}\right)u_{+3}=-\frac{R_4}{R_3}u_{o1}+\left(1+\frac{R_4}{R_3}\right)\frac{R_4}{R_3+R_4}u_{o2}$$

整理可得

$$u_o=-\frac{R_4}{R_3}(u_{o1}-u_{o2})=-\frac{R_4}{R_3}\left(1+2\frac{R_2}{R_1}\right)(u_{i1}-u_{i2})$$

8.1.3　积分运算电路和微分运算电路

积分和微分互为逆运算，是自动控制和测量系统中的重要单元。以集成运放作为放大电路，可以实现这两种运算。

1. 积分运算电路

将图 8.1.1 所示反相比例电路中的电阻 R_f 换成电容 C_f，就组成了基本积分电路，如图 8.1.10 所示。

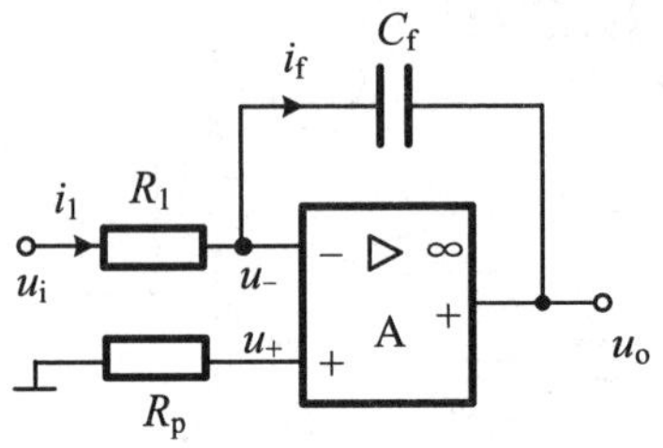

图 8.1.10　基本积分电路

根据“虚短”和“虚断”的特点，由图 8.1.10 可知

$$u_- = u_+ \text{（虚短）}$$

$$i_1 = i_f \text{（虚断）}$$

$$u_+ = 0 \text{（虚断）}$$

可见，反相输入端满足“虚地”。

根据电阻及电容伏安关系可知 $i_1 = \dfrac{u_i - u_-}{R_1}$，$i_f = C_f \dfrac{d(u_- - u_o)}{dt}$

假设电容 C_f 上的初始电压为零，其伏安关系式整理可得

$$u_o = -\frac{1}{C_f}\int i_f\,dt = -\frac{1}{C_f}\int i_1\,dt = -\frac{1}{C_f}\int \frac{u_i}{R_1}dt = -\frac{1}{R_1 C_f}\int u_i\,dt \qquad (8.1.13)$$

式（8.1.13）表明，输出电压 u_o 正比于输入电压 u_i 对时间 t 的积分，其比例常数取决于时间常数 $\tau=R_1C_f$。

积分运算电路不止实现基本的运算功能，还可以在不同输入情况下利用积分运算的基本关系实现延时、波形转换、移相等不同功能。

① 延时。当输入信号为阶跃电压时，若电容上的电压初始值为零，由式（8.1.13）可得输出电压 u_o 与时间 t 呈线性关系，如图 8.1.11（a）所示，当 $t>0$ 时，u_o 向负方向增大直至达到运放输出电压的负向饱和值保持不变。如果把积分电路的输出电压作为电子开关或其他类似装置的输入控制电压，则积分电路可以起到延时作用，即当积分电路的输出电压达到一定值时，才使受控制的装置动作。

② 波形转换。当输入信号为方波时，若电容上的电压初始值为零，由式（8.1.13）可得积分电路的输出波形如图 8.1.11（b）所示，即它可以将输入的方波信号转换为三角波，实现波形转换，详细内容可参考 9.2 节内容。

③ 移相。当输入信号为正弦波时，若电容上的电压初始值为零，由式（8.1.13）可得积分电路的输出波形如图 8.1.11（c）所示，即实现了正弦信号的移相。

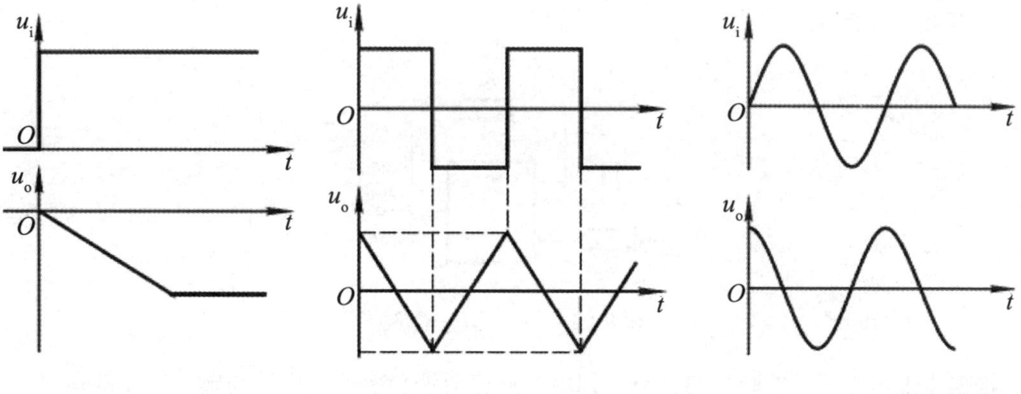

（a）输入信号为阶跃电压　　（b）输入信号为方波　　（c）输入信号为正弦波

图 8.1.11　积分运算电路在不同输入情况下的波形

在实际应用时，为了防止低频信号增益过大，保证集成运放不出现开环，可与 C_f 并联一个大阻值电阻 R_f 加以限制，如图 8.1.12 所示。

根据“虚短”和“虚断”的特点，由图 8.1.12 可分析

$$u_- = u_+ = 0$$

$$i_1 = i_f + i_R$$

有 $i_1 = \frac{u_i}{R_1}$，$i_f = -C_f \frac{du_o}{dt}$，$i_R = \frac{-u_o}{R_f}$，整理可得

$$u_i = -R_1 C_f \frac{du_o}{dt} - \frac{R_1}{R_f} u_o \quad (8.1.14)$$

如果将差分运算放大电路（见图 8.1.7）中的两个电阻 R_f、R_3 分别换成两个相等的电容，可得差分积分电路，如图 8.1.13 所示。

其输出电压与输入电压的运算关系为

$$u_o = -\frac{1}{R_1 C_f} \int (u_{i1} - u_{i2}) dt \quad (8.1.15)$$

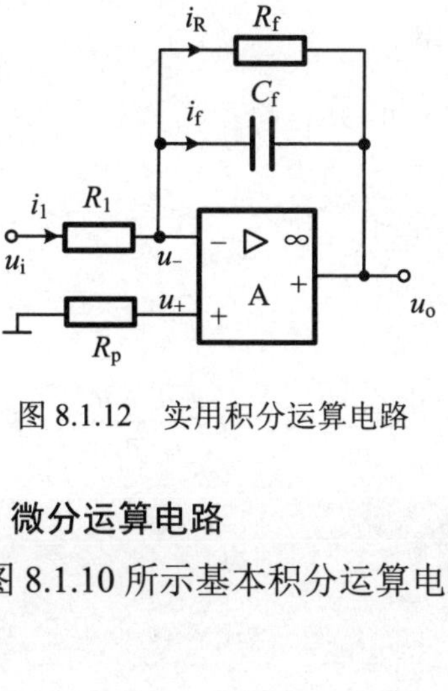

图 8.1.12　实用积分运算电路

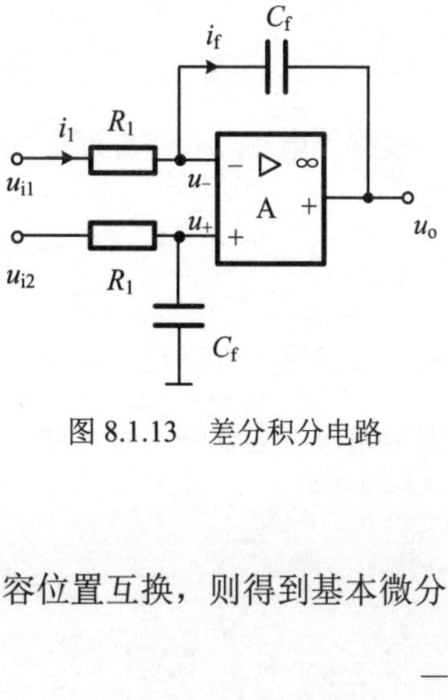

图 8.1.13　差分积分电路

2.　微分运算电路

将图 8.1.10 所示基本积分运算电路中的电阻和电容位置互换，则得到基本微分运算电

路，如图 8.1.14 所示。

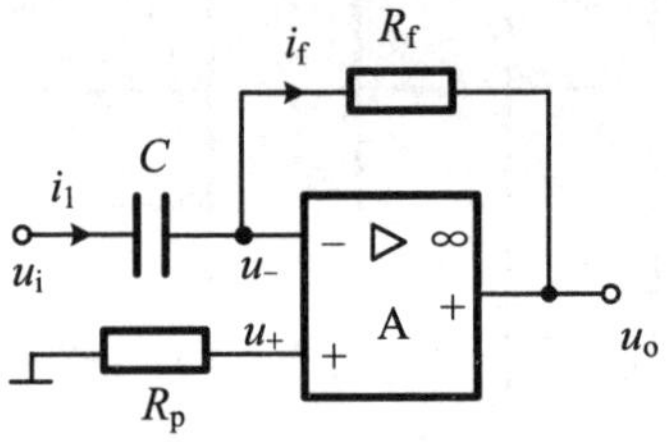

图 8.1.14　基本微分电路

根据“虚短”和“虚断”的特点，利用节点电流法分析输出电压与输入电压的运算关系

$$u_- = u_+ \text{（虚短）}$$

$$i_1 = i_f \text{（虚断）}$$

$$u_+ = 0 \text{（虚断）}$$

根据电容电阻的伏安关系可知 $i_1 = C\dfrac{\mathrm{d}(u_i - u_-)}{\mathrm{d}t}$，$i_f = \dfrac{u_- - u_o}{R_f}$，整理可得

$$u_o = -i_f R_f = -i_1 R_f = -R_f C\frac{\mathrm{d}u_i}{\mathrm{d}t} \tag{8.1.16}$$

式（8.1.16）表明，输出电压正比于输入电压的变化率，其比例常数取决于时间常数 $\tau = R_f C$。但正是因为输出电压正比于输入电压的变化率，若输入信号中含有高频噪声，则输出噪声也将很大，而且电路可能不稳定，所以微分电路很少直接应用。

【例 8.1.3】 求图 8.1.15 所示电路的 u_o 与 u_i 的关系式。

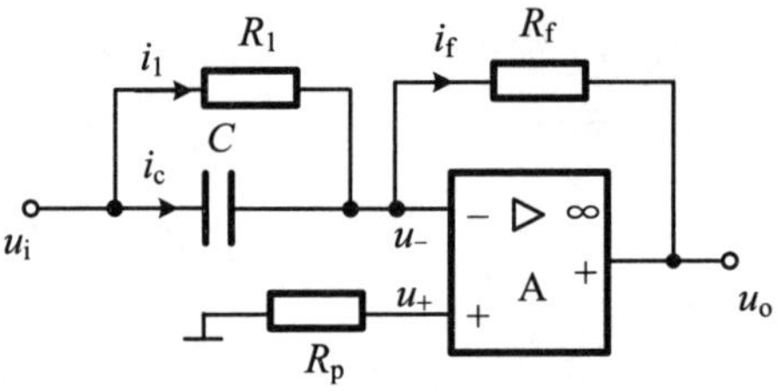

图 8.1.15　例 8.1.3 电路

解： 根据“虚短”和“虚断”的特点，由图 8.1.15 可知

$$u_- = u_+ \text{（虚短）}$$

$$i_1 + i_c = i_f \text{（虚断）}$$

$$u_+ = 0 \text{（虚断）}$$

可见，反相输入端满足“虚地”。

根据电阻及电容伏安关系可知 $i_1 = \dfrac{u_i - u_-}{R_1}$，$i_c = C\dfrac{\mathrm{d}(u_i - u_-)}{\mathrm{d}t}$，$i_f = \dfrac{u_- - u_o}{R_f}$，整理可得

$$u_o = -\frac{R_f}{R_1}u_i - R_f C\frac{\mathrm{d}u_i}{\mathrm{d}t} \tag{8.1.17}$$

由式（8.1.17）可知，图 8.1.15 所示的电路是反相比例运算和微分运算两者的组合，一般称为比例-微分控制器（简称 PD 控制器，也称 PD 调节器），常用于控制系统中。

另外还有 PI 控制器和 PID 控制器等，可由比例单元 P(Proportion)、积分单元 I(Integral) 和微分单元 D（Differential）组合而成。PID 控制器作为最早实用化的控制器已有近百年的历史，现在仍然是应用最广泛的工业控制器。PID 控制器简单易懂，使用中不需精确的系统模型等先决条件，因此成为应用最为广泛的控制器。

8.2　有源滤波电路

滤波电路是用来滤除信号中无用的频率成分，而获得有用频率成分的电路。滤波电路分为无源滤波电路和有源滤波电路两大类。无源滤波电路由电阻、电容和电感等组成，详细内容见第 3 章。由于无源滤波电路有放大倍数低、带负载能力差且其频率特性受负载电阻影响等缺点，不满足信号处理的需要，所以常常选用有源滤波电路。由无源元件和有源元件（集成运放、三极管、场效应管）共同组成的滤波电路称为有源滤波电路。

分析有源滤波电路时，一般是将电阻、电容等元件用复阻抗表示，结合集成运放特点，分析得出滤波电路与信号频率有关的电压放大系数（或称传递函数），进而给出电路的频率响应。允许通过的频段称为通带，将信号衰减到零的频段称为阻带，在通带和阻带之间存在着过渡带。过渡带越窄，电路的选择性越好，滤波特性就越理想。

有源滤波电路按照工作频带可分为低通滤波电路、高通滤波电路、带通滤波电路和带阻滤波电路等。衡量滤波电路的性能，主要从两个方面分析：一个是通带的平稳性；另一个是通带到阻带的过渡带衰减速率。

一阶和二阶滤波电路是构成高阶滤波电路的基本单元电路，本节重点分析常见的一阶和二阶有源 RC 低通滤波电路。

8.2.1　有源低通滤波电路

1.　一阶有源低通滤波电路

利用集成运放具有输入电阻大、输出电阻小、带负载能力强的特点，在一阶无源 RC 低通滤波电路（见图 3.7.1）与负载之间加入电压跟随器（见图 8.1.3），就能得到简单的一阶有源 RC 低通滤波电路，如图 8.2.1 所示。

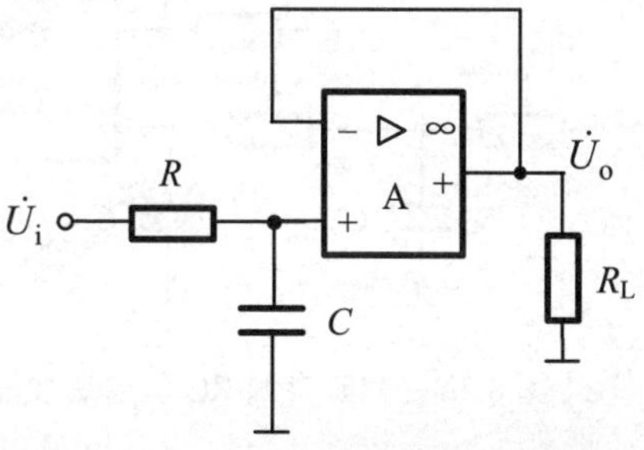

图 8.2.1　简单的一阶有源 RC 低通滤波电路

若用同相比例运算电路（见图 8.1.2）代替图 8.2.1 中的电压跟随器而构成一阶有源 RC 低通滤波器，则既可以提高增益，又可以降低负载效应，电路如图 8.2.2 所示。

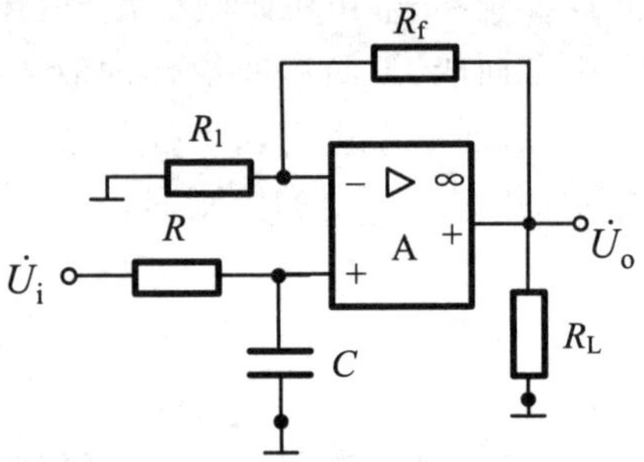

图 8.2.2　一阶有源 RC 低通滤波电路

由式（3.7.2）及式（8.1.4）整理可得电路的电压放大倍数（传递函数）为

$$\dot{A}_u=\frac{\dot{U}_o}{\dot{U}_i}=\left(1+\frac{R_f}{R_1}\right)\frac{1}{1+j\omega RC}=\frac{A_0}{1+j\dfrac{f}{f_H}} \tag{8.2.1}$$

式中，$A_0=\left(1+\dfrac{R_f}{R_1}\right)$；$f_H=\dfrac{1}{2\pi RC}$。

一阶有源 RC 低通滤波电路频率特性与图 3.7.2 所示的 RC 低通滤波电路的频率特性曲线类似，仅增益有所区别，记为 $20\lg\left|\dfrac{\dot{A}_u}{A_o}\right|$（dB），这里不再赘述。

一阶电路的过渡带较宽，幅频特性的最大衰减斜率仅为-20dB/十倍频程。为了使过渡带变窄，需采用多阶滤波器，即增加 RC 环节。

2. 二阶有源低通滤波电路

与前面一阶低通滤波电路类似，在 RC 无源二阶低通滤波电路与负载之间加入同相比例电路，就能得到二阶有源 RC 低通滤波电路，如图 8.2.3 所示。

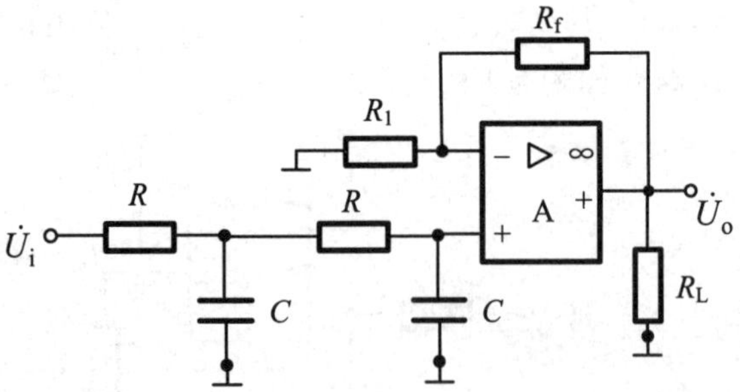

图 8.2.3　二阶有源 RC 低通滤波电路

电路的电压放大倍数（传递函数）为

$$\dot{A}_u=\frac{\dot{U}_o}{\dot{U}_i}=\left(1+\frac{R_f}{R_1}\right)\frac{\frac{1}{j\omega C}//\left(R+\frac{1}{j\omega C}\right)}{R+\frac{1}{j\omega C}//\left(R+\frac{1}{j\omega C}\right)}\frac{\frac{1}{j\omega C}}{R+\frac{1}{j\omega C}}=\frac{A_0}{1+3j\omega RC+(j\omega RC)^2}=\frac{A_0}{1-\left(\frac{f}{f_H}\right)^2+j3\frac{f}{f_H}} \tag{8.2.2}$$

式中，$A_0=\left(1+\frac{R_f}{R_1}\right)$；$f_H=\frac{1}{2\pi RC}$。可画出其幅频特性如图 8.2.4 所示。

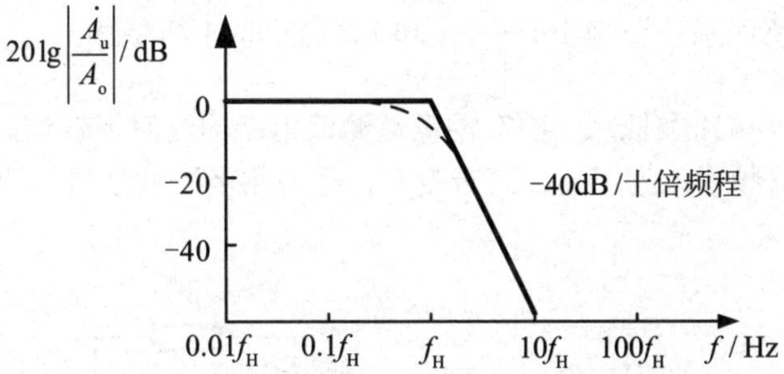

图 8.2.4　二阶有源 RC 低通滤波电路幅频特性

由幅频特性曲线可知，当 $f=0$ 时，$|\dot{A}_u|=A_0$；当 $f\to\infty$ 时，$|\dot{A}_u|\to 0$，显然，这是低通滤波电路的特性。幅频特性的最大衰减斜率可以达到-40dB/十倍频程。为得到更好的低通特性，常采用压控电源型或无限增益多路反馈型结构改善频率特性或通过增加滤波电路的阶数来提高过渡带衰减速率。

若将低通滤波电路的幅频特性$|A_{uL}|$曲线理想化，可得图 8.2.5 所示。

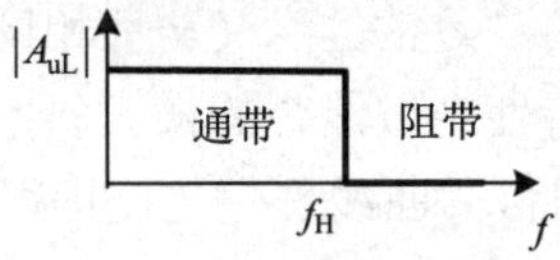

图 8.2.5　理想低通滤波电路的幅频特性

8.2.2　有源高通滤波电路

有源高通滤波电路与有源低通滤波电路具有对偶性，将有源低通滤波电路的电阻和电容互换，就可得一阶有源高通滤波电路、二阶有源高通滤波电路。

在 RC 无源高通滤波电路（见图 3.7.3）与负载之间加入同相比例放大电路（见图 8.1.2），就能得到一阶有源 RC 高通滤波电路，如图 8.2.6 所示，与图 8.2.2 所示的一阶有源 RC 低通滤波电路具有对偶性。

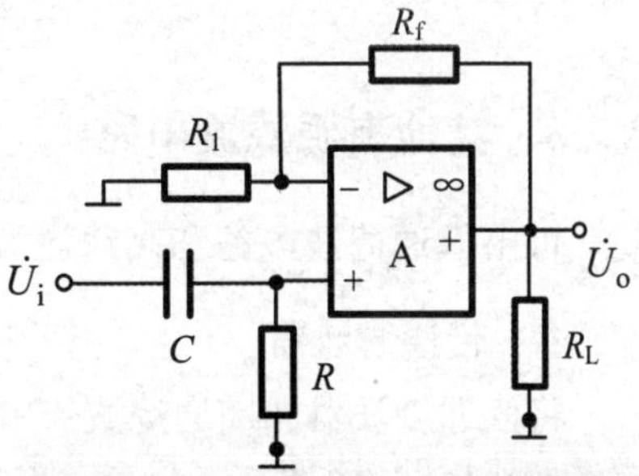

图 8.2.6　一阶有源 RC 高通滤波电路

由式（3.7.4）及式（8.1.4）整理可得电路的电压放大倍数（传递函数）为

$$\dot{A}_u=\frac{\dot{U}_o}{\dot{U}_i}=\left(1+\frac{R_f}{R_1}\right)\frac{R}{R+\frac{1}{j\omega C}}=\frac{A_0}{1-j\frac{f_L}{f}} \tag{8.2.3}$$

式中，$A_0=\left(1+\frac{R_f}{R_1}\right)$；$f_L=\frac{1}{2\pi RC}$。

一阶有源RC高通滤波电路频率特性与图3.7.4所示的RC高通滤波电路的频率特性曲线类似，仅增益有所区别，记为$20\lg\left|\frac{\dot{A}_u}{A_o}\right|$(dB)，这里也不再赘述。

与有源低通滤波电路类似，一阶有源高通滤波电路的过渡带较宽，过渡带的最大上升斜率仅为20dB/十倍频程。为了使过渡带变窄，也采用多阶滤波器，即增加RC环节，如图8.2.7所示。

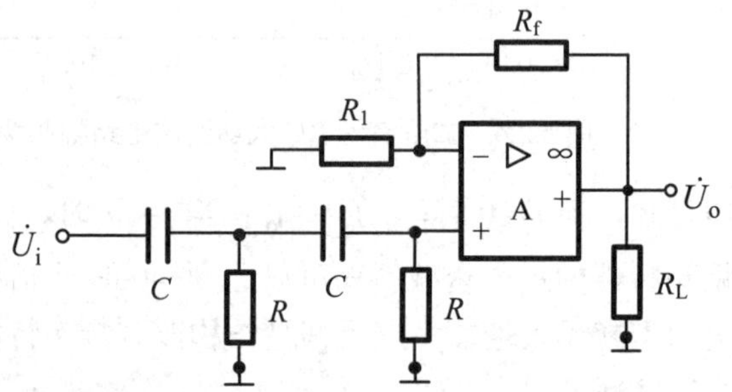

图8.2.7　二阶有源RC高通滤波电路

简单二阶有源高通滤波电路中，参数的意义与前相同，其幅频响应波特图与二阶低通滤波器具有“镜像”关系，幅频特性中过渡带的最大斜率可以达到40dB/十倍频程。

若将高通滤波电路的幅频特性$|A_{uH}|$曲线理想化，可得图8.2.8所示。

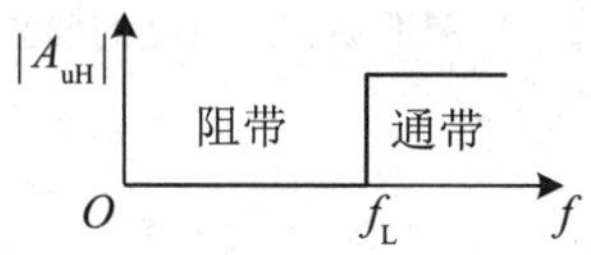

图8.2.8　理想高通滤波电路幅频特性

8.2.3　其他有源滤波电路

可由低通滤波电路和高通滤波电路按一定的方式连接，实现带通、带阻等滤波电路。

1.　带通滤波器

将低通滤波器和高通滤波器串联求与，就可以构成一个带通滤波器，原理框图及理想幅频特性如图8.2.9所示，要求低通滤波器的上限截止频率f_H必须大于高通滤波器的下限截止频率f_L，而带通滤波器的带宽为$f_{BW}=f_H-f_L$。

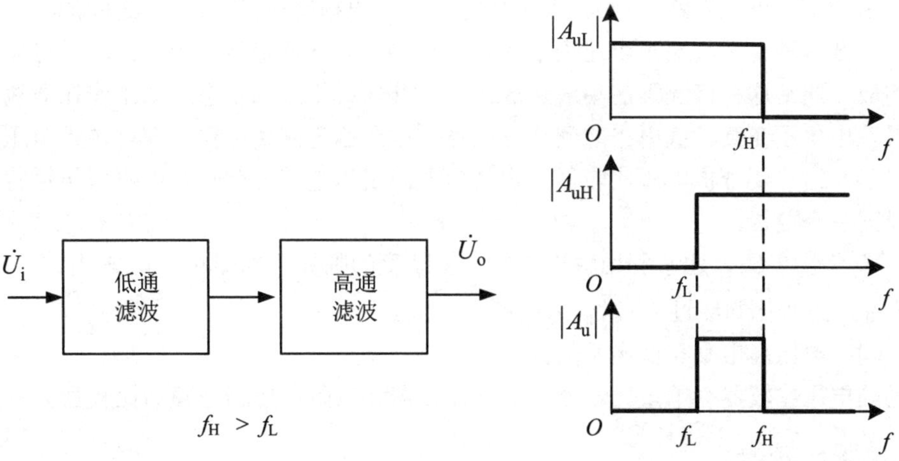

（a）原理框图　　（b）理想幅频特性曲线

图 8.2.9　带通滤波电路

2.　带阻滤波器

将低通滤波器和高通滤波器并联求或，就可以构成一个带阻滤波器，原理框图及理想幅频特性如图 8.2.10 所示，要求低通滤波器的上限截止频率 f_H 必须小于高通滤波器的下限截止频率 f_L，而带阻滤波器的阻带为 f_H～f_L，其他为通带。

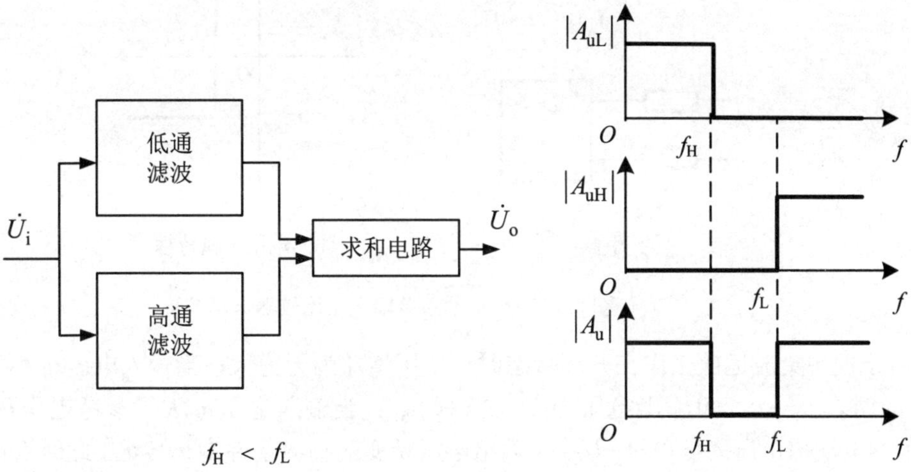

（a）原理框图　　（b）理想幅频特性曲线

图 8.2.10　带阻滤波电路

8.3　电压比较器

电压比较器是对输入电压进行鉴别和比较的电路，是信号处理、模数转换和波形产生电路中常用的基本单元电路。它将输入电压与参考电压相比较，确定两者之间的大小关系，以只有高、低两种电平的输出电压表示比较的结果，为二值信号。电压比较器可以利用集成运放构成，通常这种情况下的集成运放工作在开环或正反馈状态，即工作在非线性区。

使得输出电压在高、低电平之间跃变的输入电压称为阈值电压（或称转折电压、门限电压），记为 U_T。要分析电压比较器，也就是要确定描述其外部特性的电压传输特性，需要研究以下三个要素。

（1）阈值电压 U_T，通常利用输出电压发生跃变的临界条件即 $u_+ = u_-$ 求出。

（2）u_i 发生变化并经过 U_T 时，u_o 的跃变方向。

（3）输出电压高电平和低电平的数值。

常见的电压比较器有单限比较器、滞回比较器和双限比较器（窗口比较器）三种。

8.3.1 单限比较器

单限比较器只有一个阈值电压 U_T，在 u_i 由小逐渐变大或由大逐渐变小的过程中，当通过 U_T 时，u_o 产生跃变。

图 8.3.1（a）所示电路为一般单限电压比较器，输入信号 u_i 接集成运放的反相输入端，参考电压 U_{REF} 接同相输入端，也称为反相输入单限电压比较器。

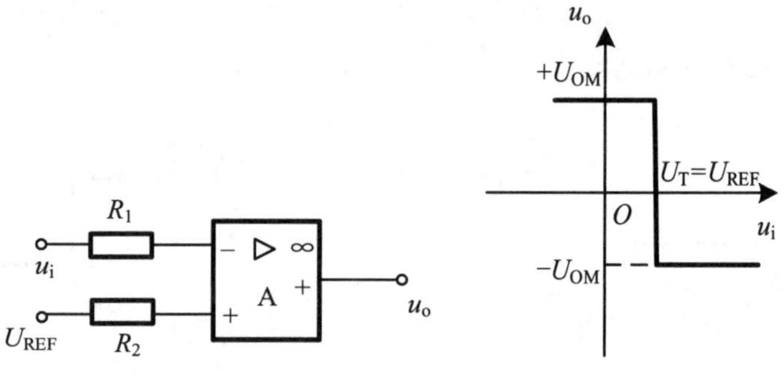

（a）电路　　　　（b）电压传输特性

图 8.3.1　反相输入单限电压比较器

由于理想集成运放工作在开环状态时，电压增益为无穷大，当输入电压 u_i 小于参考电压 U_{REF} 时，$u_+ - u_- > 0$ 输出电压为高电平 $+U_{OM}$；当输入电压 u_i 大于参考电压 U_{REF} 时，$u_+ - u_- < 0$ 输出电压为低电平 $-U_{OM}$；输出电压跃变的临界条件为 $u_+ = u_-$，此时对应的 u_i 取值就是阈值电压，即阈值电压 $U_T = U_{REF}$；当 u_i 由小逐渐增大且经过 U_T 时，u_o 的跃变方向为由高电平跃变为低电平。综合上述分析可得电路的电压传输特性如图 8.3.1（b）所示。

当 U_{REF}=0 时的单限电压比较器又称为过零比较器。

【例 8.3.1】 图 8.3.2 所示为另一种形式的同相输入单限电压比较器，试求出其阈值电压，并画出电压传输特性。设理想集成运放（其电压传输特性见图 6.4.2）的非线性区输出的高、低电平分别为 $+U_{OM}$ 和 $-U_{OM}$。

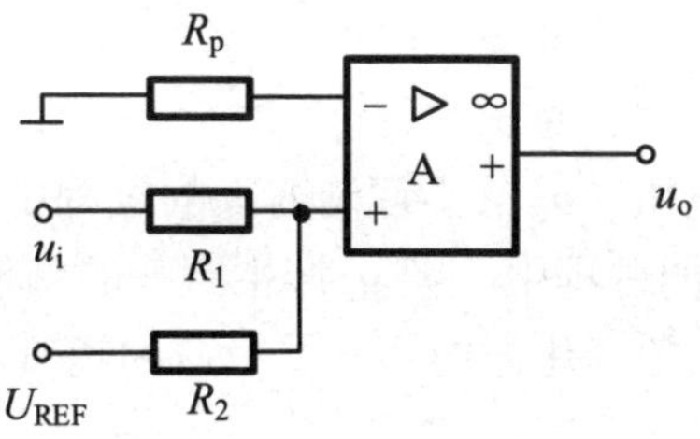

图 8.3.2　例 8.3.1 电路

解：（1）求阈值电压。

根据“虚断”特点利用叠加定理可得

$$u_+ = \frac{R_2}{R_1 + R_2} u_i + \frac{R_1}{R_1 + R_2} U_{REF} \tag{8.3.1}$$

理想情况下，输出电压发生跳变时对应的 $u_+ = u_-$ 时的 u_i 取值即为阈值电压，有 $u_- = 0$，将其代入式（8.3.1）可得

$$R_2 u_i + R_1 U_{REF} = 0 \tag{8.3.2}$$

即阈值电压为 $U_T = -\frac{R_1}{R_2} U_{REF}$

（2）分析当 u_i 变化且经过 U_T 时，u_o 的跃变方向。

$u_i < U_T$ 时，$u_+ < u_-$，根据图 6.4.2（b）所示集成运放的电压传输特性可知，集成运放工作在非线性区，并且输出低电平，即 $u_o = -U_{OM}$。

$u_i > U_T$ 时，$u_+ > u_-$，根据图 6.4.2（b）所示集成运放的电压传输特性可知，集成运放工作在非线性区，并且输出高电平，即 $u_o = +U_{OM}$。

因此可得，当 u_i 由小到大逐渐增加并经过 U_T 时，输出由低电平跃变到高电平，可得电压传输特性如图 8.3.3 所示。

在实际应用中，为了满足负载的需要，常增加限幅稳压电路。一般将双向稳压管连接在电路的输出端或反馈回路，以保证输出信号的高、低电平的幅值基本相等。图 8.3.4 所示电路，是在图 8.3.2 电路的基础上增加了限幅电路，输出高电平为 $+U_Z$，低电平为 $-U_Z$。

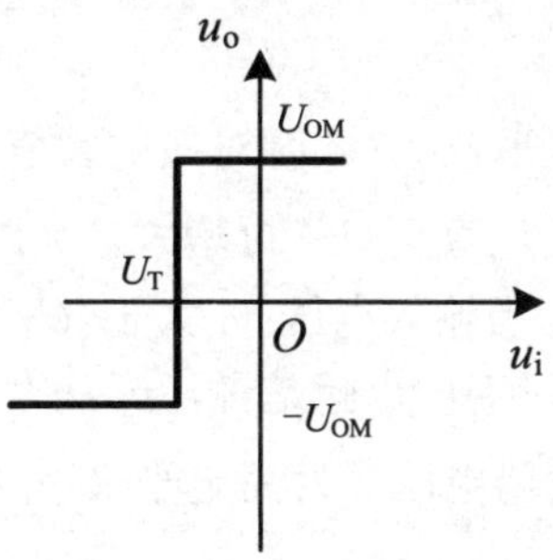

图 8.3.3　例 8.3.1 电压传输特性

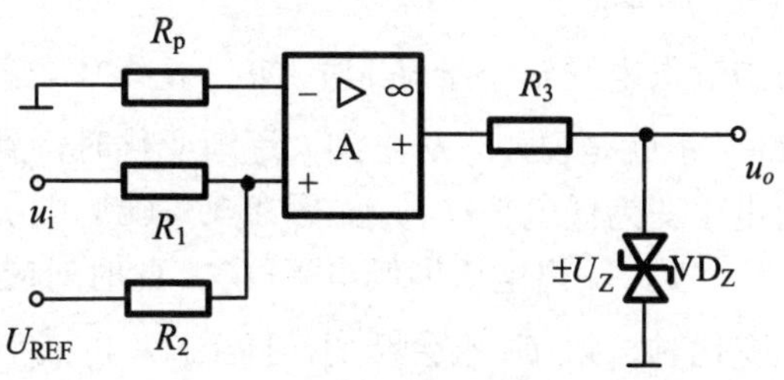

图 8.3.4　增加了限幅电路的单限电压比较器

8.3.2 滞回比较器

滞回比较器有两个阈值电压，u_i 从小逐渐变大的过程中，使 u_o 产生跃变的阈值电压 U_{T1}，不等于 u_i 从大逐渐变小的过程中，使 u_o 产生跃变的阈值电压 U_{T2}。

虽然滞回比较器输入电压的变化方向不同，对应的阈值电压也不同，但应注意，输入电压单调变化时输出电压只跃变一次。

1. 电路构成

图 8.3.5（a）所示为反相输入的一般滞回比较器电路，输入信号 u_i 接集成运放的反相输入端，参考电压 U_{REF} 接同相输入端，电路引入了正反馈。

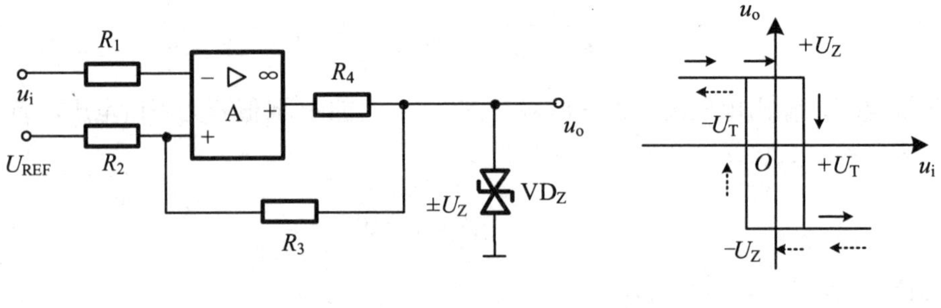

（a）电路　　（b）电压传输特性

图 8.3.5　反相输入的一般滞回比较器

2. 工作原理

根据“虚断”特点利用叠加定理，可得

$$u_+ = \frac{R_2}{R_2 + R_3}u_o + \frac{R_3}{R_2 + R_3}U_{REF} \tag{8.3.3}$$

为了简化分析计算，不失一般性地将参考电压 U_{REF} 接地置零。

由于理想集成运放工作在正反馈状态，电压增益为无穷大，经过限幅稳压电路，输出电压有两个值，$u_o= \pm U_Z$，令 $u_+ = u_-$，由式（8.3.3）可得阈值电压也有两个值，即 $\pm U_T = \pm\frac{R_2}{R_2 + R_3}U_Z$。

当输入电压 u_i 小于 $-U_T$ 时，$u_+ - u_- > 0$，输出电压为高电平 $+U_Z$，此时对应的阈值电压为 $+U_T$，也就是说，u_i 从小到大逐渐变化时，到 $-U_T$ 不会跃变，直至 $+U_T$ 再增大才会跃变，输出电压变为低电平 $-U_Z$，如图 8.3.5（b）中实线箭头所示；当输入电压 u_i 大于 $+U_T$ 时，$u_+ - u_- < 0$，输出电压为低电平 $-U_Z$，此时对应的阈值电压为 $-U_T$，也就是说，u_i 从大到小逐渐变化时，到 $+U_T$ 不会跃变，直至 $-U_T$ 再减小才会跃变，输出电压变为高电平 $+U_Z$，如图 8.3.5（b）中虚线箭头所示。

上下两个阈值电压可以通过调节电阻值 R_2、R_3 及参考电压 U_{REF} 来控制，两个阈值电压的差值称为迟滞宽度，表示抗干扰能力的强弱。迟滞宽度越宽，表示抗干扰能力越强，但同时灵敏度也会越低。并且输入电压的峰值必须大于迟滞宽度，否则输出电压不可能跃变。

8.3.3　双限比较器（窗口比较器）

双限比较器也有两个阈值电压，与滞回比较器不同的是，u_i 从小逐渐变大或从大逐渐变小的过程中，即输入电压单一方向变化时，在经过两个阈值电压时输出电压都发生跃变。

图 8.3.6（a）所示为一般窗口比较器电路，输入信号 u_i 分别接入两个集成运放的同相输入端和反相输入端，参考电压有 U_{RH} 和 U_{RL}，并且设定 $U_{RH}>U_{RL}$。由于两个理想集成运放都工作在开环状态，所以两个阈值电压 $U_{T1}=U_{RH}$，$U_{T2}=U_{RL}$。

当 $u_i<U_{RL}$ 时，集成运放 A_1 的净输入电压小于 0，$u_{o1}=-U_{OM}$，VD_1 截止，集成运放 A_2 的净输入电压大于 0，$u_{o2}=+U_{OM}$，VD_2 导通，因此 $u_o=U_Z$。

当 $U_{RL}<u_i<U_{RH}$ 时，集成运放 A_1 的净输入电压小于 0，$u_{o1}=-U_{OM}$，VD_1 截止，集成运放 A_2 的净输入电压也小于 0，$u_{o2}=-U_{OM}$，VD_2 也截止，因此 $u_o=0$。

当 $u_i>U_{RH}$ 时，集成运放 A_1 的净输入电压大于 0，$u_{o1}=+U_{OM}$，VD_1 导通，集成运放 A_2 的净输入电压小于 0，$u_{o2}=-U_{OM}$，VD_2 截止，因此 $u_o=U_Z$。

综合以上情况可得电路的传输特性如图 8.3.5（b）所示。

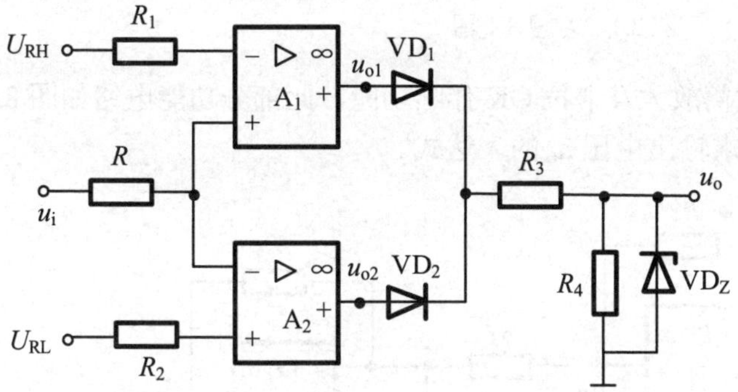

（a）电路

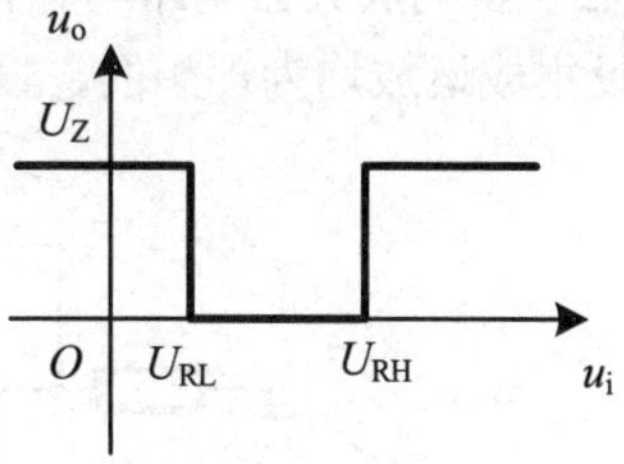

（b）电压传输特性

图 8.3.6　一般窗口比较器

习题 8

8.1　信号运算电路如图 8.1 所示，设集成运放均为理想的，求输出电压与输入电压间的运算关系式。

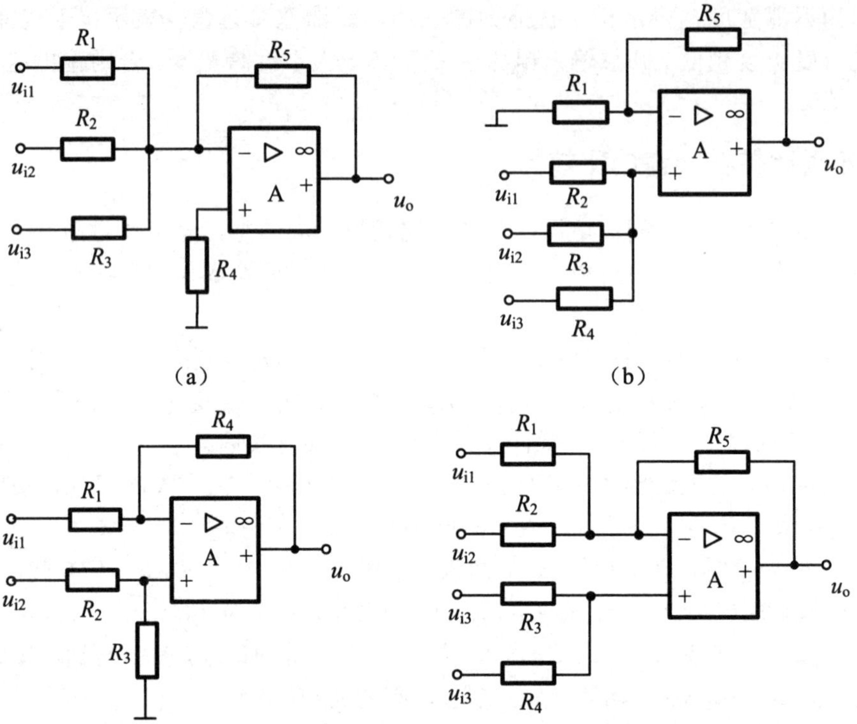

（a）　　（b）

（c）　　（d）

图 8.1　习题 8.1 图

8.2　音响放大器电路具有话筒放大及卡拉 OK 伴唱功能，此部分功能电路如图 8.2 所示，设集成运放均为理想的，试求输出电压 u_o 的表达式。

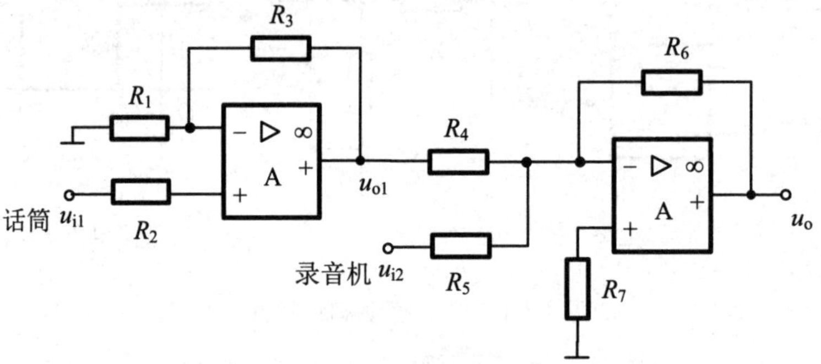

图 8.2　习题 8.2 图

8.3　信号运算电路如图 8.3 所示，假设集成运放是理想的：（1）说明集成运放 A_1、A_2 各构成何种基本运算电路；（2）写出输出电压 u_o 的表达式。

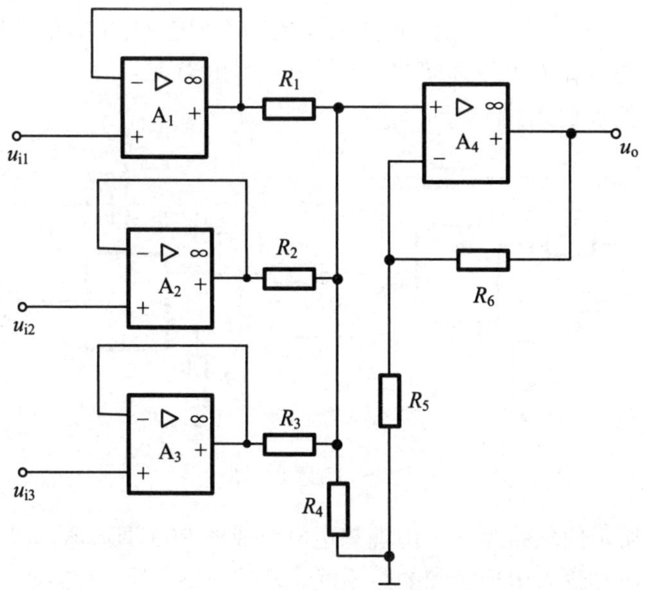

图 8.3　习题 8.3 图

8.4　信号运算电路如图 8.4 所示，集成运放为理想的，试求输出电压 u_o 的表达式。

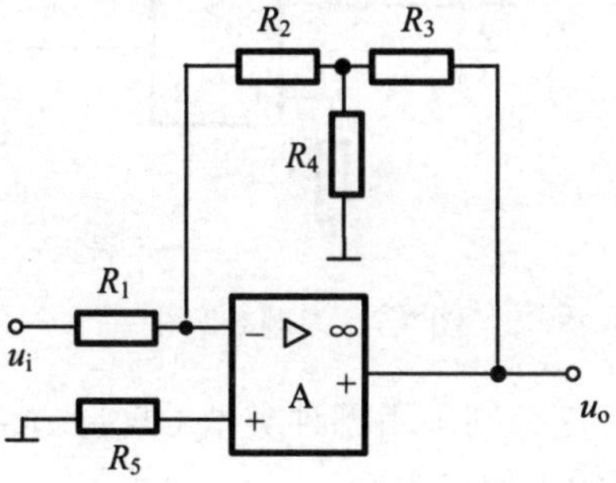

图 8.4　习题 8.4 图

8.5　采用集成运放设计一个运算电路，要求关系式为 $u_o = -5u_{i1} + 5u_{i2} + u_{i3}$，并且要求电路中电阻的最大阻值不超过 100kΩ，试画出电路图，计算各电阻的阻值。

8.6　信号运算电路如图 8.5（a）所示，集成运放为理想的，R_1=100kΩ，C_f=0.1μF，已知集成运放的输入电压波形如图 8.5（b）所示，电容初始电压为零，试分析输出电压并画出波形。

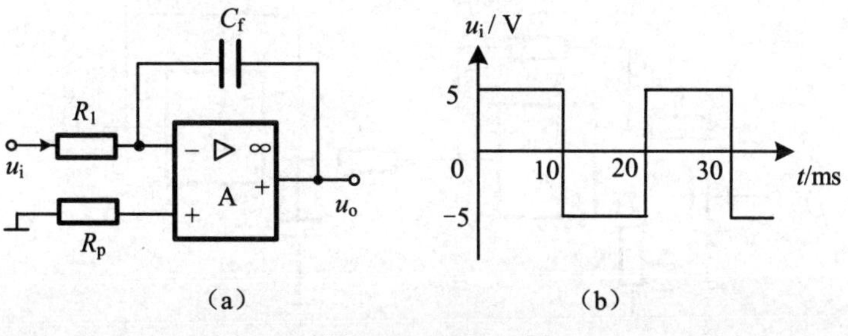

（a）　　（b）

图 8.5　习题 8.6 图

8.7　信号运算电路如图 8.6 所示，设集成运放均为理想的，电容的初始电压 $u_C(0)=0$，试分析输出电压 u_o 与各输入电压之间的关系式，且写出当 $R_1=R_2=R_3=R_4=R_5=R_6=R$ 时化简的输出电压 u_o 的表达式。

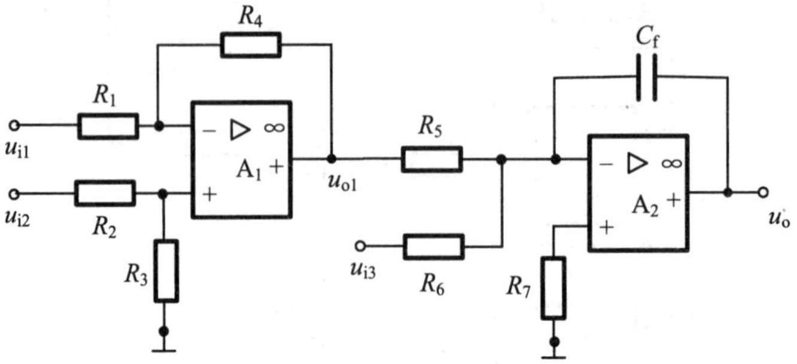

图 8.6　习题 8.7 图

8.8　如图 8.7 所示的电路是一个由理想运放组成的 PID 调节器，试分析该调节器的控制规律，即输出电压与输入电压之间的关系式。

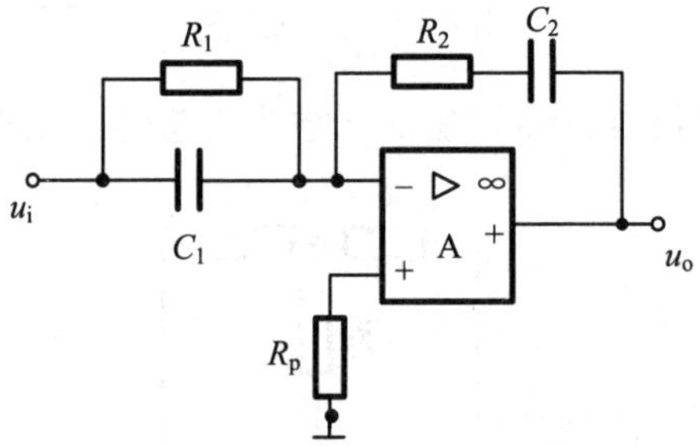

图 8.7　习题 8.8 图

8.9　在下列各种情况下，应分别采用哪种类型（低通、高通、带通、带阻）的滤波器。

（1）抑制 50Hz 交流电源的干扰；

（2）处理具有 1Hz 固定频率的有用信号；

（3）从输入信号中取出低于 2kHz 的信号；

（4）抑制频率为 100kHz 以上的高频干扰；

（5）抑制频率为 5kHz 以下的低频干扰。

8.10　分析图 8.8 所示滤波电路，其中元件参数满足 $R_1C_1>R_2C_2$，该电路属于哪种类型的滤波电路？是几阶的？

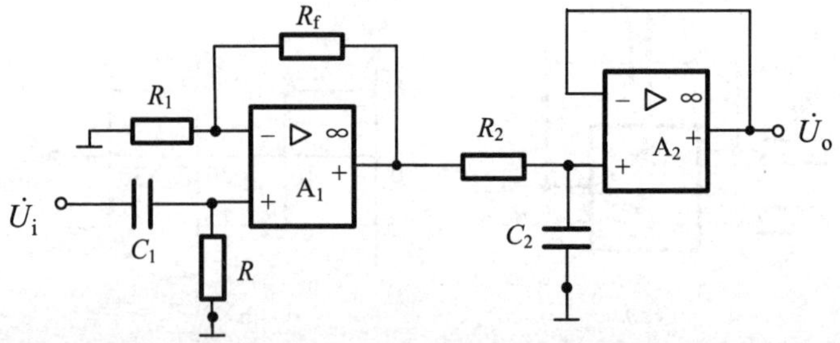

图 8.8　习题 8.10 图

8.11　图 8.9 所示电路中的集成运放都是理想的，分析各电路的传递函数，并说明是什么类型的滤波电路。

8.12　已知图 8.9 所示电路的通带截止频率分别为 50Hz 和 100kHz。试用它们构成一个带通滤波器，并画出幅频特性图。

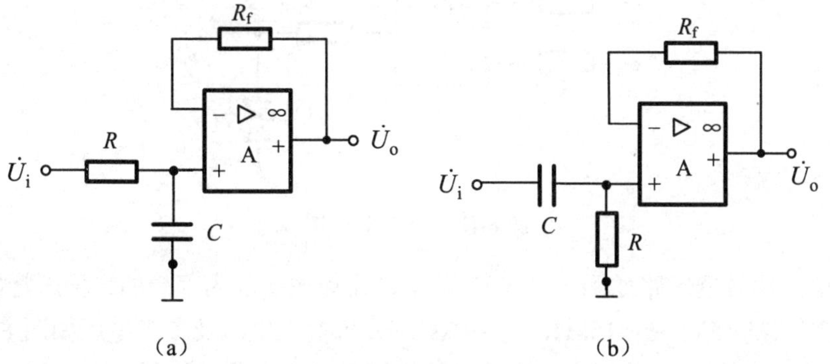

图 8.9　习题 8.11 图

8.13　某实用滤波电路如图 8.10 所示，试通过分析电路的传递函数说明该滤波电路属于哪种类型的滤波电路？是几阶的？

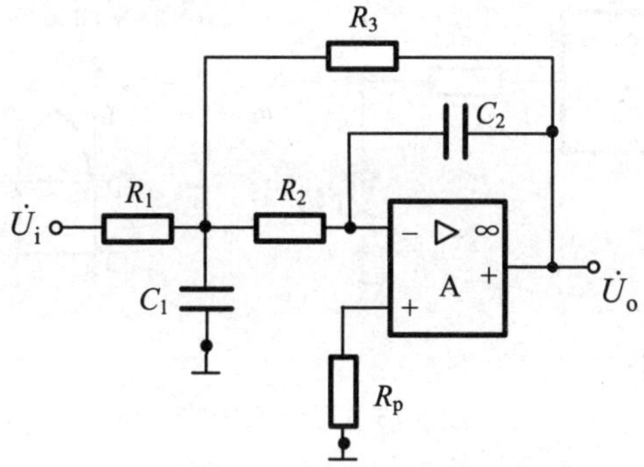

图 8.10　习题 8.13 图

8.14　某实用滤波电路如图 8.11 所示，试通过分析电路的传递函数说明该滤波电路属于哪种类型的滤波电路？是几阶的？

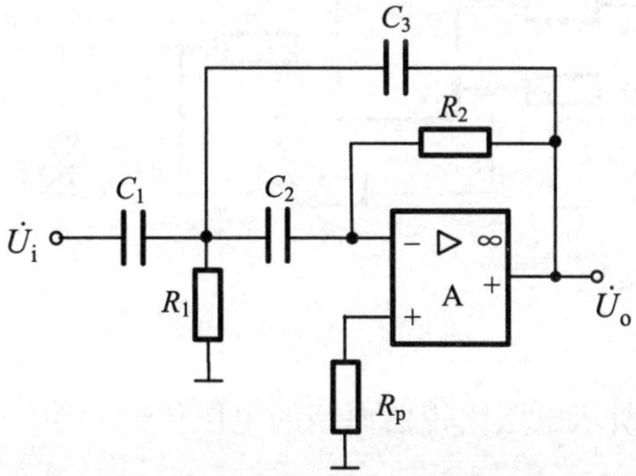

图 8.11　习题 8.14 图

8.15　电压比较器电路如图 8.12 所示，设集成运放为理想的，U_{REF}=3V，U_Z=6V。

（1）求出阈值电压 U_T，并画出电压传输特性图；

（2）当输入电压为 5sinωt 时，画出对应的电压输出波形。

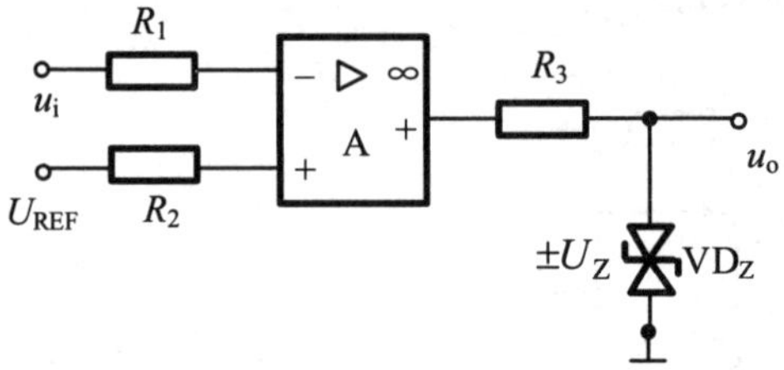

图 8.12　习题 8.15 图

8.16　电压比较器电路如图 8.13（a）所示，设集成运放为理想的，稳压管的正向导通压降 U_D=0.7V，U_Z=5V，R_1=15kΩ，R_2=10kΩ，分析输入电压及参考电压如图 8.13（b）所示时对应的阈值电压 U_T，并画出电压传输特性图及输出电压的波形。

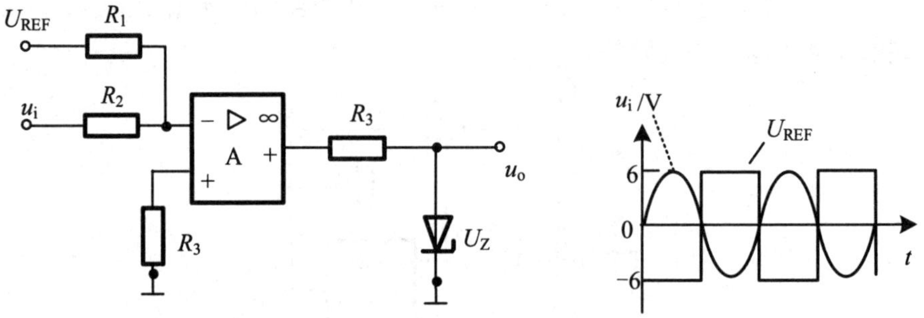

（a）　　　　（b）

图 8.13　习题 8.16 图

8.17　电压比较器电路如图 8.14 所示，设集成运放为理想的，U_{REF}=3V，U_Z=6V，R_1=R_2=10kΩ，R_3=20kΩ，试求出阈值电压 U_T，并画出电压传输特性图。

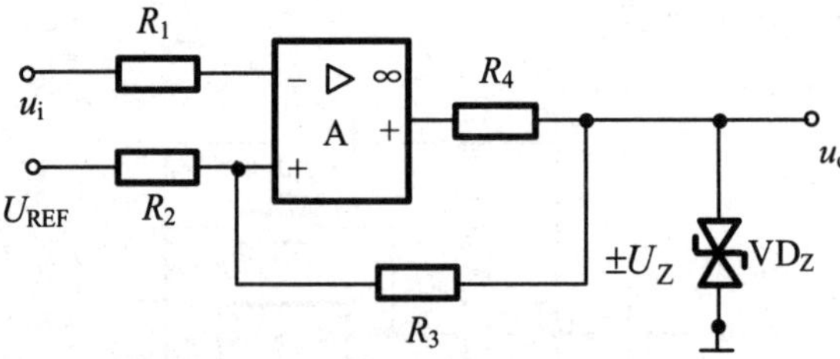

图 8.14　习题 8.17 图

8.18　试分析图 8.15 所示电压比较器电路的电压传输特性。

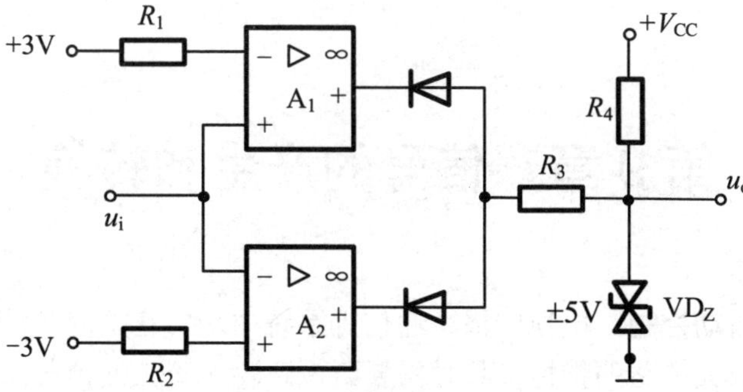

图 8.15　习题 8.18 图

8.19　某信号转换放大电路如图 8.16 所示，已知集成运放为理想的，其最大输出电压 $\pm U_{OM} = \pm 15V$，$U_Z = 6V$，$R_1 = R_2 = R_3 = 10k\Omega$，$R_f = 20k\Omega$，分析：

（1）A_1、A_2、和 A_3 各构成何种基本电路；

（2）若 $u_i = 5\sin\omega t$ V，画出与之对应的 u_{o1}、u_{o2} 和 u_o 的波形图。

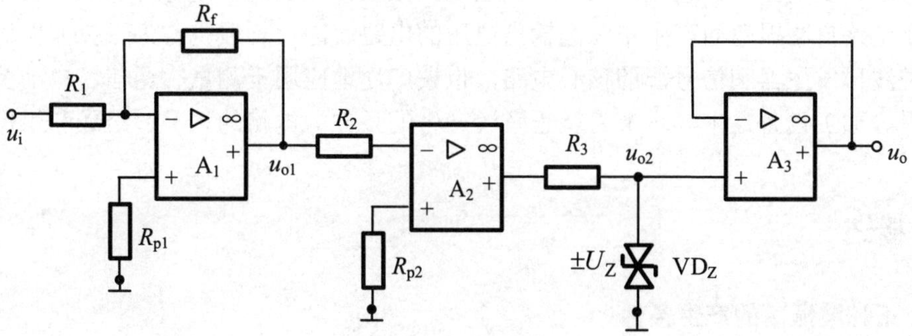

图 8.16　习题 8.19 图

第 9 章　信号的产生和转换

在电子测量、自动控制、电视广播、通信等系统中，广泛采用各种类型的信号产生电路。例如，在测量放大电路的指标参数时需要给电路输入正弦波信号；又如，在用示波器测试电路的电压传输特性时需要给电路输入锯齿波电压；再如，在增益可控集成运放的控制端需要输入方波等。就波形而言有正弦波和非正弦波（如方波、三角波、锯齿波等），本章将讲述有关正弦波产生电路和非正弦波产生电路的组成原则、工作原理及主要参数。

9.1　正弦波产生电路

正弦波产生电路是在放大电路的基础上加上正反馈，从而在没有外加输入信号的情况下，依靠电路自激振荡而产生正弦波输出电压的电路，因此一般也称为正弦波振荡电路。它是各类波形发生器和信号源的核心电路，也被广泛地应用于测量、通信、自动控制、超声波电焊等加工设备之中。本节将就正弦波产生的条件、电路的种类、组成和工作原理进行介绍。

9.1.1　概述

1.　正弦波振荡的产生条件

第 7 章介绍了负反馈放大电路的一般关系式为 $\dot{A}_{\mathrm{f}}=\dfrac{\dot{A}}{1+\dot{A}\dot{F}}$，当$|1+\dot{A}\dot{F}|=0$ 时，则$|\dot{A}_{\mathrm{f}}|=\infty$。这时没有输入信号，输出端仍有一定频率和幅值的信号输出，这种现象称为放大电路的自激振荡。对于一般放大电路来说，自激振荡会使放大电路无法正常工作，必须避免，但对于正弦波产生电路来说，就是利用自激振荡来产生正弦波的。

虽然正弦波振荡电路的振荡原理在本质上与负反馈放大电路产生自激振荡的原理相同，但是，正弦波振荡电路是引入正反馈以满足振荡条件的，并且外加选频网络使振荡频率人为可控，这是其电路的显著特征，如图 9.1.1（a）所示，当输入量为零时，反馈量等于净输入量，如图 9.1.1（b）所示。

振荡电路的起振并不需要输入外接激励信号，在刚接通电源时，电路中总会存在各种电扰动，如接通电源瞬间引起的电流突变、电路中的热噪声等，经过放大电路后产生一个幅值很小的输出量，但具有很宽的频谱。通过电路中的选频网络，使得只对其中频率为f_0的谐波成分产生正反馈过程，则会出现输出量 X_{o} 的增大使反馈量 X_{f} 增大，因放大电路的净输入量 X_{id} 就等于反馈量 X_{f}，故 X_{o} 将进一步增大。

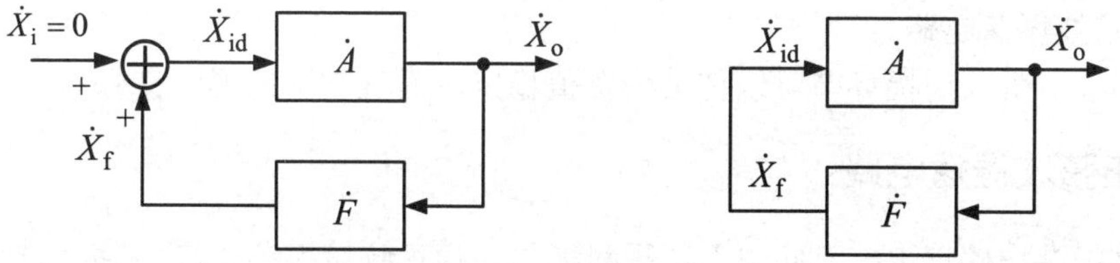

（a）电路引入正反馈　　　　（b）输入量为零，反馈量作为净输入

图 9.1.1　正弦波振荡电路的方框图

由于电源电压的限制，放大电路的线性范围是有限的，X_o不会无限制地增大。当 X_o 增大到一定数值时，放大电路逐渐由放大区进入到饱和区或截止区，工作在非线性状态，使放大电路放大倍数的数值减小，最终 X_o 的幅值将维持在一个确定值，电路达到动态平衡。这时，输出量 X_o 通过反馈网络产生反馈量 X_f 作为放大电路的净输入量 X_{id}，而净输入量 X_{id} 又通过放大电路维持着输出量X_o，写成表达式为

$$\dot{X}_o = \dot{A}\dot{X}_f = \dot{A}\dot{F}\dot{X}_o$$

也就是说，正弦波振荡的平衡条件为

$$\dot{A}\dot{F} = 1 \tag{9.1.1}$$

写成幅值与相角的形式则得

$$\begin{cases} |\dot{A}\dot{F}| = 1 & (9.1.2\text{a}) \\ \varphi_A + \varphi_F = 2n\pi\ (n\text{为整数}) & (9.1.2\text{b}) \end{cases}$$

式（9.1.2a）称为幅值平衡条件，式（9.1.2b）称为相位平衡条件，分别简称为幅值条件和相位条件。为了使输出量在通电后能够有一个从小到大直至平衡在一定幅值的过程，要求电路的起振条件：

$$\dot{A}\dot{F} > 1 \tag{9.1.3}$$

这样，每经过一次反馈 $\dot{X}_o$ 的值都比前一次的大，从而使振荡振幅逐渐升高，振荡由小到大建立起来。选频网络把频率 $f = f_0$ 以外的输出量的各种频率的谐波分量逐渐衰减为零，最终得到频率 $f = f_0$ 的单一频率的正弦波输出。

2. 正弦波产生电路的组成及分类

放大电路和正反馈是正弦波振荡电路的主要部分，但正弦波产生电路还需要选频网络和稳幅环节进行辅助，一般由四部分组成。

① 基本放大电路：实现信号电压的放大，提供足够的增益，且增益的值具有随输入电压增大而减少的变化特性。

② 正反馈网络：形成正反馈，以满足相位平衡条件。

③ 选频网络：在多种频率的信号中，选择所需的振荡频率的信号，使电路产生单一频率信号的振荡。在构成上，选频网络与反馈网络可以单独构成，也可合二为一。正弦波振荡电路通常用选频网络所用元件来命名，分为 RC 正弦波振荡电路、LC 正弦波振荡电路

和石英晶体正弦波振荡电路。

④ 稳幅环节：引入稳幅环节可以使波形幅值稳定，而且波形的形状良好。

9.1.2 RC 正弦波振荡电路

RC 正弦波振荡电路以 RC 元件作为选频网络的低频正弦波振荡电路，其振荡频率一般可以从几赫兹到几百千赫。常用的有文氏电桥振荡电路（RC 串并联振荡电路）、RC 移相式振荡电路等。本节主要对 RC 串并联振荡电路进行讲述。

1. RC 串并联选频网络

RC 串并联选频网络如图 9.1.2 所示。

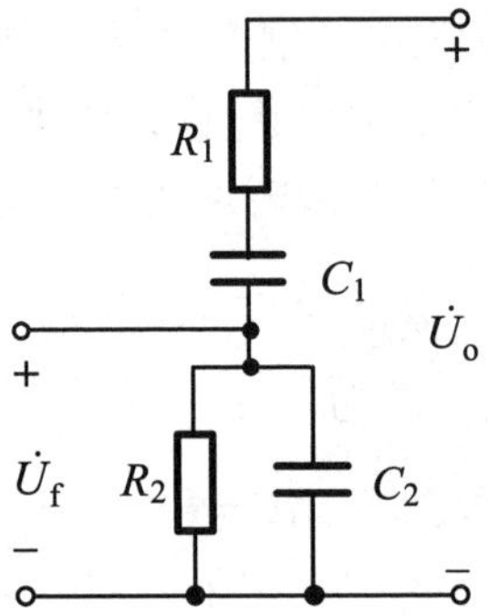

图 9.1.2 RC 串并联选频网络

R_1 和 C_1 串联等效阻抗记为 Z_1，R_2 和 C_2 并联等效阻抗记为 Z_2，有：

$$Z_1 = R_1 + \frac{1}{\mathrm{j}\omega C_1}$$

$$Z_2 = R_2 // \frac{1}{\mathrm{j}\omega C_2} = \frac{R_2 \dfrac{1}{\mathrm{j}\omega C_2}}{R_2 + \dfrac{1}{\mathrm{j}\omega C_2}}$$

则 RC 串并联选频网络反馈系数

$$\dot{F} = \frac{\dot{U}_\mathrm{f}}{\dot{U}_\mathrm{o}} = \frac{Z_2}{Z_1 + Z_2} = \frac{1}{\left(1 + \dfrac{R_1}{R_2} + \dfrac{C_2}{C_1}\right) + \mathrm{j}\left(\omega R_1 C_2 - \dfrac{1}{\omega R_2 C_1}\right)} \tag{9.1.4}$$

若取 $R_1 = R_2 = R$，$C_1 = C_2 = C$，并令 $\omega_0 = \dfrac{1}{RC}$，即 $f_0 = \dfrac{1}{2\pi RC}$，则式（9.1.4）可写为

$$\dot{F} = \frac{1}{3 + \mathrm{j}\left(\dfrac{\omega}{\omega_0} - \dfrac{\omega_0}{\omega}\right)} = \frac{1}{3 + \mathrm{j}\left(\dfrac{f}{f_0} - \dfrac{f_0}{f}\right)} \tag{9.1.5}$$

由式（9.1.5）得幅频特性和相频特性为

$$
\begin{cases}
|\dot{F}|=\dfrac{1}{\sqrt{3^2+\left(\dfrac{f}{f_0}-\dfrac{f_0}{f}\right)^2}} & (9.1.6a) \\
\varphi_F=-\arctan\dfrac{1}{3}\left(\dfrac{f}{f_0}-\dfrac{f_0}{f}\right) & (9.1.6b)
\end{cases}
$$

分析式（9.1.6），画其频率特性曲线如图 9.1.3 所示。显然仅当信号频率 $f=f_0$ 时 $\dot{U}_o$ 与 $\dot{U}_f$ 同相，且反馈系数 $|\dot{F}|=\dfrac{1}{3}$ 为最大值。

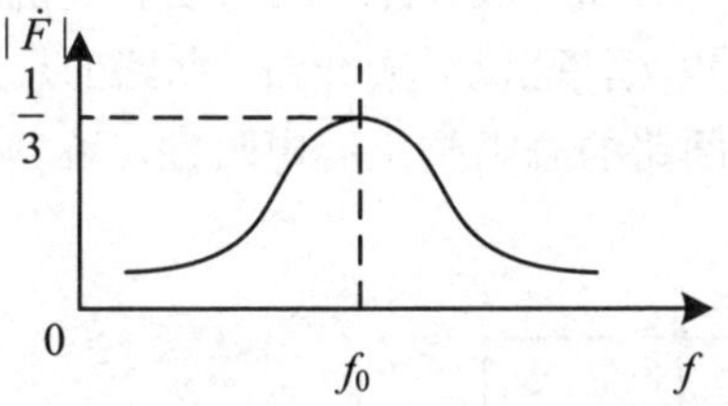

（a）幅频特性曲线

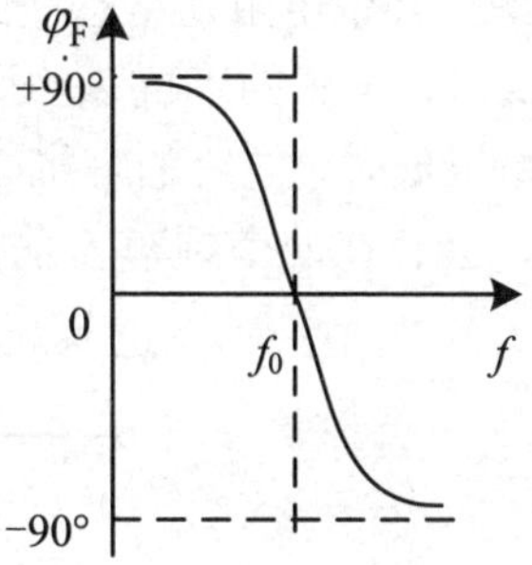

（b）相频特性曲线

图 9.1.3　RC 串并联选频网络的频率特性曲线

2. RC 串并联振荡电路

考虑到起振条件，选取一个放大倍数略大于 3 的放大电路 $\dot{A}$ 匹配 RC 串并联选频网络 $\dot{F}$ 并形成正反馈，构成简单的 RC 串并联振荡电路，如图 9.1.4 所示，又称为文氏电桥振荡电路。此 RC 串并联振荡电路由放大电路（一般选取具有尽可能大的输入电阻和尽可能小的输出电阻的同相比例放大电路以减小对选频特性的影响）和 RC 串并联选频网络两部分组成，未增加稳幅环节。图中 RC 串并联电路接入到集成运放的同相输入端，形成正反馈，而电阻 R_f、R_1 是同相放大电路中的负反馈回路，可通过调整其阻值以取得合适的放大倍数。

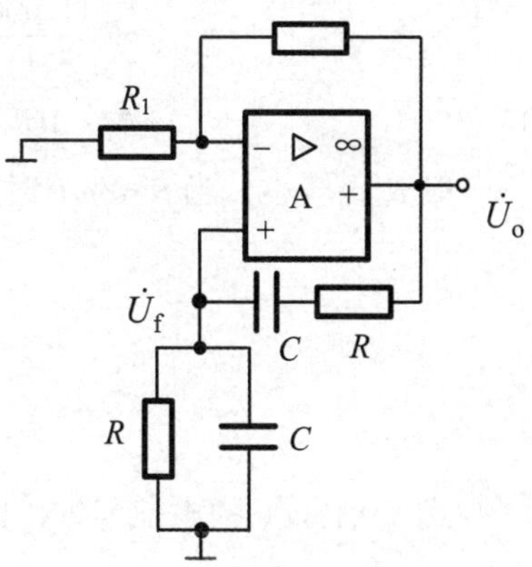

图 9.1.4　RC 串并联振荡电路

同相放大电路的输出电压 $\dot{U}_o$ 与输入电压 $\dot{U}_+$（$\dot{U}_f$）同相，即 $\varphi_A=0$，从 RC 串并联网络的选频特性知，当信号频率 $f=f_0$ 时，$\dot{U}_o$ 与 $\dot{U}_f$ 同相，即 $\varphi_F=0$，整个电路的相移 $\varphi=\varphi_A+\varphi_F=0$，即为正反馈，满足相位平衡条件。

放大电路的放大倍数 $A=1+\dfrac{R_f}{R_1}$，当 $f=f_0$ 时，取其值略大于 3（R_f 略大于 2 倍 R_1），就能满足 $AF>1$ 的起振条件，振荡电路能自行建立振荡。

9.1.3 LC 正弦波振荡电路

LC 正弦波振荡电路产生正弦波的原理与 RC 正弦波振荡电路的原理类似，主要区别是以 LC 元件作为选频网络。其特点是产生高频正弦波振荡电路，一般用于 1MHz 以上的正弦波产生电路。

1. LC 并联选频网络

常用的 LC 选频网络多采用 LC 并联谐振电路，如图 9.1.5 所示，图中以电阻和电感的串联表示电感线圈，其中电阻是电感线圈的损耗和回路其他损耗的总等效电阻，一般比较小。当信号频率高时，电感的感抗 X_L 很大，可以看成开路，回路的总阻抗取决于电容所在支路；当信号频率很低时，电容的容抗 X_C 很大，可以看成开路，回路的总阻抗取决于电感所在支路；因此，会存在一个频率 f_0 使得回路的总阻抗呈现电阻性，称其为 LC 并联回路的谐振频率。

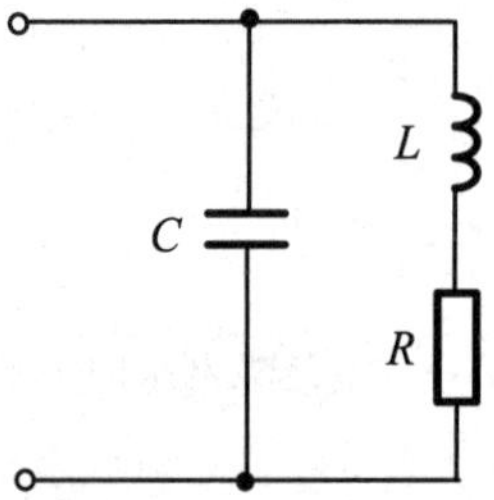

图 9.1.5　LC 并联谐振电路

图 9.1.5 所示电路的阻抗为

$$Z=\frac{\dfrac{1}{\mathrm{j}\omega C}(\mathrm{j}\omega L+R)}{\dfrac{1}{\mathrm{j}\omega C}+(\mathrm{j}\omega L+R)}=\frac{\dfrac{L}{C}-\mathrm{j}\dfrac{R}{\omega C}}{R+\mathrm{j}\left(\omega L-\dfrac{1}{\omega C}\right)} \tag{9.1.7}$$

一般 R 比较小，当 $R\ll\omega L$ 时，式（9.1.7）整理为

$$Z\approx\frac{\dfrac{L}{C}}{R+\mathrm{j}\left(\omega L-\dfrac{1}{\omega C}\right)} \tag{9.1.8a}$$

令式（9.1.8a）的虚部为零，即可求得谐振频率 $\omega_0\approx\dfrac{1}{\sqrt{LC}}$，此时 LC 并联电路处于谐振状态，呈现纯阻性，此时阻抗最大，即 $Z_0\approx\dfrac{L}{RC}$。

图 9.1.5 所示 LC 并联谐振电路的阻抗也可以整理为

$$Z=\frac{\frac{L}{RC}}{1+\mathrm{j}\frac{\omega_0 L}{R}\left(\frac{\omega}{\omega_0}-\frac{\omega_0}{\omega}\right)} \tag{9.1.8b}$$

将 $\frac{\omega_0 L}{R}$ 记为 Q，称为品质因数，表明了选频网络选择性的优劣，整理可得

$$Q=\frac{\omega_0 L}{R}=\frac{1}{R}\sqrt{\frac{L}{C}} \tag{9.1.9}$$

根据式（9.1.8b）可得出如图 9.1.6 所示的 LC 并联回路在不同品质因数 Q 时的频率特性。当外加信号频率 f 等于 LC 回路的谐振频率 f_0 时，电路阻抗 Z 达到最大值 Z_0，相位角 $\varphi=0$，电路呈纯电阻性；当 f 偏离 f_0 时 Z 将显著减小，φ 不再为零：在 $f<f_0$ 时，电路呈感性，电路的总电压超前总电流，$\varphi>0$；在 $f>f_0$ 时，电路呈容性，电路的总电压滞后总电流，$\varphi<0$。LC 选频网络正是利用 LC 并联谐振时呈高阻抗这一特点，来达到选取信号的目的的。而品质因数越高，谐振曲线就越尖锐，选频特性就越好，但品质因数过高，传输的信号会失真。

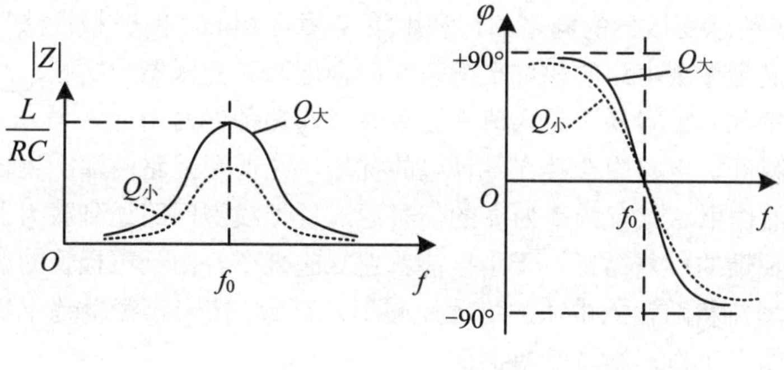

（a）幅频特性　　（b）相频特性

图 9.1.6　LC 并联回路在不同品质因数 Q 时的频率特性

采用 LC 谐振回路作为最基本的选频网络，在电路中引入正反馈，并用反馈电压取代输入电压，就可以构成各种形式的正弦波振荡电路。在 LC 振荡电路中，当 $f=f_0$ 时，放大电路的放大倍数数值最大，引入正反馈后，使反馈电压作为放大电路的输入电压以维持输出电压，从而形成正弦波振荡；而对其他频率的信号，电压放大倍数不仅数值减小，还有附加相移。因此 LC 正弦波振荡电路的振荡频率为

$$f_0=\frac{1}{2\pi\sqrt{LC}} \tag{9.1.10}$$

当改变 LC 回路的参数 L 或 C 时，就可改变输出信号的频率。

2. 变压器耦合反馈振荡电路

引入正反馈最简单的方法是采用变压器反馈方式。在变压器耦合反馈振荡电路中，根据并联谐振电路所接位置的不同，可分为调集型、调基型和调射型三种电路。下面以共射

调集变压器耦合反馈LC振荡电路为例进行分析。

图9.1.7所示电路是共射调集型变压器耦合反馈LC振荡电路，它由放大电路、LC选频网络和变压器反馈电路三部分组成。线圈L与电容C组成的并联谐振回路作为三极管的集电极负载，起选频作用，由变压器二次侧绕组来实现正反馈，所以称为变压器耦合反馈LC正弦波振荡电路。

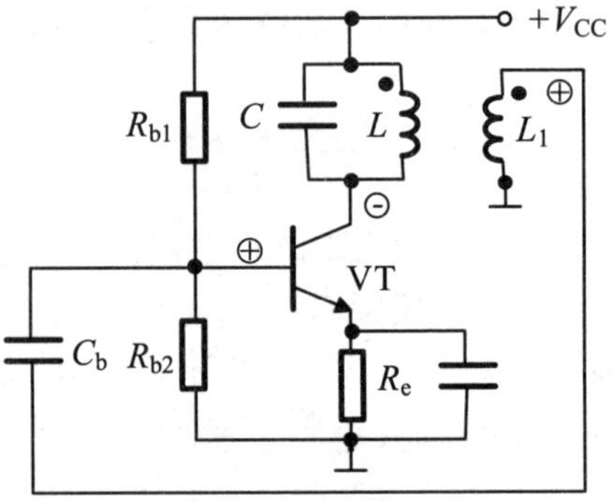

图9.1.7　共射调集型变压器耦合反馈LC振荡电路

根据图9.1.7所示变压器的同名端，利用第7章介绍的“瞬时极性法”判别可知，引入的是正反馈，满足振荡电路的相位平衡条件；合理选取变压器一次侧、二次侧线圈匝数比以及其他电路参数，很容易满足幅值平衡条件（起振条件）。

当电源接通瞬间，电路中会存在各种电的扰动，在谐振回路两端产生较大的电压，由于LC选频电路的作用，只有频率为f_0的信号通过反馈线圈回路送到放大器的输入端进行放大。经放大和反馈的反复循环，于是振荡就建立起来了。由于三极管的输出特性是非线性的，放大电路增益将随输入电压的增大而减小，直到$AF=1$，振荡趋于稳定，最后电路就稳定在某一幅值下工作，维持等幅振荡。

变压器耦合反馈振荡电路通过互感实现耦合和反馈，很容易实现阻抗匹配和达到起振要求，效率较高，所以应用很广泛。还可以在LC回路中装置可变电容器来调整振荡频率，调频范围较宽。共基极接法的电路具有较好的高频特性，故在相同的三极管条件下，为了进一步提高振荡频率，可以采用共基调射型变压器耦合反馈LC振荡电路。

9.1.4　石英晶体正弦波振荡电路

1.　石英晶体的电抗-频率特性

在石英晶体的两个极板间加电场，它将会产生一定频率的机械变形；相反，若在极板上施加机械力，又会在相应的方向上产生一定的电场，这种现象称为压电效应。若在石英晶体的两个极板上加交变电场，则晶体会产生机械变形振动，同时机械变形振动又会产生交变电场，一般情况下，机械振动和交变电场的振幅都非常小，但当交变电场的频率为某一特定频率时，产生共振，振幅会骤然增大，这种现象称为压电振荡，而此特定频率就是石英晶体的固有频率，也称谐振频率。

石英晶体的化学成分是二氧化硅，将结晶体按一定的方位角切割成很薄的晶片，再将晶片两个对应的表面抛光和涂敷银层，接上引线，用金属或玻璃外壳封装就构成石英晶体谐振器。由于石英晶体本身的固有频率稳定度非常高，所以对于振荡频率的稳定性要求高的电路，应选用石英晶体作为选频网络。石英晶体的符号、等效电路及忽略石英晶体的损耗 R=0 时的电抗-频率特性如图 9.1.8 所示。

即

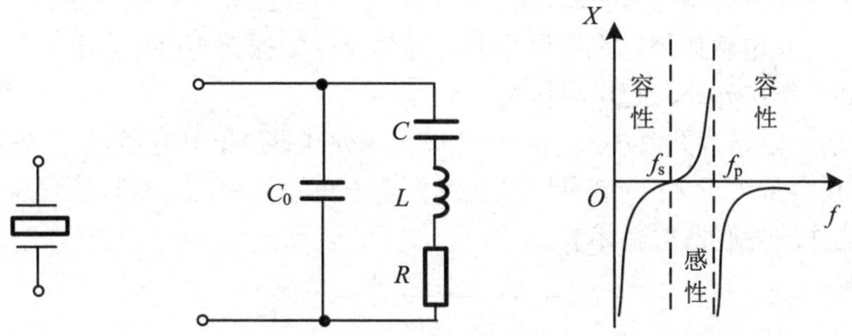

（a）符号　　（b）等效电路　　（c）电抗-频率特性

图 9.1.8　石英晶体的符号、等效电路及忽略石英晶体的损耗 R=0 时的电抗-频率特性

分析石英晶体振荡器的等效电路可知，有两个谐振频率。

① 当 CLR 支路发生串联谐振时，该支路的等效阻抗为纯电阻，其值很小。又由于 C_0 很小，故而它的容抗比 R 大得多，所以石英晶体振荡器的等效阻抗近似为很小的 R，呈现纯阻性，对应的谐振频率称为串联谐振频率，记为 f_s

$$f_s = \frac{1}{2\pi\sqrt{LC}} \tag{9.1.11}$$

② 当频率高于 f_s 时，CLR 支路呈现感性，与电容 C_0 并联，可产生并联谐振，石英晶体振荡器等效为一个很大的纯电阻，对应的谐振频率称为并联谐振频率，记为 f_p

$$f_p = \frac{1}{2\pi\sqrt{L\dfrac{CC_0}{C+C_0}}} = f_s\sqrt{1+\frac{C}{C_0}} \tag{9.1.12}$$

由于 $C \ll C_0$，因此 f_p 略大于 f_s。

- 当 $f < f_s$ 时，C_0 和 C 电抗较大，起主导作用，石英晶体呈容性。
- 当 $f > f_p$ 时，电抗主要决定于 C_0，石英晶体又呈容性。
- 当 $f_s < f < f_p$ 时，石英晶体呈感性；并且 C_0 和 C 的值相差越悬殊，f_s 和 f_p 越接近，石英晶体呈感性的频带越狭窄。

根据品质因数的表达式

$$Q = \frac{1}{R}\sqrt{\frac{L}{C}} \tag{9.1.13}$$

由于 C 和 R 的数值都很小，L 数值很大，所以 Q 值高达 $10^4 \sim 10^6$，而且，因为振荡频率几乎仅取决于晶片的尺寸，所以其稳定度可达 $10^{-8} \sim 10^{-6}$，一些产品甚至高达 $10^{-11} \sim 10^{-10}$。

因此，石英晶体的选频特性是其他选频网络不能比拟的。

2. 石英晶体正弦波振荡电路

以石英晶体作为选频网络的正弦波振荡电路称为石英晶体正弦波振荡电路，形式有多种，但其基本电路只有两类，即并联型石英晶体正弦波振荡电路和串联型石英晶体正弦波振荡电路。在并联型石英晶体正弦波振荡电路中，石英晶体以并联谐振的形式出现并工作在 f_s 与 f_p 之间，起电感作用；在串联型石英晶体正弦波振荡电路中，石英晶体以串联谐振的形式出现并工作在 f_s 处，起电阻作用。

图 9.1.9 所示电路为并联型石英晶体正弦波振荡电路，图中电容 C_1 和 C_2 与石英晶体中的 C_0 并联，总容量大于 C_0 的容量，当然远大于石英晶体中的电容，所以电路的振荡频率约等于石英晶体的并联谐振频率 f_p。

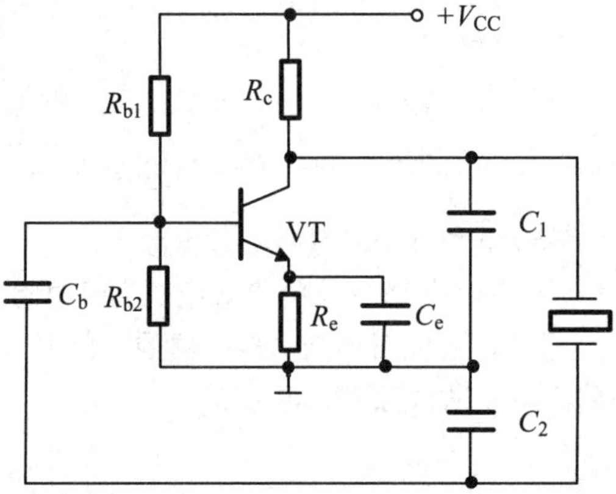

图 9.1.9　并联型石英晶体正弦波振荡电路

图 9.1.10 所示电路为串联型石英晶体正弦波振荡电路。电路的第一级信号由发射极输入，集电极输出，为共基放大电路；第二级信号由基极输入，发射极输出，为共集放大电路。将石英晶体串联在反馈支路中，只有当产生串联谐振，即 f_0=f_s 时，石英晶体呈纯阻性，阻抗最小，反馈电压才与输入电压同相，电路才满足正弦波振荡的相位平衡条件。所以，电路的振荡频率为石英晶体的串联谐振频率 f_s。调整 R_p 的阻值，可使电路满足正弦波振荡的幅值平衡条件。

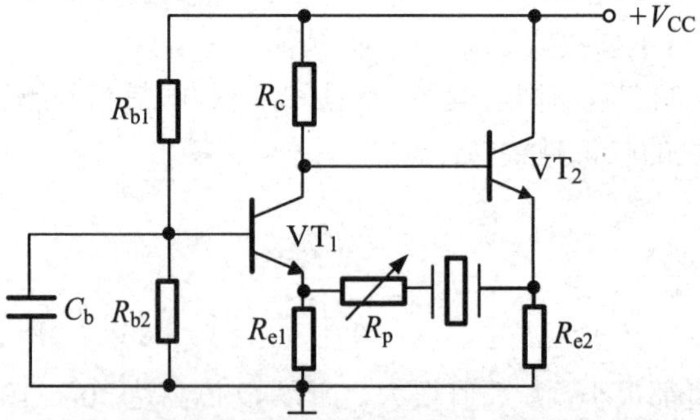

图 9.1.10　串联型石英晶体正弦波振荡电路

9.2　非正弦波产生电路

在实用电路中除常见的正弦波外，还有方波、三角波、锯齿波等。产生这些波形一般是利用电容 C 和电感 L 的充放电来实现的，由于电容使用起来方便，所以实际中主要用电容。本节主要讲述几种常用的非正弦波产生电路的组成和工作原理。

9.2.1　方波产生电路

方波产生电路是其他非正弦波产生电路的基础，例如，若方波电压加在积分运算电路的输入端，则输出端就获得三角波电压；若改变积分电路正向积分或反向积分时间常数，使某一方向的积分常数趋于零，则可获得锯齿波。

1.　电路组成

考虑到方波电压只有两种状态，不是高电平，就是低电平，可以利用电压比较器作为基础；要使得输出的两种状态能够自动相互转换产生振荡，则电路中必须引入反馈，以控制输出状态的转换，而迟滞比较器的作用相当于一个双向切换的电子开关；输出状态是按照一定的时间间隔交替转换的，即产生周期性变化，故电路中要有定时电路（如 RC 充放电电路）来确定两种状态维持的时间。

图 9.2.1 所示为方波产生电路，它由反相输入的滞回比较器［参见图 8.3.5（a）］和 RC 电路组成。从反馈的角度来看，电路在集成运放上同时引入了正、负反馈。RC 回路既作为定时电路，又作为反馈网络，通过充放电实现输出状态的自动转换。

滞回比较器的电压传输特性［参见图 8.3.5（b）]，输出电压 $u_o = \pm U_Z$，阈值电压

$$\pm U_T = \pm \frac{R_1}{R_1 + R_2} U_Z \tag{9.2.1}$$

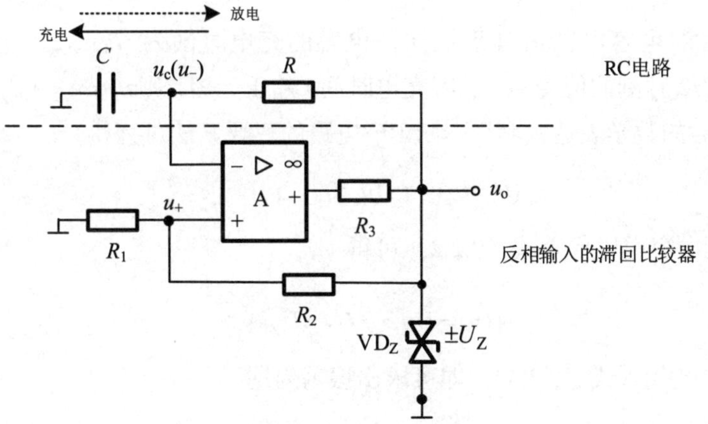

图 9.2.1　方波产生电路

2.　工作原理

设某一时刻的输出电压 $u_o = +U_Z$，则同相输入端电位 $u_+ = +U_T$。u_o 通过R对电容 C 正

向充电，如图 9.2.1 中实线箭头所示，此时 u_c（u_-）随时间增长而逐渐升高，趋于 $+U_T$，u_c 及 u_o 的波形图见图 9.2.2 中 $O\sim t_1$ 时间段；当 u_c 达到并略大于 $+U_T$ 时，u_o 就从 $+U_Z$ 变为 $-U_Z$，与此同时 u_+ 从 $+U_T$ 跃变为 $-U_T$，电容 C 通过 R 反向放电，如图 9.2.1 中虚线箭头所示，此时 u_c 随时间增长而逐渐降低，趋于 $-U_T$，u_c 及 u_o 的波形图见图 9.2.2 中 $t_1\sim t_2$ 时间段；当 u_c 降到并略小于 $-U_T$ 时，u_o 就从 $-U_Z$ 变为 $+U_Z$，与此同时 u_+ 从 $-U_T$ 跃变为 $+U_T$，电容 C 又开始正向充电。上述过程周而复始，u_o 输出不断地在 $+U_Z$ 和 $-U_Z$ 两种状态间交替变化，电路产生了自激振荡。

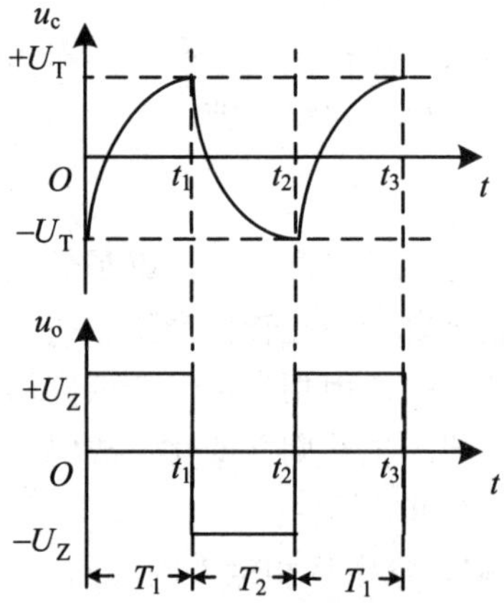

图 9.2.2　方波产生电路的波形图

3.　波形分析及主要参数

由于图 9.2.1 所示电路中电容正向充电与反向放电的时间常数τ均为 RC，也就是说在一个周期内，输出电压 u_o 维持高电平的时间 T_1 和维持低电平的时间 T_2 相等，称此电路为方波产生电路。

根据图 9.2.2 电容电压 u_c 波形可知，电容的充电时间为 $T_1=T/2$，电容电压初始值 $u_c(0_+)=-U_T$，$T/2$ 时刻的值为 $+U_T$，若充电时间 t 趋于无穷，则 $u_c(\infty)=+U_Z$，时间常数τ为 RC，电容电压 u_c 的数学表达式利用一阶 RC 电路的三要素法可列得

$$u_c(t)=u_c(\infty)+[u_c(0_+)-u_c(\infty)]e^{-t/\tau} \tag{9.2.2}$$

将 $T/2$ 时刻电容电压代入式（9.2.2）可得

$$+U_T=U_Z+(-U_T-U_Z]e^{-\frac{T/2}{RC}} \tag{9.2.3}$$

将式（9.2.1）代入式（9.2.3），即可求出振荡周期

$$T=2RC\ln\left(1+\frac{2R_1}{R_2}\right) \tag{9.2.4}$$

振荡频率 $f=1/T$。

由式（9.2.1）可以看出，通过调整电压比较器的电路参数 R_1 和 R_2 可以改变 u_c 的幅值；

由式（9.2.4）可以看出，振荡频率与电路的时间常数 RC 及 R_1/R_2 有关，可通过调整参数来改变振荡频率，而与输出电压的幅值无关；要调整输出电压 u_o 的振幅，则要换稳压管以改变 U_Z，此时 u_c 的幅值也将随之变化。

9.2.2　三角波产生电路

1.　电路组成

由第 8 章积分运算电路所学内容可知，将方波电压作为积分运算电路的输入，在其输出端就可以得到三角波电压，见图 8.1.10 及图 8.1.11（b）。因此，将方波产生电路与积分电路组合即可得基本三角波产生电路，如图 9.2.3 所示。该电路中集成运放 A_1 构成反相输入的滞回比较器，与 RC 电路组成方波产生电路，集成运放 A_2 构成反相积分电路。

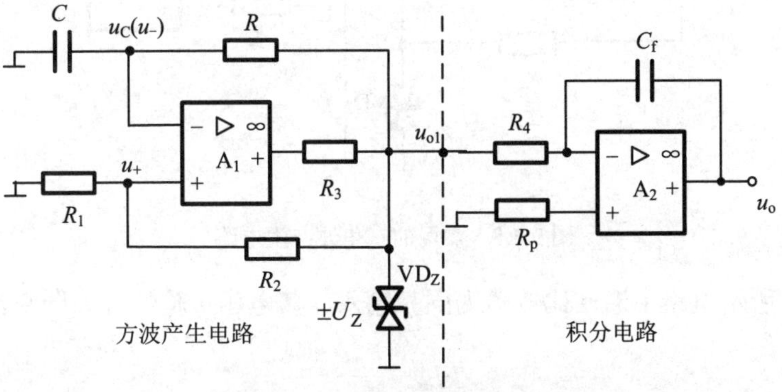

图 9.2.3　基本三角波产生电路

当方波产生电路的输出电压 $u_{o1}=+U_Z$ 时，积分运算电路的输出电压 u_o 将呈线性下降；而当 $u_{o1}=-U_Z$ 时，u_o 将呈线性上升，波形图如图 9.2.4 所示。由于电路中电容正向充电与反向放电的时间常数相同，也就是说在一个周期内，输出电压 u_o 维持线性下降的时间 T_1 和维持线性上升的时间 T_2 相等，故称此电路为基本三角波产生电路。

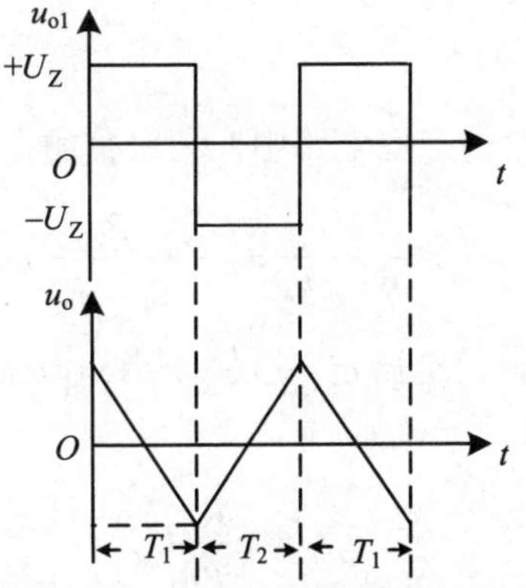

图 9.2.4　基本三角波产生电路的波形图

在图 9.2.3 所示电路中存在 RC 电路和积分电路两个延迟环节，在实用电路中，可以将它们“合而为一”，即去掉方波产生电路中的 RC 回路，使积分运算电路同时也对方波产生电路起作用。但要注意到，方波产生电路中的 RC 回路充电方向与积分电路的积分方向相反，故为了满足极性的需要，滞回比较器应改为同相输入，如图 9.2.5 所示为实用的三角波产生电路，集成运放 A_1 构成的同相输入滞回比较器和集成运放 A_2 构成的积分运算电路两者之间的输出互为另一个电路的输入。

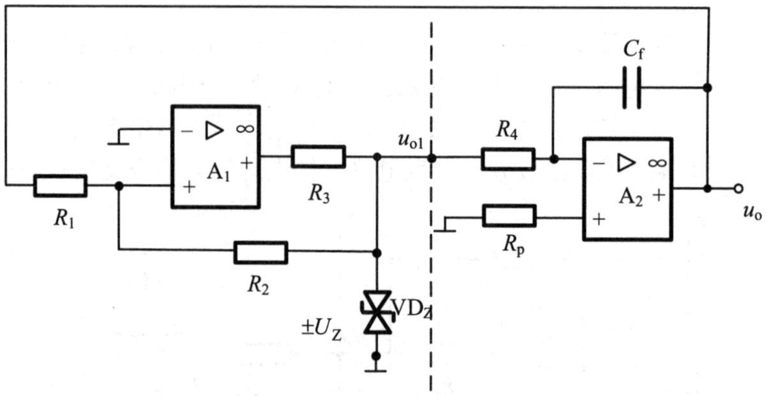

图 9.2.5　实用的三角波产生电路

在图 9.2.5 所示电路中滞回比较器为同相输入，其电压传输特性如图 9.2.6 所示。

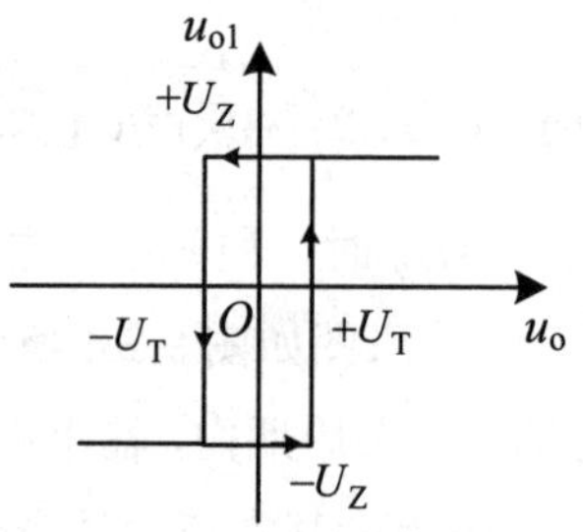

图 9.2.6　同相输入滞回比较器的电压传输特性

2.　工作原理

在图 9.2.5 所示实用的三角波产生电路中，利用叠加定理可分析 A_1 同相端电位 u_{+1} 为

$$u_{+1}=\frac{R_1}{R_1+R_2}u_{o1}+\frac{R_2}{R_1+R_2}u_o \tag{9.2.5}$$

式中，同相输入滞回比较器的输出电压 $u_{o1}=\pm U_Z$，当 $u_{+1}=u_{-1}=0$ 时，电路的输出电压 u_o 的值即为比较器的阈值电压，得

$$\pm U_T=\pm\frac{R_1}{R_2}U_Z \tag{9.2.6}$$

当同相输入滞回比较器的输出电压 u_{o1} 为 $+U_Z$ 时，作为反相积分电路的输入，输出 u_o 呈

线性下降，A_1 同相端电位 u_{+1} 也随之下降，由图 9.2.6 可看出，当 u_o 下降到 $-U_T$ 时，即 A_1 同相端电位 u_{+1} 下降到低于 u_{-1} 时，同相输入滞回比较器的输出电压 u_{o1} 即由 $+U_Z$ 跃变为 $-U_Z$，u_{o1} 及 u_o 的波形图如图 9.2.7 中 $O \sim t_1$ 时间段；当 $u_{o1} = -U_Z$ 时，作为反相积分电路的输入，输出 u_o 呈线性上升，A_1 同相端电位 u_{+1} 也随之上升，由图 9.2.6 可看出，当 u_o 上升到 $+U_T$ 时，即 A_1 同相端电位 u_{+1} 上升并高于 u_{-1} 时，同相输入滞回比较器的输出电压 u_{o1} 即由 $-U_Z$ 跃变为 $+U_Z$，u_{o1} 及 u_o 的波形图如图 9.2.7 中 $t_1 \sim t_2$ 时间段；上述过程周而复始，输出 u_o 在 $+U_T$ 和 $-U_T$ 之间交替线性变化，电路产生了自激振荡。

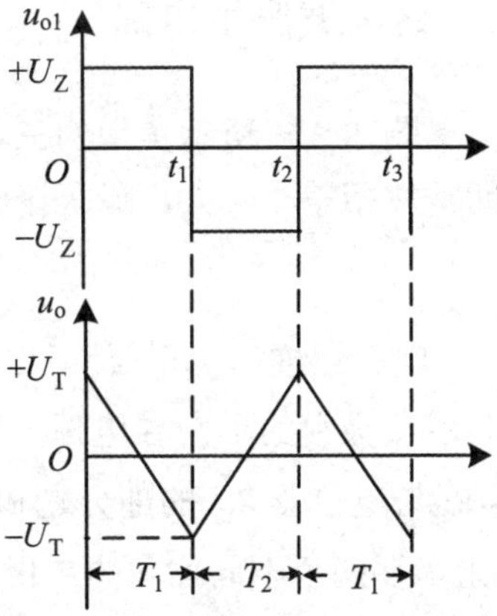

图 9.2.7　实用三角波产生电路的波形图

3. **波形分析及主要参数**

根据式（8.1.13）可得 u_{o1} 及 u_o 的关系式

$$u_o(t) = -\frac{1}{R_4 C_f}\int_{-\infty}^{t} u_{o1}(\lambda)\mathrm{d}\lambda \tag{9.2.7}$$

积分电路时间常数 τ 为 R_4C_f。由图 9.2.7 波形可知，输出电压 u_o 在 1/2 周期时间内满足 $u_o(0) = +U_T$，$u_o(T/2) = -U_T$，代入式（9.2.7）可得

$$u_o\left(\frac{T}{2}\right) - u_o(0) = -\frac{1}{R_4 C_f}U_Z\frac{T}{2} \tag{9.2.8}$$

整理后得

$$U_T = \frac{U_Z T}{4R_4 C_f} \tag{9.2.9}$$

根据式（9.2.6）有 $U_T = \frac{R_1}{R_2}U_Z$，代入式（9.2.9）经整理可得出振荡周期

$$T = \frac{4R_1 R_4 C_f}{R_2} \tag{9.2.10}$$

振荡频率

$$f = \frac{R_2}{4R_1 R_4 C_f} \tag{9.2.11}$$

由式（9.2.11）可以看出，振荡频率与电路的时间常数 R_4C_f 及 R_2/R_1 有关，而与输出电压的幅值无关。在实际应用中，通过调整 R_1、R_2、R_4 和 C_f 的值来改变振荡频率；通过调整电压比较器的电路参数 R_1 和 R_2 可以改变三角波的幅值。

9.2.3 锯齿波产生电路

如果图 9.2.5 所示实用的三角波产生电路中的积分电路的正向积分时间常数与反向积分时间常数相差非常大，那么输出电压u_o上升和下降的斜率也就相差很多，就可以获得锯齿波。

1. 电路组成

利用二极管的单向导电性，改变三角波产生电路中与时间常数值相关的等效电阻R_4'（电阻R_4与电位器R_W的部分之和），使其在正向积分和反向积分时的等效阻值不同，即将R_4电阻串联两个不同方向的二极管及电阻，如图 9.2.8 所示电路的虚线框内电路，即可使得积分电路的正向积分时间常数与反向积分时间常数不同，从而得到锯齿波产生电路。电阻R_4的阻值远小于电位器R_W的阻值。

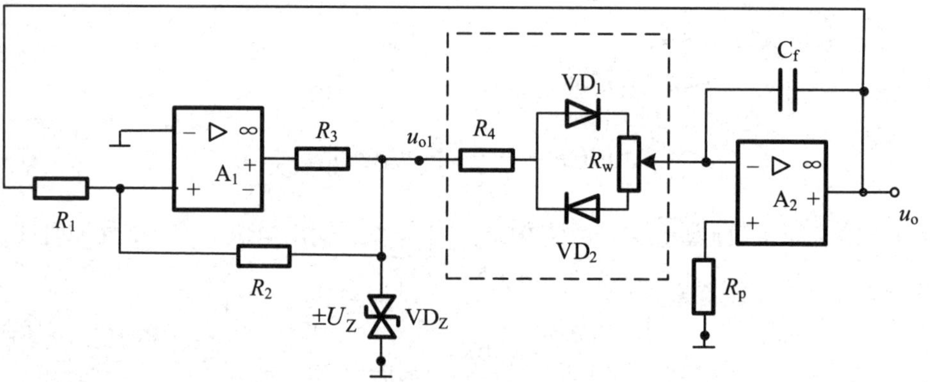

图 9.2.8 锯齿波产生电路

2. 工作原理

当u_{o1}为$+U_Z$时，VD_1导通，VD_2截止，积分常数中的电阻为R_4的阻值与电位器R_W的上半部分阻值之和；当u_{o1}为$-U_Z$时，VD_1截止，VD_2导通，积分常数中的电阻为R_4的阻值与电位器R_W的下半部分阻值之和。正反两个方向的积分时间常数随电位器R_W触点的滑动而变化，从而使输出u_o得到不同的上升和下降的斜率，形成锯齿波。因为相比于图 9.2.5 的三角波产生电路，仅两个积分方向的时间常数发生了变化，所以只有输出波形u_o的线性变化的斜率发生了变化，而输出幅值未变，其波形图如图 9.2.9 所示。其中u_{o1}

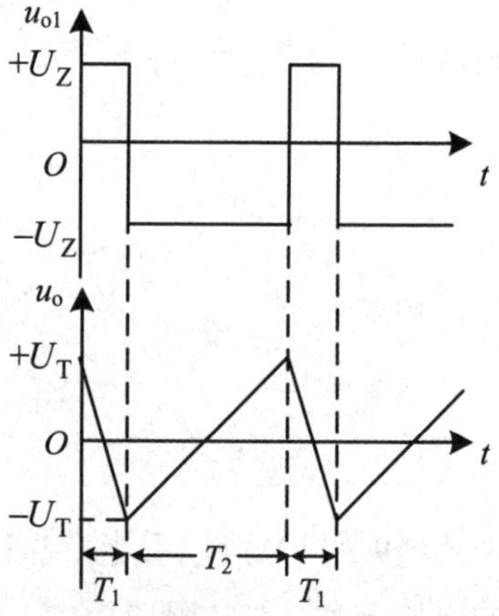

图 9.2.9 锯齿波产生电路的波形图

是幅值为$\pm U_Z$ 的矩形波（占空比不是 50%），u_o是输出幅值为$\pm U_T = \pm \frac{R_1}{R_2} U_Z$的锯齿波。

9.3　信号转换电路

在控制、测量、医学等领域，常常需要将模拟信号进行转换，如电压信号转换为电流信号，电流信号转换为电压信号，双极性信号转换为单极性信号，或者将模拟信号离散化等。

9.3.1　波形转换电路

波形转换电路的功能是将一种形状的波形转换成另一种形状的波形，以适应各种不同的需要。利用电压比较器可将正弦波转换为方波；利用积分电路可将方波转换为三角波；利用微分电路可将三角波转换为方波；也可用集成运放组成精密整流电路，将具有正、负两种极性的双极性波形转换为单向波形（绝对值电路）等。

1.　采样保持电路

采样保持电路是数据采集系统的重要组成部分，它具有对模拟信号进行采样，将其离散化，以及将采样时刻的电压值进行一定时间的保持两种功能。本节介绍一个简单的采样保持电路，如图 9.3.1 所示，两个集成运放 A_1 和 A_2 都构成电压跟随器。

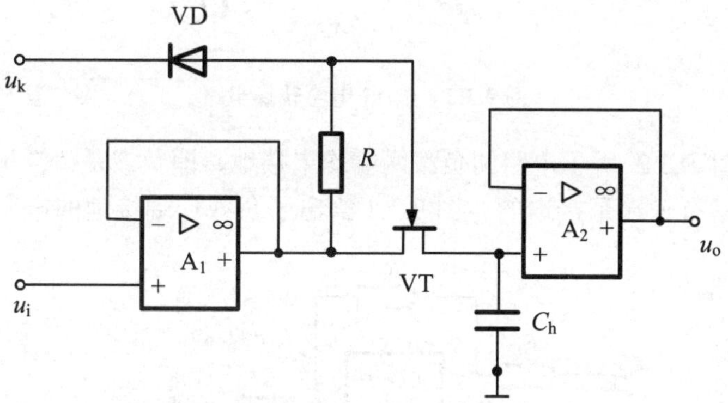

图 9.3.1　开环采样保持电路

2.　工作原理

通常，利用电压跟随器具有高输入电阻、低输出电阻的特点，将信号源先经过电压跟随器再接入采样保持电路，使得信号源与采样保持电路之间有良好的隔离，减小信号源内阻对电路性能的影响。

结型场效应管 VT 是电子开关，u_k是它的控制电压。采样时令u_k为高电平，VD 截止，VT 导通，对电容C_h充电，电路工作在采样期，由于电压跟随器输出电阻非常小，故充电过程非常短，很快结束；采样结束时令$u_k = 0$，VD 导通，VT 断开，由于电容C_h无法放电，其上电压值基本保持不变，故使得u_o值得以保持，电路工作在保持期。

图 9.3.1 所示电路是开环的，具有较高的工作速度，但场效应管的电容效应将夺取保

持电容上的部分电荷，从而造成电压误差，为了提高精度，在加大保持电容的容量时也会降低工作速度。因此，可以在电路中引入反馈并在集成运放 A_1 的输出端增加限幅电路以改进电路。

9.3.2 电压-电流转换电路

根据第 7 章负反馈的知识可知，在放大电路或运放上引入电流串联负反馈，可以得到输入电压控制输出电流的电路，或者说是能使输出电流正比于输入电压的电路，即可实现电压-电流的转换。

图 9.3.2 中所示电路是一个电压-电流转换电路，由集成运放引入了电流串联负反馈构成。

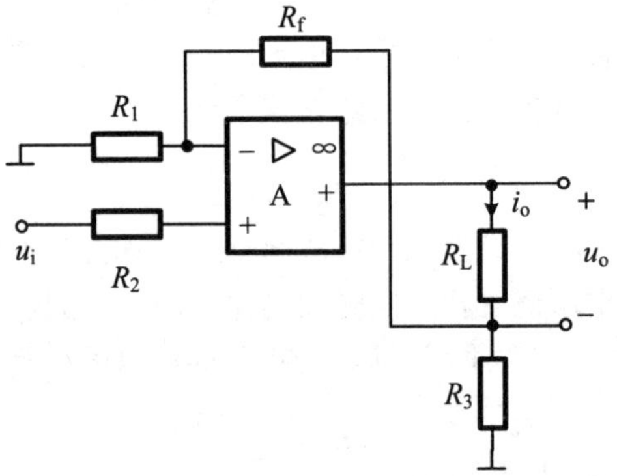

图 9.3.2 电压-电流转换电路

不难看出，图 9.3.2 所示电路的负载两端均未接地，即负载是“浮地”的，而在实用电路中，负载常常有一端是接地的。图 9.3.3 给出了负载一端接地的电压-电流转换电路。

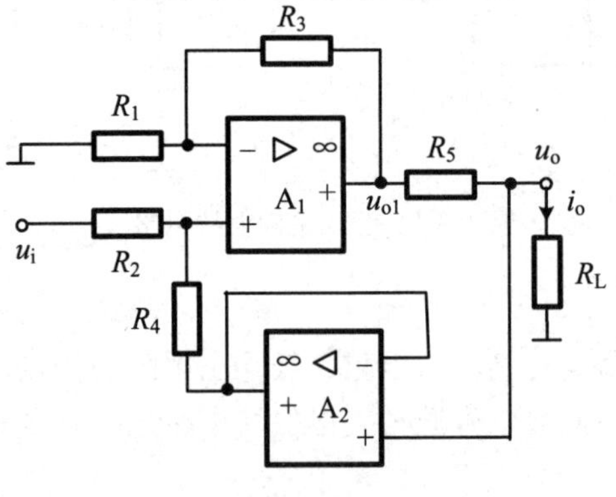

图 9.3.3 负载一端接地的电压-电流转换电路

在图 9.3.3 所示电路中，由于集成运放 A_1 构成同相比例电路，所以

$$u_{o1}=\left(1+\frac{R_3}{R_1}\right)u_{+1} \tag{9.3.1}$$

集成运放 A_2 构成电压跟随器，利用叠加定理可得

$$u_{+1}=\left(\frac{R_4}{R_2+R_4}\right)u_i+\left(\frac{R_2}{R_2+R_4}\right)u_o \tag{9.3.2}$$

又有

$$i_o=\frac{u_{o1}-u_o}{R_5} \tag{9.3.3}$$

整理上述式子并令 $R_1=R_2=R_3=R_4$，可得

$$i_o=\frac{u_i}{R_5} \tag{9.3.4}$$

实现了输入电压 u_i 到输出电流 i_o 的转换。

9.3.3　电流-电压转换电路

在放大电路或运放上引入电压并联负反馈，可以得到输入电流控制输出电压的电路，或者说是能使输出电压正比于输入电流的电路，即可实现电流-电压的转换。

图 9.3.4 所示电路是一个电流-电压转换电路，由集成运放引入了电压并联负反馈构成。

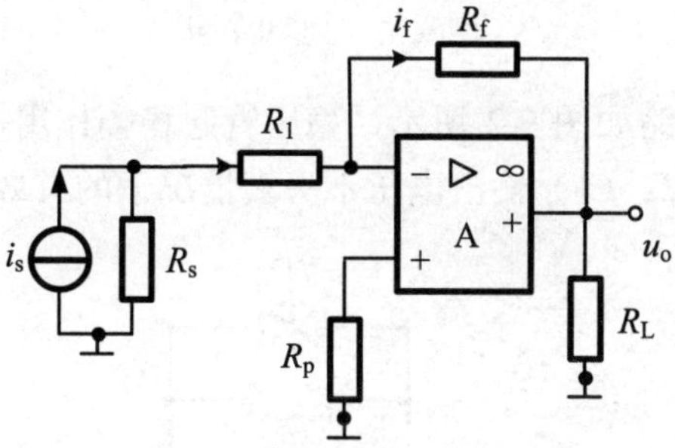

图 9.3.4　电流-电压转换电路

在理想条件下，根据集成运放引入负反馈工作在线性区满足“虚短”和“虚断”的特点，可得

$$i_s\approx i_f=-u_o/R_f \tag{9.3.5}$$

即 $u_o=-i_sR_f$，实现了输入电流 i_s 到输出电压 u_o 的转换。

习题 9

9.1　产生正弦波振荡的条件是什么？它与负反馈放大电路的自激振荡条件是否相同，为什么？

9.2　正弦波振荡电路由哪几部分组成？如果没有选频网络，输出信号将有什么特点？

9.3　根据选频网络的不同，正弦波振荡器可分为哪几类？ 各有什么特点？

9.4　某正弦波振荡电路如图 9.1 所示。

（1）说明电路是哪种正弦波振荡电路。

（2）若 $R_1 = 0$（短路），则电路将产生什么现象？

（3）若 $R_1 = \infty$（断路），则电路将产生什么现象？

（4）若 $R_f = 0$（短路），则电路将产生什么现象？

（5）若 $R_f = \infty$（断路），则电路将产生什么现象？

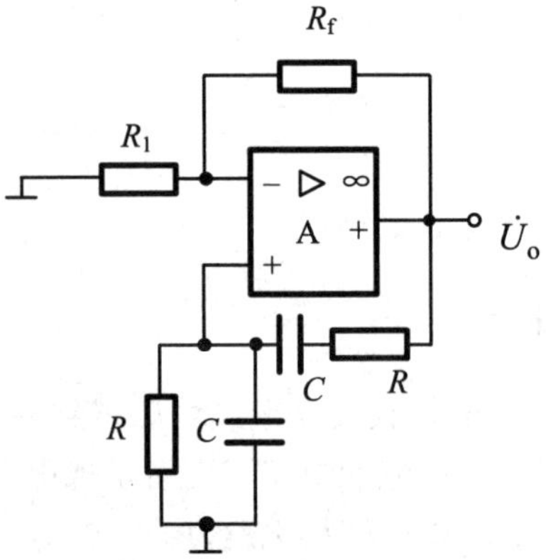

图 9.1　习题 9.4 图

9.5　某正弦波振荡电路如图 9.2 所示，稳压管起稳幅作用，其稳定电压 $\pm U_Z = \pm 6\text{V}$。$C=1\,\mu\text{F}$，$R=16\text{k}\Omega$，试估算：（1）输出电压不失真情况下的有效值；（2）振荡频率。

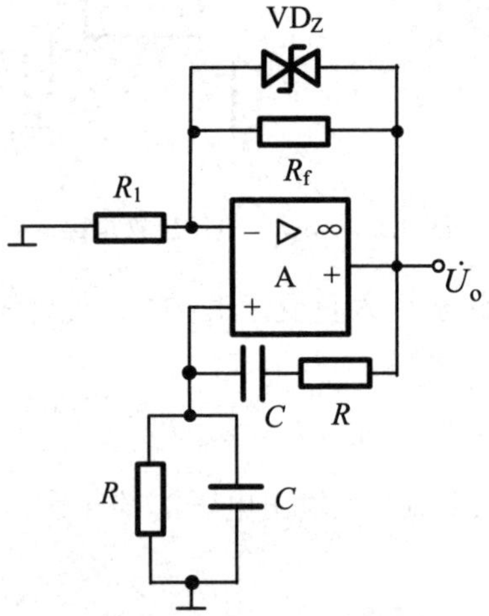

图 9.2　习题 9.5 图

9.6　初步设计振荡电路如图 9.3 所示，试用相位平衡条件判断是否会产生振荡，若不会请修改。

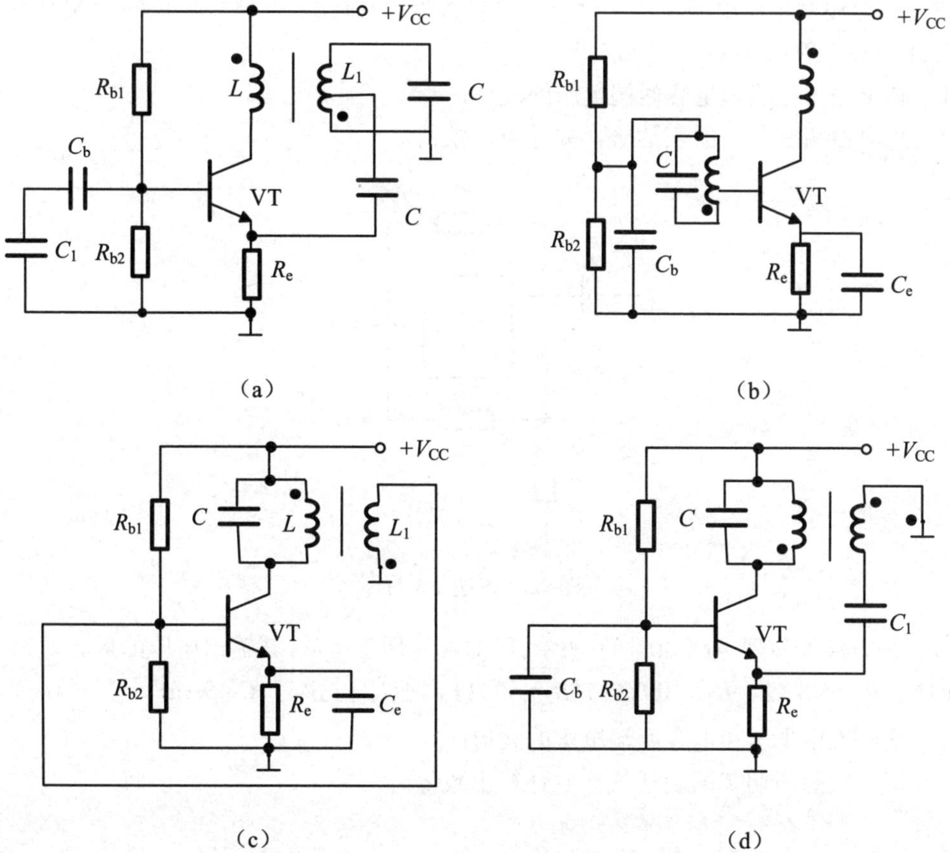

图 9.3　习题 9.6 图

9.7　石英晶体振荡电路如图 9.4 所示。试用相位平衡条件判断电路是否能振荡，并说明石英晶体在电路中的作用。

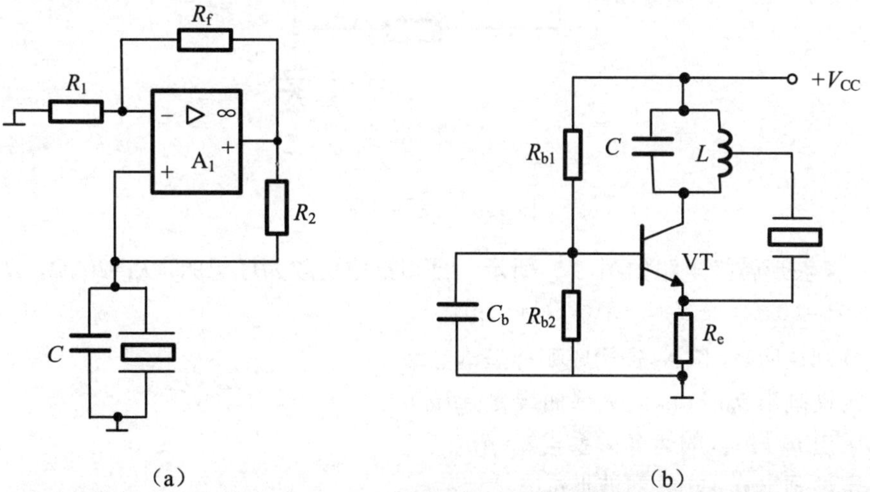

图 9.4　习题 9.7 图

9.8　某方波发生器电路如图9.5所示，已知A为理想运放，其输出电压的最大值为±15V，R_f=10kΩ，$R_1=R_2$=50kΩ，C=0.1μF。

（1）画出输出电压和电容两端电压的波形；

（2）写出振荡周期T的表达式，并计算出数值。

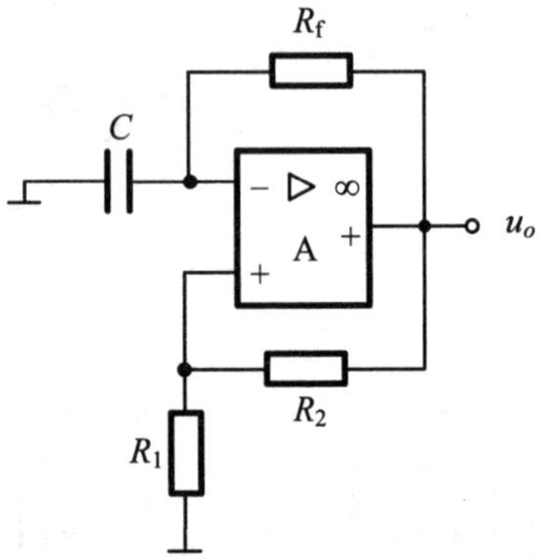

图9.5　习题9.8图

9.9　某方波发生器电路如图9.6所示，已知A为理想运放，其输出电压的最大值为±12V，R=10kΩ，R_1=50kΩ，R_2= 100kΩ，R_3= 500Ω，$\pm U_Z=\pm 6$V，C=0.1μF。

（1）画出输出电压和电容两端电压的波形；

（2）写出振荡周期T的表达式，并计算出数值。

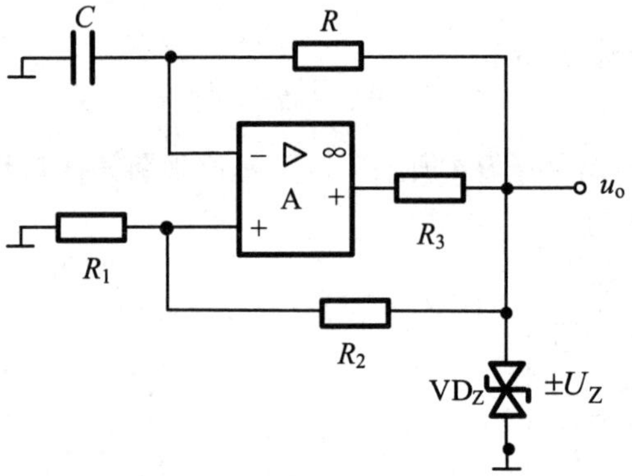

图9.6　习题9.9图

9.10　某波形转换电路如图 9.7 所示，已知集成运放为理想的，R_1=20kΩ，R_2=20kΩ，R_3=500Ω，R_4=50kΩ，$\pm U_Z=\pm 8$V，C=0.1μF。

（1）分别说明A_1和A_2各构成哪种基本电路；

（2）定性画出u_{o1}与u_o的关系曲线$u_{o1}=f(u_o)$；

（3）求出u_o与u_{o1}的运算关系式$u_o=f(u_{o1})$；

（4）定性画出u_{o1}与u_o的波形；

（5）说明若要提高振荡频率，则可以改变哪些电路参数，如何改变？

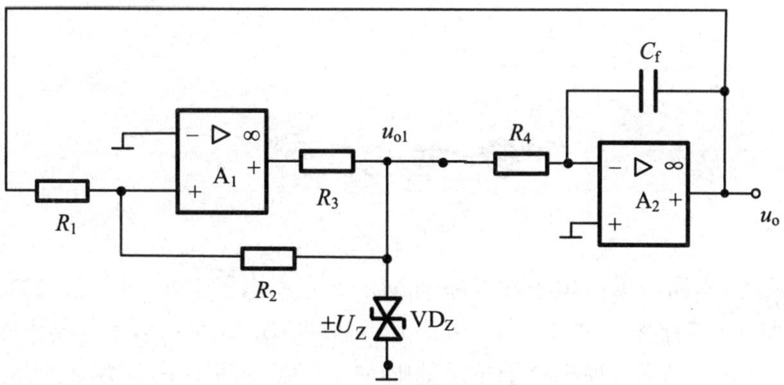

图 9.7　习题 9.10 图

9.11　某波形转换电路如图 9.8 所示，已知二极管和集成运放都是理想的。（1）A_1、A_2 各组成什么电路？（2）写出电路周期 T 的表达式。

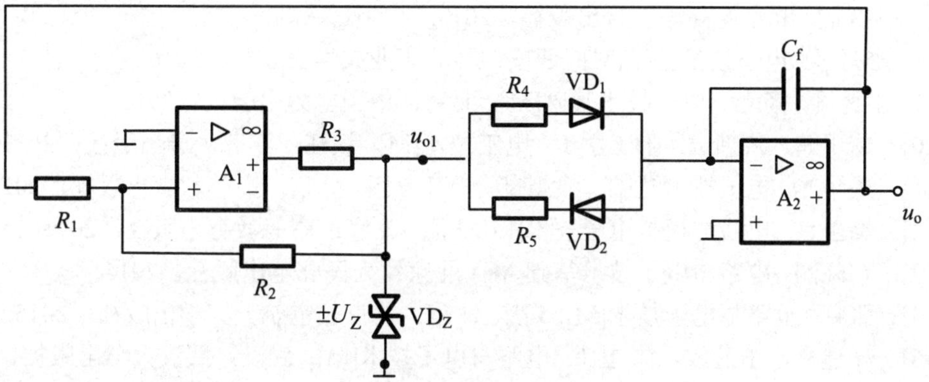

图 9.8　习题 9.11 图

参 考 文 献

[1] 查丽斌. 电路与模拟电子技术基础[M]. 北京：电子工业出版社，2015.

[2] 陈洪亮，田社平，吴雪，等. 电路分析基础[M]. 北京：清华大学出版社，2014.

[3] 童诗白，华成英. 模拟电子技术基础[M]. 5 版. 北京：高等教育出版社，2015.

[4] 曾令琴. 电路分析基础[M]. 2 版. 北京：人民邮电出版社，2012.

[5] 郭东亮，黄元福，李宁. 模拟电路[M]. 北京：清华大学出版社，2011.

[6] 刘凤声. 电路与电子技术基础[M]. 合肥：中国科学技术大学出版社，2010.

[7] 太原理工大学电工基础教学部编. 电工电子技术（第 1 分册）：电路与模拟电子技术基础[M]. 3 版. 北京：高等教育出版社，2013.

[8] 廖月琴. 电子技术基础[M]. 西安：西北工业大学出版社，2016.

[9] 丁德渝，徐静. 电子技术基础[M]. 北京：中国电力出版社，2010.

[10] 赵不贿，周新云. 电工学 1：电工技术[M]. 镇江：江苏大学出版社，2011.

[11] 康华光. 电子技术基础：模拟部分[M]. 6 版. 北京：高等教育出版社，2013.

[12] 高玉良. 电路与模拟电子技术[M]. 3 版. 北京：高等教育出版社，2013.

[13] 郝晓丽. 电路与电子技术基础[M]. 北京：人民邮电出版社，2014.

[14] 张虹. 电路与电子技术[M]. 5 版. 北京：北京航空航天大学出版社，2015.

[15] 杨建良，李芝成，朱志伟. 电路与电子技术[M]. 武汉：武汉大学出版社，2015.

[16] 张子萍. 电路与电子技术[M]. 北京：中国电力出版社，2013.

[17] 李华，吴建华. 电路原理[M]. 北京：机械工业出版社，2016.

[18] 李晓明. 电路与电子技术[M]. 2 版. 北京：高等教育出版社，2011.

[19] 马献果，刘红伟，张成怀. 电路与电子技术基础[M]. 北京：中国电力出版社，2015.

[20] 张建碧. 电路与电子技术[M]. 北京：电子工业出版社，2012.

[21] 傅平. 电路与电子技术[M]. 北京：中国电力出版社，2012.

[22] 李心广. 电路与电子技术基础[M]. 2 版. 北京：机械工业出版社，2012.